典型岩金矿床及探采对比

张北廷　汪汉雨　刘勇强　王佐满
王文成　刘景财　李临位
编著

北　京
冶金工业出版社
2021

内 容 提 要

本书从10个岩金矿床的成矿地质背景、矿区地质、矿床地质、矿体地质、矿石特征、矿体围岩和夹石、共（伴）生矿产等方面，综合分析成矿规律，系统归纳7类典型岩金矿床的一般特征，总结了探采对比的目的、意义、方法、要求、误差分析和成果表达。

本书可供岩金矿勘探、开发从业人员阅读，也可供其他固体矿产勘探开发人员以及高等院校相关专业的师生参考。

图书在版编目(CIP)数据

典型岩金矿床及探采对比/张北廷等编著. —北京：冶金工业出版社，2021.6

ISBN 978-7-5024-8776-8

Ⅰ.①典… Ⅱ.①张… Ⅲ.①金矿床—探采对比—研究 Ⅳ.①P618.51

中国版本图书馆CIP数据核字(2021)第054329号

出 版 人 苏长永
地　　址 北京市东城区嵩祝院北巷39号 邮编 100009 电话 (010)64027926
网　　址 www.cnmip.com.cn 电子信箱 yjcbs@cnmip.com.cn
责任编辑 杨 敏 美术编辑 彭子赫 版式设计 禹 蕊
责任校对 李 娜 责任印制 禹 蕊
ISBN 978-7-5024-8776-8
冶金工业出版社出版发行；各地新华书店经销；三河市双峰印刷装订有限公司印刷
2021年6月第1版，2021年6月第1次印刷
710mm×1000mm 1/16；21.25印张；411千字；321页
118.00元

冶金工业出版社 投稿电话 (010)64027932 投稿信箱 tougao@cnmip.com.cn
冶金工业出版社营销中心 电话 (010)64044283 传真 (010)64027893
冶金工业出版社天猫旗舰店 yjgycbs.tmall.com
（本书如有印装质量问题，本社营销中心负责退换）

编　委　会

前　言

自然资源部矿产资源储量评审中心（以下简称储量评审中心）是自然资源部直属事业单位，即1999年9月经中央机构编制委员会办公室批准成立的原国土资源部矿产资源储量评审中心。储量评审中心承担了由财政部、原国土资源部批准设立的国土资源部国家矿产资源储量技术标准体系建设专项。专项下设“矿产地质勘查规范制修订研究”（项目编号CB 2017-4）项目，项目下设“《岩金矿地质勘查规范》修订研究”（项目编号CB 2017-4-11）子项目，子项目下设“典型岩金矿床实例及探采对比研究”（子项目编号CB 2017-4-11-1）课题。该课题的目的是通过典型岩金矿床地质特征研究，总结各类矿床地质特征，揭示各类矿床间的差异，通过典型岩金矿床研究和探采对比，研究勘探方法，验证勘探程度和勘探工程网度的合理性、准确性和可靠性，分析岩金矿地质勘查规范中存在的问题，提出岩金矿地质勘查规范修订建议。

鉴于中国黄金集团有限公司是以金为主的全产业链国有黄金企业，具有岩金矿勘查开采的技术优势，2017年11月20日，储量评审中心下发了“国土资矿评任［2017］69号”，将“典型岩金矿床实例及探采对比研究”（子项目编号CB 2017-4-11-1）课题，委托给中国黄金集团有限公司。

2018年4月5日，山东黄金集团有限公司、中国黄金集团地质有限公司、内蒙古太平矿业有限公司、内蒙古包头鑫达黄金矿业有限责任公司、苏尼特金曦黄金矿业有限责任公司、湖北三鑫金铜股份有限公司、河南金源黄金矿业有限责任公司、陕西太白黄金矿业有限责任公司、中国黄金集团阳山金矿有限公司、甘肃省地质矿产勘查开发局第一地质矿产勘查院、贵州金兴黄金矿业有限责任公司等企业成立了项目组，专门研究典型矿床和探采对比。

2018 年 3~4 月，甘肃阳山金矿、内蒙古哈达门金矿、内蒙古长山壕金矿、湖北桃花嘴-鸡冠咀金铜矿、陕西太白金矿、吉林夹皮沟金矿 6 家矿山企业和长春黄金设计院、长春黄金研究院、吉林省有色地质勘查局 604 队、湖北省地质局第一地质大队、中南地质勘查院、湖南 407 队 6 家勘查单位，就相关问题进行了研讨。

2018 年 11 月 12~13 日，由中国黄金集团有限公司组织，张宝仁、黄绍锋、张鸿禧、张北廷、刘景财、李临位对单体典型岩金矿床实例及探采对比报告进行了内部审查。

2018 年 12 月 14 日，由自然资源部资源储量评审中心组织专家组，对本成果进行了验收。本书是本研究成果的归纳概括和系统总结。

本书力求做到四点：一是适用性，各项工作方法具有可操作性和可行性；二是统一性，在技术工作要求、精度要求、名词、术语等方面力求做到统一；三是先进性，对当前国内外先进的技术、理论、方法手段在矿山地质工作中已经成功应用的予以充分采用；四是科学性，在总结实践经验的基础上，对其内容进行较系统的理论概括，较好地做到了理论与实践结合、勘探和开采结合、规范修订与科技进步结合。

首先感谢自然资源部资源储量评审中心的领导和专家们委托我们

参与国家矿产资源储量技术标准体系建设项目，更感谢他们在课题设置、研究等过程中对我们的帮助。

本书的研究内容是在收集山东焦家、山东纱岭、内蒙古浩尧尔忽洞、内蒙古哈达门沟、内蒙古毕力赫、湖北桃花嘴、河南祁雨沟、陕西双王、贵州紫木凼、甘肃阳山等10个金矿床地质勘探资料、基建资料和矿山生产资料基础上，通过综合研究总结而成的，在此感谢在这些矿区工作过的地质勘探者们，他们不仅发现了这些金矿，而且依据当时较少的勘探工程，提出了对这些矿床的认识，为我们今天的矿床研究和探采对比提供了丰富的基础资料。我们更感谢这些矿山的领导和地质工作者，他们不仅为社会创造了财富，还为我们今天开展探采对比，验证以往勘探的认识，积累了完整的开采资料。

感谢原国家矿产储量管理局局长、原国土资源部咨询研究中心咨询委员胡魁，原国土资源部储量司巡视员、原中国地质学会秘书长、原国土资源部标准化委员会区域地质矿产地质委员会秘书长邓善德，自然资源部中央地质勘查基金管理中心王喜臣，自然资源部土地整治中心赵冰等专家对本项目的悉心指导。

在本书出版之际，感谢中国黄金集团有限公司卢进董事长和刘冰总经理等班子成员的支持，感谢作者单位同事们的关心和帮助。

由于这10个矿床从发现到现在，从勘探到开采，历经时间长、资料多，加之作者水平有限，书中难免有疏漏和不妥之处，恳请读者批评指正。

作　者

2021年1月于北京

目　录

1 绪　论

当今世界92%以上的一次性能源、80%以上的工业原材料、70%以上的农业生产资料，都取自矿产资源。矿产资源是地球赋予人类的宝贵财富，是兴邦安民的重要条件，是国计民生的根本依托，是国家安全的战略保障，是人类社会赖以生存和发展的重要物质基础和制约因素。

黄金矿产资源作为矿产资源中重要的战略资源，兼具商品和货币属性，在满足人民生活需要、保障国家金融和经济安全等方面具有重要作用。中国黄金工业经过多年的发展，现已形成了包括地质勘查、矿山开采、冶炼、建筑安装、工程设计、加工销售等环节独立完整的工业体系。

1.1 黄金行业历史沿革

1.1.1 管理体制

我国黄金行业的管理体制，经历了统一管理统购统配、计划经济商品化、改革发展市场化探索、市场化等四个阶段。

新中国成立以来，鉴于黄金有着货币职能而我国又处于艰苦创业时期，需要用黄金换汇和还债，因而推动了国内黄金生产的发展，但同时也形成了黄金由国家高度垄断，实行严格计划供求的局面。

（1）统一管理统购统配阶段。

中国黄金行业在生产经营上的计划性和垄断性，决定了黄金行业管理模式的特殊性。国家设置专门的管理机构对黄金行业的运行进行直接的监督和管理。

1949 年，黄金行业由中央人民政府重工业部负责管理。

1956 年，冶金工业部接管黄金行业，1965 年成立冶金工业部黄金专业公司。

1963 年 1 月，国家根据经济建设的需要，停止了对金银饰品用金的原料供应，银行收购的金银饰品应不对外销售。

1975 年，王震主持黄金工作，加强黄金行业管理，完善扶持政策。

1976 年，成立冶金工业部黄金管理局。

1979 年成立中国黄金总公司、基建工程兵黄金指挥部，开创了军队黄金地质勘查先河。

1988 年成立国家黄金管理局。

（2）计划经济商品化阶段。

1982年9月，在国内恢复出售黄金饰品，迈出中国开放金银市场的第一步。

1983年6月15日，国务院发布《中华人民共和国金银管理条例》。

1990年国务院决定成立黄金工作领导小组（作为国务院的非常设机构），负责研究协调黄金生产、建设、地质、加工、销售等方面的重大问题。

（3）改革发展、市场化探索阶段。

1992年，党的十四大确立了经济市场化改革目标，1993年黄金工业开始市场化改革。改为冶金部黄金管理局，1998年改为经贸委黄金管理局，国家对黄金工业的管理机构的调整始终没有达到一个稳定的状态，其目的也是为了不断根据形势的需要，寻找更为有效的管理方式及相应的机构设置。

1997年，黄金行业管理由原冶金部黄金管理局统一负责；地矿部负责黄金的资源管理，中国人民银行负责黄金产品的统收专营；中国黄金总公司管理中央直属黄金企业；武警黄金指挥部从事黄金资源勘探。

（4）市场化阶段。

2001年8月1日，足金饰品、金精矿、金块矿和金银产品价格放开。

2002年黄金交易所正式开业，黄金市场全面开放。2007年中国生产黄金207.5t，产量位居世界第一，2013年黄金消费量1176.4t，居世界第一。

2011年1月8日，《国务院关于废止和修改部分行政法规的决定》修订了《中华人民共和国金银管理条例》。

截至2016年，我国建成了完整独立的黄金工业体系，产量连续10年居世界第一，拥有全球最大的场内实金交易市场，黄金资源储量居世界第二，黄金储备居世界第六。

1.1.2 地质勘查

黄金行业的辉煌业绩离不开金矿地质勘查，正是由于金矿地质勘查的突破，才使得黄金工业的发展奠定了基础。新中国成立后，黄金资源的勘查大致可以分为以下三个阶段：

（1）初期阶段。1949~1975年，是中国金矿床勘查与开发的初期阶段。

（2）发展阶段。20世纪80年代以来，中国对金矿床的勘查与开发进入了较快发展阶段，勘查了一批中大型矿床，在胶东、小秦岭、燕辽-大青山、辽吉东部及陕甘川三角区等黄金资源和生产基地持续发展的同时，形成了以阿尔泰、天山为中心的新疆北部产金区，以及广东、云南、贵州、广西、海南、甘肃及长江中下游（鄂皖赣）等一批金矿资源生产基地。近年来，通过加强对重点成矿区带的调查评价在西部地区发现了一批大型金矿床。

（3）深部发展阶段。以2011年安徽313队在安徽省霍邱县铁矿区施工的

2706m 米钻孔竣工为标志，我国地质找矿突破了2000m 深度。2013 年5 月29 日，山东第三地质勘查院使用连云港黄海机械股份有限公司生产的 HXY-9B 钻机，在山东黄金集团公司“胶西北金矿集区超深综合地质研究与资源预测”项目的 ZK96-5 钻孔，突破了4000m 特深孔的记录，标志着我国地质勘查深度已经向特深迈进。

我国金矿开采正向深部全面推进。近年来，一批矿山开采深度达到或超过1000m。其中吉林夹皮沟金矿达到1400m，河南灵宝釜鑫金矿达到1600m，三山岛金矿西岭矿区1600~2000m 深处探明一个400t 的特大型金矿。

1.1.3 勘查规范

岩金矿勘查规范大体经历了4 个发展阶段：

（1）借鉴苏联模式下的探索阶段。

1959 年，全国矿产储量委员会（简称全国储委）发布了新中国第一个矿产储量分类规范《矿产储量分类暂行规范（总则)》。

1965 年1 月6 日，由全国储委组织制定、地质部颁发了《岩金矿地质勘探工作几项暂行规定》。

（2）成熟阶段。

20 世纪70~80 年代初，部分省（区、市）地质局及工业部门的地质勘探公司，如吉林冶金地质勘查公司、西北冶金地质勘查公司等，制定了本系统本部门使用的金矿勘查规定文件或单行本。

1984 年3 月，全国储委以储发［1984］第14 号文颁布了《岩金矿地质勘探规范》(试行)。为便于对《岩金矿地质勘探规范》中确定的勘探类型有所了解，在进行地质勘探工作时，能正确选择适当的勘探手段与勘探工程间距，根据矿山及地质队提供的资料，对某些岩金矿山的实地调查，编制了《岩金矿床勘探类型实例》，汇编了岩金矿床实例6 个，Ⅱ勘探类型1 例，Ⅲ勘探类型3 例，Ⅳ勘探类型2 例，Ⅴ勘探类型1 例。

（3）标准化阶段。

1993 年，全国地质矿产标准化技术委员会组织制定了《岩金矿地质普查规范》(DZ/T 0074—1993)。1995 年制定了《岩金矿地质详查规范》(DZ/T 0152—1995)。

1993 年5 月3 日，为进一步搞好金矿地质详查储量承包工作，使详查储量的发承包、质量监控、详查储量报告的审查和验收工作有章可循，国家黄金管理局在广泛征求黄金、地质部门和基层单位意见的基础上编制了《岩金矿地质详查储量承包验收规定》(试行)。规定详查报告的用途是小型矿山进行可行性研究及部分小型矿山进行初步设计的依据，是探建结合项目的依据；对详查工作中采用的手段规定除采用槽（井）、钻探工程外，必须有坑探工程。一般要有一层或一层以上的坑道，用于了解矿体的连续性。沿脉坑道一般应在脉内施工，当矿体厚度较大或存在多层矿体时应用穿脉工程揭穿，穿脉间距应按矿体的变化特点和无矿地段的分布情况确定。穿脉位置应尽量与勘探线对应；对C级储量应占C+D级储量的比例要求特大型、大型为20%～25%，中型为10%～20%，小型为5%～10%，矿体形态简单的矿床按上限要求，复杂的取下限；对特别复杂的矿床，如用第Ⅳ勘探类型网度进行勘查仍求不到C级储量，也可只探求D级储量。C级储量应尽量分布在矿山首采矿段，并起到验证D级网度的目的。对地质图比例尺规定矿区地形地质图比例尺一般为1∶5000～1∶10000，矿床（体）地形地质图比例尺一般为1∶1000～1∶2000，小而复杂的矿床应填制1∶500地质图；对钻探工程要求终孔直径一般不得小于75mm；对基本分析样规定采样回收率要达到95%以上，样品加工损失率不应大于5%，特别要注意大粒金的处理。

（4）国际接轨阶段。

2002年国土资源部发布了《岩金矿地质勘查规范》（DZ/T 0205—2002），是在1984年3月、1993年、1995年三个规范的基础上修订而成。

该规范的主要特点是规定了预查、普查、详查、勘探四个阶段的主要技术要求，增加了可行性评价工作。

该规范提出了资源储量分类依据，勘查类型分简单、中等、复杂三类。其中简单类型相当于原Ⅰ、Ⅱ类型，中等类型相当于原Ⅲ类型，复杂类型相当于原Ⅳ、Ⅴ类型。其中矿体规模是确定勘查类型的重要因素。

该规范提出了“控制的资源储量的参考工程间距”。对普查或详查不一定是放稀或加密1倍，原则是：普查时大致查明，允许有多解性；详查是基本查明，排除大的多解性；勘探是查明，排除多解性。取消了储量比例要求。

该规范提出单样高于矿体（床）平均品位6～8倍为特高品位。处理方法是先对特高品位样进行二次分析，不超差时，用包括特高品位样品在内的块段或单工程品位代替特高品位。如特高品位分布有规律，可圈定富矿段，不进行处理。

该规范提出矿体圈定，有限外推为工程间距的1/2楔形外推；无限外推为工程间距的1/4楔形外推；以mg/t圈定的矿体不外推。

该规范在附录中列出了控制的资源/储量沿矿体走向与倾向的参考工程间距，未给出探明的和推断的工程间距。探明的工程间距应在研究矿床自身特征的基础上，确定加密工程间距，不限于“控制的勘查共生间距”的1倍，目的是确定矿体的连续性，使矿体连接无异议。推断的工程间距可以是不等间距的稀疏工程控制，其稀疏程度可以是“控制的勘查工程间距”的2～3倍，并有1～3条剖面有深部工程控制。

该规范提出钻探工程矿心采取率要求大于80%。

该规范增加了资源储量估算方法的选择。鼓励采用新技术、新方法，尽可能减少人为因素。如地质统计学的方法或SD等。但是要选取由国土资源部认定的方法或程序。在详查、勘探阶段，大型矿床必须做地质统计方法的计算。

1.2 典型矿床研究

1.2.1 典型矿床

典型矿床多指具有较大资源储量或较好前景，能代表某种地质环境或矿床类型中相似矿床产出部位、形成条件和找矿标志等共性，具有重要成矿学和找矿勘查意义的矿床。

典型矿床研究，就是归纳具有某类矿床共性和一定理性认识的实际资料，目的是准确掌握矿床的成矿地质环境、矿床成矿特征、矿床经济技术条件，主要控矿因素和找矿标志，由已知推向未知，进行类比预测和评价。

1.2.2 研究的目的和意义

在利用区域成矿学和成矿规律研究成果的基础上，全面整理地质勘查、基建勘探、生产探矿、生产等有关资料，介绍区域成矿地质背景，全面分析矿区地质、矿床地质、矿石特征，系统总结构造破碎蚀变岩、含金石英脉、斑岩、矽卡岩、隐爆角砾岩、角砾岩、微细粒浸染等类型金矿在成矿地质特征、矿体特征、矿石矿物、脉石矿物、围岩蚀变、共伴生矿产等方面的地质特征，对丰富成矿理论研究，在地质条件相似的地区寻找同类矿床，对同类型矿床的地质勘查程度、研究程度等有借鉴作用，对修订《岩金矿勘查地质规范》中勘探类型、勘探方法、工程布置、工程间距确定、工业指标制定、勘探程度、研究程度等具有基础作用。

1.2.3 选择典型矿床的原则

典型矿床是归纳“矿床类型”“成矿模式”的基础，也是总结区域成矿规律、建立区域成矿模式的基础。因此选择典型矿床应考虑代表性、完整性、特殊性、专题性、习惯性，此外还应考虑矿产地质工作和研究工作程度。

1.3 探采对比

1.3.1 探采对比

在典型矿床研究的基础上，开展探采对比。通过矿山基建勘探、生产勘探或生产中当前积累的地质、开采技术条件、选冶加工等资料，与原地质勘查资料或前一阶段的地质资料进行验证对比，比较矿体地质特征、形态、规模、产状、资源储量、矿石质量、开采技术条件、选冶加工工艺等方面的变化，验证勘探方法、手段、工程布置形式、工程间距的合理性，资源储量的准确性，矿石选冶性能和有用、有益元素综合回收的经济性，水文地质、工程地质、环境地质等开采技术条件认识的准确性和地质灾害防治的有效性，评价矿床综合勘探程度。

目的是通过对比，研究勘探方法，验证勘探程度和勘探工程间距的合理性、准确性与可靠性，也是正确确定矿床勘查类型、修订《岩金矿地质勘探规范》和决定闭坑的依据。

1.3.2 探采对比的意义

（1）其是践行《实践论》的具体体现。实践是认识的来源，认识是主观对客观的反映，实践是检验认识的标准，实践、认识、再实践、再认识是人类认识发展的总过程和总规律。岩金矿的找矿勘探实践，积累了我们对岩金矿的认识，这就是典型矿床研究；通过开采再实践、再认识，这就是探采对比的检验，从而实现对金矿认识的发展，进而形成《岩金矿勘探规范》修订的基础。

（2）其是提高地质勘查工作质量、规避矿产开发投资风险的保证。《岩金矿地质勘查规范》作为单矿种技术标准，规定了地质勘查工作的一般内容、程序和要求，成为地质勘查工作者、矿床开发设计人员、矿山企业和社会中介机构有关技术人员规范从事相关工作、保障工作质量、规避因工作失误可能带来风险的保证。

（3）其是矿产资源行政管理的重要技术支撑。体现政府对岩金矿地质勘查工作的具体要求，是行政管理部门矿政管理的依据，是对岩金矿地质勘查工作实行依法管理的重要技术支撑。

（4）其是与时俱进的具体体现。市场经济体制改革，要求地质勘查工作体现资源储量的经济意义，适应投资主体的多元化。

1.4 主要成果

通过本次研究，共取得了如下5项主要成果：

（1）介绍了10个金矿床地质特征。介绍了山东、内蒙古、湖北、河南、陕西、贵州、甘肃等7个省（区）10个典型岩金矿地质特征，对岩金矿床找矿、勘查、开发中的地质工作，具有一定的指导意义。

（2）总结了6类岩金矿一般地质特征。系统总结了破碎带蚀变岩型、含金石英脉型、斑岩型、矽卡岩型、角砾岩型、微细粒浸染型6种岩金矿在成矿地质特征、金属矿物、脉石矿物、围岩蚀变、矿体形态、规模及品位、共伴生元素等方面的特征。对认识我国岩金矿的主要地质特征，具有重要作用。

（3）总结了探采对比方法。梳理了探采对比及其目的、意义、一般要求，总结了探采对比的基本方法、参数及其计算、误差标准，提出了误差分析方法，对评价地质勘查工程控制程度、提高勘查研究程度有一定指导意义。

（4）介绍了10个岩金矿探采对比案例。从地质探矿到生产探矿或从普查到勘探，介绍了10个金矿床探采对比的结果，分析了引起探采对比误差的原因，提出了岩金矿地质找矿、矿床勘探、项目开发不同阶段，矿石类型、矿床成因、勘探类型等不同类型，坑探、钻探等不同勘探手段应用中应引起重视的问题。

（5）提出了5方面建议。在10个典型岩金矿床特征和探采对比的基础上，从勘查类型划分、勘探工程间距、勘探工程、特高品位处理等方面，对修订现行《岩金矿地质勘查规范》提出了5方面建议。

2 典型岩金矿床

《岩金矿地质勘查规范》（DZ/T 0205—2002）主要从成矿地质特征、矿物共生组合、围岩蚀变、矿体形状、规模及品位、共伴生元素等方面，结合工业利用，将岩金矿工业类型划分为8类，其中含金石英脉型分3个亚类。

本章从成矿地质背景、矿区地质、矿床地质特征、矿体地质特征、矿石特征等方面，按矿床工业类型，对山东焦家、山东纱岭、内蒙古浩尧尔忽洞、内蒙古哈达门沟、内蒙古毕力赫、湖北桃花嘴、河南祁雨沟、陕西双王、贵州紫木凼、甘肃阳山等10个金矿开展典型岩金矿床研究。

2.1 山东焦家金矿（破碎带蚀变岩型）

焦家金矿隶属于山东黄金矿业（莱州）有限公司，作为典型的破碎带蚀变岩型金矿，入选《岩金矿地质勘探规范》（1984年）岩金矿床勘探类型实例。

焦家金矿的采金活动始于明朝，对矿床规模和工业价值的真正认识并做出评价，是由山东省地质局六队从1967年4月开始，以民采为线索，进行系统的普查勘探，于1972年提交了《地质勘探报告》。1967~1972年勘探时，将矿床勘查类型确定为第Ⅱ勘查类型。

焦家金矿从1975年开始基建，初始设计生产能力为500t/d，于1980年投产；1985年开始二期扩建，于1988年达到750t/d；1990年开始三期扩建，于1993年达到1000t/d；1995年开始四期扩建，于2001年达到1200t/d；1998年进行生产布局调整和选厂改造建设，于2002年底达到1450t/d；2003年3月，矿山开始进行五期扩建，目前矿山实际生产能力为4000~5000t/d。选矿方法为浮选法-氰化浸出，设计处理原矿能力为198×10^4t/a，实际处理原矿能力为（133~165）$\times10^4$t/a。山东黄金矿业（莱州）有限公司建有金银精炼厂，黄金精炼能力为30t/a。

2.1.1 成矿地质背景

矿区位于华北板块（Ⅰ）胶辽隆起区（Ⅱ）胶北隆起（Ⅲ）胶北断隆（Ⅳ）之胶北凸起（Ⅴ）西缘。区内地层简单，构造以断裂为主；岩浆岩广布，如图2-1所示。

出露地层主要为新生代第四系（Q），南部见少量古元古代荆山群（Htj）。

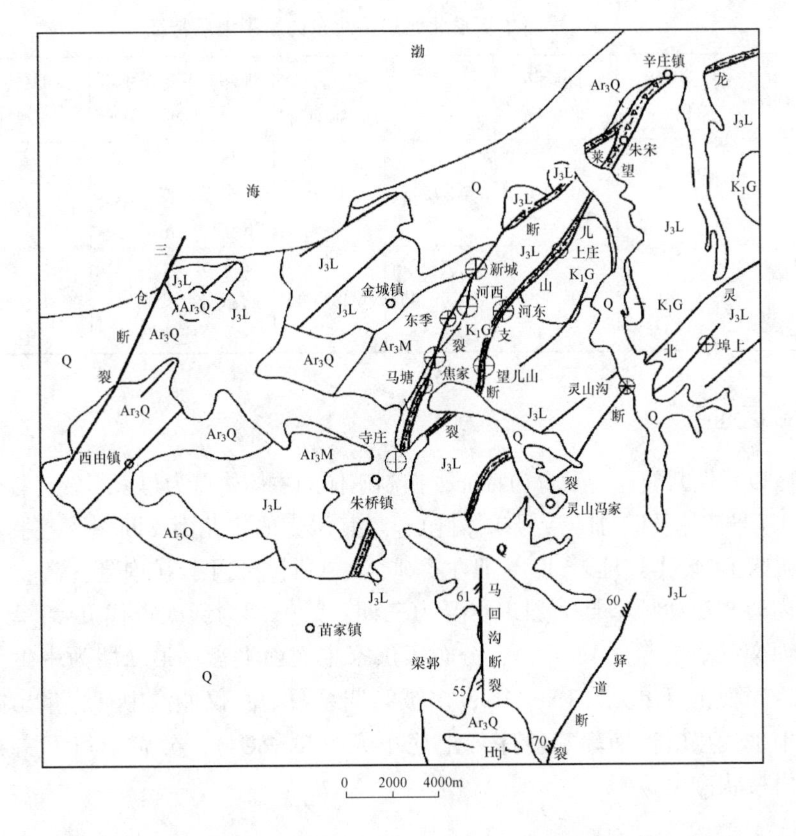

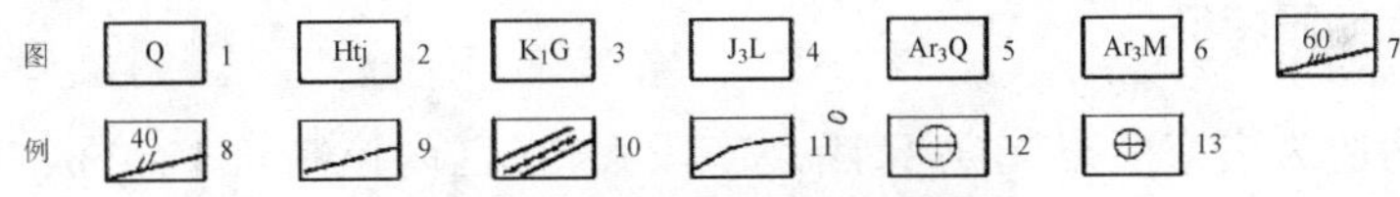

图 2-1 焦家金矿区域地质略图

1—第四系；2—古元古代荆山群；3—中生代燕山晚期郭家岭序列；4—中生代燕山早期玲珑序列；5—新太古代栖霞序列；6—新太古代马连庄序列；7—压扭性断层；8—张扭性断层；9—实测及推测性质不明断层；10—断层破碎带；11—地质界线；12—大型金矿床；13—中型金矿床

区域构造主要是北北东向断裂构造，自西向东有三（山岛）-仓（上）断裂、龙（口）-莱（州）断裂，大致平行展布，走向北北东—北东，倾向北西或南东，倾角 30°~0°，长数十千米，宽几十至数百米，对岩金矿床起重要控制作用。其特征见表 2-1。

区内岩浆岩广布，由老到新主要有：新太古代马连庄序列栾家寨单元（$Ar_3\nu Ml$），新太古代栖霞序列回龙夼单元（$Ar_3\gamma\delta oQh$）、新庄单元（$Ar_3\gamma\delta oQx$）；中生代燕山早期玲珑序列崔召单元（$J_3\eta\gamma Lc$），燕山晚期郭家岭序列上庄单元（$K_1\gamma\delta Gs$）、大草屋单元（$K_1\gamma\delta Gd$）等。

表 2-1　早新华夏系北北东—北东向断裂地质特征

断裂名称	规模出露长度/km	断裂带宽度/m	产状		断裂带主要岩性和特征	沿断裂带分布的主要矿床
			走向	倾向/倾角		
三（山岛)-仓（上）断裂	1.5	20~200	NE45°	SE25°	压扭性，上盘胶东岩群变质岩，下盘玲珑花岗岩	三山岛金矿床，仓上金矿
龙（口)-莱（州）断裂	20	50~300	NE40°~45°	NW28°~45°	压扭性，上盘胶东岩群变质岩，下盘玲珑花岗岩	马塘、焦家、红布、新城、河东、望儿山金矿

2.1.2　矿区地质

矿区以脆性断裂构造发育为特征，控制矿体的主体构造为焦家断裂（控制了焦家金矿床Ⅰ号矿体及Ⅱ、Ⅲ、Ⅴ号矿体群），与其派生的望儿山支断裂（控制了焦家村东金矿床1-24、Ⅰ-1、Ⅰ-2、Ⅱ-1、Ⅲ-1等矿体）共同组成了控矿构造系统。

区内岩浆活动频繁且强烈。主要为三期：第一期为新太古代五台-阜平期马连庄序列栾家寨单元（$Ar_3\nu Ml$），分布于焦家主裂面上盘；第二期为中生代燕山早期玲珑序列崔召单元（$J_3\eta\gamma Lc$），多被第四系覆盖，仅冲沟中有少量出露；第三期为中生代燕山晚期郭家岭序列上庄单元（$K_1\gamma\delta Gs$），分布于焦家主断裂下盘，呈岩枝状产出。

2.1.3　矿床地质特征

控矿构造为焦家断裂（龙-莱断裂南段），矿区内控制长1200m，-400m标高以上沿马连庄序列与玲珑序列接触带展布，-400m标高以下发育于玲珑序列二长花岗岩体内。破碎带宽100~370m，总体走向30°，北部变为近南北向，倾向北西，倾角25°~40°，局部变陡至70°。平面和剖面上均呈舒缓波状延伸，沿走向和倾向，破碎带膨胀狭缩变化较大，以灰黑色断层泥（厚2~40cm）为标志的主裂面连续分布。以主断裂面为界，上盘依次为变辉长岩质碎裂岩带、碎裂状变辉长岩带或碎裂状花岗岩带、花岗岩质碎裂岩带、绢英岩化碎裂岩带；下盘依次为糜棱岩、角砾岩（不连续）、碎裂岩带、花岗质碎裂岩带、碎裂状花岗岩带。

依据断裂与成矿的关系，该断裂的发展演化过程可分早期控矿、中期成矿和后期散矿等3个阶段。通过断裂产状进行的一系列投影计算可知，成矿前控矿断裂为左行压扭性质，中期成矿断裂为右行张扭性质，成矿后断裂活动为压扭性质，成矿前后该断裂经历了挤压—引张—挤压的过程。

紧靠主断裂面下盘的糜棱岩、角砾岩、碎裂岩带控制了Ⅰ号主矿体，之下的黄铁绢英岩化花岗岩带控制了Ⅱ号矿体群。主断裂面下盘-200m标高以上，横向上约300m内，分布着走向与主带平行、倾向相反的一组节理裂隙密集带，集中展布于主带由陡变缓转折部位的120~72线，倾向南东，倾角70°~90°，控制了Ⅲ号矿体群的分布。位于主裂面之上的绢英岩化碎裂岩带产出了Ⅴ号矿体群。

区内岩浆岩按由老到新的顺序有新太古代五台—阜平期马连庄序列栾家寨单元（$Ar_3\nu Ml$），中生代燕山早期玲珑序列崔召单元（$J_3\eta\gamma Lc$）与中生代燕山晚期郭家岭序列上庄单元（$K_1\gamma\delta Gs$）。其中马连庄序列栾家寨单元呈岩基状产出，主要岩性为中细粒变辉长岩（原岩为斜长角闪岩）；玲珑序列崔召单元呈岩基状产出，岩性为片麻状中粒含黑云二长花岗岩；郭家岭序列上庄单元呈岩基状产出，局部呈岩株状，分布于焦家断裂带以东，除局部地段与马连庄序列、玲珑序列呈断层接触以外，其他地段与玲珑序列为侵入接触关系，岩性为巨斑状中粒花岗闪长岩。

围岩蚀变的类型主要有钾化、绢英岩化、硅化，其次为碳酸盐化、绿泥石化。

2.1.4 矿体地质特征

焦家矿区划分为5个矿带，累计发现金矿体194个。以焦家断裂主断裂面为界，将紧靠主裂面之下的黄铁绢英岩化碎裂岩和黄铁绢英岩化花岗质碎裂岩内控制的矿体划为Ⅰ号矿体；将Ⅰ号矿体之下的黄铁绢英岩化花岗质碎裂岩内控制的矿体划为Ⅱ号矿体群，其内圈定矿体7个；将位于Ⅰ号矿体南东侧，距主断裂面60~330m的走向与Ⅰ号矿体一致，倾向相反的矿体划为Ⅲ号矿体群，其内圈定矿体159个；将黄铁绢英岩化花岗质碎裂岩之下的黄铁绢英岩化花岗岩内控制的矿体划为Ⅳ号矿体群，其内圈定矿体4个；将主裂面之上分布的矿体划为Ⅴ号矿体群，圈定矿体3个；将位于主裂面下盘，距主裂面平距约600m的矿体划为焦家村东矿体群，圈定矿体20个。

2.1.4.1 Ⅰ号矿体

Ⅰ号矿体呈似层状，赋存于焦家断裂主断裂面下盘的黄铁绢英岩化碎裂岩和黄铁绢英岩化花岗质碎裂岩中，矿化类型为浸染状、细脉状。矿体走向长1438m，最大斜深2470m。埋深+36~-1450m，走向10°~30°，倾向北西，倾角15°~45°。由浅而深，具明显的南东侧伏特征（图2-2、图2-3）。Ⅰ号矿体累计探明金金属量近200t，属超大型矿体。

从品位厚度频率变化曲线图（图2-4、图2-5）可看出，品位与厚度总体变化趋势基本一致，但品位较厚度变化更大。高值区位于110~76线，其轴线大致以25°~65°角向南西侧伏。

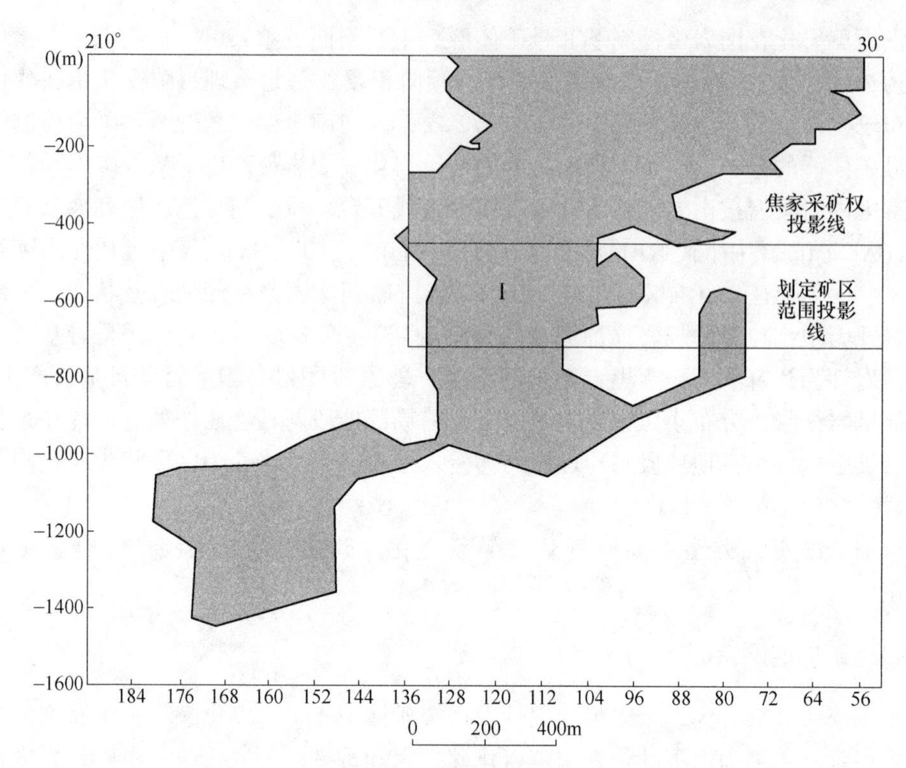

图 2-2　Ⅰ号矿体垂直纵投影图

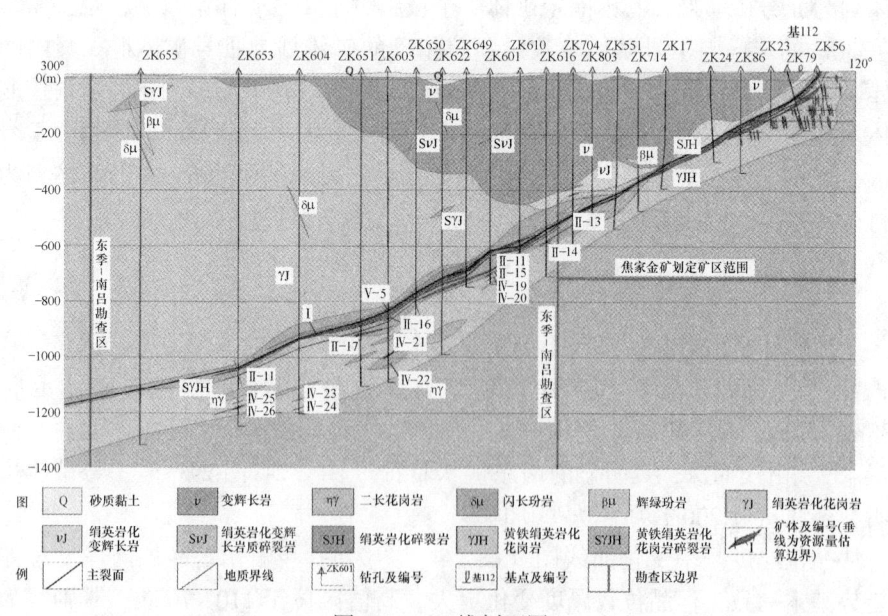

图 2-3　112 线剖面图

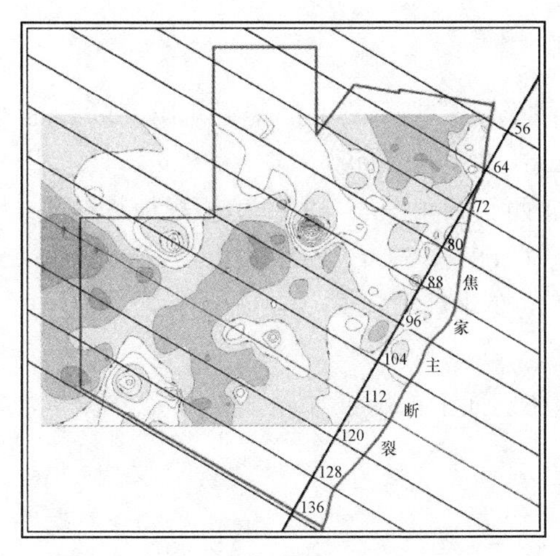

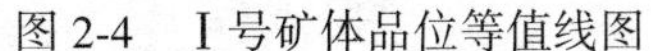
图2-4 Ⅰ号矿体品位等值线图

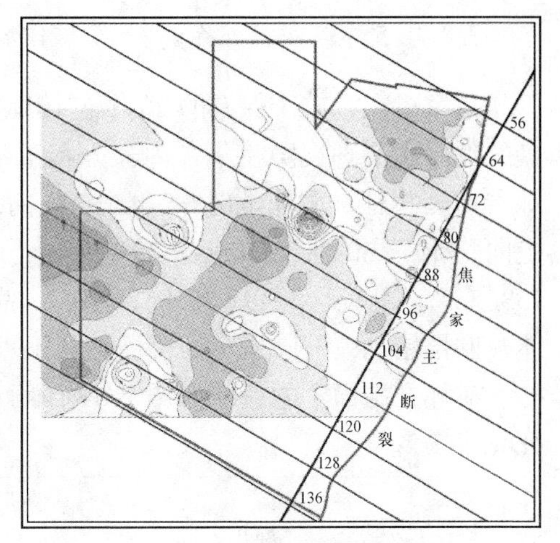

图2-5 Ⅰ号矿体厚度等值线图

2.1.4.2 Ⅱ号矿体群

Ⅱ号矿体群位于Ⅰ号矿体下部的黄铁绢英岩化花岗岩与黄铁绢英岩化花岗质碎裂岩中，分布于72~112线，标高-421~-580m，由7个矿体组成，呈透镜状、脉状产出，走向15°~56°，倾向北西，倾角22°~32°，单个矿体规模均很小，走向长30m，倾斜延深30~110m，厚1.39~2.78m，金品位（1.06~4.82）$\times 10^{-6}$。

2.1.4.3 Ⅲ号矿体群

分布于60~116线，-190~-330m标高Ⅰ号矿体南东侧，距主断裂面60~330m的黄铁绢英岩化花岗质碎裂岩和黄铁绢英岩化硅化花岗岩内，部分矿体赋存在钾化硅化花岗岩带中。受张扭性裂隙带控制，矿体具有延深、延长粗而短的特点。矿化类型为网脉状、细脉状和脉状。矿体走向30°~53°，倾向SE，倾角65°~87°，走向长30~470m，倾斜延伸20~190m，厚0.89~28.57m，厚度变化系数1.05%~111.44%。品位（2.18~16.80）$\times 10^{-6}$，品位变化系数15.38%~297.07%，无断层错断或脉岩穿插现象。

2.1.4.4 Ⅴ号矿体群

由3个矿体组成，位于焦家断裂主裂面上盘的绢英岩化碎裂岩内，具黄铁矿化、黄铜矿化、闪锌矿化及方铅矿化等。分布于88~112线，标高-413~-430m之间，均为由钻探单工程控制的零星矿体，呈透镜状产出。走向49°~56°，倾向北西，倾角21°~31°；走向长与倾斜延伸均为30m；矿体厚度1.26~2.66m，金品位（1.83~2.15）$\times 10^{-6}$。

2.1.4.5　焦家村东金矿床各矿体特征

焦家村东金矿床保有的20个矿体赋存于焦家主断裂下盘、望儿山支断裂上盘的低序次节理裂隙密集带内，分布于130~138线，标高-80~-352m，具“薄脉富矿”特征。矿体走向6°~43°，倾向北西，倾角58°~63°，矿体规模均较小，走向长40~180m，倾斜延深23~195m，厚0.68~3.71m，厚度变化系数9.52%~133.56%；品位（2.49~88.85）×10^{-6}，品位变化系数4.53%~307.77%。部分矿体被断层错动或被脉岩穿插，但破坏不大。

矿体在平面上的特征如图2-6所示，在剖面上的特征如图2-7所示，总体特征见表2-2。

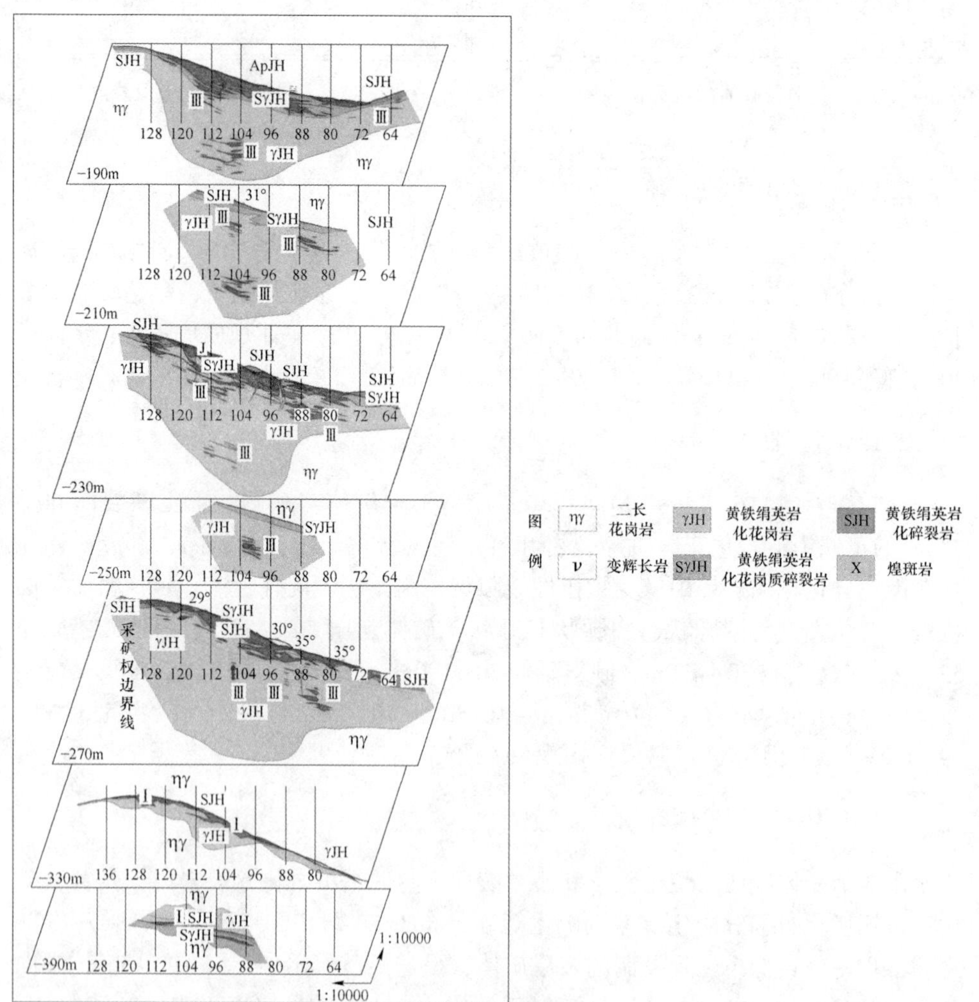

图2-6　焦家金矿联合中段平面图

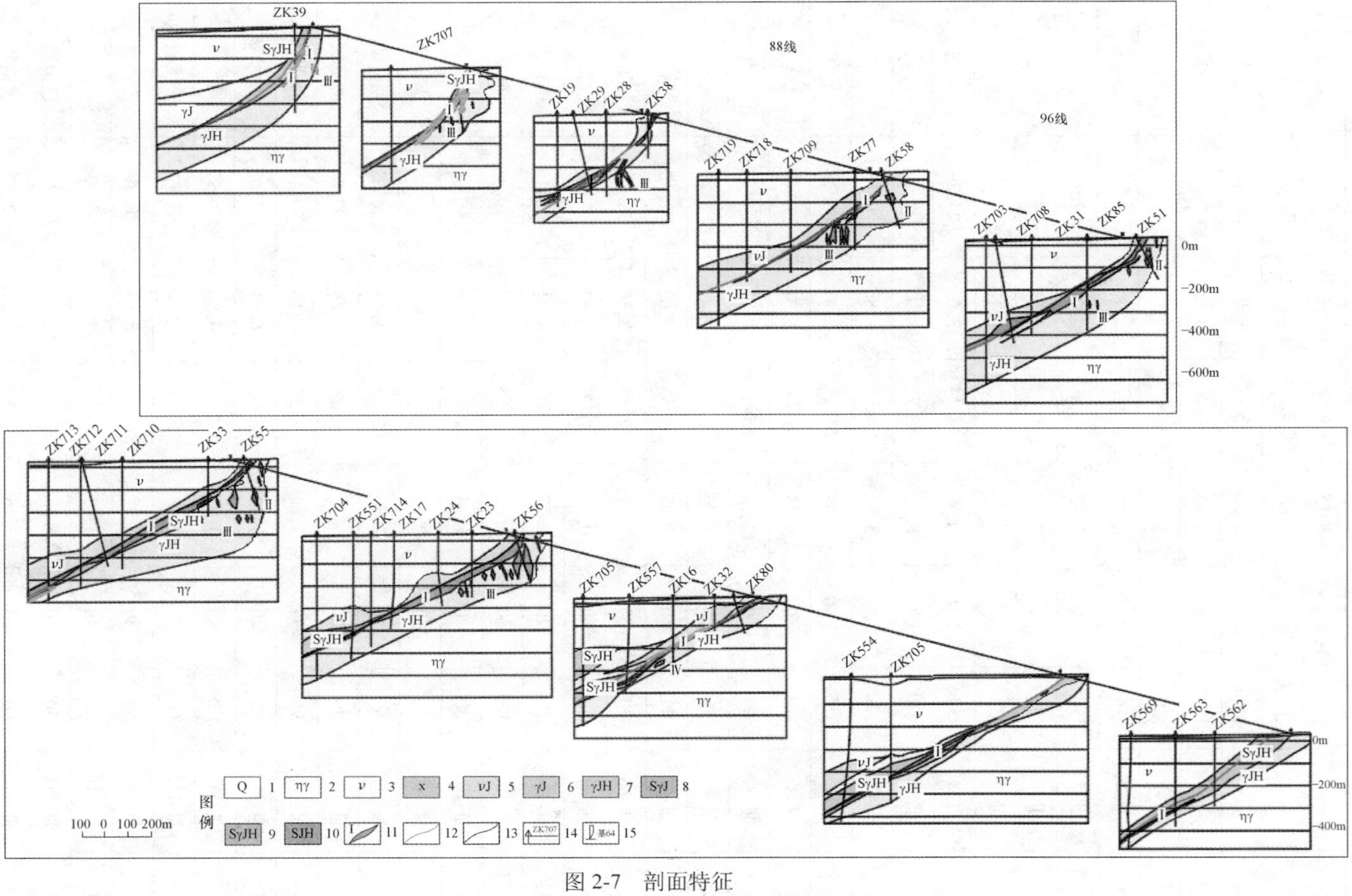

图 2-7　剖面特征

1—腐殖土及砂质黏土；2—二长花岗岩；3—变辉绿岩；4—煌斑岩；5—绢英岩化变辉长岩；6—绢英岩化花岗岩；7—黄铁绢英岩化花岗岩；8—绢英岩化花岗质碎裂岩；9—黄铁绢英岩化花岗质碎裂岩；10—黄铁绢英岩化碎裂岩；11—矿体及编号；12—主断裂面（断层泥）；13—钻孔及编号；14—基点；15—矿权界限

表 2-2 矿体特征

序号	矿体号	规模/m		平均厚度/m	厚度变化系数/%	平均品位/g·t^{-1}	品位变化系数/%	矿体形态
		走向长	倾斜延深					
1	Ⅰ	1438	2170	8.96	72.98	3.07	140.41	似层状
2	Ⅱ-1	30	30	1.45		1.06		透镜状
3	Ⅱ-2	30	30	2.21		2		透镜状
4	Ⅱ-4	30	30	1.41		1.12		透镜状
5	Ⅱ-5	30	70	1.95	33.33	2.78	62.13	脉状
6	Ⅱ-6	30	30	2.78		4.82		透镜状
7	Ⅱ-7	30	30	1.39		2.12		透镜状
8	Ⅱ-8	30	110	1.6	14.14	3.63	24.39	脉状
9	Ⅲ-9	470	190	8.69	56.75	4.03	185.23	脉状
10	Ⅲ-26	320	190	3.84	111.44	2.88	79.18	脉状
11	Ⅲ-45	185	108	2.08	51.21	2.47	65.26	脉状
12	Ⅲ-81	265	80	9.93	60.9	5.31	297.07	脉状
13	Ⅲ-83	60	60	2.06	35.33	8.27	130.23	脉状
14	Ⅲ-84	30	20	1.99		8.6		透镜状
15	Ⅲ-85	180	60	2.95	46.63	4.62	72.32	脉状
16	Ⅲ-88	30	60	1.07	12.68	8.36	56.13	透镜状
17	Ⅲ-89	30	60	0.96	3.13	6.53	47.92	透镜状
18	Ⅲ-100	62	20	2.77	5.78	4.81	136.15	透镜状
19	Ⅲ-103	329	60	7.02	83.16	4.22	268.6	脉状
20	Ⅲ-104	30	20	1.98		16.8		透镜状
21	Ⅲ-106	30	20	0.98		14.3		透镜状
22	Ⅲ-107	65	40	2.56	90.95	5.13	114.22	脉状
23	Ⅲ-108	30	20	6.71		3.34	32.8	透镜状
24	Ⅲ-109	95	39	3.72	11.59	4.16	59.1	脉状
25	Ⅲ-110	92	40	3.68	68.04	6.11	145.03	脉状
26	Ⅲ-111	175	40	3.09	72.65	4.92	179.29	脉状
27	Ⅲ-112	60	20	0.98		3.5	69.97	透镜状
28	Ⅲ-113	95	20	1.97	50.25	3.48	20.29	透镜状
29	Ⅲ-115	120	40	2.62	79.5	3.67	127.89	脉状
30	Ⅲ-117	30	20	5.88		12.52	92.37	透镜状
31	Ⅲ-118	60	20	3.45	71.59	3.74	92.97	透镜状
32	Ⅲ-119	30	20	0.95		5.9		透镜状

续表2-2

序号	矿体号	规模/m		平均厚度/m	厚度变化系数/%	平均品位/g·t^{-1}	品位变化系数/%	矿体形态
		走向长	倾斜延深					
33	Ⅲ-120	145	20	5.52	61.63	2.18	191.88	脉状
34	Ⅲ-121	30	20	0.98		3		透镜状
35	Ⅲ-122	60	20	0.95	1.05	5.31	16.98	透镜状
36	Ⅲ-124	30	20	0.95		3.8		透镜状
37	Ⅲ-125	145	20	1.07	35.06	9.57	58.42	脉状
38	Ⅲ-127	30	20	0.98		4.3		透镜状
39	Ⅲ-129	30	20	0.93		7.5		透镜状
40	Ⅲ-130	30	20	5.48		3.72	119.82	透镜状
41	Ⅲ-131	30	20	2.87		3.8	51.75	透镜状
42	Ⅲ-132	30	20	1.91		2.6	15.38	透镜状
43	Ⅲ-134	30	20	0.93		8.35		透镜状
44	Ⅲ-135	60	20	1.38	64.71	3.41	37.84	透镜状
45	Ⅲ-138	120	56	9.16	88.09	5.91	102.82	透镜状
46	Ⅲ-140	30	20	0.89		9		透镜状
47	Ⅲ-141	153	80	1.93	40.34	3.05	72.7	脉状
48	Ⅲ-142	30	20	5.94		3.97		脉状
49	Ⅲ-143	30	20	2.93		6.47	90.5	透镜状
50	Ⅲ-144	30	20	0.99		3		透镜状
51	Ⅲ-148	30	20	0.98		3		透镜状
52	Ⅲ-150	30	20	2.94		5.47	72.9	透镜状
53	Ⅲ-151	30	20	28.57		3.5	94.17	透镜状
54	Ⅲ-158	30	20	0.98		15.2		透镜状
55	Ⅲ-159	30	20	1.97		6.52		透镜状
56	Ⅲ-160	30	20	0.98		10.58		透镜状
57	Ⅴ-3	30	30	2.66		2.15		透镜状
58	Ⅴ-4	30	30	1.39		2.02		透镜状
59	1	51	77	0.84	66.13	2.49	32.22	脉状
60	2	101	46	1.1	133.56	88.85	44.08	脉状
61	3	76	58	1	37.67	12.56	81.48	脉状
62	4	135	23	0.96	17.76	10.66	102.97	脉状
63	5	180	60	1.02	56.82	8.48	107.1	脉状
64	6	94	71	1.89	114.12	6.11	38.91	脉状

续表2-2

序号	矿体号	规模/m		平均厚度/m	厚度变化系数/%	平均品位/$g \cdot t^{-1}$	品位变化系数/%	矿体形态
		走向长	倾斜延深					
65	8	52	23	0.81	9.52	8.5	87.36	脉状
66	10	132	47	0.68	26.18	5.01	88.47	脉状
67	11	52	23	3.33	19.48	2.75	27.97	透镜状
68	14	79	68	0.83	11.02	5.78	87.39	脉状
69	16	115	60	3.71	20.03	4.99	172.02	豆荚状
70	17	88	79	3.08	23.79	3.7	307.77	豆荚状
71	19	62	62	0.82		4.1		脉状
72	21	40	51	0.9		14.68		脉状
73	23	62	62	2.1		5.24		脉状
74	24	62	62	1.2		5.56		脉状
75	Ⅰ-1	43	92	0.86	50.52	7.55	4.53	脉状
76	Ⅰ-2	70	30	3.25	26.67	4.11	76.25	脉状
77	Ⅱ-1	105	122	1.88	55.24	5.95	8.4	脉状
78	Ⅲ-1	180	195	1.34	30.61	8.31	115.99	脉状

2.1.5 矿石特征

金属矿物以黄铁矿为主，其次为黄铜矿、方铅矿、闪锌矿等。自然金属矿物以自然金为主，其次为银金矿、自然银。非金属矿物以石英、长石、绢云母为主，其次为铁白云石、黑云母、绿泥石等。

金矿物粒度以细粒、微粒为主，中粒、粗粒级次之，巨粒状少量。

金矿物的赋存状态以晶隙为主（66.78%），次为裂隙金（24.62%），包体金少量（9.6%）。

矿石结构种类繁多，以压碎结构、晶粒状结构为主，其次为填隙结构、乳浊状结构、包含结构等。矿石构造有细脉浸染状构造、细脉状构造、稀疏浸染状构造、浸染状构造、网脉状构造等。

矿石中的主要有用组分是 Au，伴生有益组分 Ag 品位一般 $(3.08 \sim 162.00) \times 10^{-6}$，平均 10.16×10^{-6}，可综合回收。矿石中硫含量 0.09%～18.76%，平均 1.93%，可在金精矿中富集回收。矿石中的有害组分为 Pb、As，含量均较低，对矿石的选、冶性能影响不大，对人体健康及生态环境也不会造成危害。

矿石类型划分为浸染状黄铁绢英岩质碎裂岩、细脉-网脉状黄铁绢英岩化、硅化花岗岩以及黄铁矿化石英脉型矿石。

矿床成因类型为中低温混合岩化-重熔岩浆热液金矿床。

黄铁矿流体包裹体的 $^3He/^4He$ 比值分别为 1.64~2.36，流体包裹体的 $^{40}Ar/^{36}Ar$ 比值为 500~1148，其物质来源是幔源流体（L. C. Zhang 等，2008）。方解石、白云石和菱铁矿的 $\delta^{18}O$（SMOW）值为 6.47‰~14.10‰，$\delta^{13}C$（PDB）的值为-6.6‰~-3‰，黄铁矿 $\delta^{34}S$ 值为 10.1‰~12.2‰。

2.1.6 焦家式金矿特征

所谓“焦家式”金矿，是指断裂构造破碎岩经热液蚀变矿化形成的金矿床。该类型矿床就其产出规模而言，从小型到近百吨储量的特大型均有。如焦家金矿、新城和三山岛等金矿，其中焦家金矿最为典型，它具有规模大、矿体形态简单、矿石类型单一、矿化连续、品位稳定以及可选性好等特点，明显区别于石英脉型金矿，因此，在 1977 年地质部第二次全国金矿会议上正式确认为“焦家式”金矿。

（1）成矿地质特征：形成于变质基底隆起区，区内以中酸性岩浆岩、混合岩、变质岩为主。焦家式金矿床受再生花岗质岩体与胶东群接触带控制，矿化发育在主断裂带下盘的角砾岩、碎裂岩、碎裂花岗岩当中。

（2）金属矿物：黄铁矿为主，次为黄铜矿、方铅矿、闪锌矿、磁黄铁矿、少量的银金矿、自然金、自然银、白铁矿、斑铜矿、辉铜矿、黝铜矿、斜方辉钴铋矿、锆石、菱铁矿。

（3）脉石矿物：石英、绢云母、长石、少量绿泥石、白云石、绿帘石、石榴子石。

（4）围岩蚀变：钾化、硅化、黄铁绢英岩化。

（5）矿体形状：脉带型。

（6）规模及品位：小到特大型。

（7）共伴生元素：Ag。

2.2 山东纱岭金矿（破碎带蚀变岩型）

2.2.1 区域成矿背景

纱岭金矿是焦家金矿寺庄矿区在倾向上（向西）的延深。其平面上与焦家金矿的关系如图 2-8 所示，区域成矿背景同焦家金矿。

2.2.2 矿区地质特征

矿区位于胶东地区最著名的金矿成矿带——焦家断裂带的中段西部，地表距焦家断裂带约 1.5~4.0km，为焦家金成矿带的深部延深，焦家断裂带（宽 140~500m）控制了矿体的产出，如图 2-9 所示。

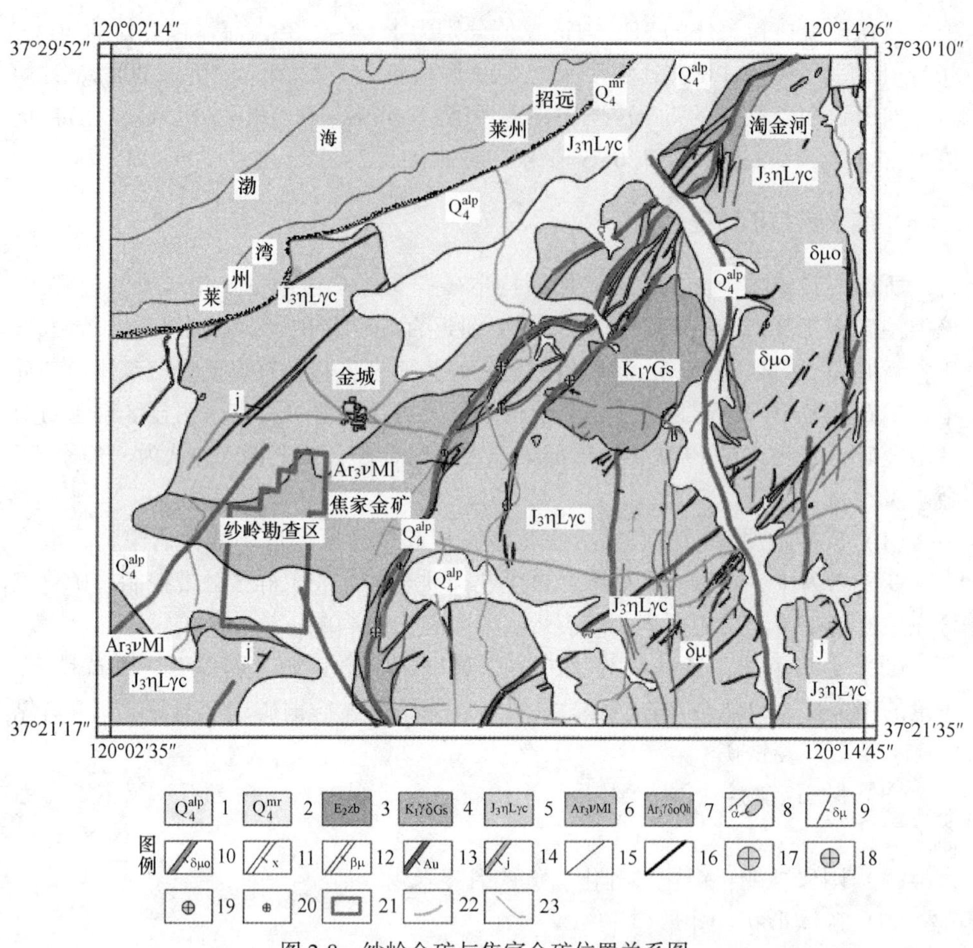

图 2-8　纱岭金矿与焦家金矿位置关系图

1—冲积层、残坡积层；2—海积层；3—五图群朱壁店组含砾长石砂岩、硬砂岩及黏土质砂岩；4—上庄单元巨斑状中粒花岗闪长岩；5—崔召单元弱片麻状含黑云二长花岗岩；6—栾家寨单元中细粒变辉长岩；7—回龙夼单元条带状含角闪黑云英云闪长质片麻岩；8—白色石英脉；9—闪长玢岩脉；10—石英闪长玢岩脉；11—煌斑岩脉；12—辉绿玢岩脉；13—金矿体；14—蚀变带；15—地质界线；16—性质不明断裂；17—特大型金矿；18—大型金矿；19—中型金矿；20—小型金矿；21—纱岭矿区；22—水系；23—道路

矿体主要赋存于主裂面之上的绢英岩化花岗质碎裂岩带（Ⅳ号矿体群）、紧靠主裂面之下的黄铁绢英岩化碎裂岩带（Ⅰ号矿体群）及该带之下的黄铁绢英岩化花岗质碎裂岩带（Ⅱ号矿体群）、之下的黄铁绢英岩化花岗岩带（Ⅲ号矿体群）4 个断裂蚀变岩带内。

2.2.3　矿体地质特征

矿区共圈定 4 个矿体群 105 个矿体。分别为Ⅰ号矿体群（子矿体 3 个）、Ⅱ

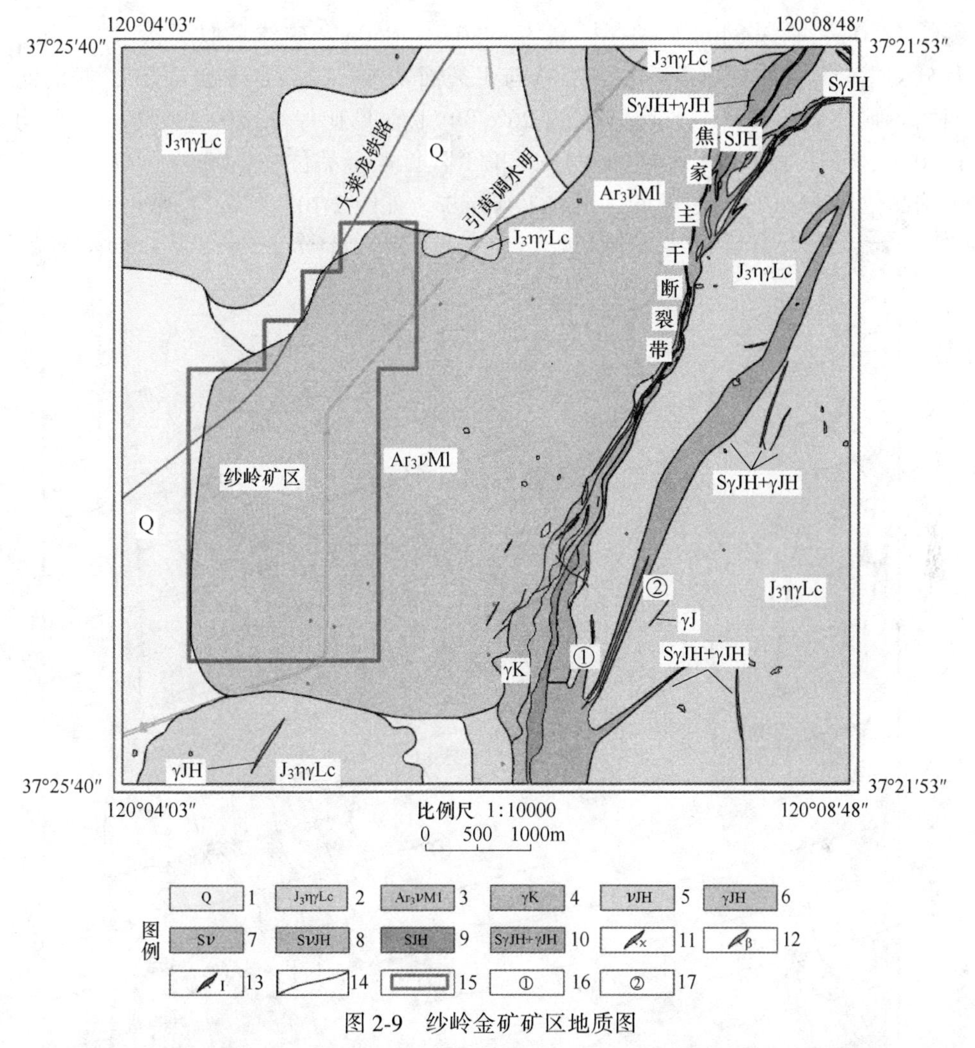

图 2-9 纱岭金矿矿区地质图

1—第四系砂质黏土、腐植土；2—玲珑序列崔召单元二长花岗岩；3—马连庄序列栾家寨单元中细粒变辉长岩；4—钾化花岗岩；5—黄铁绢英岩化变辉长岩；6—黄铁绢英岩化花岗岩；7—变辉长岩质碎裂岩；8—黄铁绢英岩化变辉长岩质碎裂岩；9—黄铁绢英岩化碎裂岩；10—黄铁绢英岩化花岗质碎裂岩和黄铁绢英岩化花岗岩；11—煌斑岩；12—辉绿玢岩；13—矿体位置及编号；14—地质界线；15—本次勘查登记区范围；16—①号分支蚀变带；17—②号分支蚀变带

号矿体群（子矿体 17 个）、Ⅲ号矿体群（子矿体 61 个）、Ⅳ号矿体群（子矿体 24 个）。其中Ⅰ-2 号矿体为主矿体，资源量占矿区总量的 58.15%；Ⅱ-7 和Ⅰ-1 资源量分别占矿区总量的 29.36%和 5.87%。

Ⅰ-2 号矿体：为矿区主矿体，矿石类型为细粒浸染状黄铁绢英岩化碎裂岩型。矿体由 46 个钻孔（8 个见矿孔在矿权区外）控制，最大走向长 1500m，倾斜长 1850m，垂深 840m，赋存标高为 −980 ~ −1850m；矿体呈似层状、大脉状，具分支复合、膨胀夹缩等特点，产状与主裂面基本一致，走向 0° ~ 15°，倾向北西西，倾角 19° ~ 38°，平均倾角约 26°。单工程见矿厚 1.23 ~ 137.19m，平均 11.07m，矿体厚度变化系数 78.24%。单工程见矿金品位（1.00 ~ 11.37）$\times10^{-6}$，平均品位 3.13$\times10^{-6}$，厚度变化系数 130.64%，如图 2-10、图 2-11 所示。

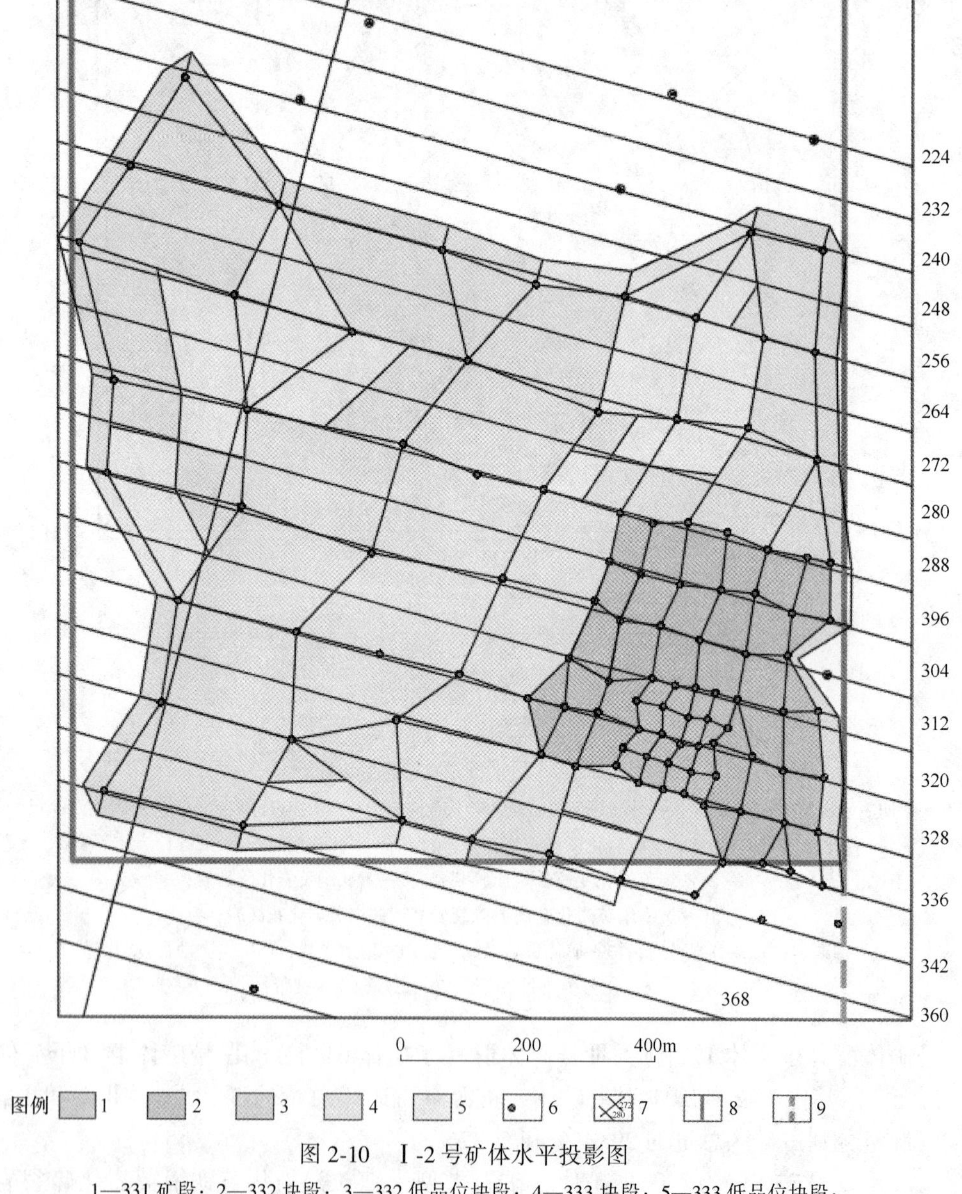

图 2-10　Ⅰ-2 号矿体水平投影图

1—331 矿段；2—332 块段；3—332 低品位块段；4—333 块段；5—333 低品位块段；6—见矿钻孔位置；7—勘探线及编号；8—矿区范围；9—勘查区范围

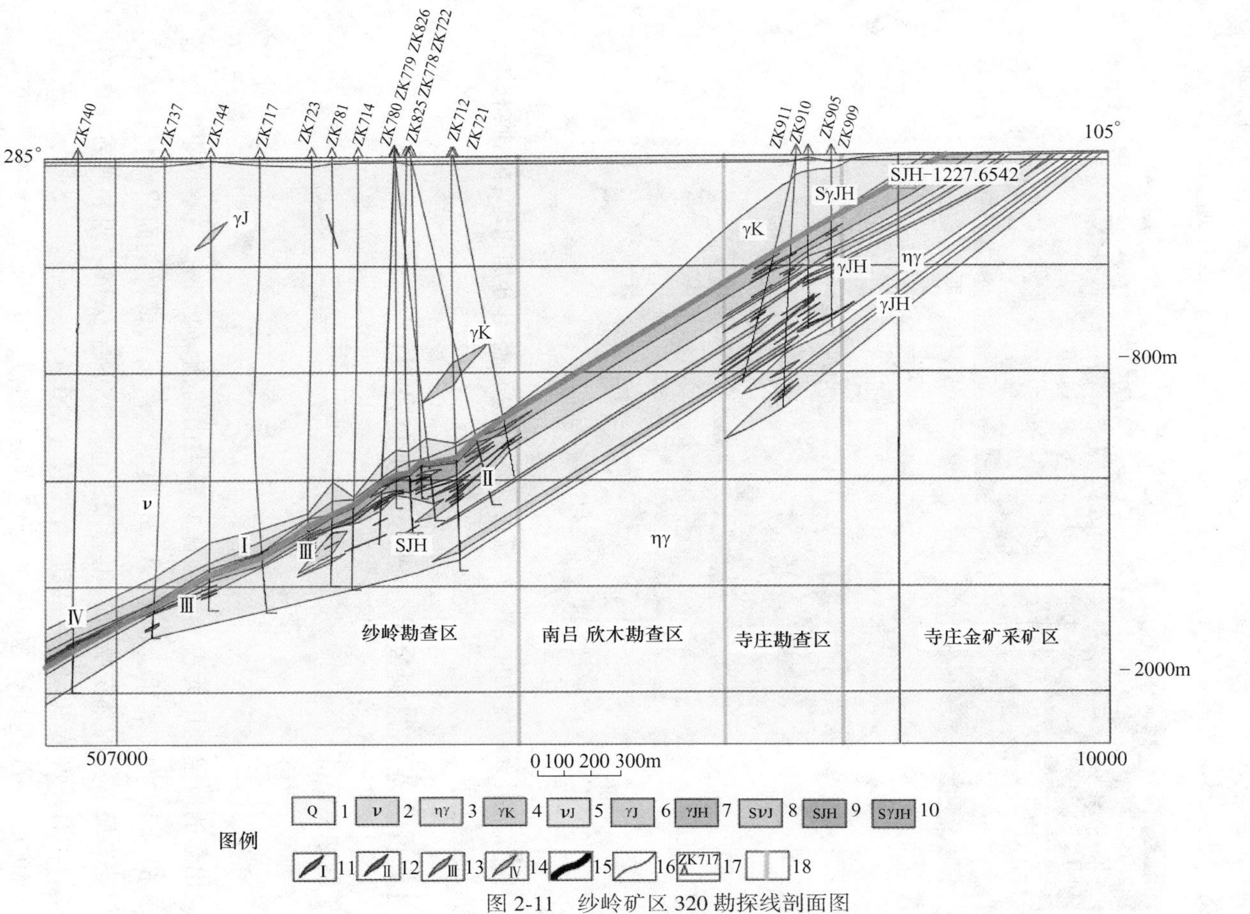

图 2-11 纱岭矿区 320 勘探线剖面图

1—第四系；2—中细粒变辉长岩；3—二长花岗岩；4—钾长石化花岗岩；5—绢英岩化变辉长岩；6—绢英岩化花岗岩；7—黄铁绢英岩化花岗岩；8—绢英岩化变辉长岩质碎裂岩；9—黄铁绢英岩化碎裂岩；10—黄铁绢英岩化花岗质碎裂岩；11—Ⅰ号矿带；12—Ⅱ号矿带；13—Ⅲ号矿带；14—Ⅳ号矿带；15—控矿断裂带主断裂面；16—实测及推测地质界限；17—钻孔位置及编号；18—矿权界限

2.2.4　矿石特征

矿石矿物成分由金属矿物和非金属矿物组成，其中金属矿物主要有银金矿、黄铁矿等；非金属矿物主要有石英、绢云母、长石等，如图 2-12 所示。

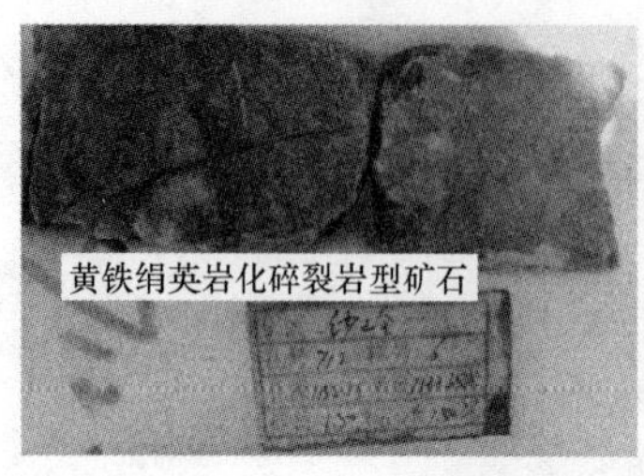

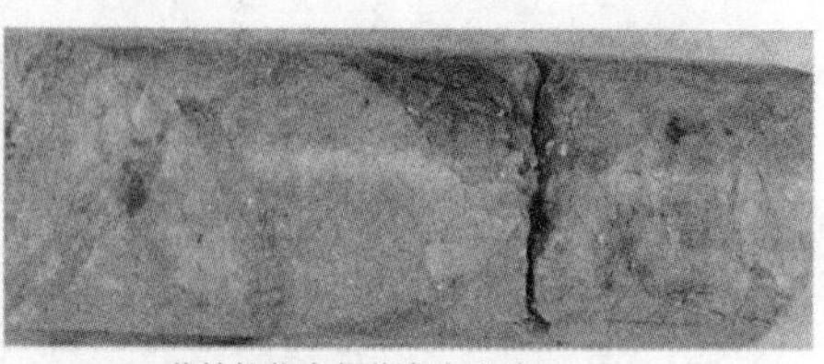

黄铁绢英岩化花岗岩型矿石

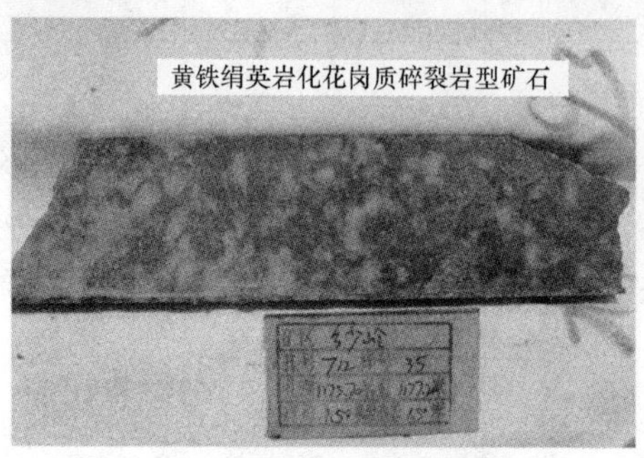

图 2-12　纱岭金矿区矿石特征

矿石中有益组分以金为主，银、硫可作为伴生有益组分加以综合回收利用。无伴生的有害组分。

2.3　内蒙古浩尧尔忽洞金矿（破碎带蚀变岩型）

2.3.1　矿区地质特征

2.3.1.1　地层

本区出露的地层为中元古界白云鄂博群尖山岩组（Pt_2byj）、哈拉霍疙特岩组（Pt_2byh）和比鲁特岩组（Pt_2byb）。与典型的白云鄂博群剖面岩性特征基本吻合，但缺失最下部的都拉哈拉岩组和最上部的白音宝拉格岩组和呼吉尔图岩组。主要岩性有片麻岩（GNE）、红柱石片岩（ANDA）、变砂岩（SS）、二云石英片岩（MQS）、石英岩（MQZ）、变粒岩（LEP）、角砾岩（BXT）、灰岩（SLS）、大理岩（MMB）、石英脉（QZ），如图 2-13 所示。

（1）尖山岩组（Pt_2byj）。主要出露在矿区的西部、北部和南部。为一套滨海相的碎屑岩建造，由黑色碳质板岩、粉砂质板岩、红柱石角岩、变粉砂岩和长

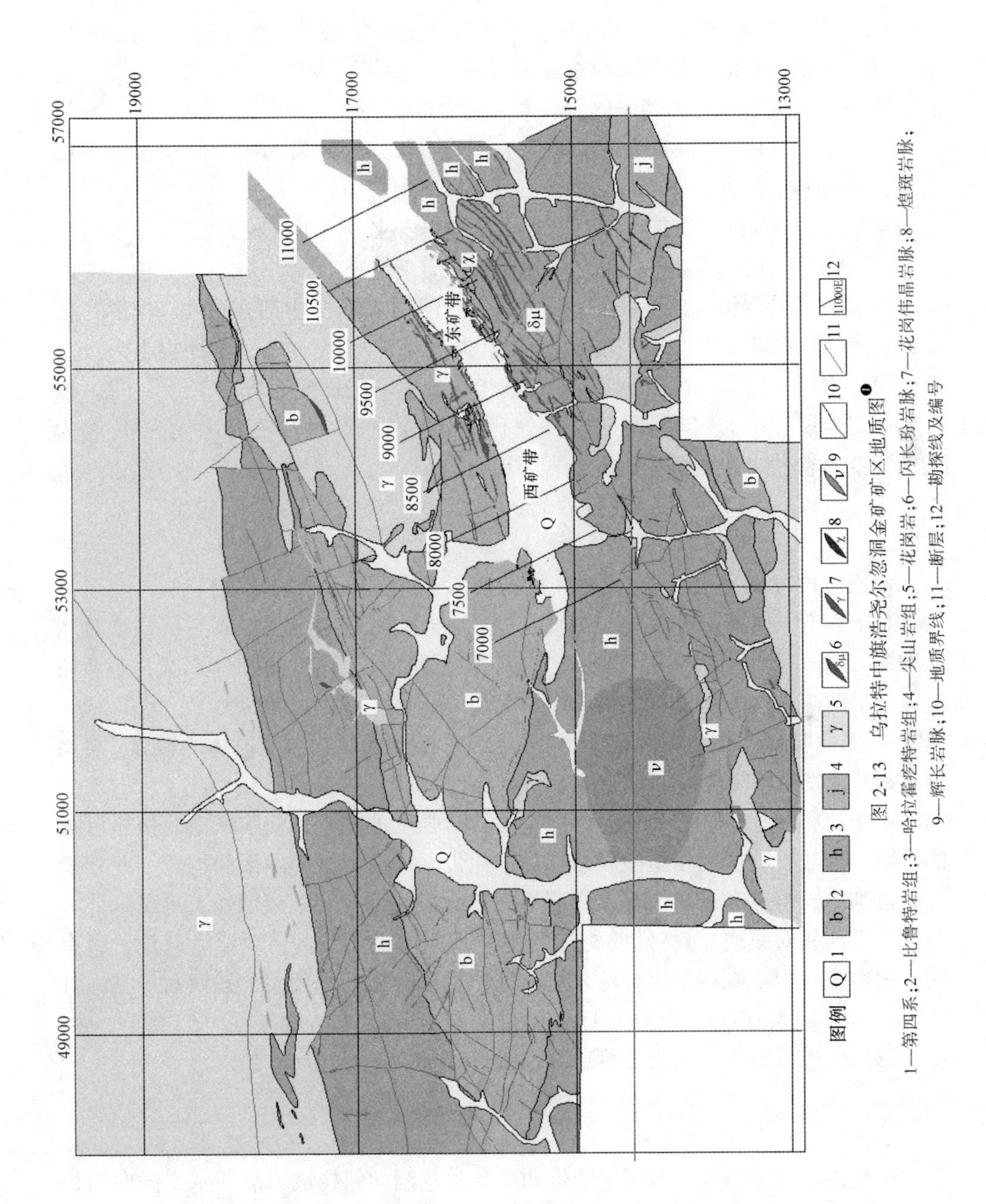

图 2-13 乌拉特中旗浩尧尔忽洞金矿矿区地质图❶

1—第四系；2—比鲁特岩组；3—哈拉霍疙特岩组；4—尖山岩组；5—花岗岩；6—闪长玢岩脉；7—花岗伟晶岩脉；8—煌斑岩脉；9—辉长岩脉；10—地质界线；11—断层；12—勘探线及编号

❶ 图片来源《内蒙古自治区乌拉特中旗浩尧尔忽洞金矿东、西矿段详查报告》。

石石英砂岩组成。与上覆的哈拉霍疙特岩组底部的钙质碎屑岩接触界线为渐变和交叉。发现有少量的高品位的含金石英窄脉。

（2）哈拉霍疙特岩组（Pt_2byh）。在矿区的南北两侧广泛出露。为白云鄂博群内唯一主要由大陆架碳酸盐相组成的岩组，由薄层至中层白云质灰岩组成，夹有燧石板岩、硅质条带和钙质碎屑岩层。按岩性分为3个岩性段，自下而上为：

第一岩段（h1）。以灰黑色、灰色千枚岩、板岩、片岩为主，夹少量的薄层灰岩，岩石中普遍含钙质。

第二岩段（h2）。为灰白色石英岩、硅灰岩，夹少量的千枚岩。

第三岩段（h3）。为灰色灰岩，厚层状，层理清晰。

（3）比鲁特岩组（Pt_2byb）。该岩组主要出露在矿区的中部，并呈“楔形”低变质岩片残留在岩浆岩体内。按其岩石组合类型划分为四个岩段，自下而上为：

第一岩段（b1）。由碳质变质粉砂岩组成，夹有粉砂质板岩。

第二岩段（b2）。以碳质千枚岩、千枚岩和红柱石-十字石-石榴子石片岩为主，夹变质粉砂岩和变质玄武质砂岩薄层。

第三岩段（b3）。由变质粉砂岩、变质砂岩组成，夹变质同生角砾岩层夹层。

第四岩段（b4）。由钙质或碳酸盐质黑色千枚岩和千枚状片岩组成。

自下而上，由第一岩段至第四岩段，岩石碳质含量相对减少，硅、钙质含量明显增加，变质程度逐渐增强。沿走向方向，岩层延伸较稳定，相变不明显，东西向贯穿整个图幅。以工作区中部平移断层为界，东部地层倾向300°~330°，倾角65°~85°；西部地层倾向156°~170°，倾角65°~89°。受局部因断层和脉体的影响，岩层产状紊乱或发生倒转现象，变质程度相对增强。沿倾向方向无大的变化。

由于比鲁特岩组岩石类型的不同及其抗压强度的差异，受区域南北挤压应力的作用，形成一些层间挤压破碎带和片理化带。局部产生小的褶曲构造。并伴随有石英细脉、网脉和岩脉的侵入（岩石硅质含量由南至北逐渐增强，走向延伸方向由东至西相对减弱）。特殊的构造环境使其成为金矿化的主要赋矿层位，所有的已知金矿化带都赋存于比鲁特岩组的第一岩段（b1）和第二岩段（b2）中。

（4）第四系（Q）。分布在区内中部北东向河谷及两侧支谷内，主要为冲、洪积形成的砂、砂砾、黏土等，局部地段有砂金。

2.3.1.2　构造

矿区构造主要由4个断裂构造带和浩尧尔忽洞向斜构成，浩尧尔忽洞向斜位于中部，其两翼分别分布着一条脆-韧性剪切带和一条脆性断裂带。总体构造带走向为NEE向和NW向，为区域NW向构造NE盘的次级构造，是矿区成矿、控矿构造带，如图2-14所示。

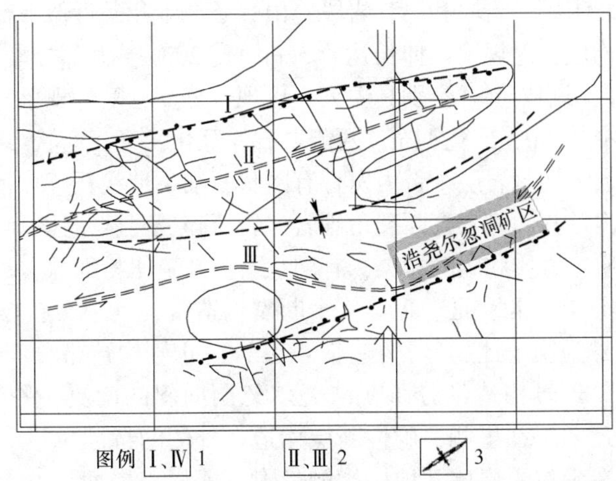

图 2-14　乌拉特中旗浩尧尔忽洞金矿矿区构造纲要图❶

1—脆性断层构造带；2—韧性剪切构造带；3—浩尧尔忽洞向斜

A　褶皱构造

区内的褶皱构造为轴向呈 NEE 向展布的浩尧尔忽洞向斜，向斜呈紧密褶皱形态，两翼地层产状较陡，常伴有次级小型褶曲，香肠状构造发育。

西段及中部近 NEE 走向，北东段呈 NE45°，轴面近直立，向斜轴长 12500m，轴部最宽 2000m。向斜核部为比鲁特岩组，内翼为哈拉霍疙特岩组，外翼为尖山岩组。轴部比鲁特岩组在西部圈闭，北东段和北翼受后期岩浆岩破坏地层缺失严重，由于岩浆活动和断裂构造的影响，局部褶皱发生轻微的倒转。

B　断裂构造

矿区断裂构造体系按走向可分为近东西向和近北西向。近东西向构造带是由多组走滑断层和一系列近似平行密集的层间挤压破碎带构成，即脆-韧性剪切构造带系，是导矿和容矿构造，构成矿床主体。北西向构造以平移断层为主，是北部的高勒图逆掩断层和南部石崩-合教断裂带活动期应力叠加的产物，晚于近东西向构造带，切割东西向构造带，断距一般在十米至上百米，并在一定范围内改变挤压破碎带的性质。

矿区内断裂构造按构造性质可分为两大类：脆-韧性剪切构造带系和断层构造带。脆-韧性剪切带形成于早期地壳深部，断层构造带形成较晚并叠加在脆-韧性剪切带之上，对矿床起改造叠加或破坏作用。

C　脆-韧性剪切构造带

脆-韧性剪切构造带走向在东部呈北东向、中部呈东西向、西部呈北西向。主

❶ 图片来源《内蒙古自治区乌拉特中旗浩尧尔忽洞金矿东、西矿段详查报告》。

要发育在比鲁特岩组第一岩段和第二岩段，由数条至十几条近似平行的单个挤压破碎带和片理化带构成，总规模延伸长达 4.5km、宽 200m。大部分沿岩层走向展布，延伸较稳定，少数切割岩层。个别具尖灭、再现、分支、复合现象。单个破碎带宽度变化较大，最窄 0.2m、最宽 11m，两侧岩石片理化发育，产状与岩层产状一致，个别地段倾角变大，切割岩层。带内发育有网状、细条带状石英脉和透镜状石英团块。构造破碎带内及其两侧发育断裂角砾岩，岩石碎裂明显，其角砾成分为两侧围岩，胶结物为硅质、铁质和碳酸盐类，有网状石英及硫化物细脉。

自北向南划分Ⅰ、Ⅱ、Ⅲ、Ⅳ等 4 个断裂构造带，其中Ⅰ、Ⅳ号为脆性断层构造带，Ⅱ、Ⅲ号为脆-韧性剪切构造带。Ⅰ号、Ⅱ号构造带分布在浩尧尔忽洞向斜北翼，Ⅲ号、Ⅳ号构造带分布在浩尧尔忽洞向斜的南翼，并都表现为脆-韧性剪切构造带靠近向斜在里侧，脆性断层构造在外侧的特征。

Ⅰ号断裂构造带位于岩体和地层接触带附近或岩组界面上，走向 NE70°，为一组断层集合而成，没有典型断层面。

Ⅱ号断裂构造带由脆-韧性剪切构造、石英脉、脉岩共同组成，脆-韧性剪切构造带和地层总体产状一致，局部劈理反向。总体走向 NE60°，倾向南东，倾角 80°至直立，主要发育在比鲁特岩组第一岩段内。北东段构造进入岩体内，南西段有和Ⅲ号断裂构造带交汇的趋势。

Ⅲ号断裂构造带是矿区主要构造，由脆-韧性剪切构造、石英脉、脉岩共同组成。脆-韧性剪切带在南北向主压应力作用下，受南北两个花岗岩砥柱影响，在走向上呈现反“S”形，总体走向 NE60°~80°，倾向 NW 或 SE，倾角 70°~90°。主要发育在比鲁特岩组第一岩段和第二岩段，由数条至十几条近似平行的单个挤压破碎带和片理化带构成，走向长 4.5km，宽 200m。其具有向北东方向和Ⅱ号断裂构造带交汇、向南西方向和Ⅳ号断裂构造带交汇的趋势。浩尧尔忽洞金就产于Ⅲ号断裂构造带东端。所以脆-韧性剪切带、向斜、脉岩、断层的复合地段是成矿的有利地段。

Ⅳ号断裂构造带走向 NE70°，为一组断层和脉岩，没有典型断层面。主要发育在哈拉霍疙特岩组。

2.3.1.3　*岩浆岩*

岩浆岩主要为华力西中、晚期侵入的岩浆岩。岩性为黑云母花岗岩、钾质花岗岩和花岗闪长岩；以岩基、小岩株出露于矿区北部和南部；距比鲁特岩组内金矿化带数百米至数千米不等。

2.3.2　矿带地质特征

浩尧尔忽洞金矿带总体呈“弧形”展布，倾向 N，倾角近似直立，深部变缓，分支、复合普遍。含矿岩石主要为片岩、千枚岩、千枚状板岩等。以 F2 断层为界从西向东分为西、东两个矿段，如图 2-15 所示。

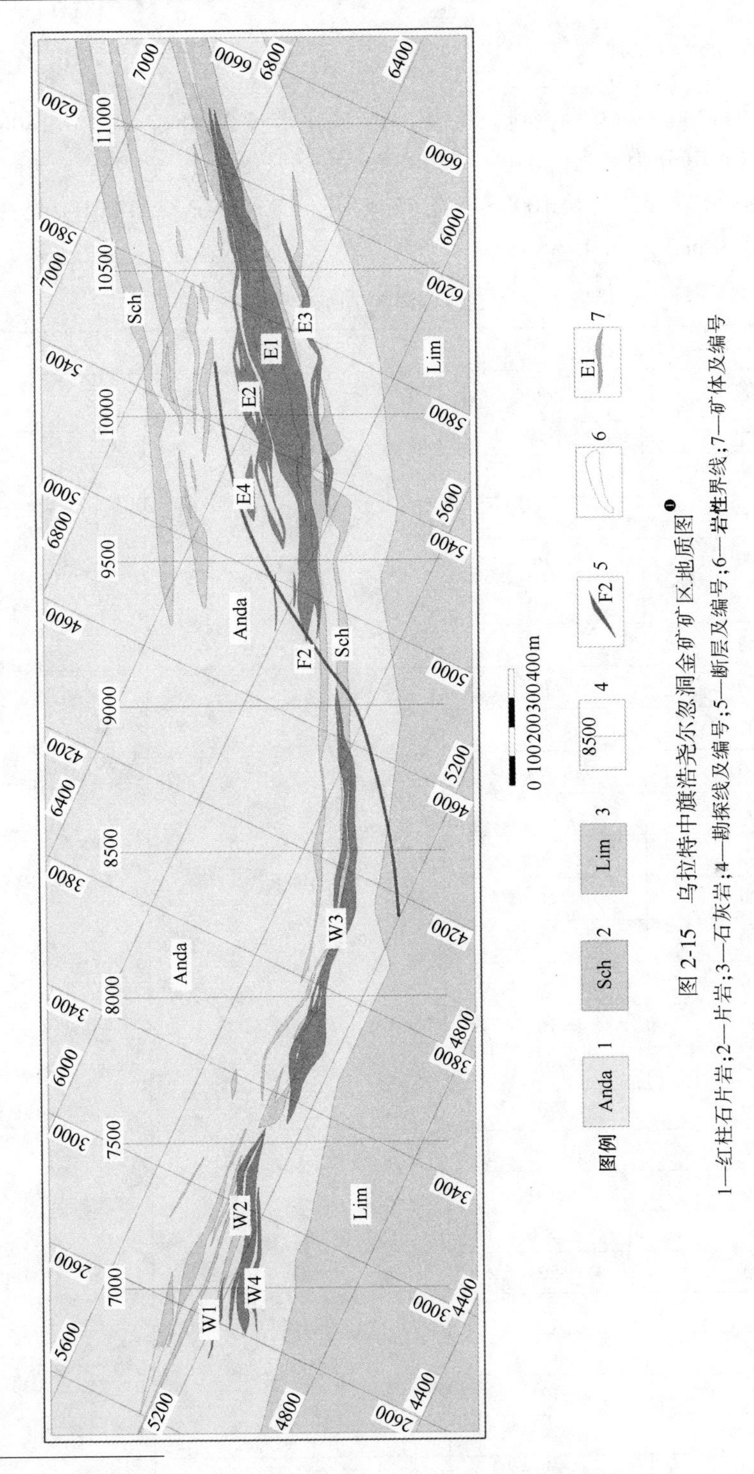

图 2-15　乌拉特中旗浩尧尔忽洞金矿矿区地质图❶

1—红柱石片岩；2—片岩；3—石灰岩；4—勘探线及编号；5—断层及编号；6—岩性界线；7—矿体及编号

❶ 图片来源《内蒙古自治区乌拉特中旗浩尧尔忽洞金矿东、西矿段详查报告》。

2.3.2.1 西矿带

分布在9200~6900勘探线，见表2-3。矿化带长2340m，宽10~140m，平均65m。按走向可分为三段，6800~7400勘探线，长800m，宽93m，走向为67°；在7400~8300勘探线，长1000m，宽67m，走向83°；在8300~9100勘探线，长1760m，宽38m，走向45°。

表2-3 浩尧尔忽洞金矿西矿带分布特征

<table>
<tr><th>勘探线号</th><th>矿化带厚/m</th><th>矿化带长/m</th><th>矿化带方位/(°)</th></tr>
<tr><td>6900</td><td>140</td><td rowspan="7">700</td><td rowspan="7">NEE67</td></tr>
<tr><td>7000</td><td>110</td></tr>
<tr><td>7100</td><td>80</td></tr>
<tr><td>7200</td><td>52</td></tr>
<tr><td>7300</td><td>76</td></tr>
<tr><td>7400</td><td>100</td></tr>
<tr><td>平均</td><td>93</td></tr>
<tr><td>7500</td><td>74</td><td rowspan="10">1000</td><td rowspan="10">NEE83</td></tr>
<tr><td>7600</td><td>20</td></tr>
<tr><td>7700</td><td>90</td></tr>
<tr><td>7800</td><td>112</td></tr>
<tr><td>7900</td><td>76</td></tr>
<tr><td>8000</td><td>60</td></tr>
<tr><td>8100</td><td>40</td></tr>
<tr><td>8200</td><td>56</td></tr>
<tr><td>8300</td><td>76</td></tr>
<tr><td>平均</td><td>67</td></tr>
<tr><td>8400</td><td>70</td><td rowspan="9">760</td><td rowspan="9">EW</td></tr>
<tr><td>8500</td><td>56</td></tr>
<tr><td>8600</td><td>42</td></tr>
<tr><td>8700</td><td>36</td></tr>
<tr><td>8800</td><td>56</td></tr>
<tr><td>8900</td><td>22</td></tr>
<tr><td>9000</td><td>14</td></tr>
<tr><td>9100</td><td>10</td></tr>
<tr><td>平均</td><td>38</td></tr>
<tr><td>总平均</td><td>65</td><td></td><td></td></tr>
</table>

西矿带由北至南分为W1、W2、W4、W3等4条矿体，其中W2、W3为主矿体。W2位于西侧的6900~7500勘探线，W3位于东侧7400~9000勘探线，两矿体呈右行侧列分布。W1矿体位于W2北侧（W2上盘）6850~7050勘探线，W4矿体位于W2南侧（W2下盘）6850~7350勘探线。西矿段矿体之间间隔一般为10~20m。矿体总体倾向北西，局部南倾，呈舒缓“S”形，倾角一般为75°~85°，局部近似于直立，占矿床总资源储量的24.3%。

2.3.2.2 东矿带

东矿带分布在11100~9200勘探线，见表2-4。矿化带长1860m，矿化带宽10~304m，平均宽183m。矿化带按走向可分为两段，9300~9700勘探线走向为65°，长460m，平均宽170m；9700~11000勘探线走向为50°，长1400m，平均宽190m。

表2-4 浩尧尔忽洞金矿化带分布特征

<table>
<tr><th>勘查线号</th><th>矿化带厚度/m</th><th>矿化带长/m</th><th>矿化带总体方位/(°)</th></tr>
<tr><td>9300</td><td>160</td><td rowspan="6">460</td><td rowspan="6">NEE65</td></tr>
<tr><td>9400</td><td>160</td></tr>
<tr><td>9500</td><td>64</td></tr>
<tr><td>9600</td><td>160</td></tr>
<tr><td>9700</td><td>304</td></tr>
<tr><td>平均</td><td>170</td></tr>
<tr><td>9800</td><td>290</td><td rowspan="15">1400</td><td rowspan="15">NE50</td></tr>
<tr><td>9900</td><td>236</td></tr>
<tr><td>10000</td><td>270</td></tr>
<tr><td>10100</td><td>300</td></tr>
<tr><td>10200</td><td>282</td></tr>
<tr><td>10300</td><td>250</td></tr>
<tr><td>10400</td><td>250</td></tr>
<tr><td>10500</td><td>200</td></tr>
<tr><td>10600</td><td>180</td></tr>
<tr><td>10700</td><td>70</td></tr>
<tr><td>10800</td><td>70</td></tr>
<tr><td>10900</td><td>50</td></tr>
<tr><td>11000</td><td>26</td></tr>
<tr><td>平均</td><td>190</td></tr>
<tr><td>总平均</td><td>183</td></tr>
</table>

2.3.3 矿体地质特征

东矿带由北至南分为E4、E2、E1、E3等4条矿体，其中E1矿体位于中部，

E2 位于北部 E1 上盘，E3 位于南部 E1 下盘，矿体在平面上呈平行排列，E1 和 E2 矿体间隔 2～6m。矿体倾向北西，倾角一般为 75°～85°，局部近直立，其特征见表 2-5。

表 2-5　矿体地质特征

矿带	矿体编号	形态	产状		长/m	厚/m	厚度变化系数/%	品位/$g \cdot t^{-1}$	品位变化系数/%	占矿段资源量比例/%
			倾向	倾角/(°)						
东矿带	E1	透镜状	NW	70～87	1820	85.94	50.29	0.66	87.96	73.80
	E2	板状、条带状	NW	67～89	1780	28.04	81.21	0.63	98.35	16.51
	E3	条带状	NW	75～87	1220	19.91	60.61	0.47	80.77	7.97
	E4	S 状	NW	75～87	570	13.99	80.38	0.44	100.65	1.72
西矿带	W1	条带状	N	81～84	395	12.96	60.90	0.50	71.01	2.37
	W2	板状、似板状	N	57～85	780	37.36	48.68	0.60	92.82	19.45
	W3	透镜状	N	80～87	1540	43.78	46.07	0.60	105.68	71.77
	W4	条带状	N	83～89	530	11.21	66.41	0.80	104.89	6.40

浩尧尔忽洞金矿床矿化位于中元古界白云鄂博群比鲁特岩组（Pt_2byb）中，矿体严格受地层（比鲁特岩组第二岩性段）和构造破碎带及片理化带控制。

矿体形态比较简单，主要为板状、似板状和大透镜状，矿体走向 NE-NEE，在平面上呈雁行式或平行排列，成群出现，矿体分支复合普遍。

2.3.3.1　西矿段矿体特征

西矿段位于东矿段西侧，是一条构造带，其代表性矿体有 W1、W2、W3、W4，如图 2-16 所示。

（1）W1 号矿体。位于西矿段北部，分布于 6800～7200 线，矿体长度约 395m。矿体走向 97°～104°为近东西向，倾角 81°～84°，倾向北。矿体形态比较简单，为条带状，在 6900 线以西分支。矿体沿走向和倾向均比较稳定。矿体平均厚度 12.96m，厚度变化系数 60.90%。矿体平均品位 0.50g/t，品位变化系数 71.01%，采矿权范围内工业矿体主要分布在 7100 线以东，探矿权范围内均为工业矿体。钻孔控制最低标高 1281.00m，资源储量占西矿段总资源储量的 2.37%。

（2）W2 号矿体。位于 W1 矿体的南部，相距 20～40m。矿体分布于 6800～7550 线之间，长度约 780m。走向 98°～136°，矿体走向近东西，倾角 57°～85°，倾向北，局部近似于直立。矿体形态比较简单，主要为板状、似板状，矿体在 6900 线分支，矿体内有较大的夹石。矿体沿走向和倾向均具有分支复合的特点。矿体平均厚度 37.36m，厚度变化系数 48.68%。矿体平均品位 0.60g/t，品位变

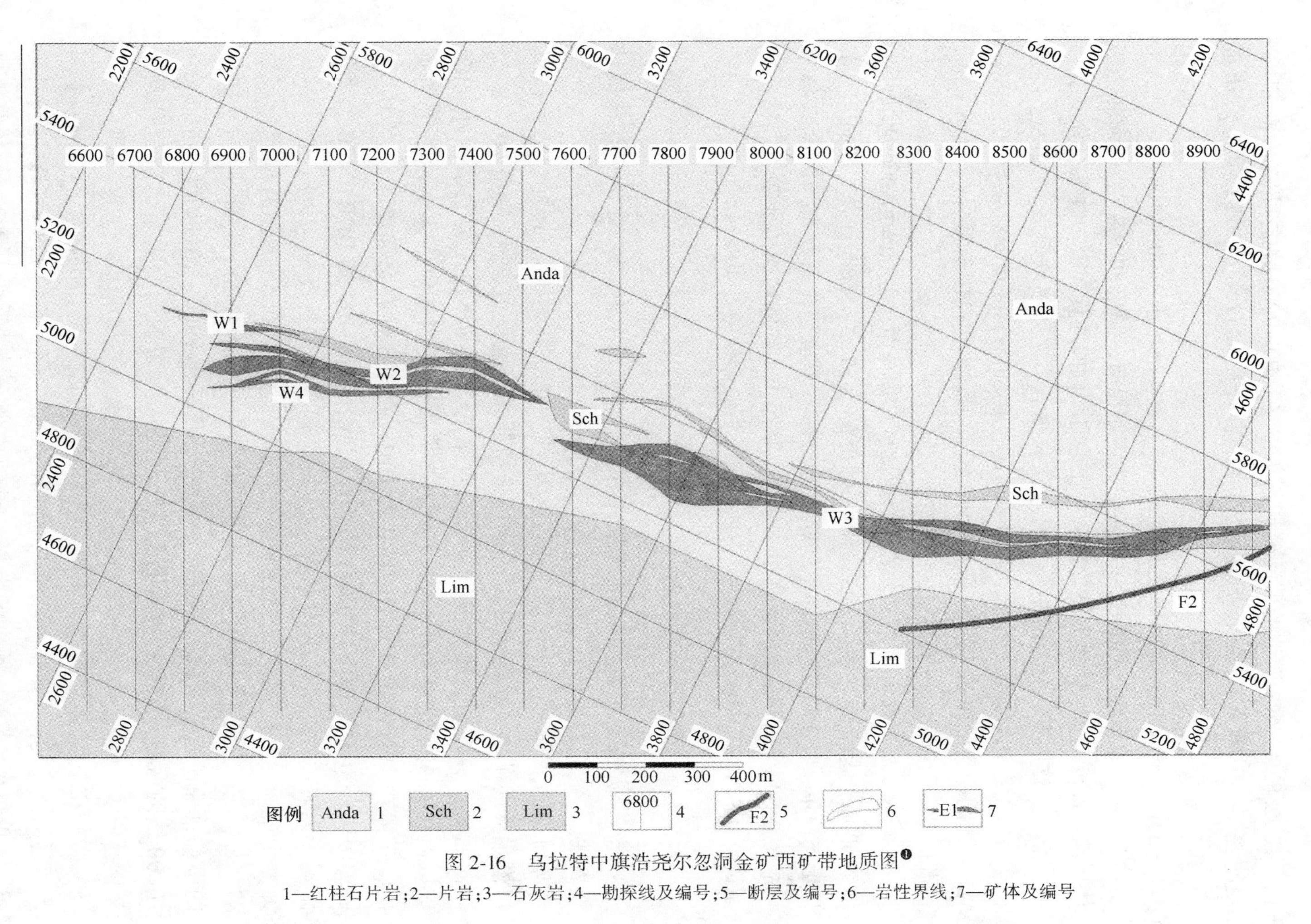

图 2-16 乌拉特中旗浩尧尔忽洞金矿西矿带地质图❶

1—红柱石片岩；2—片岩；3—石灰岩；4—勘探线及编号；5—断层及编号；6—岩性界线；7—矿体及编号

❶ 图片来源《内蒙古自治区乌拉特中旗浩尧尔忽洞金矿东、西矿段详查报告》。

化系数92.82%，W2矿体的低品位矿石集中在6900~7000线之间和7000~7100线的深部。钻孔控制最低标高1215.12m，资源储量占西矿段总资源储量的19.45%。

（3）W3号矿体。是西矿段最大的矿体。矿体分布于7400~9100线之间，长度约1540m。走向86°~107°，矿体走向为近东西向，倾角80°~87°，倾向北，矿体局部近似于直立。矿体形态较复杂，在走向和倾向均具有膨胀收缩、分支复合的特点，矿体内夹石分布密集，并有较狭长夹石。矿体平均厚度43.78m，厚度稳定，厚度变化系数46.07%。矿体平均品位0.60g/t，品位变化系数105.68%，W3矿体的低品位矿石主要分布在8500线以东。钻孔控制最低标高1116.05m，资源储量占西矿段总资源储量的71.77%。

（4）W4号矿体。位于W2矿体的南部。矿体分布于6900~7350线之间，长度约530m，走向96°，走向为东西向。倾角83°~89°，局部近直立，倾向北。矿体形态简单，呈条带状。矿体平均厚度11.21m，厚度变化系数66.41%。矿体平均品位0.80g/t，品位变化系数104.89%，整个W4矿体均为工业矿石。钻孔控制最低标高1177.93m，资源储量占西矿段总资源储量的6.40%。

2.3.3.2 东矿段矿体特征

东矿段是主要矿体集中区和成矿部位，位于矿区东侧，以E1、E2矿体最具代表性。

（1）E1号矿体。矿体位于东矿段中部，分布于9300~11000，是东矿段规模最大的矿体。长约1820m，矿体走向北东，方位角81°。倾角70°~87°，倾向北西。矿体形态较为复杂，有分支复合、尖灭再现现象。矿体在9400线以西和10900线以东出现分支，随着矿体向深部延伸，分支现象更加突出，矿体在10200线DDH10200-2和DDH10200-3钻孔之间尖灭，在10500线DDH10500-3和DDH10500-4钻孔间尖灭，在10400线DDH10400-2钻孔出现了无矿地段。矿体平均厚度85.94m，厚度变化系数50.29%，整个矿体为一个中间厚、两端薄的大透镜体。矿体平均品位0.66g/t，品位变化系数87.96%，采矿权范围内工业矿体主要赋存在9700~10700线间，在E1矿体的中部；探矿权范围内的低品位矿体主要赋存在9900~10100线和10200~10600线的深部。钻孔控制最低标高942.50m，资源储量占东矿段总资源储量的73.80%。

（2）E2号矿体。E2号矿体位于E1矿体的北部，与E1相距8~36m，中间为通透的狭长夹石。矿体分布于9300~10800线之间，长约1780m，矿体走向北东，方位角60°~78°。倾角67°~89°，倾向北西，局部近似于直立。矿体整体形态较复杂，呈板状和条带状，局部有分支复合现象。矿体在9800线以西出现分支。矿体平均厚度 28.04m，厚度变化系数 81.21%。矿体平均品位 0.63g/t，品位变化系数 98.35%，采矿权范围内的工业矿体分布于整个 E2 矿体的中部，矿体由中部向东西延伸品位减小，9700 线以西全部为低品位矿石；探矿权范围内工业矿体分布在矿体的中部。钻孔控制最低标高 1043.57m，资源储量占东矿段总资源储量的 16.51%。

（3）E3 号矿体。E3 号矿体位于 E2 矿体的南部，分布于 9500～10650 线之间，长约 1220m，矿体走向北东，方位角 81°。倾角 75°～87°，倾向北西。矿体形态简单，局部有膨胀收缩，矿体内偶有较小夹石，矿体厚度稳定，平均厚度 19.91m，厚度变化系数 60.61%。矿体平均品位 0.47g/t，品位变化系数 80.77%，有用组分分布均匀，E3 矿体是低品位比较集中的矿体，除 9500～9850 线的 1155～1592m 为工业矿体，其他几乎均为低品位矿石。钻孔控制最低标高 870.50m，资源储量占东矿段总资源储量的 7.97%。

（4）E4 号矿体。矿体位于东矿段最北部，分布于 9300～9900 线之间，长约 570m，矿体走向北东，矿体形态为近“S”状，方位角 81°。倾角 75°～87°，倾向北西。矿体形态较简单，有分支复合现象，仅在 9600 线和 9700 地表出现较小夹石。矿体平均厚度 13.99m，厚度变化系数 80.38%。平均品位 0.44g/t，品位变化系数 100.65%，除 9700 线以东的深部赋存有工业矿体外，其他均为低品位矿石；钻孔控制最低标高 1109.98m，资源储量占东矿段总资源储量的 1.72%，如图 2-17 所示。

2.3.4 矿石特征

2.3.4.1 矿石类型

A 自然类型

浩尧尔忽洞金矿矿石自然类型可分为氧化矿、混合矿和原生矿。氧化矿和原生矿的主要矿物成分相似，见表 2-6、表 2-7，二者脉石矿物皆为石英及云母，均含尘埃状石墨包裹体。

氧化矿脉石矿物以硅酸盐矿物为主，主要是石英，也见很少量斜长石，云母主要为绢云母及少量黑云母。硅酸盐矿物上均见到不透明矿物尘埃状包裹体，尽管未见到片状晶形，但其光性特征显示该矿物为石墨。氧化矿样品中基本不含任何硫化物，含有约 10%褐铁矿，褐铁矿呈多种形式存在，包括土状、结核、侵染状，或以薄膜渗透于硅酸盐矿物中。

原生矿与氧化矿中矿物成分基本相似，以石英为主，其次为云母，少量长石，并具尘埃状石墨包裹体，取代褐铁矿的是黄铁矿和少量磁黄铁矿。黄铁矿在样品中以游离体形式存在，另见少量磁黄铁矿和毒砂。

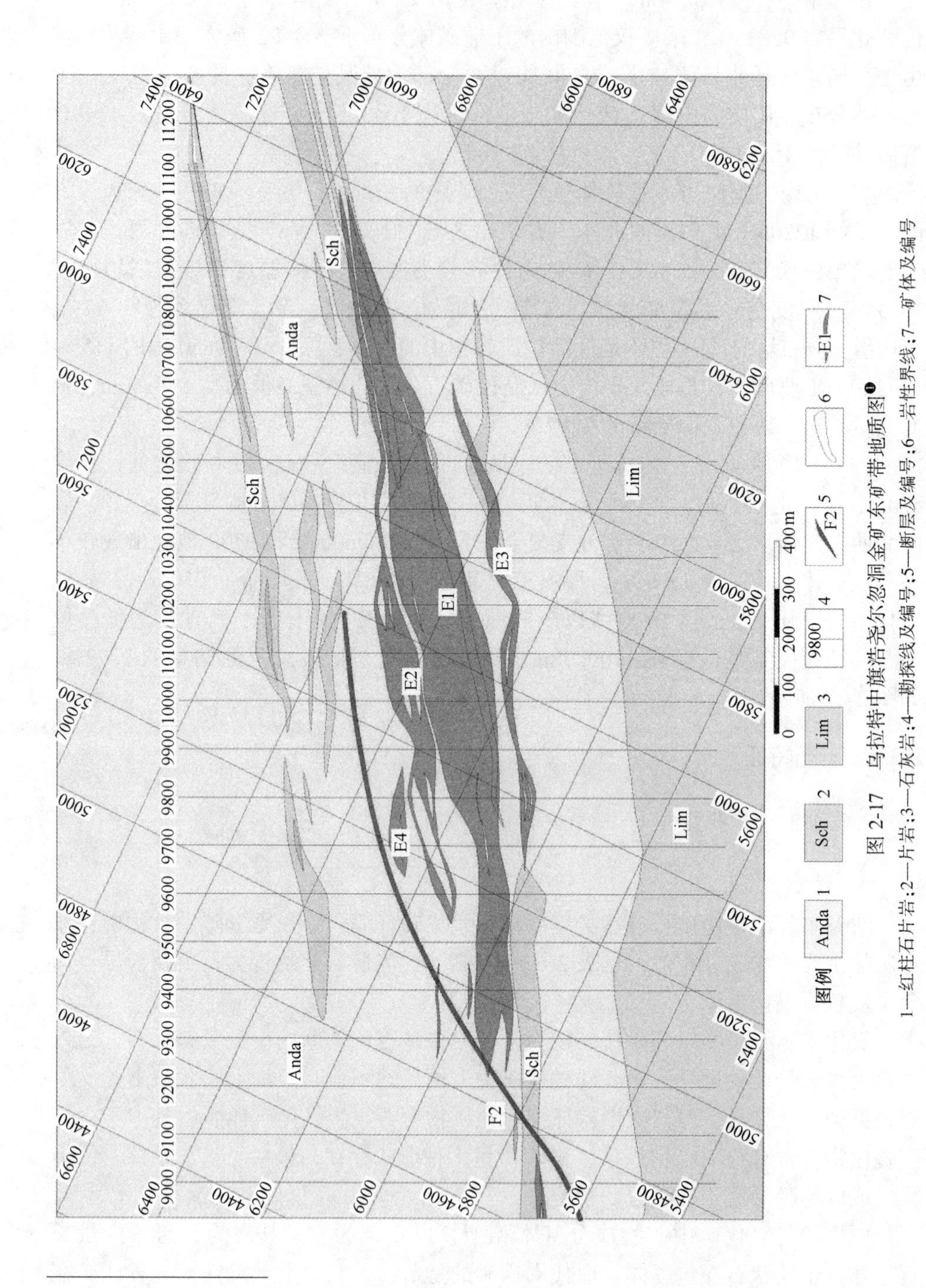

图 2-17 乌拉特中旗浩尧尔忽洞金矿东矿带地质图[1]

1—红柱石片岩;2—片岩;3—石灰岩;4—勘探线及编号;5—断层及编号;6—岩性界线;7—矿体及编号

[1] 图片来源《内蒙古自治区乌拉特中旗浩尧尔忽洞金矿东、西矿段详查报告》。

表 2-6 氧化矿与原生矿特征对比

自然类型	工业类型	
	石英细脉矿石	板岩类混合矿石
氧化矿	脉体为烟灰色，呈细脉、网脉、串珠状、小透镜状产于岩石劈理面、片理化面和挤压破碎带内。地表风化强烈，岩石破碎，金属硫化物发育，约占 3%～5%，且有 90%以上氧化成为褐铁矿，以及少量的铜蓝、孔雀石等次生矿物。绢云母化常发育在脉体与围岩的接触面上。岩石比较坚硬，具团块状构造和蜂窝状构造。脉体最宽 20cm，一般 1～2cm，甚至几毫米。品位一般大于 5g/t	岩石为灰黑色，具褪色现象。千枚状构造、板状构造、片状构造发育。金属硫化物（以黄铁矿、磁黄铁矿为主）发育，约占 0.5%～3%，且已全部氧化成为褐铁矿，同时可见硅化、绢云母化、绿泥石化、高岭土化等蚀变。岩石破碎，片理化、裂隙、劈理发育，常见石英细脉、网脉产于其中。岩石受后期构造影响，层面凹凸不平，可见有小褶曲和拖曳褶皱。褐铁矿常呈细脉状、膜状产于岩石劈理面、裂隙中。金品位一般在 0.5～1g/t 之间
原生矿	不同之处：脉体为灰白色，富含金属硫化物，约占 3%～5%，有黄铁矿、磁黄铁矿、黄铜矿、辰砂等，团块状构造，蜂窝状构造几乎不见。金属硫化物没有次生变化。脉体相对氧化矿硬度要大。金品位稍低于氧化矿，可能与氧化富集有关	不同之处：岩石为深灰黑色，不具褪色现象，富含金属硫化物，约占 0.5%～3%，有黄铁矿、磁黄铁矿、黄铜矿等。绢云母化发育，金属硫化物没有次生变化。岩石致密，比较完整。黄铁矿、磁黄铁矿呈细脉状、浸染状产于岩石的层面、劈理面和裂隙中

表 2-7 氧化矿和原生矿矿物含量对比

矿物	矿石类型	
	氧化矿/%	原生矿/%
石英	62	61.5
长石	少量	少量
黑云母	1.5	1
绢云母	19	18
碳酸盐		微量
电气石	微量	
金红石	1	微量
石墨	8	6
褐铁矿	8.5	
黄铁矿	微量	12
磁黄铁矿		1
毒砂		0.5
方铅矿		微量

B 成因类型

成因类型有含金石英脉型和含金浅变质岩型金矿石。

(1) 含金石英脉型。含金石英脉呈灰色，富含金属硫化物。常见的金属硫化物有黄铁矿、磁黄铁矿、方铅矿、闪锌矿、黄铜矿、辰砂等。脉石矿物以石英为主，其次有少量的绢云母、方解石等。半自形粒状结构、蜂窝状构造和团块状构造。

(2) 含矿蚀变岩型。主要由片岩、板岩、千枚岩和少量的碳质板岩、断层泥组成。矿石中发育细脉状、膜状金属硫化物。金属硫化物主要为黄铁矿、磁黄铁矿和少量的黄铜矿。岩石主要由绢云母、石英、绿泥石、钠长石及部分碳酸盐类矿物组成，含微量碳。局部岩石见有石榴子石、堇青石、红柱石和绿帘石等变质矿物。具鳞片变晶结构、斑状变晶结构和碎裂结构，板状（劈理）构造、千枚状构造和斑点构造。

C 工业类型

矿石属蚀变岩贫硫化物金矿石。

D 矿石品级

由于矿山总体为大型低品位矿床，品位低、储量大，根据长春黄金设计院论证的《内蒙古乌拉特中旗浩尧尔忽洞金矿床工业指标推荐意见书》，按矿床工业确定矿块平均品位是否$\geqslant 0.5\times10^{-6}$分为工业矿体和低品位矿体，但在实际生产过程中采矿工程技术人员利用 Minesight 指导现场生产，利用潜孔钻岩粉分析品位进行矿体圈定，把爆区内$\geqslant 0.28\times10^{-6}$都圈定为矿石上堆堆浸矿石。

2.3.4.2 矿石结构、构造

(1) 矿石结构。

它形-半自形晶粒状结构。金属硫化物黄铁矿、毒砂、磁黄铁矿、黄铜矿等多呈它形-半自形晶粒状结构分布。

自形晶结构。偶见毒砂呈楔形体自形晶结构分布。

溶蚀交代结构。磁黄铁矿包裹并溶蚀交代毒砂，其矿物间呈港湾状接触。

包含结构。脉石包裹细粒金、毒砂包裹微粒金呈此结构。

填隙结构。黄铜矿呈填隙结构嵌布于黄铁矿粒间或胶状黄铁矿胶体间。

胶状结构。为特有的胶状黄铁矿结构，是由微粒（2~5μm）黄铁矿组成的胶状体。

碎裂结构。黄铁矿、毒砂受后期构造应力的影响，产生碎裂和碎粒化。

(2) 矿石构造。

稀疏浸染状构造。矿石中金属硫化物黄铁矿、毒砂、黄铜矿及少量磁黄铁矿等呈星散状浸染于矿石中。

浸染状构造。金属硫化物黄铁矿、毒砂、黄铜矿及少量磁黄铁矿等呈浸染状构造产出。

脉状构造。磁黄铁矿及少量黄铁矿、毒砂、黄铜矿等矿物集合体沿矿石裂隙或片理充填交代呈脉状，也是矿石中常见的构造。

团块状构造。主要体现为磁黄铁矿局部富集呈团块状产出。

2.3.4.3 矿石矿物成分

A 矿物成分

参考《内蒙古太平矿业有限公司含金矿石选矿试验研究报告》研究成果，浩尧尔忽洞金矿床属于贫硫化物金矿床，矿石矿物相对含量测量结果见表2-8。

表2-8 矿石矿物相对含量测量结果

<table>
<tr><th>金属矿物</th><th>含量/%</th><th>非金属矿物</th><th>含量/%</th></tr>
<tr><td>黄铁矿</td><td>0.94</td><td>石 英</td><td>61.38</td></tr>
<tr><td>磁黄铁矿</td><td>0.52</td><td>长 石</td><td rowspan="3">24.98</td></tr>
<tr><td>毒砂</td><td>0.43</td><td>绢云母</td></tr>
<tr><td>黄铜矿</td><td>0.03</td><td>绿泥石、绿帘石</td></tr>
<tr><td>方铅矿、闪锌矿</td><td>0.01</td><td>方解石等碳酸盐矿物</td><td>7.36</td></tr>
<tr><td>辉钼矿</td><td>0.01</td><td>石 墨</td><td>1.10</td></tr>
<tr><td>钛铁矿、磁铁矿、赤铁矿</td><td>0.50</td><td rowspan="2">石榴子石、红柱石</td><td rowspan="2">2.56</td></tr>
<tr><td>褐铁矿</td><td>0.18</td></tr>
<tr><td>小 计</td><td>2.62</td><td>小 计</td><td>97.38</td></tr>
<tr><td>合 计</td><td colspan="3">100.00</td></tr>
</table>

矿石中金属矿物相对含量为2.62%，金属硫化物主要为黄铁矿、磁黄铁矿、毒砂、黄铜矿，少量方铅矿、闪锌矿、辉钼矿等，偶见自然铋；金属氧化物主要为钛铁矿、磁铁矿、赤铁矿、铜蓝及少量褐铁矿。

脉石矿物相对含量为97.38%，以石英、绢云母为主，次为长石、绿泥石、方解石等碳酸盐矿物，少量绿帘石、红柱石、石榴子石、石墨等。

B 矿石的化学成分

主要化学成分有 SiO_2、Al_2O_3、CaO、Fe_2O_3、K_2O、MgO、Na_2O；微量有 P_2O_5、TiO_2、MnO、BaO 等。其中以 SiO_2 含量最高，一般 61.99%~71.89%；Al_2O_3 11.05%~15.27%、CaO 0.99%~7.78%、Fe_2O_3 1.68%~9.12%、K_2O 4.19%~6.06%、MgO 0.24%~4.57%、Na_2O 0.83%~2.83%。

作为矿化载体片岩和构造角砾岩 Al_2O_3、Fe_2O_3 和 TFe 比其他岩性含量高，CaO、Fe_2O_3、MgO、Na_2O 含量低，见表2-9。

表 2-9　化学全分析结果　　（%）

化学成分	Al_2O_3	CaO	Cr_2O_3	Fe_2O_3	K_2O	MgO	MnO
细砂岩	11.05	7.78	0.01	4.63	3.58	4.57	0.08
二云片岩	15.27	0.99	0.01	9.12	3.7	1.92	0.1
片麻岩	14.69	3.93	0.01	5.11	3.51	1.47	0.06
花岗岩	13.86	1.39	0.01	1.68	6.06	0.24	0.04
构造角砾岩	15	0.64	0.01	6.05	4.19	1.49	0.05
化学成分	Na_2O	P_2O_5	SiO_2	TFe	TiO_2	SrO	BaO
细砂岩	0.83	0.25	61.99	3.15	0.37	0.01	0.06
二云片岩	1.12	0.18	63.02	6.38	0.57		
片麻岩	2.54	0.16	67.86	2.24	0.37	0.05	0.09
花岗岩	2.83	0.13	71.89	1.43	0.08	0.01	0.01
构造角砾岩	1.21	0.12	67.2		0.49	0.01	0.14

2.3.4.4　伴生组分

在浩尧尔忽洞金矿床伴生组分中 Ag 的含量非常低，基本上都小于 1g/t，不够金矿石伴生元素的标准，所以未估算资源储量，但其容易浸出，在实际生产中略有回收。

Ti 含量较高，达到 0.36%，V 含量接近一般伴生元素要求，实际生产中均未能回收。Cu、Pb、Zn 等含量均较低，达不到伴生矿产要求，见表 2-10。

表 2-10　一般金属含量

岩性	Ti	V	Zn	Mo	Pb	Cu	Co	Sb
	%	$\times10^{-6}$	$\times10^{-6}$	$\times10^{-6}$	$\times10^{-6}$	$\times10^{-6}$	$\times10^{-6}$	$\times10^{-6}$
片岩	0.36	133.06	116.38	3.78	18.05	91.81	21.08	10.57
一般工业要求	0.001%	0.1%	0.40%	0.01%	0.20%	0.10%	0.01%	0.40%

矿区内稀有、稀土及分散元素偏高，表现出内蒙古地轴矿产的特点，简单估算 Cd 金属量约 694t，稀土金属量 17244t（非 REO），见表 2-11。

表 2-11　稀散元素含量　　（$\times10^{-6}$）

岩性	分散元素	稀土元素			稀有元素			
	Cd	La	Y	Sc	Li	Zr	Be	Sr
片岩	2.58	32.62	14.07	12.53	27.40	59.50	3.53	87.58

续表 2-11

岩性	分散元素	稀土元素			稀有元素			
	Cd	La	Y	Sc	Li	Zr	Be	Sr
细砂岩	2.02	29.36	17.82	11.70	31.87	54.16	2.20	194.52
石英脉	2.10	14.95	5.15	7.56	12.95	35.55	1.76	102.10
构造带	1.47	37.63	9.11	10.37	27.20	49.07	2.04	94.07
平均值	2.04	28.64	11.54	10.54	24.86	49.57	2.38	119.57
一般工业要求/%	0.005	0.05			0.40	3	0.04	10

2.3.4.5 有害元素

As 在片岩中最高（0.051%），小于 0.2%的指标，对选矿生产影响不大且无回收价值。

依据《内蒙古太平矿业有限公司含金矿石选矿试验研究报告》，C 含量 1.81%，以石墨碳为主，对堆浸工艺有一定的影响，具体物相分析结果见表 2-12。

表 2-12 碳物相分析结果

碳物相	石墨碳	碳酸盐	有机碳	总碳
含量/%	0.89	0.38	0.54	1.81
相对含量/%	49.17	20.99	29.84	100.00

2.3.4.6 金的赋存状态

矿石中金矿物组成主要为自然金，少量银金矿，自然金平均成色为 824.7‰、银金矿平均成色为 703.8‰。有少量粒度大于 0.3mm 以上的巨粒金、粗粒金、中粒金、细粒金、微粒金各有分布，金矿物嵌布粒度测量结果见表 2-13。

表 2-13 金矿物嵌布粒度测量结果

<table>
<tr><td rowspan="2">粒级
/mm</td><td>巨粒金</td><td>粗粒金</td><td colspan="2">中粒金</td><td>细粒金</td><td>微粒金</td><td>合计</td></tr>
<tr><td>>0.3</td><td>0.3~0.074</td><td>0.074~
0.053</td><td>0.053~
0.037</td><td>0.037~0.01</td><td><0.01</td><td rowspan="3">100.00</td></tr>
<tr><td rowspan="2">含量/%</td><td rowspan="2">1.87</td><td rowspan="2">9.64</td><td>13.36</td><td>17.32</td><td rowspan="2">26.54</td><td rowspan="2">31.27</td></tr>
<tr><td colspan="2">30.68</td></tr>
</table>

包裹金占 27.68%，其中脉石包裹占 19.35%，硫化物包裹占 8.33%；粒间金占 57.39%；裂隙金占 14.93%。金矿物赋存状态统计结果见表 2-14。

表 2-14　金矿物赋存状态测量结果

	赋存状态	相对含量/%		合计/%
包裹金	脉石中（溶矿法）	19.35	27.68	100.00
	毒砂中（单矿物分析）	7.50		
	黄铁矿中（含其他硫化物中）	0.83		
粒间金	脉石粒间	17.98	57.39	
	毒砂粒间	15.32		
	毒砂与脉石粒间	7.21		
	毒砂粒间与其他硫化物连生	11.78		
	其他硫化物与脉石粒间	5.10		
裂隙金	脉石裂隙	10.35	14.93	
	毒砂裂隙	4.58		

2.3.5　矿体围岩和夹石

2.3.5.1　矿体围岩

矿带及片理化带的围岩主要为板岩、千枚岩等浅变质岩。

矿体的围岩主要是片岩类。矿体与围岩的界线取决于矿体赋存于构造破碎带的发育程度及其近矿围岩的岩性特征。在构造破碎带比较发育的地段，其围岩如为韧性的千枚岩、片岩类岩石，围岩内裂隙、片理化比较发育，则矿体与围岩的接触界线呈渐变关系；反之，如围岩为板岩、硅板岩、变质砂岩类刚性岩石，则矿体与围岩的接触界线为突变关系。

2.3.5.2　矿体夹石

矿体夹石主要由片岩及板岩，夹石和矿体岩性一样，只是品位高低而已。

矿体内夹石以条状为主，还有其他不规则形状，厚度比较小，对应关系混乱，在生产中不容易剔除，主要夹石特征见表 2-15。

表 2-15　矿区夹石统计

矿体号	位置（勘探线）	长/m	斜深/m	厚/m	赋存标高/m
W1	6750~6900	90	63.52	13.50	1620~1534
W2	6800~6900	50	81.51	10.94	1484~1570
	6800~6900	50	86.74	5.21	1474~1563
	6850~6950	50	111.80	17.25	1489~1603
	6850~6950	50	20.19	9.25	1598~1618
	6950~7050	50	210.65	11.25	1381~1584
	6950~7050	50	89.25	7.85	1422~1511
	7100~7250	100	377.26	6.25	1228~1602
	7250~7450	150	281.56	8.52	1311~1605

续表 2-15

矿体号	位置（勘探线）	长/m	斜深/m	厚/m	赋存标高/m
W3	7450~7550	50	293.56	7.98	1210~1502
	7550~7650	50	230.69	7.33	1306~1537
	7650~7950	250	370.59	10.59	1237~1604
	7950~8200	200	306.89	6.59	1309~1609
	8350~8750	350	283.59	8.52	1321~1606
W4	6950~7050	50	146.00	8.59	1475~1609
E1	9600~9800	100	309.58	9.86	1292~1592
	10075~10175	75	350.00	20.50	1014~1350
	10450~10600	100	302.00	17.56	1130~1428
E2	9500~9825	300	315.00	20.00	1308~1623
	9950~10025	38	556.00	15.00	1059~1607
	10075~10175	75	290.00	7.50	1311~1600
E3	9600~9800	125	215.00	15.50	980~1176
E4	9500~9625	100	75.00	6.23	1438~1511

W2 矿体中有较多小夹石，W3 矿体中赋存有较大夹石，E1 矿体的深部分支复合，中间有多个夹石。矿体中的夹石一般长 50~100m，厚 5~20m。虽然夹石在个别矿体中分布比较密集，但对矿体的完整性影响不大。

2.3.6　累计查明资源储量

截至 2016 年底浩尧尔忽洞金矿累计探明金矿石量 48389.15 万吨，金属量 280177.33kg，品位 0.58g/t。其中截至 2011 年底累计探明金矿石量 38455.39 万吨，金属量 208682.88kg，品位 0.54g/t；2012~2016 年年底新增金矿石量 9933.76 万吨，金金属量 71494.44kg，品位 0.72g/t。

2.4　内蒙古哈达门沟金矿（含金石英脉型）

哈达门沟金矿是 1986 年由原武警黄金十一支队发现并勘查的。

1990 年 12 月，以十一支队提交的《内蒙古包头市哈达门沟金矿 13 号矿脉群勘探报告》为依据，建设了 300t/d 规模的矿山，经 1994 年 700t/d 和 2013 年技改，矿山生产规模已达 3000t/d。

经历年开采，22 号脉、20 号脉、49 号脉、68 号脉等 4 个矿体已采空，目前正在开采的矿体有 13 号脉、32 号脉、24 号脉、2 号脉、113 号脉、14 号脉等共 6 个矿体。

2.4.1　矿区地质

哈达门矿区金矿体赋存于中太古界乌拉山群第三岩组第三、四岩性段中，其产状、规模均受断裂构造控制，呈层状、似层状、脉状、透镜状产出，如图 2-18 所示。

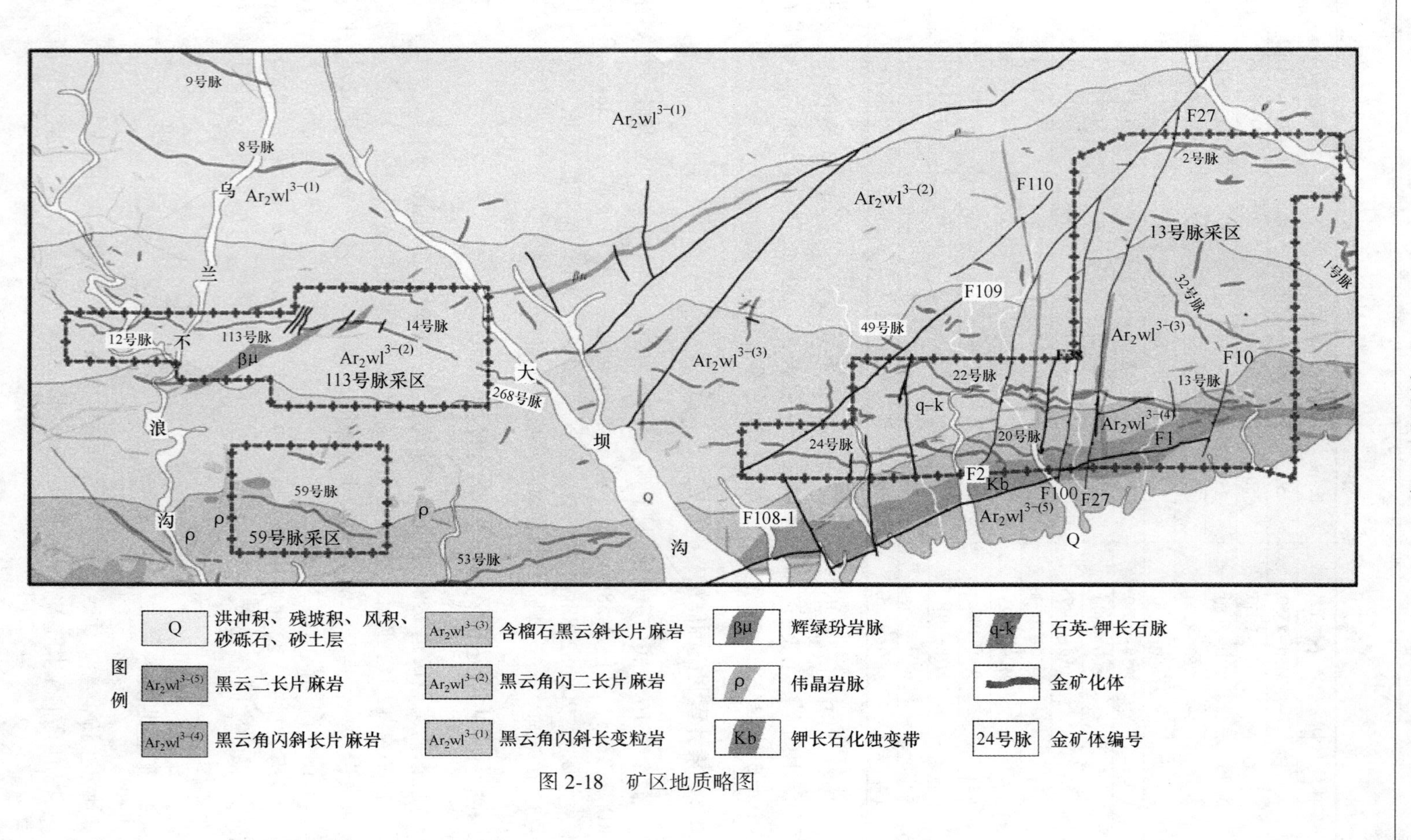
9号脉
$Ar_2wl^{3-(1)}$
8号脉
乌
$Ar_2wl^{3-(1)}$
兰
$Ar_2wl^{3-(2)}$
F27
2号脉
F110
13号脉采区
1号脉
32号脉
F109
49号脉
12号脉
不
113号脉
14号脉
βμ
$Ar_2wl^{3-(2)}$
113号脉采区
大
268号脉
$Ar_2wl^{3-(3)}$
$Ar_2wl^{3-(3)}$
F10
22号脉
13号脉
q-k
$Ar_2wl^{3-(4)}$
20号脉
F1
浪
坝
24号脉
F2
Kb
F100
F27
59号脉
Q
沟
ρ
ρ
ρ
59号脉采区
F108-1
$Ar_2wl^{3-(5)}$
53号脉
沟
Q
图例
Q 洪冲积、残坡积、风积、砂砾石、砂土层
$Ar_2wl^{3-(3)}$ 含榴石黑云斜长片麻岩
βμ 辉绿玢岩脉
q-k 石英-钾长石脉
$Ar_2wl^{3-(5)}$ 黑云二长片麻岩
$Ar_2wl^{3-(2)}$ 黑云角闪二长片麻岩
ρ 伟晶岩脉
金矿化体
$Ar_2wl^{3-(4)}$ 黑云角闪斜长片麻岩
$Ar_2wl^{3-(1)}$ 黑云角闪斜长变粒岩
Kb 钾长石化蚀变带
24号脉 金矿体编号

图 2-18　矿区地质略图

矿区共圈定金矿（化）脉体80余条，主矿脉按其分布自北向南编号为2号、32号、13号、22号、24号、20号、49号矿脉。矿体多以单脉型产出，局部为复脉型或呈大的扁豆体，沿走向和倾向有膨胀收缩、尖灭再现现象。单矿体长300~2200m，延深100~1600m。除32号、1号矿体呈北西走向、南西倾之外，其他矿体走向近东西，南倾，倾角25°~75°。

区内13号矿体规模最大，占区内查明金资源储量的39.73%。矿石类型以含金石英脉、含金石英钾长石脉和含金钾硅化蚀变岩为主。

2.4.2 13号矿体地质特征

13号金矿体分布于140~235勘探线，走向长2200m。标高188~1299m，倾向深1300m。矿体呈层状、似层状产出，沿矿体向东西两端矿化多变贫，有尖灭趋势，如图2-19所示。矿体倾向140°~204°，平均183°，倾角45°~85°，平均55°，深部有变缓趋势。由46条勘探线、107个探槽、14个坑探中段及137个钻孔控制，厚0.43~8.36m，平均2.48m，厚度变化系数76.25%，属厚度稳定型；品位Au(1.02~21.12)$\times10^{-6}$，平均4.46$\times10^{-6}$，品位变化系数98.02%，有用组分分布均匀。

成矿后期断裂构造较发育，沿走向错断矿体的断层有F38、F100、F27、F23、F19、F16等6条，其中F100、F23断距最大，矿体在水平方向被错开80m左右，破坏了矿体的连续性、完整性，形成了一些无矿的“断空区”。

矿石类型主要为石英钾长石脉，其次为含金石英脉及含金蚀变岩，硫化物比较单一，除黄铁矿外，其他硫化物很少见，属贫硫型矿石。

矿体地表连续性较好，但深部相对变差，除断层区外，常见有无矿的天窗，矿体尖灭再现现象较多。沿矿体走向从东向西，大约在300~400m出现一次品位与厚度的高值，然后呈跳跃式向西逐渐减弱，下一次高峰出现前有一段矿化最弱的地段，具有多期次成矿规律性变化的特点。从418m中段以下坑道工程揭露情况看，下部完整厚大的石英脉型矿体呈尖灭趋势；硅化、钾化明显增强的蚀变岩带发育；黄铁矿的晶型也较上部完整，粒度变大；矿化减弱，品位较上部矿体变低，平均2.40$\times10^{-6}$左右，但深部矿体仍没有完全控制。

2.4.3 矿石特征

2.4.3.1 *矿石类型*

（1）自然类型。本区内矿石氧化深度较浅，深部未发现氧化矿，均为原生矿。

（2）成因类型。矿石按成因分为含金黄铁矿-石英脉型、含金黄铁矿-石英钾

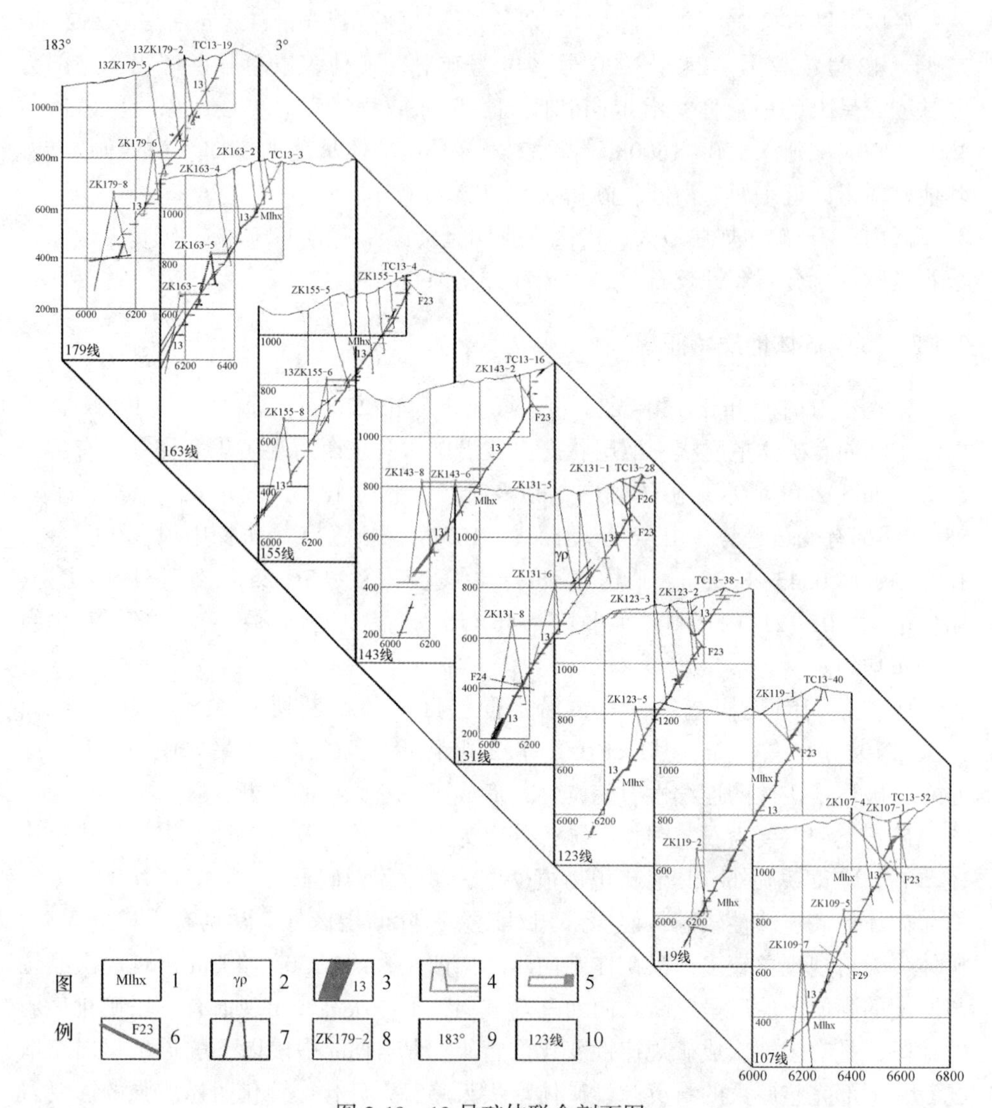

图 2-19　13 号矿体联合剖面图

1—含榴石黑云斜长片麻岩；2—花岗伟晶岩；3—金矿体及编号；4—断层位置及编号；5—钻机硐室；6—坑探工程位置；7—钻孔轨迹；8—钻孔编号；9—勘探线方位；10—勘探线编号

长石脉型及含金黄铁矿-硅化钾长石化蚀变岩型。

（3）工业类型。矿石属含金石英脉型，硫化物的总量 2%～3%，工业类型属贫硫化物型。

2.4.3.2　矿石结构、构造

矿石结构为半自形-它形细粒、压碎和交代残余、交代环边、交代假象、包

含、纤状花岗变晶及花岗变晶结构。

矿石构造为致密块状、角砾状、蜂窝状、网脉状及浸染状构造等。

2.4.3.3 矿石成分

A 矿物成分

矿石矿物主要为黄铁矿（含量2.94%），其次是方铅矿（含量0.12%）、黄铜矿（含量0.04%）、闪锌矿、辉铜矿、磁铁矿、赤铁矿、镜铁矿、褐铁矿；少量的有斑铜矿、铜蓝、磁黄铁矿、白铁矿、碲铋铜矿、自然碲、碲镍矿、钼铅矿、白铋矿、白铅矿。

脉石矿物以石英（含量58.62%）、斜长石（含量3.22%）、钾长石（含量26.14%）、黑云母（含量6.65%）、角闪石（含量1.12%）、白云母（含量0.88%）为主，还有少量的绢云母、石榴石、铁白云石、方解石、高岭土、萤石、绿泥石。

B 金的赋存状态

金银矿物主要为自然金（含量2.82×10^{-6}）、银金矿（含量0.21×10^{-6}），其次是碲金矿、针碲金银矿、碲银矿。

该区自然金多呈粒状、角砾状，其次是针线状、叶片状、棒柱状、虫状、枝杈状，以粒状最多，最大粒度0.3mm，最小0.001mm，以细粒金为主，约占89.3%。自然金经电子探针分析，金含量84.76%~96.01%，银含量2.21%~14.93%，铁含量为0.05%~5.43%，镍含量0.00%~0.05%，铅含量0.00%~0.17%，钼含量0.0022%，锑含量0.00~0.20%，碲含量0.00%~0.10%。金银比值5.68~45.29。大部分以包体金赋存在黄铁矿与褐铁矿中，约占66.10%，其次为裂隙金和晶隙金，晶隙金占11.2%，裂隙金占22.6%。

C 矿石的化学成分

矿石化学成分见表2-16、表2-17。Fe_2O_3与FeO含量在各类型中相当，从石英脉型到石英钾长石脉型、蚀变岩型含量逐渐增高。

表2-16 矿石常量元素分析结果

矿石类型	分析结果/%											
	Al_2O_3	SiO_2	TiO_2	Fe_2O_3	FeO	CaO	MgO	MnO	K_2O	Na_2O	P_2O_5	H_2O^+
石英脉	1.39	92.34	0.07	1.23	1.25	1.04	0.19	0.00	0.97	0.03	0.22	0.47
石英钾长石脉	9.45	72.05	0.24	2.50	2.11	2.08	0.69	0.02	5.80	0.96	0.34	1.32
蚀变岩	10.59	56.16	0.26	3.77	3.42	4.48	5.69	0.05	6.92	0.62	0.37	2.16

表 2-17　矿石微量元素分析结果　（$\times10^{-6}$）

矿石类型	分析结果												
	Au	Ag	Cu	Pb	Zn	Cd	Co	Ni	Cr	Bi	As	Sr	Mo
石英脉型	2.85	0.20	121	1396	110	<3	3	10	15	1.12	16.3	72	57.0
石英钾长石脉型	5.63	1.60	56	164	109	<3	17	41	111	0.30	3.7	192	46.5
蚀变岩型	3.06	1.10	34	79	118	<3	17	39	124	0.16	3.2	269	6.0

矿石类型	分析结果													
	V	Ba	Y	Be	La	Yb	Sc	Li	Rb	Ce	W	Sb	Se	Te
石英脉型	12	2057	<5	<1	8	<4	1	1	<50	18	2.7	0.3	0.3	2.68
石英钾长石脉型	127	1315	12	1	42	9	10	3	131	81	15.5	0.37	0.1	2.47
蚀变岩型	121	1287	21	2	59	18	13	6	151	119	10.0	0.20	<0.1	0.97

D　矿石有益、有害、伴生组分

金矿石中主要有用元素为 Au，Au 品位（1.00～21.12）$\times10^{-6}$，平均 3.00$\times10^{-6}$；伴生有用组分 Ag 品位（1～2）$\times10^{-6}$，Cu 0.04%，Pb 0.11%；含量均较低，未达综合利用和回收指标。有害组分有 C 1.05%，As 0.01%，含量均低，对选冶工艺等无影响。

2.4.4　矿体围岩和夹石

2.4.4.1　矿体围岩

13 号矿体围岩主要是含榴石黑云斜长片麻岩、黑云角闪斜长片麻岩、黑云斜长片麻岩、含榴石黑云角闪斜长片麻岩、少部分黑云二长片麻岩，个别地段为辉绿玢岩。

含榴石黑云斜长片麻岩是 147 线以西矿体的主要围岩。呈鳞片状花岗变晶结构，片麻状构造。主要矿物有斜长石（含量 40%～60%）、微斜长石（10%～15%）、黑云母（10%～20%）、石英（5%～15%）、石榴子石（5%～15%）。

黑云角闪斜长片麻岩是 147 线以东矿体主要围岩。呈鳞片状花岗变晶结构，片麻状构造。主要矿物有斜长石（含量 50%～60%）、石英（5%～15%，波状消光）、角闪石（10%～20%，部分已蚀变为绿泥石）、黑云母（10%），浅色矿物与暗色矿物长轴方向大致相同，且相间排列，构成片麻状构造。

黑云斜长片麻岩是 211 线以东矿体围岩，其他地段亦有零星矿体赋存于该岩性中。呈鳞片状花岗变晶结构，片麻状构造。主要矿物有斜长石（50%～60%，边缘可见绢云母化、碳酸盐化）、黑云母（20%～30%，部分已绿泥石化）、石英（10%～15%），呈它形粒状，波状消光，少量的黄铁矿、磷灰石等。

总之，矿体围岩的岩性比较简单，主要矿物成分是斜长石、黑云母、石英，区别仅仅是含与不含角闪石、石榴子石。由于混合岩化作用，这些岩石中都有长英质脉体，靠近矿体附近长英质脉体增多，一般可达10%左右，再加上强烈的围岩蚀变，大量的钾质、硅质带入，铁镁质、铝质的带出，矿体围岩的岩性差异就更少了。

2.4.4.2 围岩蚀变特征

围岩蚀变主要有钾长石化、硅化、绢云母化、绿泥石化、碳酸盐化和黄铁矿化。

钾长石化是微斜长石交代斜长石，呈脉状、细脉状分布，与围岩接触处有明显的交代晕带，与围岩呈渐变关系。由于受成矿期的构造运动影响，近矿的钾长石常呈角砾状压碎结构，被后期石英胶结，而远离矿体的钾长石细脉压碎现象较少，钾长石化带宽度由几米至30m。

硅化主要是石英脉、细脉和网脉，与石英脉接触处围岩亦表现硅质增加，岩石变得坚硬。硅化可以分两期，早期的硅化呈石英宽脉、细脉产出，切穿和胶结钾长石脉角砾；晚期的硅化呈石英细脉和网脉，是主要金矿化期。硅化带宽一般小于10m，最宽约20m。

绢云母化与钾长石化范围相近，但绢云母化在矿体中较少，在围岩中较发育，有些斜长石已全部绢云母化，向外侧逐渐消失。

绿泥石化主要是热液交代铁镁质矿物的产物，角闪石、石榴子石交代成绿泥石后，有时还保留原矿物的假象，成团块状，向两侧与区域变质的绿泥石呈过渡关系。

碳酸盐化表现为方解石细脉、铁白云石细脉穿插于矿体与围岩中。是成矿期后的围岩蚀变，有时碳酸盐化宽达数十米。

2.4.4.3 围岩矿化特征

矿区金矿体由于矿化不均匀，矿化带宽度差别很大，很多部位矿体的围岩都有不同程度的矿化，由低品位矿石及矿化围岩共同成为矿体的顶、底板。经加权平均计算，上盘围岩有58%是矿化带，下盘围岩有66%是矿化带，围岩的金平均含量为0.70×10^{-6}。

2.4.4.4 金矿体中夹石的分布及矿化特征

13号矿体圈出的夹石共有3处。

地表131线东侧TC13-28探槽夹石长18.5m、厚5.81m，岩性为硅化、钾长石化蚀变岩、花岗伟晶岩，金品位0.87×10^{-6}；

1168m 中段 CM181～CM185 处夹石，长 35m、厚 2.75m，岩性为绢云母化、硅化斜长片麻岩，金品位 0.50×10^{-6}；

1168m 中段 CM167～CM175 和 1118m 中段 CM167～CM171 处，夹石长 28～60m，呈透镜状，中间厚 7m 左右，岩性为硅化、钾长石化黑云二长片麻岩。

2.4.5　查明资源储量

截至 2017 年底，13 号矿体已查明金矿石量 845.05 万吨，品位 4.38g/t，金属量 37.06t。详见表 2-18。

表 2-18　13 号矿体查明资源储量统计

日期	报告名称	类别	矿石量/$\times10^4$t	品位/$\times10^{-6}$	Au 金属量/kg
1992 年 10 月	《内蒙古自治区包头市郊区哈达门沟金矿区 13 号脉群勘探地质报告》	（122b）C	130.57	5.69	7426
		（333）D	227.07	4.97	11287
		小计	357.64	5.23	18713
2004 年 12 月	《哈达门矿区 2004 年增储报告》	122b	121.09	4.9	5936.342
		333	14.4	8.83	1271.52
		小计	135.49	5.32	7207.862
2005 年 12 月	《哈达门矿区 2005 年增储报告》	122b	99.52	3.29	3271.511
		333	8.23	4.71	387.633
		小计	107.75	3.40	3659.144
2011 年 2 月	《内蒙古自治区包头市哈达门矿区 13 号矿体增储报告》	122b	29.17	4.42	1289.34
		333	33.03	3.62	1195.43
		小计	62.2	3.99	2484.77
2016 年 12 月	《内蒙古自治区包头市乌拉山—哈达门矿区金矿地探增储报告（2016 年度）》	（111b）	52.32	2.36	1236.44
		122b	7.03	3.22	226.4
		333	43.22	2.72	1176.86
		小计	102.57	2.57	2639.7
2018 年 1 月	《内蒙古自治区包头市乌拉山—哈达门矿区金矿地探增储报告（2017 年度）》	（111b）	19.53	2.48	483.92
		122b	0.7	2.53	17.71
		333	59.17	3.13	1849.21
		小计	79.4	2.96	2350.84
累计查明		（111b）	71.85	2.39	1720.36
		（122b）C	388.08	4.68	18167.303
		（333）D	385.12	4.46	17167.653
		累计	845.05	4.38	37055.316

2.4.6　含金石英脉型金矿一般特征

（1）碱性侵入岩为金矿直接围岩。岩体长 20km，主要为花岗伟晶岩。岩体时代为燕山期。

（2）岩体受区域性深大断裂控制，次级断裂构造控制矿化空间展布。岩体的围岩为太古宇变质岩系。

（3）围岩蚀变主要有硅化、钾长石化、绢英岩化、碳酸盐化、重晶石化及绿泥石化等。其中硅化、钾长石化、绢英岩化与金矿化关系最密切。

（4）矿体呈脉状，已发现数条。脉带长数百至千余米，矿体长数十到数百米，厚 0.5~5m，延深数十至数百米。呈边幕式排列产出。

（5）矿体由石英单脉及其上下盘石英复脉，钾长石化带及矿化钾长石化二长岩、石英二长岩组成。金品位以石英脉为中心，向钾长石化带、矿化围岩逐渐降低。

（6）矿石组分复杂，金属矿物主要为黄铁矿、磁铁矿、方铅矿、闪锌矿、碲铋矿、自然银等。脉石矿物主要为石英、钾长石、斜长石、绢云母等。

（7）金矿物以自然金为主，其次为碲金矿。金矿物一般较粗，常见明金。金成色为 934‰~969‰。成矿温度 270~380℃。

2.5　内蒙古毕力赫金矿（斑岩型）

苏尼特金曦黄金矿业有限责任公司（以下简称公司）地处内蒙古锡林郭勒盟苏尼特右旗朱日和镇境内，其前身是毕力赫金矿。1989 年，内蒙古自治区第一物化探队在开展化探异常检查时发现了毕力赫金矿Ⅰ矿带。1991 年苏尼特右旗政府成立毕力赫金矿，政府出资进行基本建设，并开始采矿，于 1993 年最终建成矿山，矿部及选矿车间位于朱日和镇，选厂处理规模 25t/d。在基建期间，内蒙古自治区第四地质矿产勘查开发院对毕力赫金矿Ⅰ矿带及其外围开展了地质普查，在Ⅰ矿带圈定并估算Ⅰ、Ⅱ矿体 C+D 级金矿石量 13.54×10^4t，Au 金属量 90kg，品位 6.66×10^{-6}。矿山以此资源量维持生产。随着四勘院在该区找矿工作持续开展，于 1998 年在Ⅰ矿带圈定金矿体 21 个，新增 C+D 级金矿石量 14.20×10^4t，Au 金属量 892.16kg，品位 6.28×10^{-6}。

1999 年中国黄金集团公司出资 90%、苏尼特右旗财政局国资办出资 10%，组建了苏尼特金曦黄金矿业有限责任公司（以下简称金曦公司），收购了原毕力赫金矿。企业转制后扩大了生产规模，采、选能力达到 150t/d，主要开采Ⅰ矿带 AuI-Ⅰ、AuI-Ⅱ矿体深部。Ⅰ矿带浅部采用露天方式开采，深部转入地下开采，采用斜井开拓、浅孔留矿法采矿，2010 年闭坑。

为了确保公司长期持续、稳定发展，缓解资源紧张局面，金曦公司于 2001

年申请苏尼特右旗毕力赫矿区金矿外围探矿权，在矿区开展普查工作。

2007 年 7 月发现了毕力赫矿区Ⅱ矿带 AuⅡ-1 矿体，探获 122b+333 金矿石量 803.11×10^{4}t，金属量 21916kg，品位 2.73×10^{-6}。2008 年长春黄金设计院编制了《毕力赫金矿区Ⅱ号矿带开发建设工程初步设计》，开始了毕力赫新矿山的建设。矿山总投资约 5 亿元，于 2009 年新建成 3000t/d 选厂和日采矿量 3.3×10^{4}t 露天矿山。当年建成，当年投产。Ⅱ号矿带 AuⅡ-1 矿体 1130m 标高以上矿体于 2015 年露采全部结束，1130m 标高以下深部矿体现采用地下开采方式，正在开采。

金曦公司目前总资产 9.90 亿元，拥有探矿权 3 宗，面积 48.84km^2；采矿权 2 宗，面积 2.9938km^2，是集采、选、冶于一体的自动化程度较高的大型黄金生产企业。

2.5.1　矿床地质特征

2.5.1.1　地层

矿区内出露地层主要为侏罗系上统玛尼吐组（J_{3mn}）与白音高老组（J_{3b}），第三系（E）与第四系（Q），如图 2-20 所示。

A　侏罗系上统玛尼吐组（J_{3mn}）

岩性以中性火山岩为特征，自下而上划分为安山岩、红色晶屑凝灰岩、含砾长石石英粗砂岩、灰白色晶屑岩屑凝灰岩和薄层状沉凝灰岩 5 个岩性段。安山岩主要出露在Ⅰ矿带，Ⅱ矿带露头主要见于北西部和深部。红色晶屑凝灰岩仅在矿区北西部小面积残留出露。含砾长石石英粗砂岩分布于矿区西南角。灰白色晶屑岩屑凝灰岩呈东西向长条状分布于矿区南部。薄层状沉凝灰岩大面积分布于矿区西部和西南部，东南部少量出露。底部不整合于额里图组砂岩（矿区未出露）之上，顶部与白音高老组酸性火山岩整合接触，为Ⅰ矿带主要赋矿地层，控制厚度 700.3m。

B　侏罗系上统白音高老组（J_{3b}）

侏罗系上统白音高老组（J_{3b}）呈北东向带状展布，岩性以中酸-酸性火山岩及火山碎屑岩为主，底部与玛尼吐组中性火山岩整合接触，自下而上划分为灰白色流纹岩、灰红色晶屑岩屑凝灰岩、灰白色熔结凝灰岩、青灰色流纹质凝灰熔岩和含砾凝灰质砂岩 5 个岩性段，为Ⅱ矿带的主要赋矿围岩。灰白色流纹岩呈长条状展布于矿区中部至东南部，长条走向约 300°~330°，长宽分别约 700m 和 20m，局部宽度达 40m。灰红色晶屑岩屑凝灰岩大面积分布于矿区东南部，矿区中部零星出露。灰白色熔结凝灰岩仅小面积出露于矿区东北部。青灰色流纹质凝灰熔岩分布于矿区北部和东北部边缘。含砾凝灰质砂岩广泛分布于全区大部地区。控制厚度 554.9m。

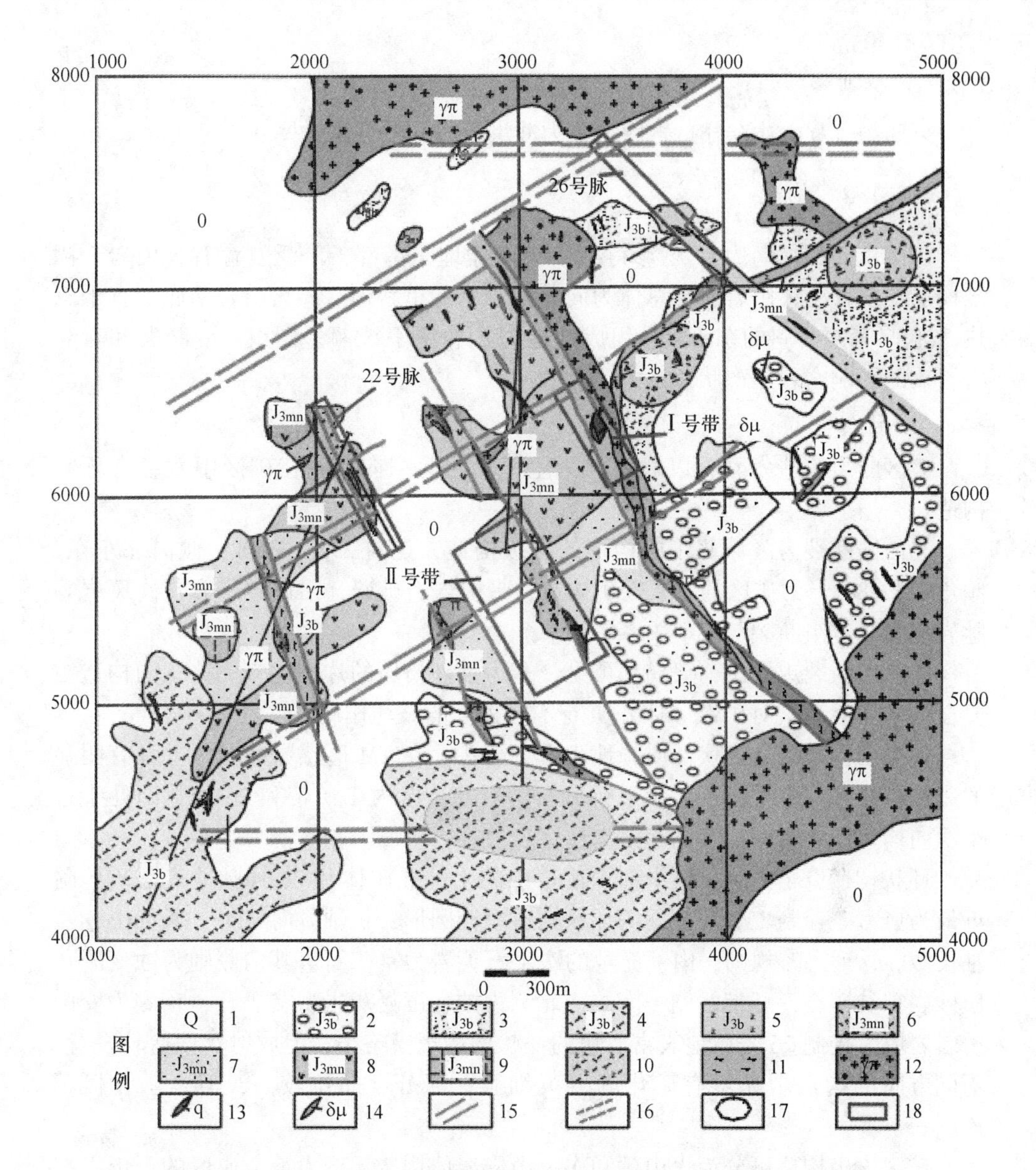

图 2-20 内蒙古自治区苏尼特右旗毕力赫金矿区构造岩浆岩分布略图

1—第四系；2—含砾长石石英砂岩；3—流纹质凝灰岩、沉凝灰岩、凝灰质砂岩；4—流纹岩；5—流纹斑岩；6—流纹质角砾岩；7—玄武-安山质凝灰岩；8—安山岩、英安岩；9—玄武岩、安山质玄武岩；10—霏细岩；11—强片理化构造岩带；12—花岗斑岩；13—石英脉；14—闪长玢岩；15—实测断层；16—推测隐伏基底断层；17—推断弧形或放射状裂隙；18—矿带位置

C 第三系（N）

第三系（N）岩性主要为红色泥岩，地表仅在冲沟中偶尔可见，厚

4. 01~42. 05m。

D 第四系（Q）

第四系（Q）补充分布岩性主要为冲洪积物和残坡积，厚0. 5~5. 0m。

2. 5. 1. 2 构造

矿区位于都仁乌力吉-巴彦得力格火山盆地东南部，广泛发育有火山岩。褶皱构造不发育，火山岩岩层总体为向北西倾斜的单斜构造。火山岩基底为查干忽热-敖包乌苏复背斜的东南翼，组成地层为二叠系下统额里图组，受断裂和岩浆岩侵入的影响，岩层产状紊乱。

A 矿区构造

矿区断裂构造发育，以北西向为主，次为北东向，并在矿区中发育有环状构造。

北西向断裂为区域北东向构造的次级构造，走向295°~350°，倾向北东东，倾角70°~86°，为矿区的主要控矿构造，带内岩石破碎，沿破碎带有花岗斑岩等脉岩侵入，本组断裂与成矿关系密切。

北东向断裂规模小，仅局部可见，多为强烈挤压的片理化带。北东向构造主要在成矿后活动，对矿带（体）具有不同程度的破坏作用。

近东西构造多具隐伏性质，地表少见露头。在TM遥感数字图像上具有明显的影像特征，并表现出近等距平行分布的规律，区内Ⅰ矿带和26号脉即处于近东西向构造和北西向构造的交汇部位。

环状构造以毕力赫矿区中部Ⅰ矿带中的Ⅰ、Ⅱ矿体和26号脉地表富矿包附近最为典型。控制Ⅰ、Ⅱ矿体的环状构造呈椭圆形，长轴方向325°，长34m，短轴长20m，形态较规则，内部充填的次生石英岩为富矿石，其两侧则为蚀变凝灰质砂岩型贫矿石，环带西侧、南侧、北侧为蚀变沉凝灰岩型贫矿石，东侧为安山玢岩岩墙。控制26号脉地表富矿包的环状构造规模略小，但放射状构造较发育，不同方向的构造中充填有矿化的石英细脉，部分金品位较高，但是矿化极不连续。

矿区火山构造可分为火山颈和次火山岩岩体构造。毕力赫金矿区的火山以裂隙式喷发为主，在不同方向断裂构造交汇处形成小的喷发中心。目前认为Ⅰ矿带（Ⅰ、Ⅱ、Ⅲ、Ⅴ矿体）产出位置即为一火山颈，其证据有：环状构造，柱状矿体，角砾熔岩充填，东侧有板状矿体、火山集块岩、火山角砾岩分布等。

毕力赫金矿区的次火山岩岩体构造，包括次火山岩边缘冷缩裂隙带、层带状裂隙带、钟状构造、水压裂隙等。

B Ⅱ矿带构造

Ⅱ矿带控矿构造主要为北西向或北东向断层，以及伴生的劈理化或片理化带。其中，NW 向断层为矿区主要构造。F1 断层位于Ⅱ矿带东部，总体走向 330°，东倾，推断地表延长近千米。断层上下盘岩石发育强烈的硅化、电气石化、绢云母化等蚀变，是矿区主干控岩、控矿构造。该断层具有多期次活动特征。早期构成北西向花岗闪长玢岩侵入的通道，晚期又继续继承性活动，破坏沿早期构造侵入的花岗闪长玢岩，形成成矿热液活动的通道和容矿空间。F2 断层和 F3 断层属 F1 断层同期伴生断层或一组断裂构造束，断层面总体产状 35°∠81°,未见对矿体有明显的破坏。F4 断层总体呈走向北东 70°，倾向不明，与 F1 为断层呈大致垂直。F5 断层为一隐伏断裂，该断层具有多期活动性质，早期是矿区重要的控岩断裂，控制了含矿的花岗闪长玢岩体侵入，此后，断层进一步活动，在花岗闪长玢岩体内形成大量裂隙，其产状与主断层基本一致。花岗闪长玢岩体也发生了不同程度的破碎现象，既是含矿流体活动的重要通道，同时又是矿质重要的沉淀空间，是矿区最重要的控岩控矿断层之一，与 F1 断裂一道组成北西向断裂束带，后期没有发现对矿体有破坏作用。

2.5.1.3 岩浆岩

矿区地表出露岩浆岩主要为印支期钾长花岗斑岩以及沿断裂侵入的流纹斑岩脉（霏细岩脉）。其深部见闪长玢岩为主的次火山杂岩体，岩性主要为花岗闪长玢岩和二长花岗斑岩，杂岩体与矿化关系密切，如图 2-21 所示。

花岗闪长玢岩呈北西向岩舌状分布，总体与 F1、F5 构造方向一致。与其上覆侏罗系上统沉凝灰岩或凝灰质砂岩局部有含砾长石石英砂岩呈侵入接触关系。目前控制 15~40 线长超过 1000m，宽度不等。3~0 线附近规模增大，形态复杂，出现多处分支，向北西（11~7 线）逐渐尖灭，侵位较高，向南东（4~24 线）向深部延深，但产状和形态渐趋稳定，从 12 线开始向南东部倾伏，倾伏角大约 50°~60°。到南东深部开始变平缓。岩石呈斑状-似斑状结构，基质微细粒状镶嵌结构，块状构造，斑晶成分为斜长石（含量 30%）及少量黑云母假象、石英及不透明矿物，基质为斜长石（含量 50%）和石英（含量 20%）。

二长花岗斑岩主要呈岩株、岩枝或小岩体侵入到花岗闪长玢岩杂岩体中，位于花岗闪长玢岩底部或下盘，岩石呈似斑状结构，基质微细粒花岗结构，块状构造，斑晶成分主要为斜长石（含量 30%）、钾长石（含量 10%），其次为黑云母（含量约 5%）及不透明矿物，基质由斜长石（含量 15%~20%）、钾长石（含量 25%~30%）、石英（含量 20%）及少量黑云母假象构成，岩体蚀变强烈，与金矿化空间关系密切，其出露部位的上部及侧部是金矿化有利部位。

矿区内花岗斑岩，主要分布在矿区东西两侧，呈北北西向脉状产出。Ⅰ矿带上盘还有受北北西构造控制的中粗粒花岗斑岩脉。脉宽 20~30m，向北东倾斜。脉体岩性单一，肉红或砖红色、斑状结构、块状构造。斑晶含量约 55%，成分为

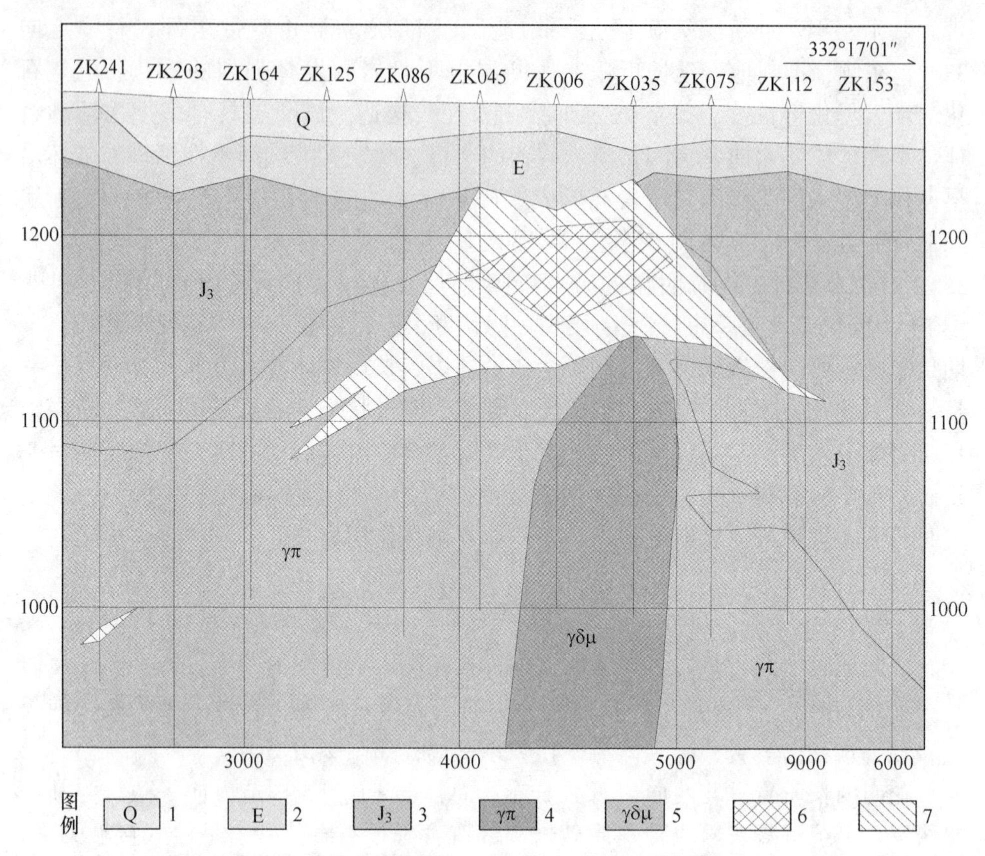

图 2-21　毕力赫金矿区Ⅱ矿带 AuⅡ-1 矿体纵剖面图

1—第四系残坡积冲积物；2—第三系红色泥岩；3—二叠系下统额里图组火山碎屑岩；4—早二叠世二长花岗斑岩；5—早二叠世花岗闪长斑岩；6—富矿体；7—矿体

钾长石、斜长石及石英，未发现金矿化。

出露地层主要为侏罗系上统玛尼吐组（J_{3mn}）与白音高老组（J_{3b}）。玛尼吐组岩性以中性火山岩为特征，自下而上划分为安山岩、红色晶屑凝灰岩、含砾长石石英粗砂岩、灰白色晶屑岩屑凝灰岩和薄层状沉凝灰岩 5 个岩性段。底部不整合于额里图组砂岩（矿区未出露）之上，顶部与白音高老组酸性火山岩整合接触，为Ⅰ矿带主要赋矿地层，控制厚度 700. 3m。白音高老组（J_{3b}）呈北东向带状展布，岩性以中酸-酸性火山岩及火山碎屑岩为主，底部与玛尼吐组中性火山岩整合接触，自下而上划分为灰白色流纹岩（J_{3b1}）、灰红色晶屑岩屑凝灰岩（J_{3b2}）、灰白色熔结凝灰岩（J_{3b3}）、青灰色流纹质凝灰熔岩（J_{3b4}）和含砾凝灰质砂岩（J_{3b5}）5 个岩性段，为Ⅱ矿带的主要赋矿围岩，控制厚度 554. 9m。

矿区位于都仁乌力吉-巴彦得力格火山盆地东南部，广泛发育有火山岩；褶皱构造不发育，火山岩总体产出形态为一向北西倾斜的单斜。断裂与放射状构造以北西向为主，次为北东向；并在矿区中发育有环状构造与北西向断裂为区域北东向构造的次级构造，走向295°~350°，倾向北东东，倾角70°~86°，主要为F1断层，为矿区的主要控矿构造，带内岩石破碎，沿破碎带有花岗斑岩等脉岩侵入；北东向构造对矿带（体）具有不同程度的破坏作用；近东西构造多具隐伏性质，区内Ⅰ矿带和26号脉即处于近东西向构造和北西向构造的交汇部位。环状构造控制Ⅰ、Ⅱ号矿体呈椭圆形，长轴方向325°，长度34m，短轴长度20m，形态较规则，内部充填的次生石英岩为富矿石，其两侧则为蚀变凝灰质砂岩型贫矿石，环带西侧、南侧、北侧为蚀变沉凝灰岩型贫矿石，东侧为安山玢岩岩墙。放射状构造不同方向的构造中充填有矿化石英细脉，部分金品位较高，但矿化不连续。

区内火山构造可分为火山颈和次火山岩构造。毕力赫金矿区Ⅰ矿带（Ⅰ、Ⅱ、Ⅲ、Ⅴ矿体）产出位置即为一火山颈，次火山岩构造有次火山岩边缘冷缩裂隙带、层带状裂隙带、钟状构造及水压裂隙等。Ⅱ矿带控矿构造主要为北西向或北东向断层，以及伴生的劈理化或片理化带。F1断层上下盘岩石发育强烈的硅化、电气石化、绢云母化等蚀变，是矿区主干控岩、控矿构造；F2断层和F3断层属F1断层同期伴生断层或一组断裂构造束，断层面总体产状35°∠81°，未见对矿体有明显的破坏；F4断层总体呈走向北东70°，倾向不明，与F1为断层呈大致垂直；F5断层为一隐伏断裂，早期为矿区重要的控岩断裂，控制了含矿花岗闪长玢岩体侵入，是矿区最重要的控岩控矿断层之一。

矿区地表出露岩浆岩主要为印支期钾长花岗斑岩以及沿断裂侵入的流纹斑岩脉（霏细岩脉）。据钻孔揭露，其深部见闪长玢岩为主的次火山杂岩体，岩性主要为花岗闪长玢岩和二长花岗斑岩，杂岩体与矿化关系密切。花岗闪长玢岩呈北西向岩舌状分布，总体与F1、F5构造方向一致；二长花岗斑岩主要呈岩株、岩枝或小岩体侵入到花岗闪长玢岩杂岩体中，位于花岗闪长玢岩底部或下盘，蚀变强烈，其出露部位的上部及侧部是金矿化有利部位；钾长花岗斑岩呈北北西向脉状产出，未发现金矿化；流纹斑岩（霏细岩）脉呈流纹状、气孔状构造和旋钮状流痕，局部流面产状为60°∠66°。

2.5.2 矿体地质特征

2.5.2.1 Ⅱ矿带地质特征

毕力赫矿区Ⅱ矿带位于矿区中部，矿带受北西向（F1及F5）断裂构造控制，与Ⅰ号蚀变带（Ⅰ矿带）平行产出，二者相距约300m，沿矿区中部的干涸河床展布。

Ⅱ矿带蚀变带总体呈北西向延伸，根据工程控制及推断，其总长近1000m。带内北东侧的破碎裂隙中充填有多条硅化体（亦称次生石英岩），近平行分布，脉体一般长 50～100m，宽 1～3m，主要倾向北东，倾角近直立。北段的构造裂隙中有细晶闪长岩脉贯入。蚀变带内凝灰岩或凝灰质砂岩等普遍发育强烈的硅化、黄铁矿化、褐铁矿化、绢云母化、电气石化、黏土化等热液蚀变。

经穿切该构造蚀变带的岩屑地球化学剖面测量发现，金异常明显，一般金品位为（1.2～230）$\times10^{-9}$，异常最高值达 0.62$\times10^{-6}$。通过地表探槽和少量钻孔揭露，发现矿化带内金矿化普遍，局部具有较高的金矿化，经普查、详查工作后，在该带中发现了 AuⅡ-1 矿体。

2.5.2.2　AuⅡ-1 矿体特征

Ⅱ矿带 AuⅡ-1 矿体规模最大，是矿山开采的主要对象。目前该矿体浅部露天开采已经结束，下一步拟对其深部矿体进行地下开采。Ⅱ矿带 AuⅡ-1 矿体是对比的工作对象。

AuⅡ-1 号工业矿体分布在 11～24 线，矿体出露最高标高 1283m，底板最低标高 935m，为隐伏矿体，埋藏深 17m。赋矿岩石为早二叠世花岗闪长斑岩及二叠系下统额里图组火山碎屑岩。矿体总体走向北西-北北西向，长 400m，斜深 348m，宽 70～310m，矿体厚 2.32～132.68m，平均厚 47.02m，厚度变化系数 87%，属稳定型；矿体品位 0.50$\times10^{-6}$～56.73$\times10^{-6}$，平均品位 2.73$\times10^{-6}$，品位变化系数 97%，属均匀型，见表 2-19。

表 2-19　毕力赫金矿区Ⅱ矿带 AuⅡ-1 矿体特征

矿体形态	矿石类型	赋矿标高	矿体埋藏深度/m	规模/m			厚度变化系数/%	产状/(°)		Au 品位(10^{-6})（最小-最大/平均）	品位变化系数/%
				长	延深	厚度（最小-最大/平均）		走向	倾向/倾角		
透镜状、板状、板柱状	贫硫化物石英细网脉状蚀变岩型	935～1283	17	400	348	2.32-132.68/47.02	87	152	62/3	0.5-56.73/4.95	97

AuⅡ-1 矿体主要产在隐伏岩体与围岩的内外接触带范围，偏向岩体内部，矿体形态呈不规则火炬状，其形态大致可以分为 3 个部分：上部平缓厚大透镜状部分，南接一个侧伏板柱状部分，西接一条矿体分支，如图 2-22 所示。

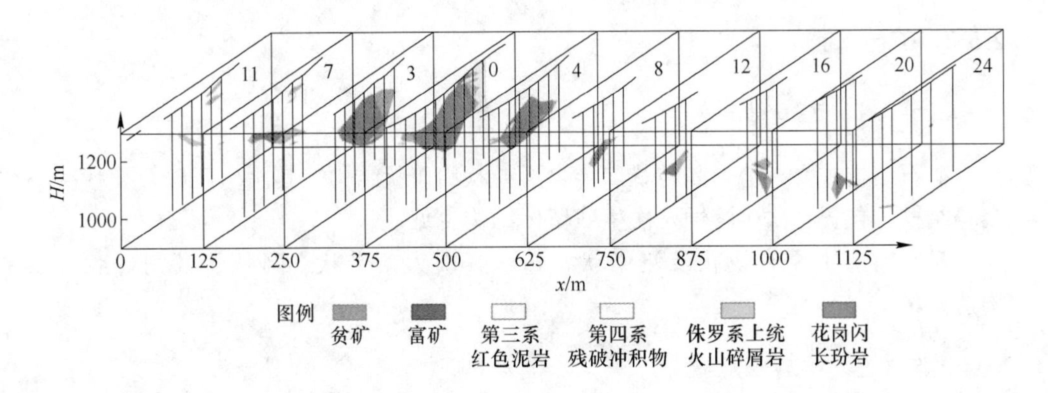

图 2-22 毕力赫金矿区Ⅱ矿带 AuⅡ-1 矿体联合剖面图

（1）厚大透镜状矿体部分。也称为火炬状头，主要分布在 3~4 线。赋存于火山碎屑岩和花岗闪长玢岩体接触带，尤其内接触带花岗闪长玢岩体内。矿体呈北东向长约 300m，北西宽约 120m 的大透镜状。矿体厚 10.52~132.68m，平均厚 73.34m，赋矿标高 1105~1283m。矿体品位呈有规律的变化，中心高，单样最高品位 54.76×10^{-6}，上下及边部逐渐变贫，在矿体中心部位圈出一个近东西向长 140m，南北宽约 100m，平均厚 22.60m（最大厚 53.12m，最小 5.52m），平均品位 15.03×10^{-6}的富矿包。

AuⅡ-1 矿体的厚大透镜体部分基本被露天开采完，仅在 4~8 线之间等处保留少部分矿量。

（2）板柱状矿体部分。也称为火炬把，主要分布在 8~24 线。剖面上为短透镜状，水平切面近等轴状。板柱状矿体总体呈北北西走向，水平长 180m，斜长 250m，向南南东深部倾伏，矿体倾向 65°~75°，倾角 55°。矿体赋存标高 935~1150m，厚 3.01~99.98m，平均厚 30.27m，厚度变化系数 99.73%，属较稳定型；矿体品位 1.00×10^{-6}~14.20×10^{-6}，平均品位 4.27×10^{-6}，品位变化系数 66.98%，属均匀型。

（3）矿体分支。矿体北西段 7 线以北出现分支，矿体逐渐变薄至 15 线尖灭。7~11 线间分布着 AuⅡ-1 矿体北西方向的 2 个分支矿体，分上部分支矿体和下部分支矿体。上部矿体赋存于火山碎屑岩中，由 2 个平行矿体组成，呈近水平的板状体，长约 70m，厚 7.5~19.08m，平均厚 12.28m，赋矿标高 1225~1265m。下部矿体赋存于火山碎屑岩（上部）和花岗闪长玢岩体中（下部），为低品位矿体，呈不规则板状体，倾向 62°，倾角 36°，控制斜长 200m，厚 4.51~33.11m，平均厚 16.94m，赋矿标高 1100~1210m。下部分支矿体与上部分支矿体垂距 80~135m。

2.5.3　矿石特征

2.5.3.1　*矿石结构构造*

矿石结构主要有他形晶粒状、半自形粒状和斑状结构，其次为压碎及交代残余等结构，包含、次生溶蚀及次生残留体结构少见。

矿石构造主要有块状及浸染状构造，其次为条带状、网脉状及角砾状等构造。

2.5.3.2　*矿石物质组分*

矿石物质成分简单，以非金属矿物为主，占矿石总量的99%以上。金属矿物有黄铁矿与磁黄铁矿（合量0.75%），其次有磁铁矿（含量0.1%）、黄铜矿与黝铜矿（合量0.05%），少量闪锌矿与方铅矿、辉钼矿、毒砂及辉锑矿（合量0.05%），贵金属矿物主要为自然金，少量银金矿。另含少量次生氧化矿物褐铁矿、辉铜矿、蓝辉铜矿及铜蓝（合量0.05%）。

非金属矿物主要为斜长石（含量30%）、石英（含量35%）及钾长石（含量25%），其次为绢云母、黑云母、白云母、绿泥石、绿帘石、黝帘石、碳酸盐矿物、电气石、高岭土及黏土矿物（总含量10%）。

金矿物主要为自然金，金矿物边界不平整，呈尖角粒状和枝叉状，少量金矿物边界平整，棱角明显，呈角粒状、长角粒状及板片状或呈边界圆滑的浑圆状。有两种主要产状，一是产于蚀变岩石中，星散浸染状分布，与蚀变生成石英、黄铁矿（褐铁矿）、黄铜矿和钾长石共生，该类金矿物粒度相对较粗，以中细粒为主，但该类金矿物占的比例小，小于20%。另一种产状为产于石英细-网脉中，矿区绝大部分金矿物属这种类型，占80%以上，一般粒度较细，以细微粒为主。自然金的主要载体矿物是石英，自然金在石英中的分布率为88%，其他矿物中金矿物分布率仅为12%，包括黄铁矿（褐铁矿）和黄铜矿。自然金主要以不规则状的片状、枝杈状产于石英、黄铁矿颗粒之间，石英与黄铁矿晶粒之间和黄铁矿的裂隙中，占94%，包裹金含量少，仅占6%。从矿物嵌布特征和粒度分布特征看，矿石中不易浸出的包裹金和微粒金含量较少，如图2-23所示。

2.5.3.3　*矿石化学成分*

矿石主要有用有益元素为Au，矿床平均品位Au 2.73×10^{-6}，品位变化系数97%，属均匀-较均匀型；与Au伴生的有益组分有Ag、Cu、Pb、Zn、Cr、V、Ni、Co、Bi、Mo、W、As及Sb，Ag含量一般小于0.5×10^{-6}，其他有用有害组分含量甚微，不具综合利用价值，见表2-20。

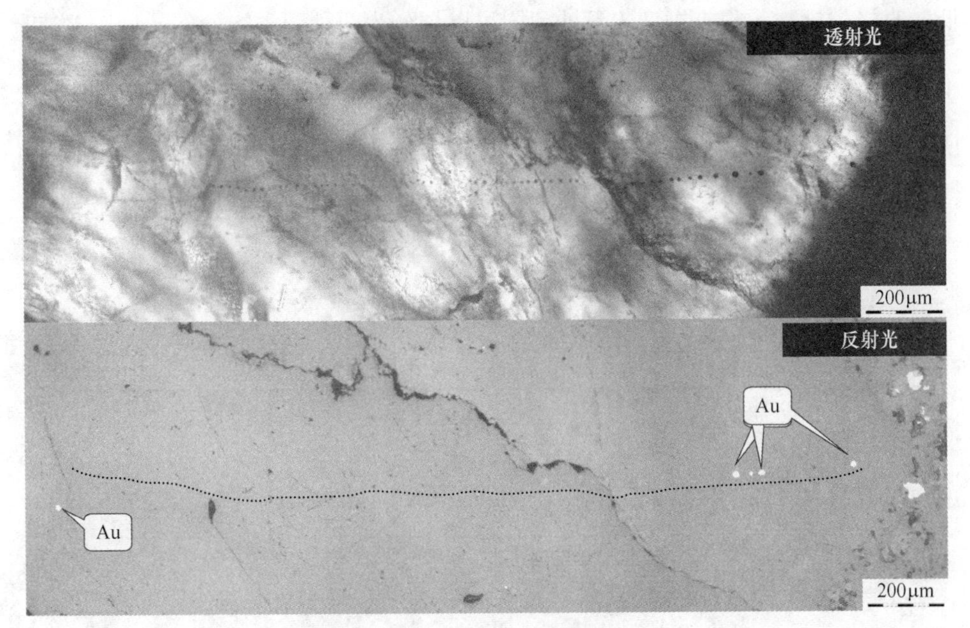

图 2-23 金颗粒在石英中呈串状

表 2-20 多元素分析结果

元 素	Au	Cu	Pb	Zn	Sb	Ag	Fe
含量/mg·L^{-1}	1.24	12.36	0.09	0.62	1.99	0.08	3.82
元 素	As	S	Ca	Mg	CNS$^-$	CN$^-$	
含量/mg·L^{-1}	26.63	58	7.50	8.00	55	100	

2.5.4 矿石类型和品级

2.5.4.1 矿石类型

矿石自然类型为贫硫化物石英网脉状蚀变岩型。根据矿石的矿物共生组合、结构构造特征以及容矿岩系，可将该矿床矿石划分为石英网脉-团块状蚀变岩型金矿石和稀疏石英细脉蚀变岩型金矿石两大类。

A 石英网脉-团块状蚀变岩型金矿石

石英网脉-团块状蚀变岩型金矿石是矿体的主要矿石类型，占矿床总储量的80%以上，矿石品位一般较高。主要产于花岗闪长玢岩等浅成-超浅成次火山岩体内以及岩体外接触带部位。特征是烟灰色石英细脉发育，0.5~2cm 厚，沿密布的裂隙充填、交代，形成细网脉状，裂隙交会处形成团块状；局部石英细网脉大量发育，交会、丛生，形成次生石英岩。该期石英脉发育程度，是矿石品位高低最直接的标志。根据蚀变岩石的不同可以划分为两种亚类。

Ⅰ-1：石英网脉-团块状蚀变花岗闪长玢岩型金矿石。

Ⅰ-2：石英网脉-团块状蚀变沉凝灰岩-凝灰质砂岩型金矿石，如图 2-24 所示。

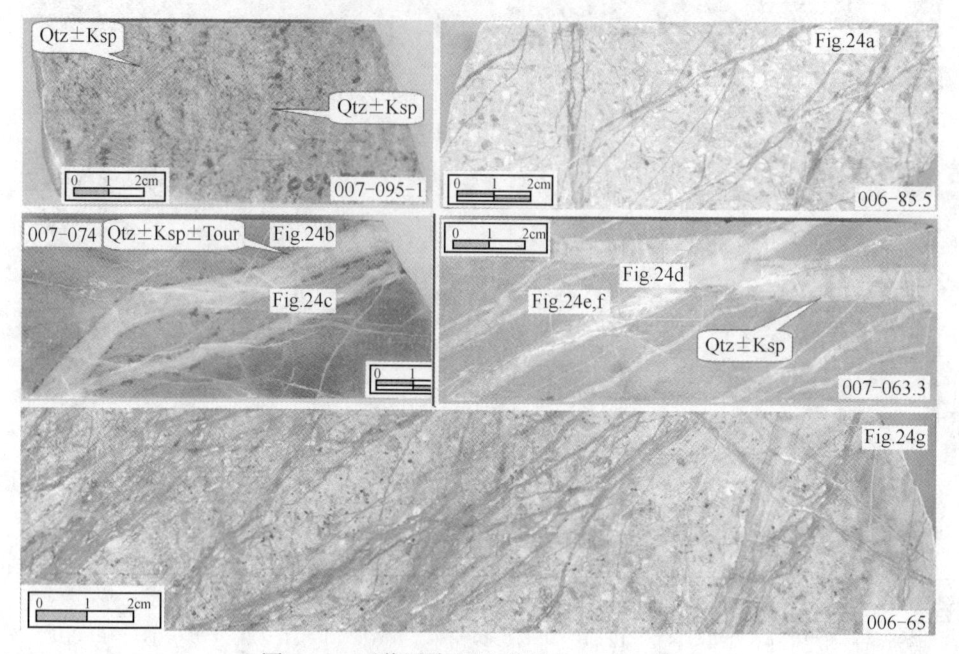

图 2-24　石英网脉-团块状蚀变岩型金矿石

B　稀疏石英细脉蚀变岩型金矿石

该矿石类型主要产于主矿体的上下部和边部，多属贫矿石。主要特征是石英细脉呈稀疏状分布于蚀变岩石中。按照蚀变容矿岩石岩性差异，又进一步划分为 3 个亚类，如图 2-25 所示。

Ⅱ-1：稀疏石英细脉蚀变花岗闪长玢岩型金矿石。

Ⅱ-2：稀疏石英细脉蚀变沉凝灰岩-凝灰质砂岩型金矿石。

Ⅱ-3：稀疏石英细脉蚀变安山岩型金矿石。

矿石工业类型属贫硫化物石英网脉状蚀变岩型矿石，以块状硫化矿石为主，极少量氧化矿石。

矿床成因类型属产于火山岩中与浅成次火山岩体有关的浅成低温热液-斑岩型金矿床。

2.5.4.2　矿石品级

根据Ⅱ矿带 AuⅡ-1 矿体质量分数 $(1.0\sim3.0)\times10^{-6}$、$(3.0\sim5.0)\times10^{-6}$、

图 2-25 稀疏石英细脉蚀变岩型金矿石

(5.0~10.0)×10^{-6}、(10.0~20.0)×10^{-6}、>20.0×10^{-6}的五个品级段对圈矿体的779个数据分别进行了统计，结果见表 2-21。

表 2-21 Ⅱ矿带 Au Ⅱ-1 矿体品级统计

质量分数	(1.0~3.0)×10^{-6}	(3.0~5.0)×10^{-6}	(5.0~10.0)×10^{-6}	(10.0~20.0)×10^{-6}	>20.0×10^{-6}	合计
品级数量	392	147	132	87	21	779
所占比例/%	50.32	18.87	16.94	11.17	2.70	100

矿体中低品级（(1.0~3.0)×10^{-6}）矿石占比 50.32%，中等品级（(3.0~5.0)×10^{-6}及（5.0~10.0)×10^{-6}）矿石占比为 35.81%，高品级（(10.0~20.0)×10^{-6}及>20.0×10^{-6}）矿石占比为 13.87%。

2.5.5 矿体围岩和夹石

2.5.5.1 矿体围岩

矿体赋存在蚀变的花岗闪长玢岩、二长花岗斑岩等花岗岩类和闪长岩类的浅成或超浅成相岩石中以及岩体与火山中酸性熔岩-火山碎屑岩接触带。矿体和围岩没有明显界面和区别标志。矿体与顶底板围岩及夹石的界线只能按样品品位以及工业指标划分圈定。

矿区矿体近矿围岩主要为侏罗系上统火山碎屑岩和花岗闪长玢岩，围岩都有不同程度矿化，品位在（0.2~0.5)×10^{-6}。

2.5.5.2 夹石

AuⅡ-1 矿体厚度巨大，矿体基本完整。根据容矿岩石金含量，并按批复的相关指标，在AuⅡ-1 矿体（3~4 线）内圈出夹石 2 处。已被采空，保留板柱状矿体无夹石。

在矿体北西段分支矿体中分别由 ZK044、ZK045、ZK046 控制一层夹石，夹石厚 4.66~21.16m。

矿体中段 ZK033、ZK003、ZK042 钻孔在矿体中圈出夹石，夹石厚 4.07~12.56m，呈小透镜状产出。夹石岩性、蚀变、矿化特征与矿石基本一致，没有明显界限，但均具有矿化，局部也有个别样大于 1.00×10^{-6}，见表 2-22。总体上看，夹石的存在对主矿体的完整性基本没有明显影响。

表 2-22　夹石特征

勘查线	工程号	岩性	自	至	厚度	最高品位	最低品位	平均品位
3	ZK033	J_3 火山碎屑岩	107.36	119.92	12.56	1.63	0.37	0.87
		J_3 火山碎屑岩	121.43	130.46	9.03	2.64	0.46	1.04
0	ZK003	J_3 火山碎屑岩	82	88.01	6.01	0.78	0.3	0.51
4	ZK042	花岗闪长玢岩	95	99.07	4.07	1.7	0.43	1.01
	ZK044	J_3 火山碎屑岩	41.71	55.1	13.39	1.16	0.3	0.56
	ZK045	J_3 火山碎屑岩	45.89	50.55	4.66	0.83	0.5	0.62
	ZK046	J_3 火山碎屑岩	67.22	88.38	21.16	0.81	0.21	0.41
		J_3 火山碎屑岩	91.4	95.92	4.52	0.56	0.51	0.54

2.5.6 矿床共（伴）生矿产

Ag 含量一般小于 0.5×10^{-6}，不具综合利用价值。Cu、Pb、Zn、Cr、V、Ni、Co、Bi、Mo、W 以及 As、Sb 等有用、有害组分含量甚微，既不影响矿石金的回收，也无综合回收利用价值。

矿石中含 Cu 0.004%~0.045%，W 0.001%~0.028%，Mo 0.0005%~0.004%。这些金属元素与 Au 密切共生，呈正消长关系，富矿体与近矿围岩相比提高一个数量级，是找矿地球化学标志，但含量甚低，不具有工业利用价值。

As 含量在 0.002%~0.012%，Sb 含量更低，矿体与近矿围岩相比有较大富集，但其含量非常低，基本不影响选矿工艺流程。

Pb、Zn、Co、Ni、Cr、V、Bi 等元素富集系数低，在富矿体、贫矿体和围岩中含量差异不大。

本矿床中没有共伴生矿产。

2.5.7 累计查明资源储量

据《内蒙古自治区苏尼特右旗毕力赫矿区Ⅱ矿带15~40线岩金矿详查报告》（内国土资储备字［2008］235号），累计查明122b+333金矿石量803.11×10^4t，金属量21916kg，品位2.73×10^{-6}。其中122b金矿石量600.46×10^4t，金金属量19861kg，品位3.31×10^{-6}，其中包括122b（富）富矿体一个，金矿石量53.24×10^4t，金金属量8001kg，品位15.03×10^{-6}。333金矿石量51.02×10^4t，金属资源量1152kg，品位2.26×10^{-6}。估算333（低）金矿石量151.62×10^4t，金属资源量903kg，品位0.6×10^{-6}。

2.5.8 斑岩型金矿一般特征

（1）成矿地质特征：与中酸性、酸性及碱性次火山岩有关。金矿体产于花岗闪长斑岩体顶部及接触带附近。

（2）金属矿物：黄铁矿、白铁矿、辉锑矿、自然金、黄铜矿、辰砂、雄黄、雌黄。

（3）脉石矿物：玉髓状石英、方解石、冰洲石、铁白云石、蛋白石、长石、高岭土。

（4）围岩蚀变：硅化、黄铁矿和/或白铁矿化、碳酸岩化。

（5）矿体形状：层状、脉状、扁豆状。

（6）规模及品位：大到特大型、金质量分数为2×10^{-6}~10×10^{-6}。

（7）共伴生元素：Ag、Cu、S。

2.6 湖北桃花嘴金铜矿（矽卡岩型）

1964年，湖北省鄂东南地质大队在铜绿山铜铁矿区外围近40km^2的范围内开展了1∶10000综合地质普查，首先发现了桃花嘴浅部的Ⅰ号铜铁矿体（四号磁异常）和猴头山钼铜矿床，于1967年12月提交了《湖北大冶猴头山地区详细地质普查报告》。1968年5月湖北省冶金工业局成立了湖北省冯家山铜矿筹建处，1979年改称湖北省冯家山铜矿。

1984年，湖北省鄂东南地质大队在鸡冠咀铜金矿区开展铜金矿地质普查。1987年3月成立由省、市、县三级联营的黄石市鸡冠嘴金矿。

1992年1月湖北省冯家山铜矿和黄石市鸡冠嘴金矿合并成立新黄石市鸡冠嘴金矿。

1984~1992年，湖北省鄂东南地质大队在鸡冠咀铜金矿区外围开展铜金矿地质普查时，在鸡冠咀铜金矿区东南部发现了桃花嘴深部铜金铁矿床，相继开展了普查和详查工作，于1992年12月提交了《湖北省大冶县金湖乡桃花嘴铜铁矿详查地质报告》。

1993 年 2 月，湖北黄石鸡冠嘴金矿同中国黄金总公司联营，更名为湖北黄石鸡冠嘴金矿（联营）。

1996 年 6 月，湖北黄石鸡冠嘴金矿（联营）改制成湖北黄石金铜矿业有限责任公司。

1997 年 9 月~2000 年 8 月，湖北省鄂东南地质大队在详查的基础上对Ⅱ号矿体群进行了探建结合形式的地质勘探工作，于 2000 年 12 月提交了《湖北省大冶市桃花嘴铜金铁矿床Ⅱ号矿体群勘探中间储量报告》。

1999 年 11 月，湖北三鑫金铜股份有限公司通过资产重组，与湖北黄石金兴矿业有限责任公司、湖北大冶金泰有限责任公司组建成立了湖北三鑫金铜股份有限公司。股东为中国黄金总公司、黄石市冶金工业总公司、湖北省鄂东南基础工程公司、大冶市冶金工业总公司、冶金工业部中南地质勘查局。

公司选厂采用三段—闭路碎矿、一段闭路磨矿、铜硫混合浮选—混精再磨—铜硫分离浮选、混浮尾矿弱磁选—中磁选选铁、精矿浓缩—过滤脱水原则流程。选厂产品为金铜精矿、硫精矿、铁精矿。选厂年处理原矿 100×10^4t，年产矿山铜 1.2×10^4t，矿山金约 1.4t，矿山银约 6t，铁精矿 5×10^4t，硫精矿（标硫）7×10^4t。

2.6.1　矿区地质

矿区位于阳新侵入体西北端，大冶复式向斜南翼。

2.6.1.1　地层

矿区地表绝大部分为第四系湖积黏土所覆盖，之下隐伏有下白垩统灵乡组（K_{1l}）、上侏罗统马架山组（J_{3m}）、中三叠统蒲圻群（T_{2p}）、中三叠统蒲圻组（T2L）、中下三叠系统嘉陵江组（$T_{1-2}J$）、下三叠统大冶组（T_{1d}）。如图 2-26 所示，由老至新分述如下：

（1）下三叠统大冶组（T_{1d}）。分布于矿区东北部-600m 标高以下，主要为第三岩性段条带状大理岩（T_{1d}^3），第四岩性段白云质大理岩夹大理岩（T_{1d}^4）。由于岩体的侵入，均已接触变质形成大理岩、白云质大理岩。未见底。与上覆地层为整合接触。

（2）中下三叠统嘉陵江组（$T_{1-2}J$）。分布于矿区西南部及其深部，第一岩性段白云石大理岩-含灰质白云石大理岩（$T_{1-2}J^1$），第二岩性段白云质大理岩、大理岩（$T_{1-2}J^2$），第三岩性段灰质白云石大理岩（$T_{1-2}J^3$）。厚大于 433m，其中第一岩性段为Ⅲ号矿体群赋矿层位，第二岩性段为Ⅱ号矿体群赋矿层位，第三岩性段为西南部小矿体赋矿层位。与上覆地层为整合接触。

（3）中三叠统蒲圻组（T_{2p}）。分布于矿区西部及-50～-100m标高，为粉砂质黏土岩、黏土岩、石英粉砂岩，底部夹有灰岩透镜体，厚大于200m，与上覆地层为不整合接触。

（4）上侏罗统马架山组（J_{3m}）。主要分布于矿区北部，不整合覆盖于三叠系及岩体上。主要为火山角砾岩，次为角砾凝灰岩、杂砂岩等，厚大于400m，与上覆地层为不整合接触。

（5）下白垩统灵乡组（K_{1l}）。分布于矿区西北部，主要为安玄岩、细砂岩、粉砂岩、粉砂质黏土岩，厚大于300m，与下伏地层不整合接触。

（6）第四系（Q）。主要分布于矿区中部，除西南部和东南部为残坡积和人工堆积外，其余均为湖积、冲湖积。除人工堆积外，一般厚2～10m，最厚为20.05m。

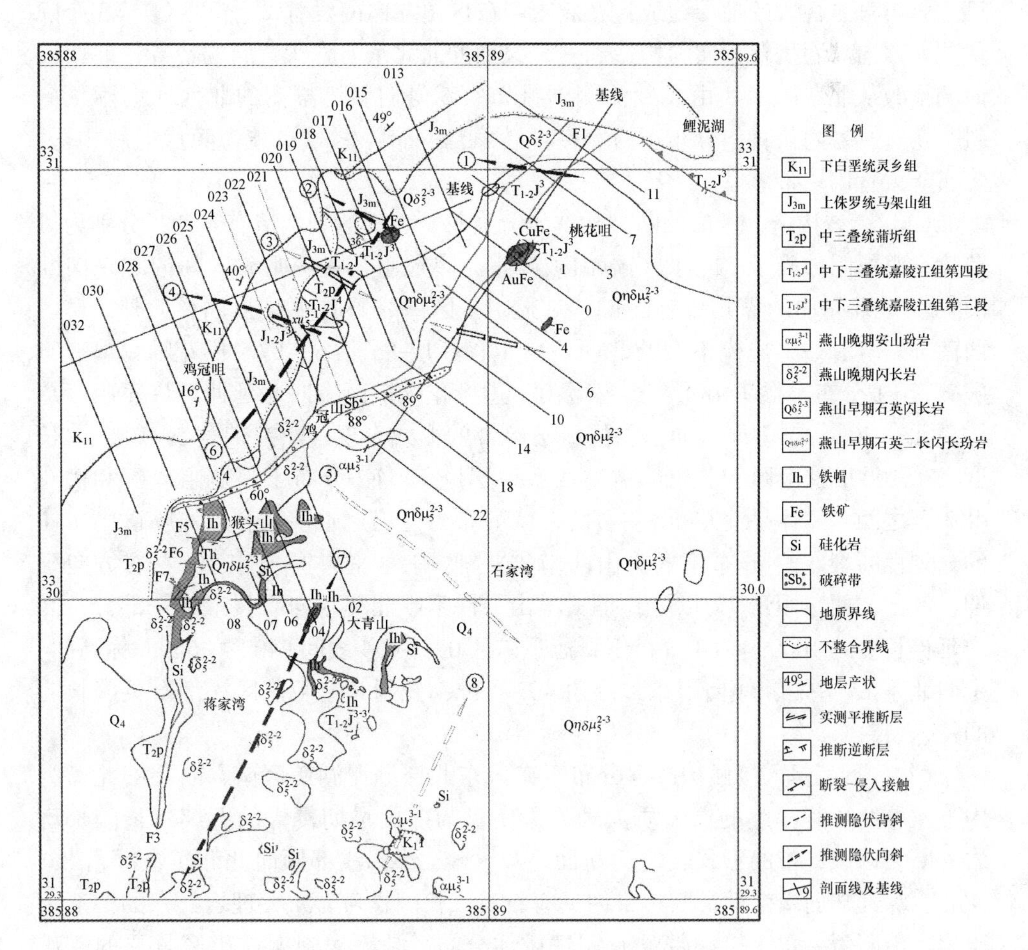

图2-26 桃花嘴地区地质略图

2.6.1.2 构造

矿区构造地表仅见有鸡冠山破碎带。据钻孔资料，通过对隐伏碳酸盐岩层序的建立，并结合邻区成果，矿区处大冶复式向斜南翼的次级褶皱：石头咀—铜绿山—大青山隐伏向斜的西段，主要的构造类型有隐伏褶皱构造、断裂构造和断裂-侵入接触构造。

（1）隐伏褶皱构造。区内褶皱全部为隐伏褶皱，由于岩体的侵入，其形态保存不完整。从北向南依次分布有①、②、③、④、⑤号五个北西西向的次级隐伏褶皱和⑥、⑦、⑧号三个北北东向的叠加褶皱。

其中①号褶皱分布于桃花嘴矿区北部3~11线，为隐伏背斜构造，轴长约400m，轴向约300°，核部由嘉陵江组第一岩性段的地层组成，两翼由嘉陵江组第二、第三岩性段的地层组成；在鸡冠咀矿区由北向南发育②、③、④号3个隐伏北西西向的隐伏背、向斜构造和一个叠加的北北东向隐伏背斜构造⑥，北西西向的褶皱从北东向南西由浅到深侧列排布。⑤号向斜为推测的北西西向隐伏向斜，⑦、⑨号隐伏背斜分布于石家湾至蒋家湾一带，⑧号褶皱为隐伏向斜构造，分布于大青山一带。

（2）断裂构造。区内的断裂构造十分发育，大的断裂构造有4处，分别为桃花嘴—鸡冠咀破碎带F1，即鸡冠山破碎带，鸡冠咀与桃花咀矿区间的北东向断裂F2，北北东向的猫儿铺断裂F3、鸡冠咀矿区深部的逆冲断层F4，此外，矿区西南部发育有一组规模不大的北西西向平移断层F5、F6、F7。桃花嘴—鸡冠咀破碎带F1分布于猴头山北，经鸡冠山，过桃花嘴矿区，向北延伸至许家咀，总体呈北东30°~40°方向延伸，以构造破碎带的形式表现，断裂带宽5~100m，长度大于1000m，南西和北东部被第四系地层掩盖。F2分布于鸡冠咀矿区和桃花嘴矿区之间，总体呈北东40°左右的带状分布，是鸡冠咀矿区和桃花嘴矿区矿体的分划性断裂。F3分布于猴头山西南猫儿铺一带，总体呈北东10°左右方向延伸，倾向北西，倾角75°以上，是牯羊山—许家咀北北东向断裂带的一部分，区内延伸长度约1000m。F4分布于鸡冠咀矿区021~034线间-400~-650m标高间，走向北东15°左右，倾向南东，倾角40°~60°，控制鸡冠咀矿区深部石英闪长岩的侵入。

（3）断裂-侵入接触构造。分布于矿区东北部鲤泥湖矿区南，断裂的北盘为中下三叠统嘉陵江组的白云质大理岩，南盘为燕山早期侵入的石英二长闪长玢岩。断裂以破碎带的形式表现，断面呈反“S”形，浅部倾向北北东，倾角85°左右，深部转向南南西。断裂带内见有石英二长闪长玢岩、大理岩共存的构造角砾岩。沿断裂—侵入接触带见有铜铁矿体分布，是鲤泥湖铜铁矿区重要的赋矿构造。

2.6.1.3 岩浆岩

矿区内岩浆岩为阳新复式侵入岩体西北端铜绿山石英二长闪长玢岩岩体的一部分。主要岩石类型有石英二长闪长玢岩、石英闪长岩、闪长岩和安山玢岩。据区域资料，前二类岩石为燕山早期第三次侵入活动的产物，两者呈相变关系；后二类岩石则为燕山晚期第一、二次侵入活动的产物。

（1）石英二长闪长玢岩。主要分布在矿区东部，为灰白色-肉红色，斑状结构，块状构造。主要由更中长石（66.6%）、钾长石（11.0%）、石英（9.8%）、角闪石（3.7%）等组成。斑晶主要为更中长石，少量角闪石，更中长石斑晶呈自形、半自形板状，粒度3mm×5mm～0.3mm×0.2mm，聚片双晶发育，环带构造常见，角闪石斑晶呈长柱状，长0.3～5mm不等。基质为细粒结构，主要成分有斜长石、石英、钾长石等。石英二长闪长玢岩与矿关系密切。

（2）石英闪长岩。主要分布在矿区北部、北东部。呈浅灰-深灰色，不等粒花岗结构，由中更长石（68.0%）、石英（13.7%）、角闪石（1.0%）及黑云母（7.5%）等组成。中更长石粒度为0.1～3mm，呈板状、宽板状，具环带和卡钠双晶。角闪石呈长柱状，石英、钾长石呈他形晶充填于斜长石、角闪石间隙中。

（3）闪长岩。仅见于矿区西部。呈深灰色、灰黑色，具半自形不等粒结构。由中长石（63.6%）、角闪石（10.1%）、石英（1.6%）等组成，偶见透辉石。中长石呈长0.1～3mm的板状、宽板状，常见环带和长钠双晶。角闪石呈长柱状，一般为0.5～2mm，大者可达3～4mm。

（4）安山玢岩。零星分布于10线以西和4线以东，呈脉状，厚1～18m，最厚可达35m，多赋存于-400m标高以上。岩石呈灰紫色，浅肉红色，主要矿物为斜长石（69.0%），次为石英（10.0%）及少量角闪石（0.5%），斑状结构，基质呈交织结构或微粒结构。斑晶为斜长石，呈自形板条状，d=0.2mm×0.1mm～2mm×1mm。基质主要由斜长石和石英组成，粒度为0.02～1mm。岩石局部见铜矿化。

2.6.1.4 接触变质作用

矿区接触变质作用强烈，按其变质作用方式可分为以下两种：

（1）接触热变质作用。在岩浆侵位的同时，由于其熔融体释放出的热能，使捕虏体侵入接触带及其附近围岩发生广泛的接触热变质作用，其中，以碳酸盐岩为主的岩石发生重结晶变成大理岩类岩石，铝硅酸盐类为主的碎屑岩局部形成角岩化。

（2）接触交代变质作用。在岩浆期后富含钙镁硅和挥发组分的化学活动性流体参与下，沿大理岩捕虏体侵入接触带及其附近的围岩裂隙进行渗滤-扩散交代，形成各类接触交代变质岩，常见的有透辉石矽卡岩、透辉石石榴石矽卡岩、石榴石透辉石矽卡岩、石榴石矽卡岩、绿帘石石榴石矽卡岩、方柱石矽卡岩、金云母透辉石矽卡岩等。与矿化关系密切的主要为透辉石矽卡岩、石榴石透辉石矽卡岩、石榴石矽卡岩、金云母透辉石矽卡岩。

矿床中矽卡岩矿物近 10 种，其中以石榴石、透辉石为主，次为金云母。

2.6.1.5　围岩蚀变

矿区围岩蚀变强烈，种类较多，且常多种蚀变叠加。与成矿关系密切的蚀变有碳酸盐化、矽卡岩化、钾长石化、硅化。

(1) 碳酸盐化。矿区最广泛、最常见的一种热液蚀变。主要有方解石化和菱铁矿化。该蚀变持续时间长、强度较大。在高温热液阶段即开始，中温热液阶段最为发育，与铜矿化关系密切；低温阶段则呈脉状穿插于各类岩石中。

(2) 矽卡岩化。主要发育于大理岩和石英二长闪长玢岩中，与矿化关系密切。矽卡岩矿物有透辉石、石榴石、金云母、方柱石、绿帘石等，表现为矽卡岩矿物呈斑点状或沿岩石的裂隙交代，且常叠加碳酸盐化、硅化等。

(3) 钾长石化。主要见于石英二长闪长玢岩中，有三种存在形式：一是钾长石呈不规则状沿斜长石解理和环带交代；二是钾长石呈粗大变斑晶或它形晶交代斜长石，三是呈脉状，沿岩石裂隙充填交代。后者与铜矿化关系较密切。

(4) 硅化。主要发育于矽卡岩和大理岩中，石英呈微粒集合体分布于其他矿物的颗粒间，并见有铜矿化。

此外还有钠长石化、绿泥石化、黏土化等。

2.6.2　矿床地质特征

桃花嘴矿区内共探明 42 个金铜矿体，分布于桃花嘴矿区 7~20 勘探线，长 750m，宽 57~260m，面积约 0.12km^2。

矿床总体分布受北北东向隐伏背斜控制，延伸为 10°~35°。捕虏体与侵入岩接触带为矿体主要赋存部位，也是本矿床矿体对比连接的主要标志。

矿体赋存标高为+7~-1015m，矿体倾向北西，倾角 32°~88°，平均 75°。以Ⅱ4 号金铜矿体规模最大，分布于 7~22 线，呈一巨大扁平透镜体位于捕虏体中，其他为小矿体，在剖面上呈脉状、小透镜体状以雁行或平行排列分布于Ⅱ4 矿体上下盘，除Ⅲ1、Ⅲ3 为双剖面被 4~5 个钻探工程控制外。其他均为单工程或单剖面控制。

矿区西南部 021~027 线分布的 12 个小矿体，矿石类型分别为钼矿石、铜钼矿石，多数为相邻的鸡冠咀矿区、猴头山矿区延伸到桃花嘴矿区的一部分，矿体主要产在大理岩捕虏体与石英二长闪长玢岩接触带及其附近的石英二长闪长玢岩内。矿体产状也与7~22线矿体不一致，走向68°~248°，倾向158°，倾角一般45°~70°，因而剖面方位也与桃花嘴7~22线不一致，与其有33°夹角呈不平行展布。

2.6.3　矿体地质特征

桃花嘴矿区赋存的42个金铜矿体，规模最大的主要为Ⅱ4，次为Ⅲ1矿体。目前开采的主要为Ⅱ4矿体。

Ⅱ4矿体分布于7~22线间，为矿床中规模最大的矿体。矿体埋深190~930m，赋存标高-170~-920m。矿体长约600m，水平厚2.60~71.6m，平均为35m，厚度变化系数为85.26%，金品位0.50~5.48g/t，品位变化系数75.90%，铜品位0.51%~3.56%，品位变化系数74.18%。矿体总体走向北东40°，0线以东向北偏转为北东10°左右，倾向北西-北西西，倾角较陡，为65°~88°，平均75°左右，局部地段近于直立。矿体总体形态为一扁平状大透镜状，矿体无论走向还是倾向都具分支复合现象。横向上一般矿体头部较薄，为2.6~4.0m，中下部较厚，为33.1~71.6m，平均38m。纵向上，矿体以6线为最厚，向两侧逐渐变薄。

2.6.4　矿石特征

2.6.4.1　矿石类型

（1）矿石自然类型。矿石自然类型按氧化铜含量划分氧化矿石、混合矿石和原生硫化矿石。氧化矿石和混合矿石在矿区内不发育。原生硫化铜矿石是矿床中最主要的矿石类型。

按矿石矿物组合划分为矽卡岩型、大理岩型、斑岩型、角砾岩型和块状矿石5个自然类型，最主要的为矽卡岩型。

（2）矿石工业类型。矿石工业类型有金铜铁矿石、金铜矿石、铜铁矿石、铜矿石及铁矿石。其中金铜铁矿石集中分布于0~10线间的矿体的中部、中上部，金铜矿石主要分布于矿体上部及下部，铜铁矿石主要分布于矿体中部及下部，铜矿石和铁矿石主要分布于矿体的边部，少量分布于矿体中部。综上所述矿体的矿石类型自矿体上盘至下盘一般表现为铜矿石—金铜矿石—金铜铁矿石—铜铁矿石—铜矿石。各中段各类型矿石分布及上下中段各矿石类型的对应关系无规律可循。

矿石中金、铜含量不均匀，一般呈正相关关系，相关系数0.93。垂向上，自上而下金铜含量由低逐渐增高，纵向上，自0~14线金由1.32g/t增高为4.74g/t，铜由1.06%增高为4.00%，具东低西高的特征。

2.6.4.2　矿石结构

矿石结构主要有半自形-自形粒状结构、固溶体分解结构、熔蚀交代结构、压碎结构，如图 2-27 所示。

半自形-自形粒状结构：早期晶出的矿物呈半自形-自形晶粒状结构，晚期结晶较差。主要有菱铁矿、白云石等自形晶，石榴石、黄铁矿等半自形晶。

固溶体分解结构：有黄铜矿与斑铜矿的结状结构、格状结构，闪锌矿与黄铜矿、闪锌矿与方铅矿的乳浊状结构。

熔蚀交代结构：早生成的矿物被后生成的矿物交代熔蚀，常见的有磁铁矿被黄铁矿、黄铜矿交代，黄铁矿、闪锌矿被黄铜矿、斑铜矿交代等。

压碎结构：早期晶出的矿物受力作用形成破碎裂隙状，或被后期晶出矿物沿裂隙充填交代，如图 2-28 所示。

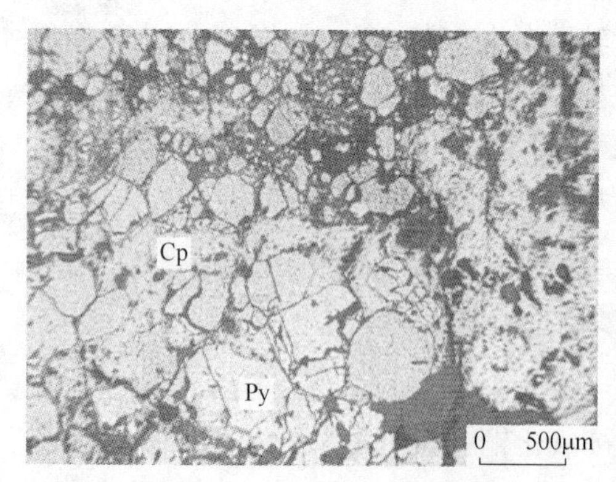

图 2-27　黄铁矿压碎结构

图 2-28　黄铁矿交代结构

2.6.4.3　矿石构造

矿石中主要构造有致密块状构造、浸染状构造、脉状构造、团块状构造、角砾状构造及条带状构造。

2.6.4.4　矿石矿物成分

据统计，矿石中矿物成分有 67 种，见表 2-23。

表 2-23　矿石中矿物成分统计

	金属矿物	脉石矿物
主要	菱铁矿、赤铁矿、磁铁矿、黄铜矿、黄铁矿	方解石、石榴石、透辉石、石英
次要	斑铜矿、辉钼矿、胶黄铁矿、辉铜矿、蓝辉铜矿	绿泥石、金云母、白云石、玉髓

续表 2-23

	金属矿物	脉石矿物
微量	自然金、银金矿、金银矿、含银自然金、自然铜、白铁矿、闪锌矿、铜蓝、磁赤铁矿、穆磁铁矿、褐铁矿、方铅矿、孔雀石、方黄铜矿、辉铋矿、硫铜钴矿、辉硫碲铜银矿、碲银矿、蓝辉硫铜银矿、蓝辉硫银铜矿、硫碲铋铜银矿、铋碲钯矿	透闪石、阳起石、绿帘石、方柱石、白云石、皂石、钠长石、更长石、中长石、钾长石、硅灰石、萤石、绢云母、高岭石、蒙脱石、蛇纹石、绿高岭石、磷灰石、硬石膏、重晶石、黑云母、普通角闪石、白钛石、金红石、锐钛矿、迪开石、多水高岭石、铁白云石、蛭石、榍石、滑石、锆石、沸石

（1）黄铜矿（$CuFeS_2$）。黄铜矿呈它形粒状浸染在脉石中，有时与黄铁矿、胶状黄铁矿、白铁矿连生嵌布在脉石中，有时也充填在磁铁矿的粒间，如图 2-29 所示。常见斑铜矿沿黄铜矿的边缘和裂隙交代，偶见铜蓝、蓝辉铜矿、辉铜矿、银矿物沿黄铜矿边缘交代。黄铜矿粒度 0.01~1.5mm。

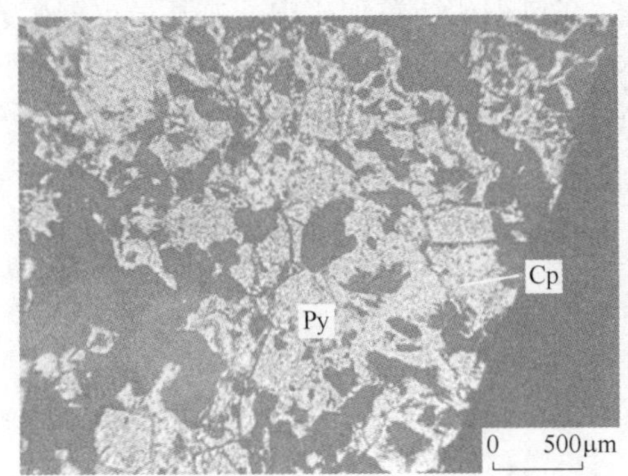

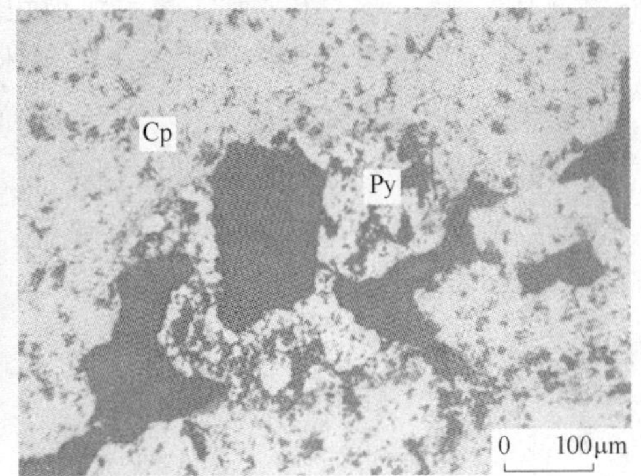

图 2-29 黄铜矿交代黄铁矿

（2）斑铜矿（Cu_5FeS_4）。常见斑铜矿呈它形粒状、脉状，沿黄铜矿的边缘和裂隙交代，也常呈粒状浸染在脉石中，有时斑铜矿与黄铁矿、白铁矿连生，常见斑铜矿中有许多细粒赤铁矿包体，偶见斑铜矿局部被铜蓝、辉铜矿、银矿物交代。斑铜矿粒度 0.005~0.6mm。

（3）黄铁矿、胶状黄铁矿、白铁矿（FeS_2）。黄铁矿常呈自形晶、半自形晶粒状或疏或密浸染在脉石中，一般与黄铜矿、斑铜矿关系不密切，仅少量黄铁矿、白铁矿与黄铜矿连生，但胶状黄铁矿与黄铜矿常常连生嵌布在脉石中，二者关系较为密切。黄铁矿粒度 0.01~2mm。

（4）辉铜矿（Cu_2S）。偶见少量辉铜矿嵌布在黄铜矿、斑铜矿的边部或脉石中，辉铜矿粒度 0.005~0.05mm。

（5）铜蓝（CuS）。偶见少量铜蓝嵌布在黄铜矿、斑铜矿的边部或脉石中，铜蓝粒度0.003~0.03mm。

（6）磁铁矿（Fe_3O_4）。磁铁矿呈半自形晶粒状稠密浸染在脉石中，常见黄铜矿呈它形粒状充填在磁铁矿的粒间，磁铁矿常被半假象或假象赤铁矿所交代。磁铁矿粒度0.005~1mm。

（7）赤铁矿（Fe_2O_3）。常见赤铁矿呈不规则粒状，假象、半假象赤铁矿交代磁铁矿。有时见斑铜矿中有许多细粒赤铁矿包体，二者关系密切，赤铁矿粒度0.003~0.3mm。

（8）菱铁矿（$FeCO_3$）。菱铁矿呈粒状、脉状与石英连生，是主要的脉石矿物之一，菱铁矿粒度0.01~0.6mm。

（9）自然金。自然金呈细粒、微细粒嵌布在黄铁矿的裂隙中，或黄铁矿与石英的界面处，或黄铁矿附近的石英中，或单独成群。有时与黄铜矿连生嵌布在石英、菱铁矿细脉中。自然金粒度0.005~0.07mm。

（10）银金矿。银金矿多呈微粒被包含在斑铜矿、黄铜矿中，尤其是黄铜矿中的脉状斑铜矿常含许多微粒银金矿包体，有时也呈细粒嵌布在斑铜矿与黄铁矿界面处或接近黄铁矿的脉石中。银金矿粒度0.001~0.04mm。

（11）辉钼矿（MoS_2）。为细小鳞片状及小板块状结构，呈灰色分布于石英脉两侧，也和黄铜矿、黄铁矿、方解石、石英一起沿岩石节理浸染，局部较为富集，细脉浸染状构造为主。

2.6.4.5　*矿石成分*

A　主要有用组分

根据矿床共生的矿产，矿石中有用组分为金、铜、铁、钼等。

金：主要与铜矿体同体共生，品位一般1~5g/t，平均4.07g/t，最高可达23g/t。分布不均匀，无明显的变化规律。

铜：主要分布矽卡岩中，次为石英二长闪长玢岩、大理岩中。品位一般0.3%~4%，平均2.15%，最高可达21%。分布不均匀，无明显的变化规律。

铁：主要与铜矿体同体共生，一般全铁品位在20%~40%，最高达50%。

钼：单钼矿体主要分布在石英二长闪长玢岩中，次为矽卡岩。品位一般在0.03%~0.2%，平均0.66%，最高可达2%，无明显的变化规律。

B　有害组分

矿石中主要有害组分含量低，经选矿后精矿中有害组分的含量也低，达不到规定要求。其中铜精矿中砷<0.005%、锌0.071%、镁2.11%；铁精矿中硫0.064%、磷0.049%。

2.6.5　矿体围岩和夹石

2.6.5.1　矿体围岩

矿体顶、底板围岩主要有矽卡岩化石英二长闪长玢岩、矽卡岩、大理岩。

2.6.5.2　夹石

夹石主要出现在Ⅱ4号矿体中，岩性大部分为矽卡岩，少部分为石英二长闪长玢岩，宽2~25m。夹石中铜品位一般在0.1%左右。-470m中段以上夹石主要出现在10线以北，-470m中段以下夹石主要出现在10线以南，如图2-30所示。

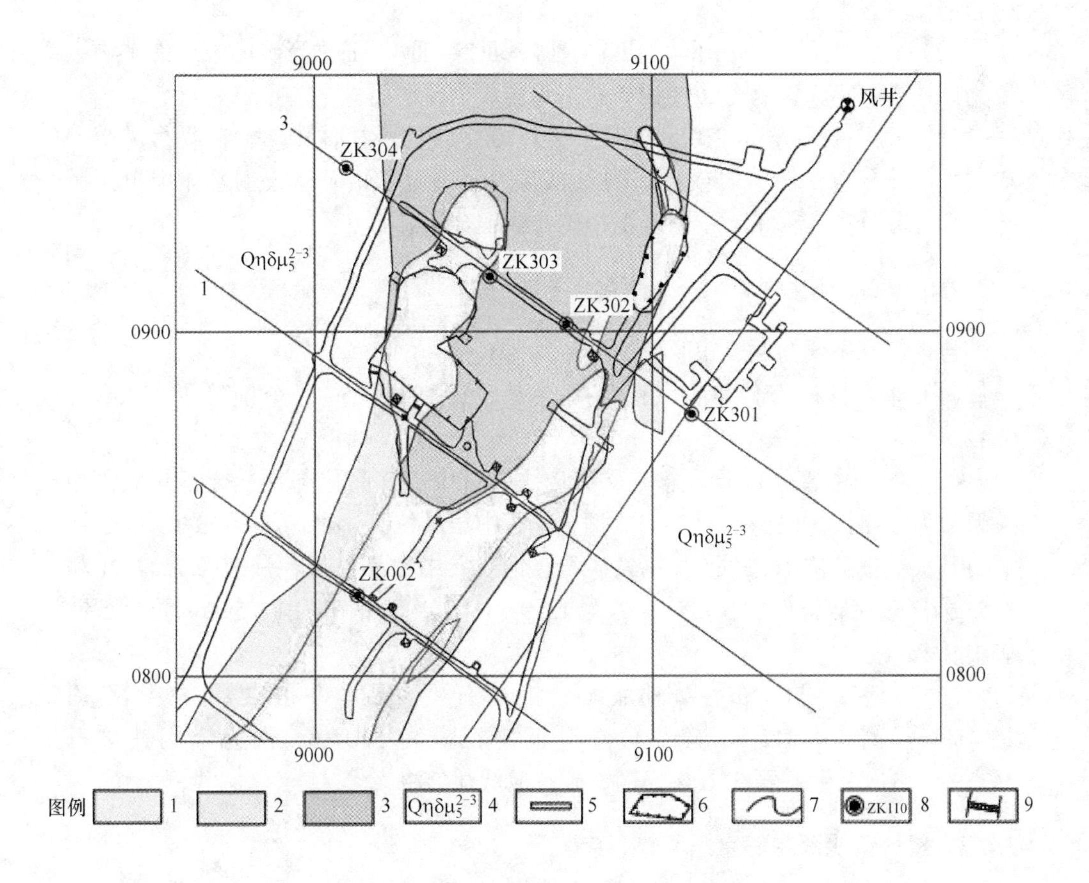

图2-30　桃花嘴-470m中段地质平面图

1—铜金矿石；2—矽卡岩；3—大理岩；4—石英二长闪长玢岩；5—巷道工程；6—采空区；7—地质界线；8—钻孔及编号；9—充填隔墙

2.6.6　矿床共（伴）生矿产

2.6.6.1　共生矿产

矿床共生矿产主要有铜、铁、钼。

（1）铜。主要分布在Ⅱ4、Ⅱ6、Ⅲ1、Ⅲ2、Ⅵ1、Ⅵ3号矿体中。大部分与金同体共生形成金铜矿石，部分组成金铜铁矿石，个别形成金铜钼矿石。

铜矿物以黄铜矿、斑铜矿等硫化矿物和孔雀石、蓝铜矿等氧化矿物为主，其次有辉铜矿、铜蓝、蓝辉铜矿等。

斑铜矿、黄铜矿为金的主要载体矿物，尤其是黄铜矿中的脉状斑铜矿常含许多微粒银金矿包体，有时也呈细粒嵌布在斑铜矿与黄铁矿界面处或接近黄铁矿的脉石中。

（2）铁。主要分布在Ⅱ4、Ⅱ5、Ⅲ1、Ⅲ2、Ⅲ4、Ⅲ5等矿体中。铁矿物主要为磁铁矿、赤铁矿，分布在铜矿石中则构成铜铁矿石。

（3）钼。主要分布在矿区西南部021～027线的小矿体中。钼矿物多为辉钼矿，大部分分布在矽卡岩或花岗闪长斑岩中，成为单钼矿体或铜矿体中单钼矿石，少部分分布在铜矿石中组成铜钼矿石或铜金钼矿石。

2.6.6.2　伴生矿产

伴生矿产主要为铜、银、硫。

（1）铜。铁矿石伴生铜。铜一般品位0.11%～0.25%，个别可达0.36%～0.42%。

（2）银。主要分布于铜金矿及铜金铁矿石中，其品位与铜、金正相关，相关系数为银-铜0.96，银-金0.95。铜金矿石中银品位高，最高32.65g/t；铜金铁矿石其次，银品位16.30g/t；铜铁矿石、铜矿石中银品位低，分别为7.42g/t和7.53g/t。银在辉铜矿中含量最高，为13.9g/t，其次黄铜矿中11.5g/t，再次黄铁矿中9.5g/t。

（3）硫。主要分布在铜金矿石、铜矿石中，品位一般2%～5%，平均2.91%，最高可达12%。硫品位在金铜矿石最高5.04%，次为金铜铁矿石2.33%，再次为铜矿石2.10%，铜铁矿石最低0.78%。

2.6.7　累计查明资源储量

依据《湖北省大冶市桃花嘴矿区铜金矿资源储量核实报告》（自然资储备字［2018］34号），截至2016年6月30日桃花嘴矿区累计查明111b+122b+333共生金矿石量（含铜金、铜金铁等）728.4×10^4t，金金属量29617kg。

111b+122b+333 铜矿石量（含铜金、铜钼、铜铁、铜金铁等）1646. 3×10^4t，铜金属量 365741t；331+332+333 低品位铜矿石量 67. 7×10^4t，铜金属量 2613t。

111b+122b+333 共生铁矿石量（含铜铁、铜金铁等）483. 3×10^4t，331+332 低品位铁矿石量 2. 5×10^4t。

333 共生钼矿石量（含铜钼）51. 1×10^4t，钼金属量 3691t；333 低品位钼矿石量 2. 7×10^4t，钼金属量 18t。

2.6.8 矽卡岩型金矿一般特征

（1）成矿地质特征：中酸性小侵入体与不纯灰岩、火山凝灰岩的接触带。围岩多为含石榴子石、钙铁辉石、绿帘石矽卡岩。

（2）金属矿物：磁铁矿、黄铜矿、黄铁矿、赤铁矿、斑铜矿、银金矿。

（3）脉石矿物：钙铝榴石、透辉石、绿帘石、石英、方解石。

（4）围岩蚀变：矽卡岩化为主，其次为钾化、硅化、绿泥石化和绢云母化。

（5）矿体形状：透镜状、似层状、巢状、串珠状。

（6）规模及品位：中到大型、金品位为 $2\times10^{-6}\sim200\times10^{-6}$，铜品位为 1%~4%。

（7）共伴生元素：Fe、Cu、Pb、Zn、Bi。

2.7 河南祁雨沟金矿（隐爆角砾岩型）

河南金源黄金矿业有限责任公司（以下简称“金源公司”）是在地方国营河南省嵩县祁雨沟金矿的基础上组建的股份制企业。

祁雨沟金矿始建于 1976 年 3 月，1977 年 5 月建成生产能力为 30t/d 的选厂。

1980 年 1 月改扩建为 50t/d 的生产规模，又新建生产能力为 100t/d 的选厂。1982 年 100t/d 选厂扩建为 250t/d 的生产规模。当时采矿以露天开采为主。

1994 年祁雨沟金矿与嵩县陶村林场合并，组建林矿公司，生产能力为 350t/d，采矿由露天开采转为地下开采。

1997 年由中国黄金集团公司、河南省黄金公司、洛阳市黄金工业公司、嵩县黄金有限公司在原林矿公司的基础上联合组建了河南金源黄金矿业有限责任公司，生产能力扩建为 500t/d。2004 年再次进行了改扩建，生产能力达到 1200t/d。2008 年又进行了 3000t/d 改扩建，目前生产能力为 3000t/d。公司现有职工 1645 人，共有工程技术人员 140 人，其中高级工程师 8 人，工程师 47 人。

矿山目前采矿方式为地下开采，开采的矿体在角砾岩型中的有 J4、J5、J2、J6、J7 等 5 个含金角砾岩，以 J4 及 J5 岩体为主；开采的脉状破碎带蚀变岩型矿体有 F120-1、F41、F126、F118、F119、F130 等含金矿脉。

2.7.1　区域地质背景

祁雨沟金矿位于华北板块南缘陕豫元古代坳拉裂谷-熊耳山隆起的东南部，处在秦岭造山带北侧、河南省的熊耳山-外方山金成矿带上。在该成矿带上，先后发现有上宫、祁雨沟、康山、店房、红庄、前河、虎沟、瑶沟、青岗坪、青铜岭、庙岭、槐树坪等数十个大中小型金矿床和矿点，这些矿床和矿点构成熊耳山-外方山矿集区的上宫、康山、祁雨沟、前河 4 个金矿田（图 2-31），目前该区为我国重要的黄金生产基地之一。

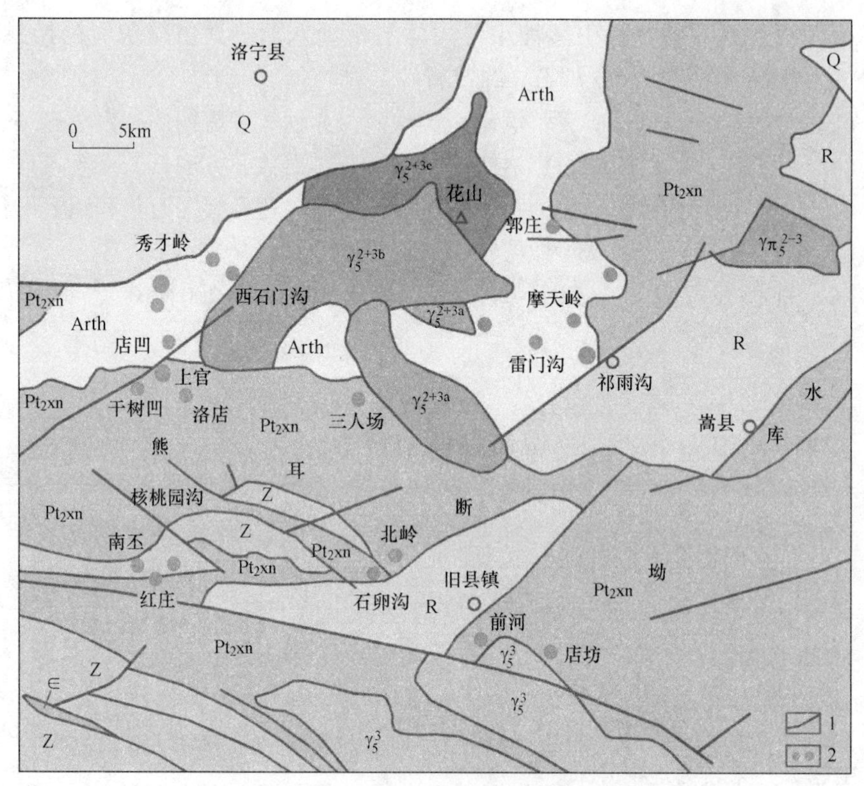

图 2-31　祁雨沟公峪矿区金矿区域地质简图

Q—第四系；R—古近系+新近系；∈—寒武系；Z—震旦系；Pt_2xn—中元古界熊耳群；

Arth—太古宇太华群；γ_5^{2+3a}—斑状花岗岩；γ_5^{2+3ba}—斑状黑云母花岗岩；

γ_5^{2+3c}—斑状黑云母花岗岩；$\gamma\pi_5^{2-3}$—花岗斑岩；γ_5^3—花岗岩；

1—断层；2—矿床（点）

该区出露地层主要为太古界变质岩系和元古界长城系，第三系分布于盆地中，第四系分布于河流区。

区内岩浆岩活动频繁，火山机构及断裂构造发育，金矿床的形成与断裂及燕山晚期酸性岩浆活动有关。

2.7.2 矿区地质

2.7.2.1 地层

祁雨沟金矿地层简单，除山谷、沟系有少量第四系沉积外，主要为太古宇太华岩群、中元古界熊耳群许山组和新近系。

太古宇太华群片麻岩（Arth）地层在矿区内分布范围很广，片麻岩又可细分成黑云（角闪）斜长片麻岩、黑云母片麻岩、混合岩化片麻岩、斜长角闪岩、角闪岩等。主要矿物成分为斜长石、钾长石、石英、黑云母及角闪石；中粗粒变晶结构，片麻状构造及条带状构造；片麻理倾向南东，倾角20°~45°。

中元古界为熊耳群许山组（Pt_2^1x）地层，分布在矿区东北部，在矿区中南部仅有零星分布，主要岩性为含粗大斜长石斑晶安山岩、杏仁状安山岩、玻璃质安山岩夹安山玢岩、安山玄武岩，不整合于太古界太华群（Arth）地层之上。

新近系（N）分布在矿区南东部，为砂砾石及红色质黏土；第四系（Q）主要为沿沟谷沉积和河流分布的残坡积物及砂砾石层。

2.7.2.2 构造

祁雨沟金矿构造以不同走向的断裂构造、挤压隆起为主。

主要断裂构造大致可分成NW、NNW、NWW、NNE、NEE和近南北向等几组。除NW向的一组断裂属于晚期断裂构造（规模较小，长度多小于500m，走向285°~355°，倾向以NE者居多，倾角一般为35°~55°，该类断层多发育在成矿期后，对矿体有一定破坏作用）外，其余的NW方向构造多组成平行的、宽窄不一的断裂带，带内常见蚀变及矿化现象，但不一定能构成矿体，倾向以SW向的居多，倾角60°~80°左右。NE向断裂规模较大的有陶村—马元断裂与大公峪—枯桩权断裂，区内脉状金矿体主要赋存在它们之间的更次一级的NE向断裂中，容矿断裂一般出露长160~340m，宽0.30~4.32m；在走向上略显扭曲；以NW倾为主，倾角60°~85°。倾向上有舒缓波状的特点，断裂带由遭受不同程度的热液蚀变角砾碎裂岩石构成。近南北向断裂为区内一组重要的断裂构造，出露长80~380m，倾向264°~295°，倾角60°~70°，宽度一般小于1.50m，力学性质以压扭性为主，有不同程度的热液蚀变矿化。

2.7.2.3 岩浆岩

祁雨沟金矿出露的岩浆岩按时代主要分为加里东和燕山两期。

加里东期岩浆岩分布范围小，出露规模也较小。加里东期侵入岩呈岩枝状在矿区中部产出，长约 140m，宽 6m 左右，为变安山玢岩岩枝，呈灰白-灰绿色，斑状结构。

燕山期岩浆岩在区内分布广泛，与金矿化关系密切。本区侵入岩在燕山早、中、晚期都有出露，多分布在矿区中部，主要呈岩脉、岩株、岩枝状产出，个别为岩墙状。主要岩性有花岗斑岩、石英斑岩、斑状角闪二长花岗斑岩、花岗岩等。

2.7.2.4　隐爆角砾岩

矿区内已发现 11 个隐爆角砾岩体，已证实具有较好金矿化的有 8 个，6 个已控制有工业矿体。其中已查明大型金矿体 1 个（J4）、中型金矿体 1 个、小型金矿体 4 个，隐爆角砾岩体控制着角砾岩型金矿，一个岩体中可赋存一个到数个金矿体。主要含矿角砾岩体的形态、规模、产状见表 2-24。

祁雨沟次火山斑岩型金矿床成矿系统地质简图如图 2-32 所示。

表 2-24　主要角砾岩体分布范围

岩体编号	出露位置	形 状	出露面积 /km^2	产　状		角 砾 特 征
				倾向	倾角	
J2	祁雨沟	长条形	0.01	140°~225°	67°~87°	成分复杂，大小不一
J4	美沟壕	椭圆型	0.058	北西	70°~80°	成分复杂，大小悬殊
J5	杨木凹	似纺锤形	0.016	南西	42°~84°	成分复杂，大小悬殊
J6	东　沟	长条形	0.009	113°~235°	46°~75°	以复成分为主，大小不一

2.7.2.5　围岩蚀变

矿区围岩蚀变主要有硅化、黑云母化、黄铁矿化、钾长石化、绢云母化、绿泥石化、黄铜矿化、辉钼矿化和绿帘石化，前 4 种蚀变与金矿化关系最为密切，多种蚀变叠加组成的金矿化蚀变带，中心以硅化、黄铁矿化为主，向两侧逐渐过渡成钾化、绢云母化、绿泥石化等蚀变。

2.7.3　J4 隐爆角砾岩地质特征

2.7.3.1　分布

J4 含金角砾岩体主要出露于矿区美沟壕南坡，如图 2-33 所示。

J4 角砾岩体在地表出露面积 0.05km^2，呈似纺锤形，呈北东南西走向，倾向北西，倾角 70°左右，向西侧伏。角砾岩体地表出露标高为 620~736m，最大出

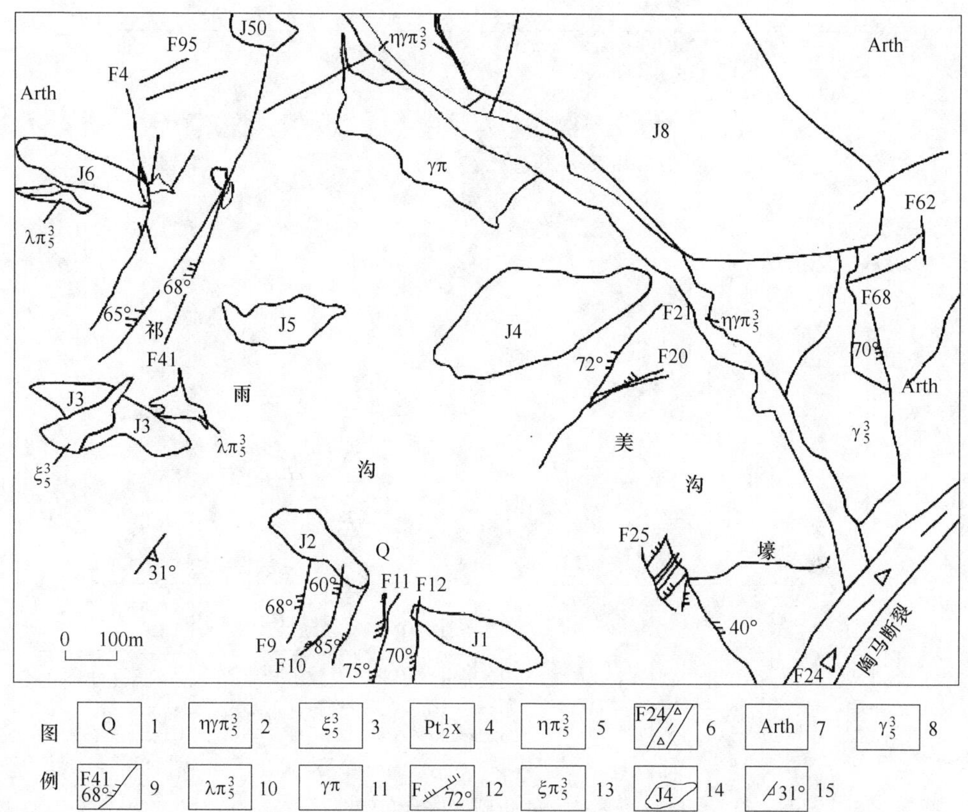

图 2-32 祁雨沟次火山斑岩型金矿床成矿系统地质简图（据《黄金》万利敏等，2017 年 2 月）

1—第四系；2—燕山期二长花岗斑岩；3—正长岩；4—熊耳群许山组安山岩、安山玢岩；5—燕山期石英二长斑岩；6—构造破碎带；7—太华群片麻岩系；8—花岗岩；9—含金破碎带编号及产状；10—石英斑岩；11—花岗斑岩；12—实测及推测压性断裂；13—正长斑岩；14—角砾岩体及编号；15—片麻理产状

露长 420m，宽 180m。向深部宽度逐步加大，最大宽度达 243m（370m 中段 05 线），长度方向略有收缩，至 310m 中段，初步测定长轴为 292m。相对地表，含金角砾岩体东边界最大位移距离为 141m，西边界为 24m，平面形态由地表的椭圆状逐渐变为深部的圆状。

J4 角砾岩体在剖面上呈筒状或漏斗状，延深可达数百米以上。岩体边界多呈陡立状，与围岩界限清楚，多数岩体向西南倾伏，个别向西北倾伏，如图 2-34 所示。

2.7.3.2 角砾特征

角砾岩体内的角砾成分以顶板及围岩角砾为主，岩浆岩角砾较少。角砾成分主要为黑云斜长片麻岩、混合岩化片麻岩、斜长角闪岩等太华群原岩，占角砾总

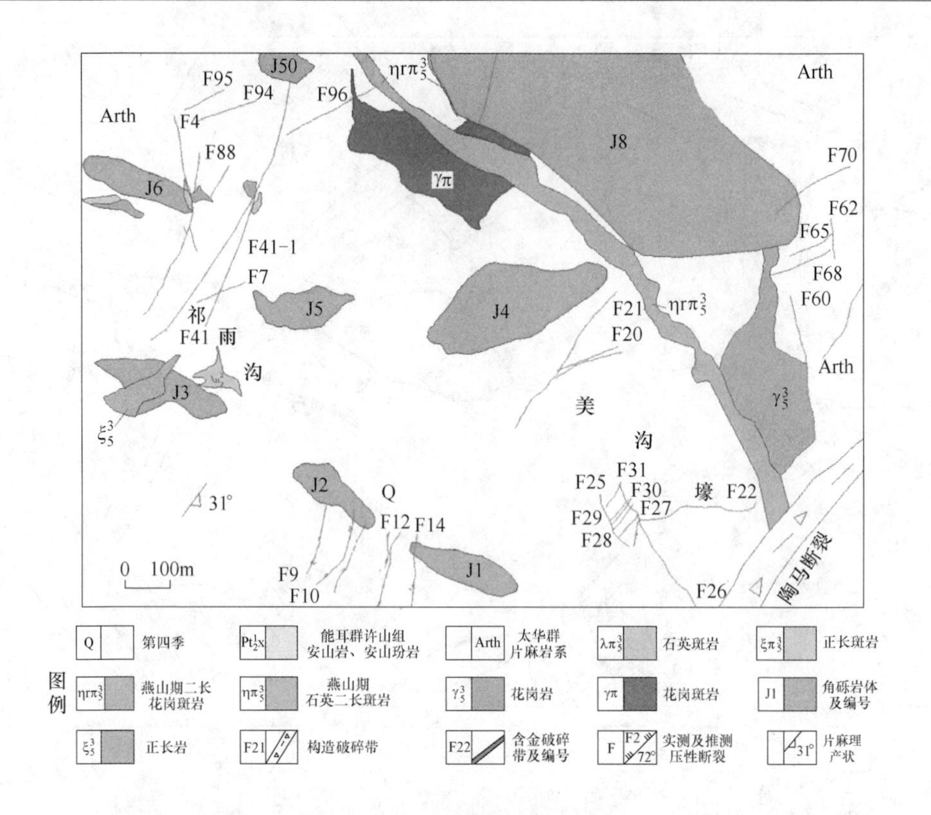

图 2-33　J4 角砾岩体分布略图

量的 60%~80%，变质火山岩角砾一般多出现在角砾岩体的顶部。其次为正长斑岩、花岗斑岩、二长花岗斑岩等花岗岩质的角砾，多出现在角砾岩体的中下部。角砾大小不一，大者 1~30m，小者不足 1cm。斑岩角砾和混合岩中的长英质脉体形成的角砾一般较小，大角砾往往为片麻岩及混合片麻岩。角砾形态多为不规则状，其次有长条状、方块状、三角状、板状、枕状等。

J4 含金岩体角砾岩成分比较复杂，具有一定的分带特征（图 2-34）。上部为安山岩盖帽（主要分布在地表岭脊及山坡上），向下渐变为安山岩-片麻岩复成分角砾岩带（580m 标高以上）、片麻岩角砾岩带（520~580m 标高）、复成分角砾岩带（520m 水平以下）。带内部特征不是很明显，可细分为斑岩角砾分布区、片麻岩角砾分布区、斑岩片麻岩角砾分布区等。角砾的大小差异较大，磨圆度具有一定的分带特征，砾径一般在 0.02~0.5m 左右，巨大的角砾砾径长轴可达 23m 左右（460 中段 07 线及 340 中段 06 线都有发现），大角砾的成分主要为片麻岩类，斑岩及安山岩角砾砾径少有超过 1m 者，角砾的形态从棱角状到混圆状都有分布，在地表附近多见混圆状、枕状角砾，氧化分离出的角砾表面光滑，磨圆度非常好。从 580 中段向下，随着斑岩角砾的大量出现，混圆状角砾很少见，在

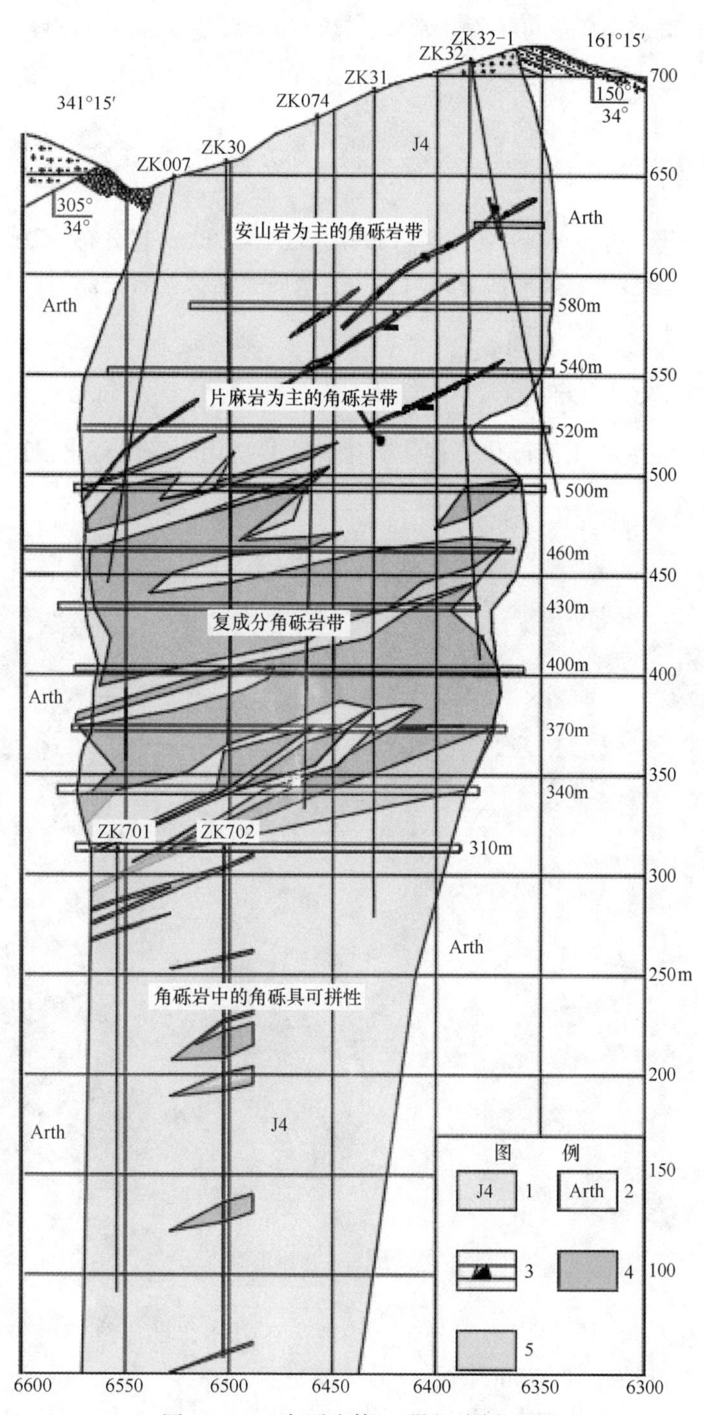

图 2-34 J4 角砾岩体 07 勘探线剖面图

1—J4 角砾岩体；2—太古界太华群片麻岩；3—坑道及标高；4—工业矿体；5—低品位矿体

400~370m 标高，角砾的可拼性非常好，角砾震碎后基本没发生位移。

2.7.3.3　胶结物特征

胶结物主要为岩粉、岩屑及热液矿物，如方解石、黄铁矿、石英、黄铜矿、绿泥石等。

胶结物含量一般为 5%~10%，局部可达 10%~20%，且分布不均匀，成分变化也较大。按物质组成及形成方式可分为岩浆质胶结物、岩屑晶屑胶结物、蚀变矿物胶结物及矿质型胶结物。

2.7.3.4　蚀变特征

蚀变类型主要有黑云母化、黄铁矿化、碳酸盐化、绿泥石化、钾长石化等，如图 2-35 所示。

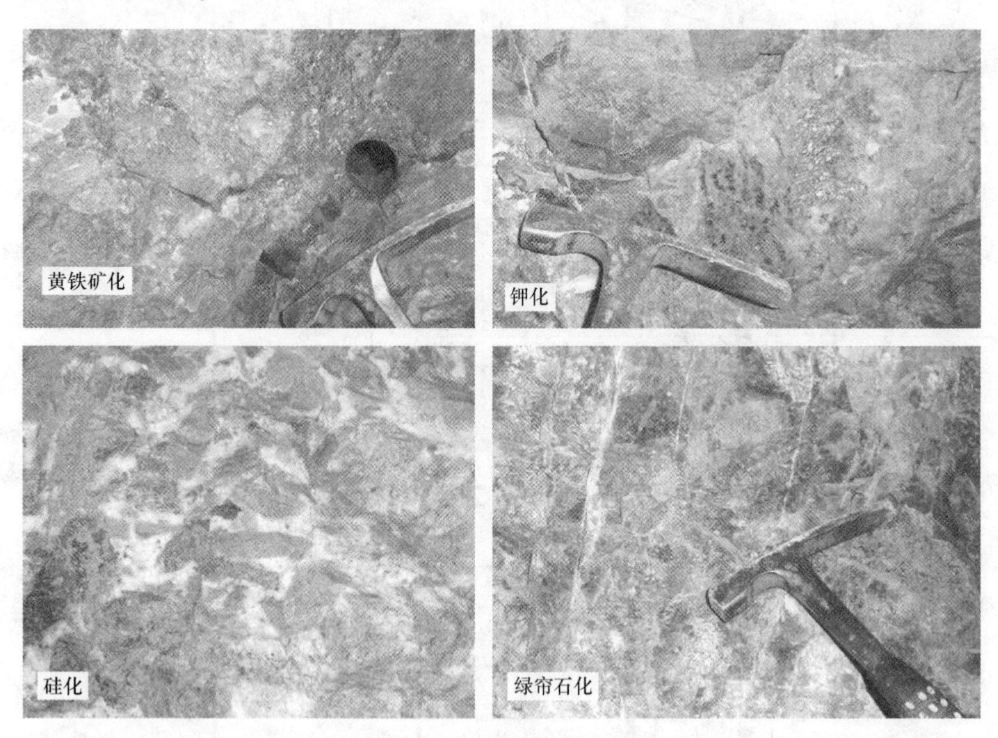

图 2-35　J4 角砾岩体角砾形态特征

黑云母化在角砾岩筒内都有分布，特别是在岩体北部边缘接触带最为强烈，与金矿化关系密切（如 370m 中段 29 号矿体）。

碳酸盐化主要有两种类型：一种为原始的结晶碳酸盐，主要分布在岩体上部及岩体的局部边缘接触带附近，晶形粗大完好；另一种为后期淋滤型碳酸盐，分布于一些裂隙面上及溶解析出于大型构造带附近（如 F15 断层分布区）。

钾化也有两种类型：一种是通过蚀变交代斑岩角砾，形成钾化反应边结构；另一种是以冰长石的形式充填于胶结物中。

J4 含金角砾岩体的围岩主要是片麻岩类，局部为石英斑岩。大部分地段岩体与围岩呈直接接触关系，界线明显，个别地段呈断层接触关系（580m 中段南接触带）及混杂渐变过渡（如 460m 中段 CM71 北）。

2.7.3.5 与金矿的关系

J4 含金角砾岩体中的金矿体有角砾岩型和多金属硫化物脉状两种类型。角砾岩型金矿在整个岩体中都有分布，多呈柱状体产出，如已控制的Ⅰ~Ⅸ号矿体。多金属硫化物脉状矿体，如 J4-5-1、J4-5-2 等脉状金矿体。角砾岩型金矿体产状平缓，多集中在含金角砾岩体的中上部，如图 2-36 所示。

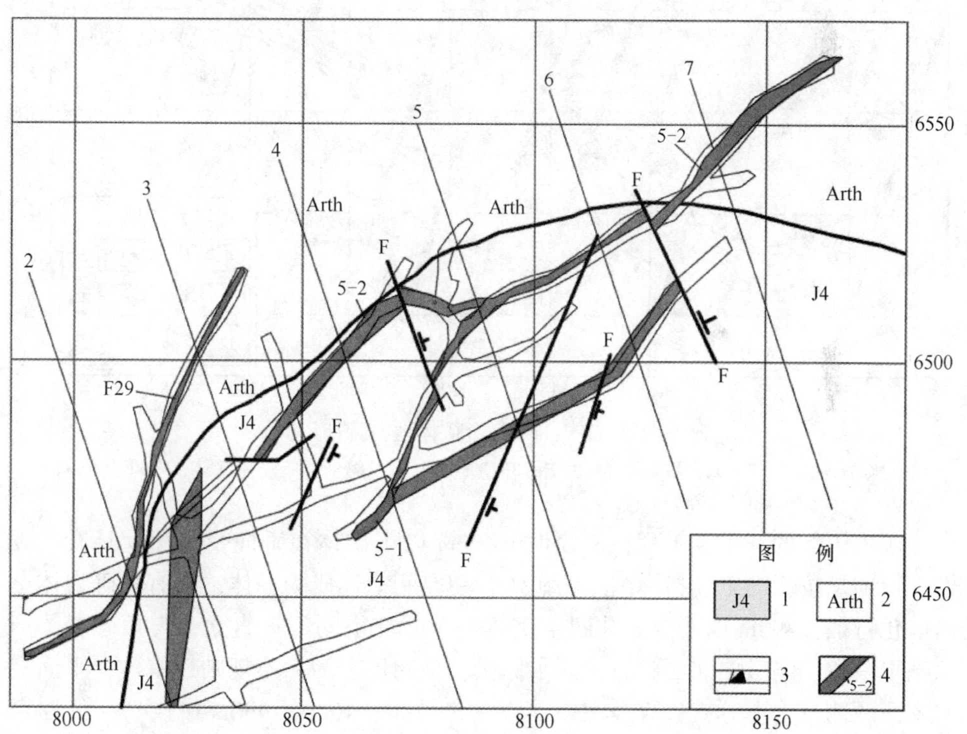

图 2-36 J4 角砾岩体中的多金属硫化物脉形态特征

1—J4 角砾岩体；2—太古界太华群片麻岩；3—竣工巷道；4—多金属硫化物脉及编号

2.7.4 矿体地质特征

J4-Ⅰ矿体属于胶结物型，是四号角砾岩体内的主矿体，也是矿区多年开采生产的主要矿体，平面上位于 490m、460m、430m、400m、370m、340m、310m、280m 共 8 个探矿或生产辅助中段的 03～09 勘探线之间，如图 2-37 所示。

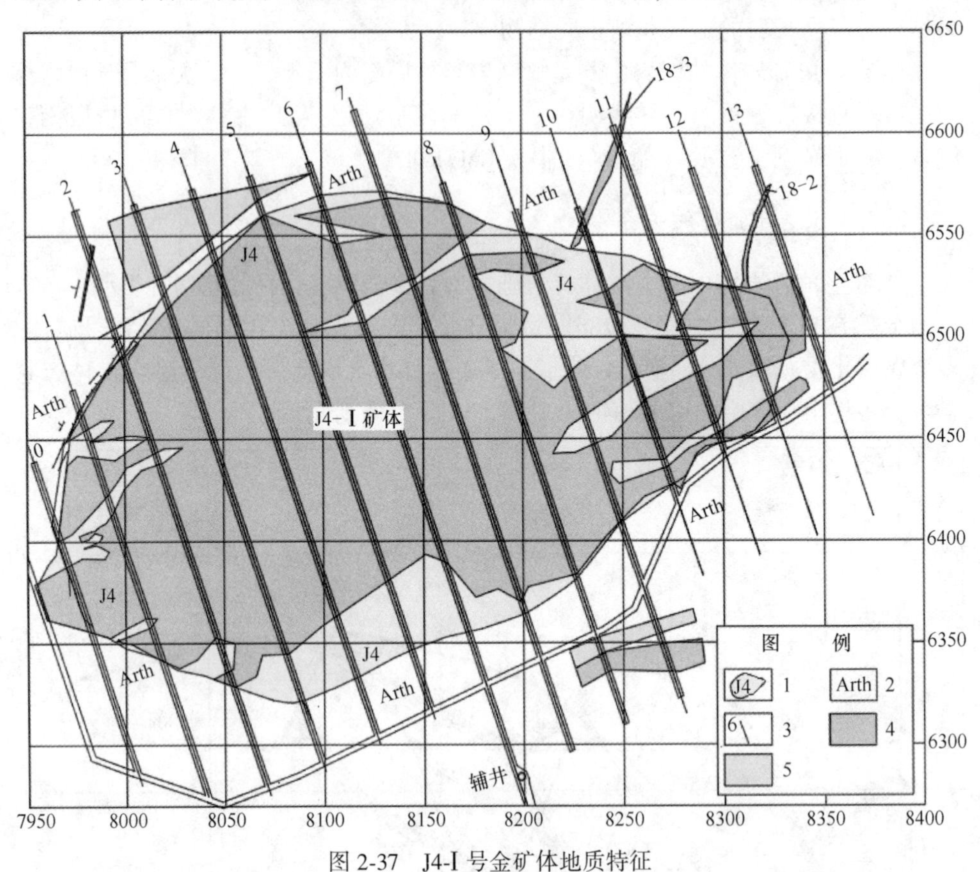

图 2-37　J4-Ⅰ号金矿体地质特征

1—角砾岩体边界；2—太古界太华群片麻岩；3—勘探线位置及编号；4—工业矿体；5—低品位矿体

矿山历年的开采及工程控制表明，490m 以下矿体在垂向及平面上具有连续性，特别是按新的工业指标圈定的矿体，在空间上连成为一体，具有角砾岩体全筒矿化特征，490m 以下全筒共圈定矿体一个，在空间上近直立，与角砾岩体产状基本一致，略微向北西倾斜，向东侧伏，空间形态为一不规则透镜体，平面上向东西两侧及上下分支尖灭，在中部膨大，局部（460m、430m 中段）矿体向东延伸穿透岩体，赋存于岩体外缘接触带（蚀变岩）之中。矿体向深部渐变为环带、环边产出，280m 水平矿体仍未尖灭。矿体形态复杂程度属中等。J4-Ⅰ金矿体走向与角砾岩体长轴方向一致，为北东 72°，矿体长度 350m，总体倾向 341°，倾角 80°～90°。见矿宽度 3. 9～212m，平均 92. 75m，厚度变化系数 91. 27%，属较稳定型。矿体矿化类型以团块状矿化为主，星点状矿化为辅，金主要赋存于胶结物中的黄铁矿中，品位 0.1×10^{-6}～235.27×10^{-6}，平均品位 2.37×10^{-6}，品位变化系数 274.57%，有用组分的分布不均匀。矿体受后期构造及脉岩破坏微弱，矿体中没发现破坏性断层或脉岩。矿体的围岩主要为角砾岩，局部为片麻岩，岩石致密稳固（据 2009 年 7 月《祁雨沟公峪金矿补充生产勘查报告》）。

2.7.5 矿石特征

2.7.5.1 矿石结构构造

A 矿石结构

角砾岩体中矿石结构主要有 7 类，分别为：自形至它形粒状结构，如黄铁矿、方铅矿等；斑状压碎结构，如黄铁矿、石英等；针状、长条状结构，如赤铁矿、褐铁矿等；片状及叶片状结构，如黄铁矿、自然金等；充填、交代结构，以黄铜矿、方铅矿等硫化物沿黄铁矿、脉石矿物边缘分布；包裹结构，如黄铁矿包裹自然金等；固溶体分离结构，如自然银呈小乳滴分布于方铅矿中。

B 矿石构造

角砾岩体矿石构造主要有 4 类：团块状构造，黄铁矿等金属硫化物呈大小不一的团块分布于胶结物中，这是一种比较典型的矿石构造；角砾状构造，早期角砾被岩粉及后期热液矿物胶结，形成角砾状构造；浸染状构造，金属硫化物呈浸染状分布于胶结物及裂隙中；细脉状及网脉状构造，黄铁矿呈细脉、网脉状产出，如图 2-38 所示。

(a)

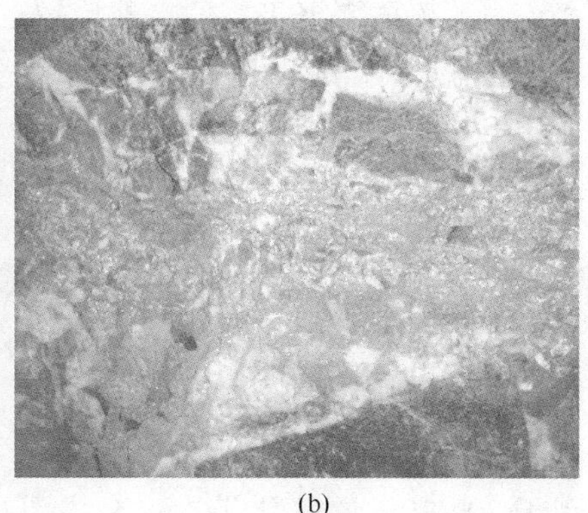
(b)

图 2-38 矿石胶结物特征
（a）胶结物型矿石；（b）多金属硫化物型矿石

2.7.5.2 矿石矿物成分

角砾岩型矿体中矿石的矿物共发现 34 种，其中金属矿物 16 种、非金属矿物

18 种，见表 2-25。金属矿物主要有黄铁矿、黄铜矿、自然金、银金矿，次要有方铅矿，闪锌矿、褐铁矿、赤铁矿、磁铁矿，微量有自然银、金银矿、辉铜矿、斑铜矿等；非金属矿物主要有石英、长石、方解石、绿帘石、绢云母，次要矿物有黑云母、白云母、钠长石、白云石、高岭石、萤石，微量矿物有榍石、锆石、磷灰石、独居石等。

表 2-25　矿物成分

矿体类型	金属矿物			非金属矿物		
	主要	次要	少量及微量	主要	次要	少量及微量
角砾岩型	黄铁矿	磁铁矿 赤铁矿 褐铁矿	黄铜矿 方铅矿 闪锌矿 针硫铋铅矿 硫铋碲银矿 自然金 银金矿 含银自然金 金银矿 自然银 磁黄铁矿 黝铜矿	斜长石 钾长石 石英	绿帘石 斜黝帘石 斜绿泥石 叶绿泥石 方解石 黑云母	绢云母 白云母 萤石 高岭石 独居石 锆英石 磷灰石

黄铁矿是金最重要的载体矿物，在不同类型的金矿石中，黄铁矿是含量最高的金属矿物之一。该区黄铁矿颗粒较大，粒径 1~30mm，多出现于矿石胶结物及石英细脉中，其中以 3~5mm 常见，中粗粒黄铁矿多呈团块状或星点状分布于角砾岩中。细粒黄铁矿多呈浸染状产于块状结构花岗岩及呈细脉、网脉状产于蚀变岩矿石中。矿石金品位一般 $(1\sim20)\times10^{-6}$，最高 118.68×10^{-6}，金品位和黄铁矿化关系密切，黄铁矿化愈强，金矿石品位愈高。黄铜矿出现于矿石的石英细脉中，它形粒状，粒度极小，粒径 0.03~0.3mm 和方铅矿伴生，与金矿化关系密切。矿石中方铅矿、闪锌矿少见，半自形-自形粒状，粒径 0.3~1mm，在破碎带内与黄铜矿、黄铁矿伴生。褐铁矿和黄钾铁矾为氧化矿物，出现于 20~30m 的氧化带中。金主要以自然金状态存在，主要以包体金、晶隙金、裂隙金三种形式赋存于黄铁矿及石英中，以包体金形式为主，如图 2-39 所示。金粒度主要在 0.02~0.16mm 之间，一般呈乳滴状、短粒状，椭圆状，少数为不规则状。

2.7.5.3　*矿石化学成分*

角砾岩型矿石中具有伴生回收价值的元素为银、铜、硫。其他元素钨、钼、

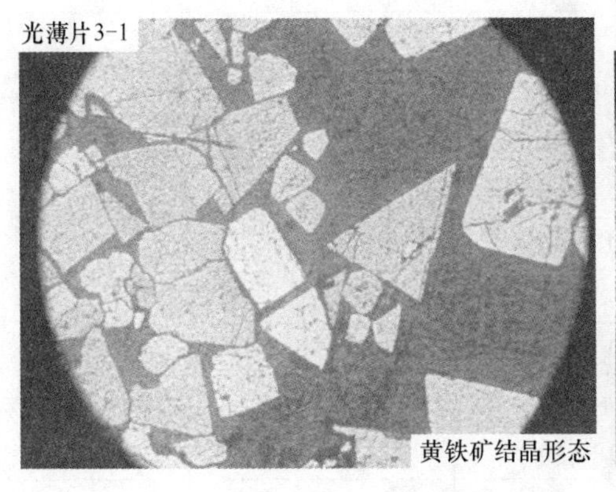

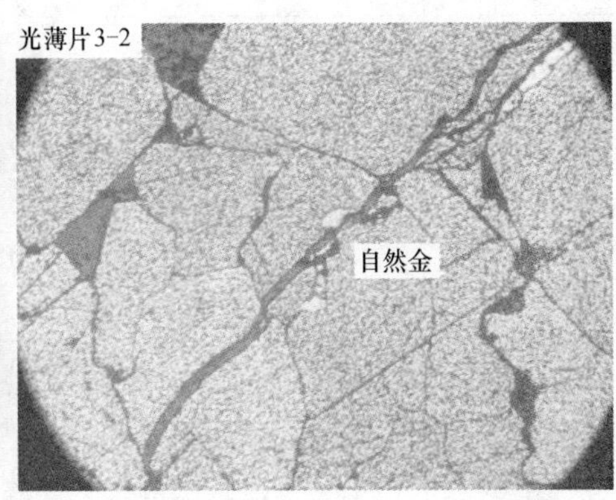

图 2-39　自然金嵌布形态

资料来源：《河南省嵩县祁雨沟金矿区 4 号角砾岩体金矿床二期勘探地质报告》，有色二队，1993. 12。

锑等含量甚微，硅、铁、铝、钙及钾、镁等氧化物含量中等。

银主要以独立矿物自然银、铋碲银矿、金银矿存在，品位一般 0.9×10^{-6} ~ 1.7×10^{-6}。

铜主要以黄铜矿形式产出，次为斑铜矿。铜矿物主要与方铅矿、黄铁矿、金银矿物连生，铜含量在 0.106%~0.941%。

铅主要以方铅矿及硫铋铅矿产出，这些矿物与黄铜矿、黄铁矿、闪锌矿、金银矿物连生，铅品位均小于 0.1%。

硫以黄铁矿中的硫为主，含量最高 2.01%~7.64%。

2.7.5.4　金的赋存状态

根据物相分析、化学分析、重砂、电镜及电子探针分析，角砾岩型矿石中金主要以自然金、银金矿、金银矿等矿物产出。可分为裂隙金、晶体间隙金、包体金三种，每种金分布在数量上相近，但在重量上以裂隙金和间隙金为主，包体金很少，金主要产于黄铁矿中。

蚀变破碎带型矿石中金主要以自然金形式存在，有包体金、裂隙金、间隙金三种赋存状态，在颗粒数量上包体金占大多数。自然金的形态主要有粒状、片状、棒状、树枝状、椭圆状、乳滴状、针状、不规则长条状等。

斑岩型矿石中的金主要以自然金形式存在，有粒间金、裂隙金、包裹金三种，包裹金含量及数量居多，缝隙金次之，粒间金相对较少，金主要产于黄铁矿、黄铜矿及石英与黄铁矿粒间，见表 2-26。

表 2-26　自然金粒度统计

矿床类型	粒级标准/mm	粒度/mm	颗粒数	重量分布率/%
角砾岩型	粗粒金>0.074	>0.2	47	62.72
		0.1~0.2	131	29.84
		0.1~0.08	71	3.1
		0.08~0.07	58	1.695
	中粒金 0.074~0.037	0.07~0.06	42	0.922
		0.06~0.05	57	0.895
		0.05~0.04	38	0.4
		0.04~0.03	34	0.216
	细粒金 0.037~0.01	0.03~0.02	41	0.133
		0.02~0.01	66	0.077
	微粒金≤0.01	<0.01	126	0.007
	合　计		711	100

2.7.5.5　*矿石氧化特征*

根据矿石氧化程度，将矿石分为氧化矿石、混合矿石和原生矿石三种类型，如图 2-40 所示。

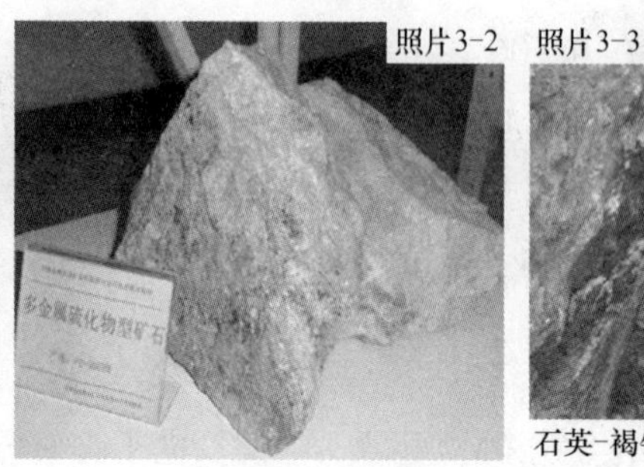

图 2-40　矿石自然类型

氧化矿石产于近地表 40m 以上的氧化带内，金成色较高。

混合矿石一般产于地下深 40~80m 的次生富集带内，金品位较高，矿石组合以自然金、黄铁矿、黄铜矿、石英等为主。

原生矿石一般产于地表 50m 以下，矿物组合以自然金、黄铁矿、方铅矿、石英、绿帘石为主。

2.7.5.6　*矿石类型*

J4 角砾岩型金矿床根据化学成分、矿石结构等特点，矿石类型总的可定为黄铁矿型银金矿石，可细分为3个亚类：

（1）石英黄铁矿银金矿石。矿石中主要矿物为团块状石英和黄铁矿，不含或微含黄铜矿、方铅矿，这种矿石在岩体中分布较广，团块中石英、绿泥石含量高者，品位较低；黄铁矿含量高者，品位较高，团块中的金品位一般在每吨几十克。

（2）石英多金属硫化物矿石。除黄铁矿外，主要金属矿物为黄铜矿，非金属矿物除石英外，尚有钾长石、绿泥石、绿帘石等，矿石构造为团块状，此类矿石品位较高。

（3）黄铁矿银金矿石。主要矿物为黄铁矿，不含其他硫化物，品位一般较低。

2.7.6 矿体围岩和夹石

J4角砾岩型金矿床矿体的围岩和夹石均为角砾岩，角砾成分为安山岩、片麻岩、斑岩等。

一般情况下，围岩和夹石与矿体呈渐变接触关系，没有明显的标志。矿体与围岩和夹石的主要区别是，一般围岩和夹石含蚀变矿物绿泥石、绿帘石等相对较少，金属硫化物矿化弱。

只有受构造控制的脉状矿体，围岩和夹石才与矿体有清晰的界限。

2.7.7 共（伴）生矿产

银、铜、硫等伴生元素含量较低，但都能综合利用。

银主要以独立矿物自然银、硫铋碲银矿、金银矿存在，其次有银金矿、含银自然金、含银方铅矿等。嵌布类型为包体、粒间和裂隙三种。目前仅在四号角砾岩体中进行了银的组合分析，根据2012年度和2017年度最新测试结果，J4岩体矿体中银品位 $(0.60\sim16.2)\times10^{-6}$，平均 2.80×10^{-6}，具有综合利用价值。

含铜矿物主要为黄铜矿，其次为斑铜矿。黄铜矿粒度在0.21~1.0mm的占60%，小于0.20mm的占40%，主要与方铅矿、黄铁矿、金银矿物连生。原勘探报告在四号含金角砾岩体中的测试结果为矿体中铜品位0.106%~0.914%，平均品位0.220%，具有综合利用价值。2012年度（J4岩体）测试结果为铜品位0.032%~0.150%，平均0.073%，均达不到伴生组分的最低工业指标要求，但在现有选矿工艺条件下可综合回收利用。

硫以黄铁矿中的硫为主。黄铁矿粒度大部分在0.3~3.0mm，部分小于0.3mm或在3.0~6.0mm。原勘探报告在四号含金角砾岩体中的测试结果为矿体中硫品位2.01%~7.644%，平均3.17%。2012年度测试结果为硫品位1.22%~8.03%，平均4.84%；2017年度最新测试结果为硫品位2.12%~3.68%，平均2.71%，具有综合利用价值。

2.7.8　累计查明资源储量

2009~2017 年，金源公司自主探矿工作主要集中在 J4、J5、J6、J7 及 J8 等含金角砾岩体金矿床边部、深部及 F118、F119、F120、F126、F130 等金矿脉，累计投入坑探工程 558155.33m，钻探工程量 56769.71m/个，累计查明 111b+122b+333 金金属量 64727.90kg，其中 122b 及以上金金属量 45466.86kg，333 金金属量 19261.04kg。查明低品位 333 金金属量 3790.74kg。其中 J4 含金角砾岩体累计查明 111b+122b+333 金金属量 35085.99kg，其中 122b 及以上金金属量 32510.17kg，333 金金属量 2575.82kg。查明低品位 333 金金属量 181.58kg。

2.7.9　隐爆角砾岩型金矿一般特征

（1）成矿地质特征：角砾岩体多产于太古宙和元古宙的变质岩中，原岩为中基性火山岩。岩体成群成带分布且受构造控制，岩性为多铁的硅铝质岩石。金矿化分布在岩体内的角砾周边及裂隙发育地段，与胶结物密切相关。

（2）金属矿物：黄铁矿、次为黄铜矿、方铅矿、自然金、少量闪锌矿、辉铋矿、铜蓝、斑铜矿、辉钼矿。

（3）脉石矿物：石英、绿泥石、绿帘石、次为方解石、钾长石、绢云母、钠长石及少量黑云母、斜长石、次闪石、阳起石、萤石。

（4）围岩蚀变：硅化、绿泥石化、绿帘石化和绢云母化。

（5）矿体形状：似层状、透镜状。

（6）规模及品位：中-大型、金质量分数为 1×10^{-6}~45.85×10^{-6}。

（7）共伴生元素：Ag、Cu、S。

2.8　陕西双王金矿（角砾岩型）

陕西太白黄金矿业有限责任公司位于陕西省太白县太白河镇。公司始建于 1988 年，其前身为陕西太白金矿，2001 年改制为陕西太白黄金矿业有限责任公司，现由中国黄金集团有限公司中金黄金股份有限公司控股经营，属国有企业，下辖全资子公司宝鸡金旭冶炼厂，控股子公司有铧厂沟金矿、甘肃中金黄金矿业有限责任公司。

公司集黄金采选冶、水力发电、矿山设备制造于一体，本部持有陕西双王金矿，为一采选综合企业，生产规模 5000t/d，年处理矿石 159.5×10^4t，入选品 0.83×10^{-6}，年产黄金 1172.83kg。

双王金矿采用地下开采，平硐-竖井联合开拓，采矿方法主要有浅孔留矿法、分段凿岩阶段崩落法。选矿采用浮选-金精矿氰化工艺，产品为合质金。冶炼采用载金炭电解-金泥酸洗烘干-中频炉铸锭工艺。

双王金矿床为一中型金矿床，也是一个特大型的钠长石矿床。

2.8.1 矿区地质特征

2.8.1.1 地层

除沿沟谷和表层分布第四系砾石、亚砂土及黄土外，矿区可见中泥盆统王家塄组下段（D_2W^a）和上段（D_2W^b）地层，古道岭组下段（D_2g^1）及上段（D_2g^2）地层，如图2-41所示。

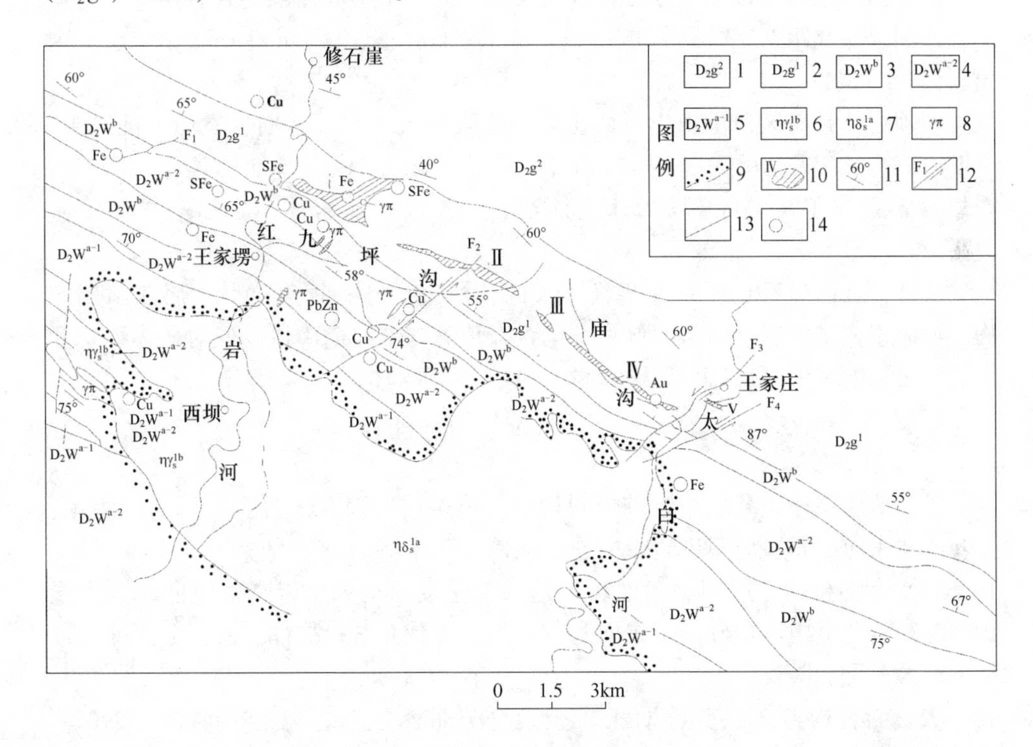

图2-41 双王金矿床矿区地质略图

1—古道岭组上段：厚层结晶灰岩、泥质灰岩夹板岩；2—古道岭组下段：粉砂质绢云板岩夹泥沙质灰岩；3—王家塄组上段：中厚层结晶灰岩、炭质钙质板岩；4—王家塄组下段：钙质砂岩、粉砂岩、绢云板岩夹结晶灰岩；5—王家塄组下段：千枚状板岩夹砂岩、炭质板岩及结晶灰岩；6—印支期二长花岗岩；7—印支早期石英二长闪长岩；8—花岗斑岩脉；9—角岩带；10—含金角砾岩体及编号；11—地层产状；12—平移断层及编号；13—性质不明断层；14—矿床、矿化点（Au金，Cu铜，Fe磁铁矿、SFe黄铁矿、PbZn铅锌矿）

双王金矿床赋存于古道岭组下段，该段岩性组合单一，几乎全为粉砂质绢云板岩夹变质粉砂岩，依岩性变化及沉积特征可细分为四小层。上部（D_2g^{1-4}）以粉砂质绢云板岩为主，夹有薄层结晶灰岩；下部依沉积韵律分为三层（D_2g^{1-1}～D_2g^{1-3}），各层底部均以中-厚层砂岩及变质粉砂岩为特征，向上渐变为粉砂质绢云板岩夹变质粉砂岩，局部见结晶灰岩夹层。板岩与变质粉砂岩相间产出，使地层具类复理石建造。变质粉砂岩单层厚 0.2～30cm，一般厚 1～5cm，其中发育小型斜层理、卷曲层理等原生沉积构造。板岩单层厚为 0.5～55cm，一般 20～30cm。沉积构造显示了浅海相沉积特征，并指示矿区为银硐沟次级背斜北翼的单斜地层。

2.8.1.2 岩浆岩

矿区内岩浆活动以印支期中酸性岩浆侵入为主，形成西坝复式岩体。

西坝岩体北距双王含金构造角砾岩带 1～3km，总出露面积 150km^2，矿区内出露面积约 50km^2。

西坝岩体是矿区范围内出露的主要岩浆岩侵入体，系多期岩浆活动的结果。早期石英二长闪长岩铷-锶全岩-矿物等时年龄为 213.5Ma，晚期二长花岗岩钾氩同位素年龄为 198.3Ma，均为印支期产物，为成矿前岩体，岩体与成矿没有关系。

此外，区内尚可见及一些规模不大的花岗斑岩脉和煌斑岩脉，属燕山期产物，形成于成矿之后。煌斑岩脉切穿了含金角砾岩带和金矿体，但对矿体形态和矿石质量影响不大。煌斑岩脉金含量一般小于 0.1×10^{-6}。

2.8.1.3 构造

矿区地层总体为北北东倾的单斜构造。断裂构造以双王含金角砾岩带为主，另外，北东向的断层对角砾岩带的连续性稍有破坏。

（1）褶曲构造。层间小褶曲较普遍，规模数米至数十米，枢纽向北西西倾伏，与双王含金构造角砾岩带走向基本一致，倾伏角 30°左右，在含金角砾岩带附近最为常见。

（2）断裂构造。成矿前双王含金角砾岩带断裂带，以北西西向（290°～310°）呈带状由西向东断续分布于王家塄—王家庄一线。在各角砾岩体之间一般见不到断裂面，甚至已无断裂迹象，而多以挤错柔皱代之。断裂带倾角陡，大部地段倾向北北西，倾角 60°～85°，局部地段向南陡倾。在角砾岩体中，角砾呈棱角状，无磨圆度及擦痕，无糜棱岩，角砾岩体与围岩为渐变关系，接触带不平直，无断层面。故角砾岩体和其中的角砾岩不完全是断裂成因。

成矿后的断裂构造主要有 F2、F3、F4 等 3 条，均为平移断层，断面舒缓波状，总体近直立，走向 50°～70°，断面上见水平擦痕，断层带宽 1～25m，充填两侧岩石碎块及岩粉，断层东盘均相对向北东移动，水平断距 70～400m，其中 F2 和 F3 错距较大。另外，在角砾岩带中，尚有直交或斜交的压扭性小断裂和更少见的张性小断裂，一般断距仅为数米或更小。

2.8.1.4 角砾岩带特征

双王含金角砾岩带长 11.5km，总体走向 290°~310°，从北西向南东由大小不等的 5 个主角砾岩体（编号为Ⅰ~Ⅴ）组成，见表 2-27。

表 2-27 角砾岩体地质特征

编号	位置	间隔/m	出露标高/m	规模		角砾特征			胶结物类型	
				长/m	宽/m	成分	形状	大小	矿物组合	矿化强度
Ⅰ	板桥—茅草湾		1350~1920	2000	100~500	大理岩为主，钠长石化粉砂质板岩少量	以次圆状为主	一般 5~10cm，大者 50~200cm	方解石为主，次为含铁白云石	
		550								
Ⅱ	艾蒿沟—白水浪沟		1530~1820	3600	15~340	钠长石化粉砂质板岩及交代钠长岩	次棱角-棱角状为主，亦有次圆状	10~100cm 占 40%~50%；< 10cm 和大于 100cm 的各占 20%	以钠长石、石英、黄铁矿为主，局部含铁白云石、方解石、石膏、硬石膏	黄铁矿胶结带，赋存 KT2、KT7、KT8、KT10、KT11 金矿体
		400								
Ⅲ	水北沟脑		1750~1900	600	20~52	钠长石化粉砂质板岩	棱角状	10~50cm 为主	以含铁白云石为主，少量石英、方解石	矿化较差
		300								
Ⅳ	刘家湾梁—磨盘沟		1320~1700	3150	2~100	钠长石化粉砂质板岩	棱角状	10~50cm 为主	以含铁白云石为主，少量石英、方解石，局部块状黄铁矿	矿化好，赋存 KT5、KT7、KT8 金矿体
		300								
Ⅴ	跳鱼潭—王家庄		1250~1400	550	60~170	钠长石化粉砂质板岩	棱角状，局部次棱角-次圆状	30~100cm 为主	以含铁白云石为主，少量方解石、黄铁矿	矿化差

单个角砾岩体长 550~3600m，宽 2~500m，延深 700m 以上，除Ⅰ号角砾岩体平面形态不规则外，其余角砾岩体平面形态均呈带状或透镜状，剖面为厚板状。角砾岩体倾向一般 20°~40°，倾角 75°~85°，局部反倾，倾角 81°~87°。角砾岩与上下盘围岩界限不清，多为渐变过渡关系。主角砾岩体的上盘多见小角砾岩体与其平行产出。

A 角砾特征

角砾的成分：Ⅰ号角砾岩体的角砾主要为大理岩，也有少量钠长石化粉砂质板岩、变质粉砂岩；Ⅱ~Ⅴ号角砾岩体的角砾主要为钠长石化粉砂质板岩、变质粉砂岩及少量结晶灰岩。多次破碎的地段，还有早期热液脉体碎块构成的角砾。

角砾的形态：多呈不规则棱角状，多次破碎地段有次棱角状及次圆状。Ⅰ号角砾岩体角砾的形态多为次圆状。

角砾的大小：角砾大小悬殊，从数毫米至数十米不等，一般为 0.1~1m，无分选性。局部地段的角砾具可拼接性。巨角砾的产状常与围岩地层产状基本一致，甚至保留地层的微型褶曲。

角砾的蚀变：角砾在形成前已遭受了不同程度的钠长石化，后来的热液活动使角砾进一步发生褪色现象。

B 胶结物特征

角砾岩的胶结物是多阶段热液活动的产物。各阶段热液矿物叠加产出，后期脉体穿插或包容前期脉体，共同形成角砾岩的胶结物。

胶结物的含量：在角砾岩中差别极大。如Ⅱ号角砾岩体西部，角砾块之间紧密相接，空隙极小，胶结物含量极少，仅占岩石总量的 5%~10%；而Ⅳ号角砾岩体的 KT5、KT7、KT8 矿体地段和Ⅱ号角砾岩体的东部，胶结物占岩石总量的 20%~35%，个别地段达 60%以上，致使角砾呈悬浮状，胶结物呈网脉状、囊团状。

胶结物的矿物成分：胶结物中发现的矿物达 50 余种。金属矿物主要有黄铁矿，自然金；非金属矿物主要有钠长石、含铁白云石、方解石。

C 角砾岩的分类及分布

按角砾岩中胶结物的矿物组合及含量将角砾岩分成 8 类，见表 2-28。

表 2-28 含金角砾岩分类

岩石类型	分布	赋存的矿体
黄铁矿含铁白云石胶结角砾岩	Ⅳ号角砾岩体	KT5、KT7、KT8
黄铁矿方解石含铁白云石胶结角砾岩	Ⅳ号角砾岩体	KT7、KT8
含铁白云石胶结角砾岩	Ⅱ~Ⅳ号角砾岩体	

续表 2-28

岩石类型	分布	赋存的矿体
方解石含铁白云石胶结角砾岩	Ⅳ号角砾岩体 Ⅱ号角砾岩体东部	
黄铁矿石英钠长石胶结角砾岩	Ⅱ号角砾岩体西部	KT2、KT10
石英钠长石胶结角砾岩	Ⅱ号角砾岩体西部	
含铁白云石钠长石胶结角砾岩	Ⅱ～Ⅴ号角砾岩体局部	
方解石胶结角砾岩	Ⅰ号角砾岩体	

D 热液活动与金矿化

按胶结物形成的先后、脉体穿插关系和矿物组合，可划分 5 个热液活动阶段，见表 2-29。

各阶段热液活动形成的主要矿物具不同的含金性，$Ⅱ_1$、$Ⅲ_2$ 亚阶段为主要成矿阶段。

表 2-29 热液活动阶段划分表

阶段	亚阶段	名称	矿物组合	热液作用及金矿化
Ⅰ		钠长石	主量：钠长石 次量：含铁白云石、黄铁矿	交代为主，充填为次
Ⅱ	$Ⅱ_1$	黄铁矿-含铁白云石亚阶段	主量：含铁白云石、黄铁矿 次量：方解石、石英、钠长石	充填为主，交代为次，广泛金矿化
	$Ⅱ_2$	黄铁矿-方解石亚阶段	主量：方解石 次量：黄铁矿、含铁白云石	充填
Ⅲ	$Ⅲ_1$	石英-黄铁矿亚阶段	主量：黄铁矿 次量：石英	脉状（走向305°），含金
	$Ⅲ_2$	黄铁矿亚阶段	主量：黄铁矿 微量：含铁白云石	网脉状或北东走向的脉状，含金好
Ⅳ		萤石-迪开石-方解石阶段	主量：迪开石、方解石 次量：萤石	充填
Ⅴ		石膏-硬石膏阶段	主量：硬石膏 次量：石膏	充填

2.8.1.5 围岩蚀变

该矿床中最主要、最广泛的蚀变为角砾岩带上下盘地层的钠长石化。

钠长石化的范围及强度：钠长石化主要表现为粉砂质板岩、变质粉砂岩及其角砾块的褪色现象，即交代钠长石的生成。含金角砾岩带内的板岩角砾块强钠长石化，角砾岩带上下盘围岩的钠长石化强度及范围与角砾岩体的产状、规模、热液活动的强度有关，也与地层的岩性组合有关。一般角砾岩体上盘，角砾岩厚度大处，Ⅰ、Ⅱ两阶段热液叠加处，地层中砂质层较多较厚处，均为钠化强度及范围较大地段，见表2-30。角砾岩体尖灭时，围岩钠长石化范围变小。

表2-30　蚀变带和角砾岩带宽度统计

位置		角砾岩体编号	南侧（下盘）蚀变带宽度/m	角砾岩带宽度/m	北侧（上盘）蚀变带宽度/m
西段	岩层沟	Ⅱ	15	125	>200
	162线	Ⅱ	48	300	68
东段	TC245	Ⅳ	12	16	15
	旱阳沟	Ⅳ	15	60	65
	熊掌沟	Ⅳ	15	28	14
	TC260	Ⅳ	3	5	6
	跳鱼潭	Ⅴ	50	48	100

钠长石化作用：钠长石化与Ⅰ、Ⅱ热液活动阶段有关。第Ⅰ阶段钠长石化作用最强，围岩及角砾块中的均匀钠长石化与其有关；第Ⅱ阶段钠长石化多局限于近脉围岩和角砾块的边部，在大角砾块的中心，程度不同地保留有未蚀变的原岩面貌。经对3处近矿围岩钠化小层的连续取样分析表明，岩层在钠长石化过程中，Na_2O、CaO和Au的含量增高，FeO和K_2O减少。

钠长石化岩石：钠长石化岩石均很好地保留了原岩的沉积构造。根据其褪色程度、蚀变矿物及原岩矿物含量可分为二类三种，它们的对应原岩、矿物组合、主要化学成分见表2-31。

表2-31　钠长石化岩石的分类

岩石分类		强钠化岩石	弱钠化岩石	
岩石名称		交代钠长岩	钠长石化铁白云质粉砂岩	钠长石化粉砂质板岩
原岩名称		变质粉砂岩	铁白云质粉砂岩	粉砂质绢云板岩
主要矿物组合		钠长石为主 微量金红石等	含铁白云石及钠长石	钠长石、次为绢云母、含铁白云石
主要化学成分/%	SiO_2	63.59	65.42	58.57
	Al_2O_3	17.63	9.04	20.67
	FeO	0.77	2.90	4.25
	CaO	0.90	5.70	0.46
	MgO	0.50	2.87	2.98
	K_2O	0.05	0.40	4.30
	Na_2O	10.21	3.78	2.21
	CO_2	0.97	7.90	0.43

交代钠长岩主要见于角砾岩体内的小角砾和大角砾之边缘，以及近矿围岩中。钠长石化铁白云质粉砂岩常与交代钠长岩呈过渡关系，只是离热液脉体略远一些；钠长石化粉砂质板岩在近矿围岩蚀变带中分布较广，与正常围岩相过渡。

黄铁矿化：围岩的黄铁矿化表现为黄铁矿呈细脉状沿裂隙穿插及对热液脉体两侧围岩的浸染。黄铁矿化范围仅局限于近矿围岩。因黄铁矿化与金矿化关系密切，故金矿体边缘偶尔可跨入黄铁矿化围岩中。

2.8.1.6 矿床地球物理特征

陕西省地矿局物化探队1988～1989年的工作成果表明，双王金矿床东段地磁场比较平稳，大致可以分成以下3区：

KT5矿体以西，磁场变化幅度不大，ΔT值一般在0～60nT。

KT5矿体至太白河西，磁场北高南低，含金角砾岩带南侧有负值段出现，ΔT值变化范围在-20～50nT。

太白河两岸，磁场变化幅度相对较大，中部为低值段，南北两侧磁场较强，变化幅度可达150nT左右。

总的来说，全区磁异常显示不明显，但经对观测数据的校正和垂直磁化的化极处理后，所获垂直磁化的等值线中的负值段与已知角砾岩体基本吻合。

2.8.1.7 矿床地球化学特征

1984年，陕西省地矿局第三地质队在该区进行了1∶50000的水系沉积物测量，查明区内水系沉积物金的地球化学平均值为8.0ppb（1ppb＝$1/10^9$）。以15ppb为异常下限，在区内圈出的金元素异常具内、中、外浓度分带，有4个浓集中心。大于60ppb的浓度带与已知金矿（化）体基本吻合，240ppb的浓度带与KT8矿体吻合，异常范围与矿（化）体范围大体对应，如图2-42所示。

2.8.2 矿体地质特征

矿体具有如下5个特点：一是绝大部分矿体都赋存于角砾岩体中，二者的结构构造、矿物组合具有统一性，之间没有明显的界线；二是矿化强弱与角砾的块度大小、含量多少有关，当角砾含量多、块度大时，金品位低；反之则高。角砾块度的大小和含量的多少在空间上没有明显的规律性；三是所圈出的夹石含金$(0.2\sim0.99)\times10^{-6}$，属于矿化较强的范畴；四是矿体厚度和品位没有相关性；五是向深部矿化减弱，但不意味着矿体尖灭。

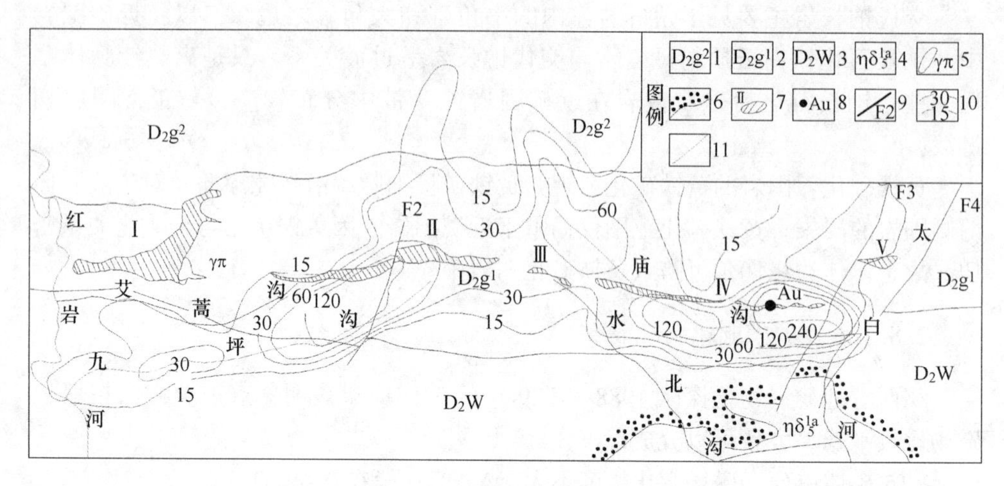

图 2-42　双王含金角砾岩带及金分散流异常分布图

1—古道岭组上段；2—古道岭组下段；3—王家堮组；4—印支早期石英二长闪长岩；5—花岗斑岩脉；6—角岩带；7—角砾岩体及编号；8—金矿床；9—断层及编号；10—金异常及浓度分带；11—河流

2. 8. 2. 1　矿体规模、产状及形态

A　矿体规模、空间位置及产状

KT8 矿体产于Ⅳ号角砾岩体东部，位于 20~50 勘探线，长 584. 33m，平均厚 39. 27m，垂直延深最大 393. 7m。矿体基本赋存于含金角砾岩体之中，局部跨入上下盘矿化板岩中。矿体赋存标高为 1054~1402m。在 26~34 线、44~46 线出露地表，20~26 线、34~44 线分别侧伏、隐伏于含金角砾岩和板岩“盖层”之下，隐伏顶界平均垂深 30m，最大垂深 60m。矿体两端及深部均为含金角砾岩，二者界线仅能依样品分析结果确定。

矿体倾角总体较陡（75°），32 线以西的矿体具有浅部缓（38°~55°）、深部陡（75°~85°）的特点，倾角变化点处于 1330~1290m 标高间。矿体总体走向为 300°~120°，倾向 30°。

B　矿体形态

在平面上，因其出露地段的倾向与地面坡向相反，受旱阳沟和熊掌沟地形影响，在地表遵循“V”字形。1330~1250m 标高的平面形态呈较规则的宽带状，仅两端逐渐变窄或分支尖灭，如图 2-43 所示。

在剖面上，矿体呈板状，1250m 标高以下出现分支复合，但各分支走向上连续性尚好，表现为长短不等的多个矿条，如图 2-44 所示。

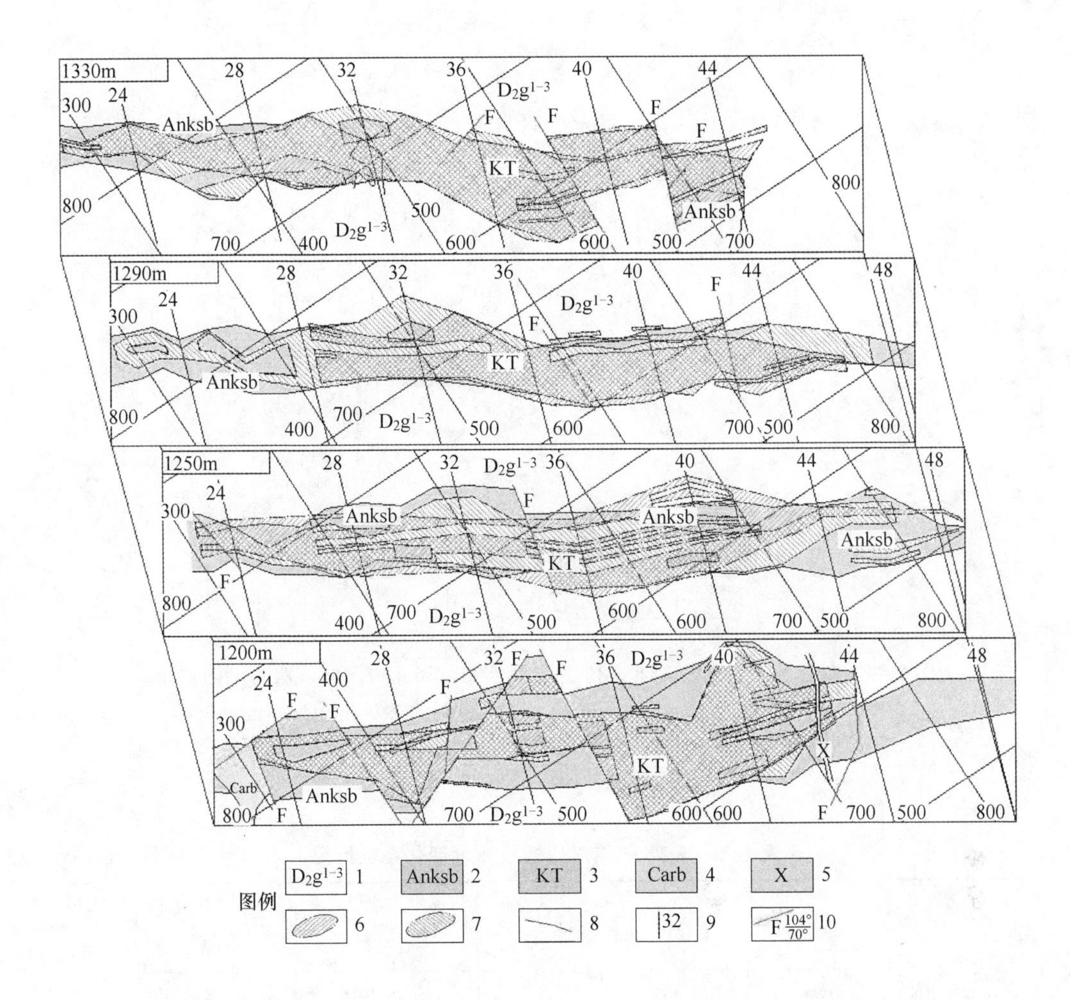

图 2-43 双王金矿床东段 KT8 矿体 1330m、1290m、1250m、1200m 中段联合平面对比图

1—中泥盆统古道岭组粉砂质绢云板岩；2—含铁白云石胶结角砾岩；3—金矿体；4—碳酸岩岩体；5—煌斑岩；6—地质勘探金矿体；7—生产勘探金矿体；8—角砾岩（体）界线；9—勘探线及编号；10—断层及产状

工程控制的矿体最大厚度为 95. 00m（1200m 中段 40 线穿脉），最小厚度为 2. 00m（1250m 中段 48 线穿脉），厚度变化系数为 53. 59%，属厚度稳定型，见表 2-32。

沿走向，矿体的延深呈扇状，中部延深最大。1250m 标高向下，矿体两端点随标高降低，大致对等向内收缩，长度逐渐变小，最终在矿体 38 线的 1002m 标高趋于尖灭，如图 2-45 所示。

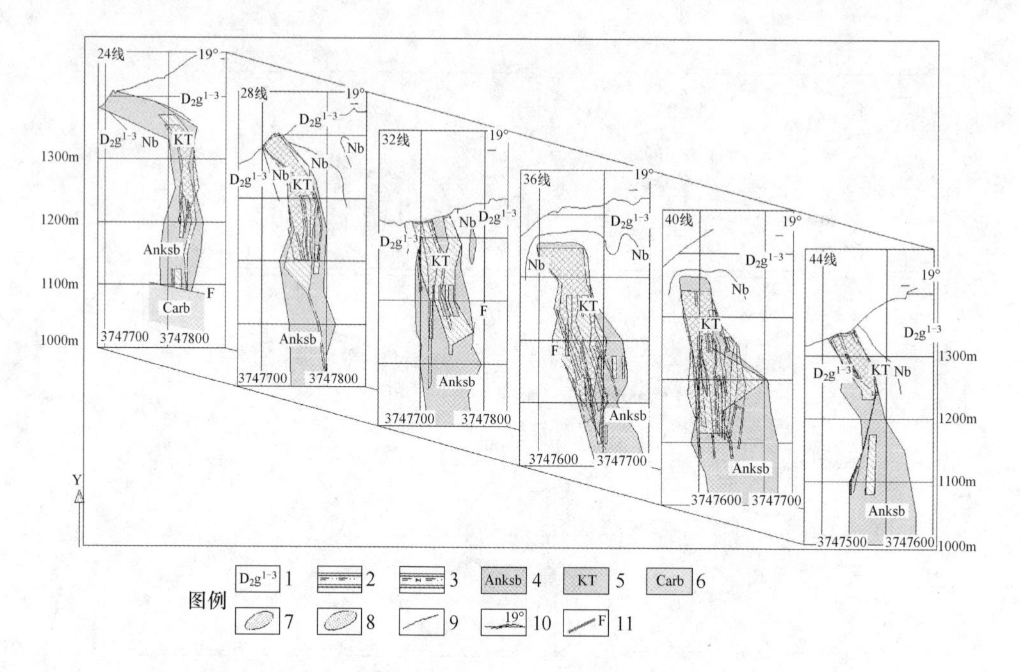

图 2-44　双王金矿床东段 KT8 矿体 24、28、32、36、40、44 线联合剖面对比

1—中泥盆统古道岭组地层；2—粉砂质绢云板岩；3—钠长蚀化粉砂质绢云板岩；4—含铁白云石胶结角砾岩；5—金矿体；6—碳酸岩岩体；7—地质勘探金矿体；8—生产勘探金矿体；9—角砾岩界线；10—剖面方位；11—断层

表 2-32　KT8 矿体对比地段厚度变化系数计算

序号	勘探线	控制工程	矿体厚度 X_i	厚度平均值 X	与算术平均值之差 $X_i-\overline{X}$	与算术平均值之差的平方 $(X_i-\overline{X})^2$
1	28^{-10}	TC248a	9.33	39.27	-29.94	896.40
2	28	TC248b	35.78	39.27	-3.49	12.18
3	26^{+20}	TC248c	50.96	39.27	11.69	136.66
4	28^{+23}	TC249	27.51	39.27	-11.76	138.30
5	30^{-14}	TC249a	50.74	39.27	11.47	131.56
6	30	TC249b	57.74	39.27	18.47	341.14
7	30^{+10}	TC249c	64.47	39.27	25.20	635.04
8	32^{-15}	TC250	15.70	39.27	-23.57	555.54
9	32	TC250a	30.31	39.27	-8.96	80.28
10	34^{-16}	TC250b	66.38	39.27	27.11	734.95
11	34^{-8}	TC250c	60.42	39.27	21.15	447.32

续表2-32

序号	勘探线	控制工程	矿体厚度 X_i	厚度平均值 X	与算术平均值之差 $X_i-\overline{X}$	与算术平均值之差的平方 $(X_i-\overline{X})^2$
12	34	TC251	33.95	39.27	-5.32	28.30
13	44	TC256	34.90	39.27	-4.37	19.10
14	46	TC257	11.20	39.27	-28.07	787.92
15	24	CM24/1350	29.20	39.27	-10.07	101.40
16	25	CM25/1350	9.18	39.27	-30.09	905.41
17	27	CM27/1350	39.23	39.27	-0.04	0.00
18	28	CM28/1350	38.70	39.27	-0.57	0.32
19	29	CM29/1350	52.35	39.27	13.08	171.09
20	36	CM36/1350	41.20	39.27	1.93	3.72
21	42	CM42/1350	7.24	39.27	-32.03	1025.92
22	22	CM22/1330	7.90	39.27	-31.37	984.08
23	24	CM24/1330	27.55	39.27	-11.72	137.36
24	25	CM25/1330	43.72	39.27	4.45	19.80
25	26	CM26/1330	28.45	39.27	-10.82	117.07
26	27	CM27/1330	45.60	39.27	6.33	40.07
27	28	CM28/1330	31.25	39.27	-8.02	64.32
28	29	CM29/1330	36.30	39.27	-2.97	8.82
29	30	CM30/1330	56.40	39.27	17.13	293.44
30	34	CM34/1330	55.94	39.27	16.67	277.89
31	35	CM35/1330	56.10	39.27	16.83	283.25
32	36	CM36/1330	78.40	39.27	39.13	1531.16
33	37	CM37/1330	87.25	39.27	47.98	2302.08
34	38	CM38/1330	75.72	39.27	36.45	1328.60
35	39	CM39/1330	80.80	39.27	41.53	1724.74
36	40	CM40/1330	48.55	39.27	9.28	86.12
37	41	CM41/1330	50.65	39.27	11.38	129.50
38	42	CM42/1330	57.40	39.27	18.13	328.70
39	43	CM43/1330	31.75	39.27	-7.52	56.55
40	44	CM44/1330	37.25	39.27	-2.02	4.08
41	22	CM22/1290	20.80	39.27	-18.47	341.14
42	23	CM23/1290	16.05	39.27	-23.22	539.17

续表2-32

序号	勘探线	控制工程	矿体厚度 X_i	厚度平均值 X	与算术平均值之差 $X_i-\overline{X}$	与算术平均值之差的平方 $(X_i-\overline{X})^2$
43	24	CM24/1290	9.90	39.27	−29.37	862.60
44	25	CM25/1290	12.05	39.27	−27.22	740.93
45	26	CM26/1290	10.00	39.27	−29.27	856.73
46	27	CM27/1290	14.30	39.27	−24.97	623.50
47	28	CM28/1290	49.20	39.27	9.93	98.60
48	30	CM30/1290	48.20	39.27	8.93	79.74
49	32	CM32/1290	53.28	39.27	14.01	196.28
50	34	CM34/1290	48.52	39.27	9.25	85.56
51	36	CM36/1290	45.10	39.27	5.83	33.99
52	38	CM38/1290	48.50	39.27	9.23	85.19
53	39	CM39/1290	40.70	39.27	1.43	2.04
54	40	CM40/1290	44.53	39.27	5.26	27.67
55	41	CM41/1290	45.10	39.27	5.83	33.99
56	42	CM42/1290	39.45	39.27	0.18	0.03
57	43	CM43/1290	38.65	39.27	−0.62	0.38
58	44	CM44/1290	43.70	39.27	4.43	19.62
59	46	CM46/1290	26.05	39.27	−13.22	174.77
60	23	CM23/1250	17.00	39.27	−22.27	495.95
61	24	CM24/1250	22.00	39.27	−17.27	298.25
62	25	CM25/1250	16.00	39.27	−23.27	541.49
63	26	CM26/1250	31.00	39.27	−8.27	68.39
64	27	CM27/1250	45.00	39.27	5.73	32.83
65	28	CM28/1250	18.00	39.27	−21.27	452.41
66	30	CM30/1250	23.00	39.27	−16.27	264.71
67	31	CM31/1250	54.00	39.27	14.73	216.97
68	33	CM33/1250	61.00	39.27	21.73	472.19
69	34	CM34/1250	40.00	39.27	0.73	0.53
70	36	CM36/1250	52.30	39.27	13.03	169.78
71	38	CM38/1250	57.00	39.27	17.73	314.35
72	40	CM40/1250	27.00	39.27	−12.27	150.55
73	41	CM41/1250	36.80	39.27	−2.47	6.10

续表2-32

序号	勘探线	控制工程	矿体厚度 X_i	厚度平均值 X	与算术平均值之差 $X_i-\bar{X}$	与算术平均值之差的平方 $(X_i-\bar{X})^2$
74	42	CM42/1250	27.30	39.27	−11.97	143.28
75	44	CM44/1250	22.25	39.27	−17.02	289.68
76	45	CM45/1250	26.00	39.27	−13.27	176.09
77	46	CM46/1250	34.55	39.27	−4.72	22.28
78	48	CM48/1250	2.00	39.27	−37.27	1389.05
79	23	CM23/1200	19.00	39.27	−20.27	410.87
80	24	CM24/1200	14.00	39.27	−25.27	638.57
81	26	CM26/1200	35.00	39.27	−4.27	18.23
82	27	CM27/1200	42.00	39.27	2.73	7.45
83	28	CM28/1200	55.00	39.27	15.73	247.43
84	29	CM29/1200	14.00	39.27	−25.27	638.57
85	30	CM30/1200	12.00	39.27	−27.27	743.65
86	32	CM32/1200	46.00	39.27	6.73	45.29
87	33	CM33/1200	18.00	39.27	−21.27	452.41
88	34	CM34/1200	44.00	39.27	4.73	22.37
89	35	CM35/1200	10.00	39.27	−29.27	856.73
90	36	CM36/1200	84.00	39.27	44.73	2000.77
91	37	CM37/1200	80.00	39.27	40.73	1658.93
92	38	CM38/1200	60.00	39.27	20.73	429.73
93	39	CM39/1200	80.00	39.27	40.73	1658.93
94	40	CM40/1200	95.00	39.27	55.73	3105.83
95	41	CM41/1200	83.00	39.27	43.73	1912.31
96	42	CM42/1200	28.00	39.27	−11.27	127.01
97	43	CM43/1200	20.00	39.27	−19.27	371.33
			3808.75			42523.54
平均值 X			39.27	公式 $X=(X_1+X_2+\cdots+X_n)/n$		n=97
均方差 σ_m			21.05	$\sigma_m=\sqrt{\frac{\sum_1^n (X_i-\bar{X})^2}{n-1}}$		
变化系数 V_m			53.59	公式 $V_m=\sigma_m/\bar{X}$		V_m<80，稳定

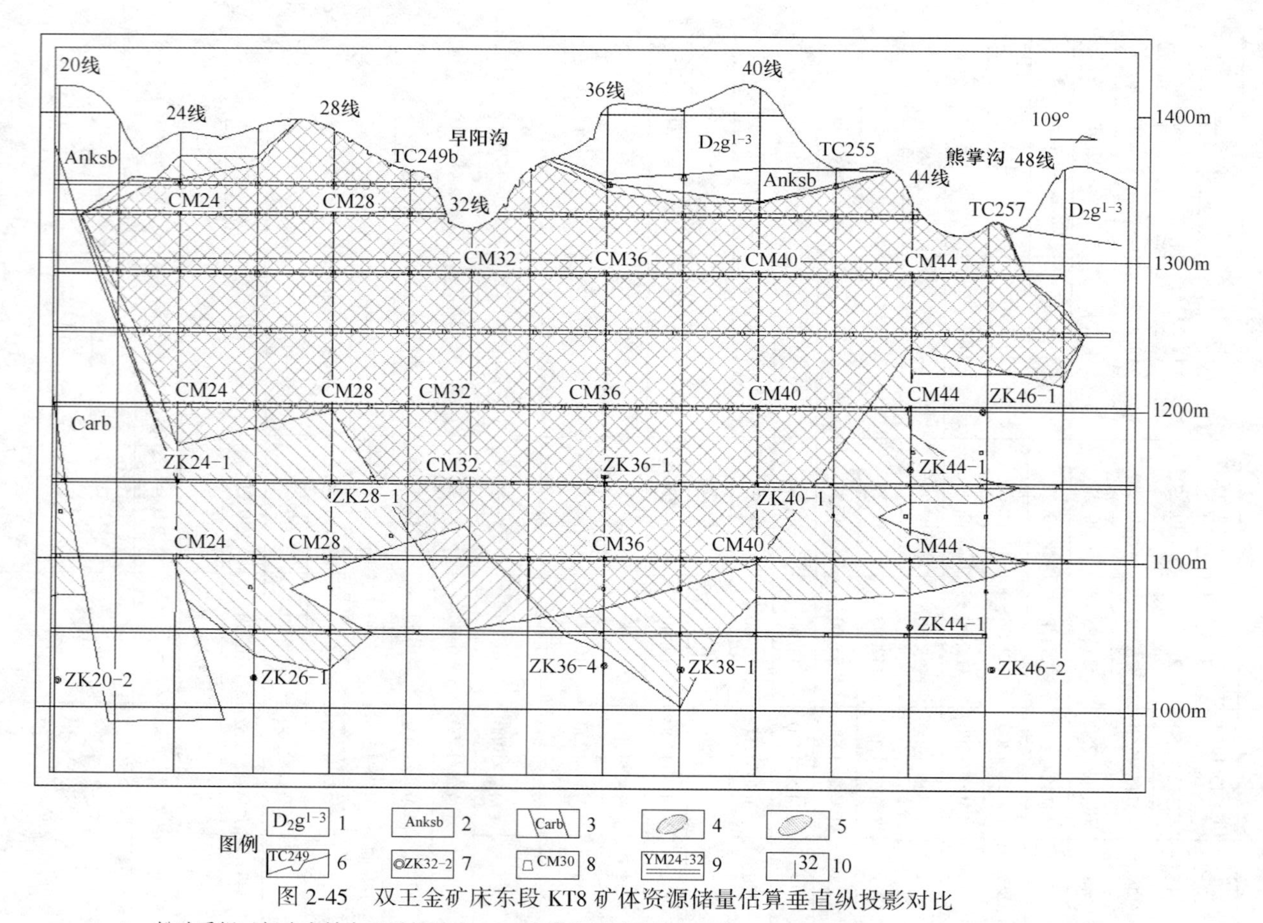

图 2-45　双王金矿床东段 KT8 矿体资源储量估算垂直纵投影对比

1—粉砂质绢云板岩夹铁白云质粉砂岩；2—含铁白云石胶结角砾岩；3—碳酸岩岩体；4—地质勘探金矿体；5—生产勘探金矿体；6—探槽位置及编号；7—钻孔位置及编号；8—穿脉位置及编号；9—沿脉位置及编号；10—勘探线位置及编号

沿倾向，通过后期勘查，KT8矿体的控制深度已达600m标高，角砾岩体在深部变窄，矿体的连续性、厚度、品位变差及至局部尖灭。

C 后期断层及脉岩对矿体的影响

影响矿体完整性的只有两条小断层，由西向东编号F1、F2和一条煌斑岩脉。它们均位于38~44线。

F1：1330m中段于YM38-40/1330中见及，水平断距约20m；1290m中段仅见于矿山基建施工的南盘沿脉大巷，断距很小，只1m余。断层控制长度大于30m，破碎带宽10~20cm，断面较平直，产状为271°∠36°，东盘相对北移；1250m中段及地表未见存在迹象。

F2：在1330m中段CM42/1330中沿坑道延伸54m，水平断距33m，两盘矿体未被完全错开，断层破碎带宽0.1~1m；1290m中段由YM42-44/1290及南盘沿脉大巷控制，水平断距仅5m，断层带宽0.3~1.2m；1250m中段见于YM44-40/1250，水平断距约2m，断层带宽0.2m；地表经探槽揭露，未见痕迹，证明已在“盖层”中消失。断层控制长大于54m，断面总体呈波状，产状110°∠73°，东盘相对南移。

位于42线附近的煌斑岩脉在YM40-42/1290的33.7~36.2m处宽2.5m；在YM44-40/1250的55.0~57.5m处宽2.5m，厚度稳定，呈岩墙状横穿矿体，总体产状110°∠76°，与矿体接触界线清楚，未影响矿石质量，对矿体的完整性亦无破坏作用。

2.8.2.2 矿体金品位及矿化特征

从3809个基本分析样品统计结果看，单样最高84.61×10^{-6}，矿体平均2.78×10^{-6}，品位变化系数为116%，属较均匀型。单工程平均品位在CM44/1290中较高，达6.71×10^{-6}，周围的金矿化逐渐减弱。若将工程矿体水平厚度和平均品位的乘积作为矿化强度系数，矿化强度中心则移到了CM40/1330附近，基本处于矿体中心。

从图2-46可见，金品位向深部有降低的趋势。值得注意的是金品位高值区（$>4\times10^{-6}$）的分布范围具有向SE深部侧伏的趋势。穹隆状高值区由NW向SE依此出现在30线（1370m标高）、36~38线（1300m标高）和44线（1280m标高），而且呈近等距分布。

2.8.3 矿石特征

2.8.3.1 矿石类型

根据矿石的氧化程度可将矿石分为原生矿与氧化矿两类。

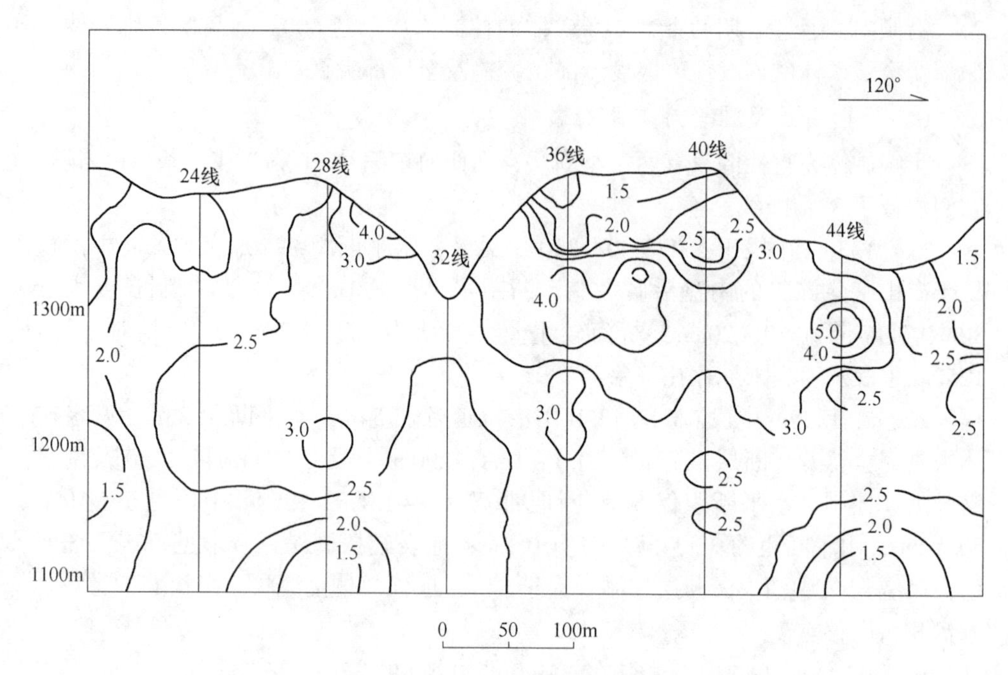

图 2-46　KT8 矿体金品位等值线

（横坐标为勘探线及编号，纵坐标为高程，金品位等值线单位：$\times10^{-6}$）

氧化矿石是 $Fe^{3+}\times100/TFe\%$ 大于 60%的金矿石。矿石呈浅黄色或褐色，经氧化淋滤出现多孔状或粉末状构造，黄铁矿 50%以上已褐铁矿化，囊团状黄铁矿经氧化淋滤后，变为蜂窝状褐铁矿集合体。含铁白云石变为次生方解石，沿解理析出的铁离子变成褐铁矿。

氧化矿石主要分布在近地表的风化构造裂隙两旁数十厘米至数米范围内。但32 线以西基本全为原生矿。34～44 线间隐伏矿体地段，1330m 标高以上风化构造裂隙的密度相对最大，氧化矿石所占的比例也相对较高，约 30%～50%，但在不规则的氧化矿石带或网条之间仍保存原生矿。由于形态复杂，很难具体圈定。其余矿体地段，风化构造裂隙较少或很少，至 1290m 标高以下已基本消失。所以氧化矿石也不多，并且极端分散。按矿石量统计，全矿体氧化矿石量不足 10%。

原生矿石主要有黄铁矿含铁白云石胶结角砾岩和极少量的被含金热液脉体穿插的钠长石化板岩两类。两类岩石具有类似的矿物组合及构造特征，即相同的含金热液网脉，相同岩性的板岩或角砾块。故矿石可依其岩石特征和成因称作黄铁矿含铁白云石胶结角砾岩型金矿石。

角砾状或角砾浸染状黄铁矿、钠长石、含铁白云石金矿石。KT8 矿体主要为此类矿石。矿石呈深-浅灰色，由角砾和胶结物组成，具角砾状或角砾浸染状构造。角砾为钠化板岩碎块，胶结物以含铁白云石为主，黄铁矿在胶结物中呈浸染状。金矿物为自然金。

2.8.3.2 结构构造

矿石的主要结构有自形-半自形粒状结构、包含结构、碎裂结构、嵌晶结构、填隙结构、假象结构、交代残余结构、交代结构等。

矿石的主要构造有角砾状构造、浸染状构造、脉状和网脉状构造、团块状构造、蜂窝状、孔洞状构造等。

2.8.3.3 矿物组成

矿石由50余种矿物组成，见表2-33。主要贵金属矿物为自然金，并有少量碲金矿和微量银金矿。其他主要矿物有黄铁矿（约2%）、褐铁矿（针铁矿和纤铁矿）、钠长石（50%~60%）、含铁白云石（23%~32%）、绢云母（约10%）、方解石（5%~6%）。

矿石中的其他微量金属矿物多与黄铁矿共生，或为其包裹体。非金属矿物除石英呈囊团状外，其他多与钠长石、绢云母共生，粒度细小，仅在显微镜下可见。

表2-33 矿石矿物综合表

	贵金属矿物	金属矿物	非金属矿物
主要矿物	自然金	黄铁矿 褐铁矿	钠长石 含铁白云石 绢云母 方解石 石英
次要及微量矿物	碲金矿 银金矿	磁铁矿 铜蓝 方铅矿 钛铁矿 孔雀石 毒砂 白铁矿 硫铋镍矿 六方硫镍矿 闪锌矿 赫碲铋矿 辉碲铋矿 自然铋 黝铜矿 斑铜矿 碲铋矿 金红石 自然铜 辉铜矿 磁黄铁矿 辰砂 辉钴矿 黄铜矿 紫硫镍矿	镁电气石 萤石 磷灰石 绿帘石 水云母 榍石 白云母 玉髓 石墨 斜黝帘石 钛辉矿 迪开石 石榴子石 黑电气石 角闪石 锆石 绿泥石 重晶石 高岭石 黑云母 金云母 透闪石 阳起石

2.8.3.4 矿石化学成分

金矿石的化学成分见表2-34，光谱分析结果见表2-35。

矿石内主要有用元素为金，其他金属元素含量均很低，不具工业利用价值。经对少量样品的分析，金矿石中不含铂钯。

矿石的Na_2O含量高于5%，钠质以钠长石的形式出现，其含量一般达矿石中矿物总量的50%以上，可以作为建筑陶瓷和日用陶瓷的坯釉料。

矿石贫硫，富Na_2O和CO_2，属碳酸盐低硫型金矿石。砷、锑、铜及其氧化物、有机炭等有害组分含量极微。

表 2-34 矿石化学多项分析结果 (%)

成分	SiO_2	Al_2O_3	CaO	MgO	TFe	MnO	S	P_2O_5	TiO_2	K_2O	Na_2O
综Ⅱ样	44.0	12.13	10.50	4.94	3.45		1.17	0.105	0.53	0.53	6.24
综Ⅲ样	45.22	12.65	9.78	4.82	3.22		1.35	0.098	0.53	0.98	5.72
原生矿	53.38	11.74	6.75	3.55	4.00	0.049	2.91	0.20	0.50	1.50	3.54
氧化矿	50.94	12.78	9.36	2.97	3.19	0.074	0.50	0.132	0.51	1.53	5.24

表 2-35 矿石光谱半定量全分析结果

元素	含量	元素	含量	元素	含量
Si	>10	Ba	0.01-0.02	Ni	0.005
Al	>10	Ge	<0.001	In	<0.001
Ca	4-5	Sb	<0.003	Ti	0.02-0.05
Mg	5	Ta	<0.003	Mo	<0.001
Na	>1	Pb	<0.002	V	0.01-0.03
K	>1	Sn	<0.001	La	<0.03
Fe	1-2	W	<0.01	Cd	<0.003
Au	<0.001	Ga	0.003	Cu	<0.001
Ag	<0.001	Nb	<0.01	Yb	<0.001
Pt	<0.001	Mn	0.03	Zn	0.03
Be	<0.001	Cr	0.01-0.005	Sc	<0.001
As	<0.03	Bi	0.01-0.001	Zr	0.01-0.005
Co	<0.001	Li	<0.01	B	0.01-0.1

2.8.3.5 金矿物特征

矿石中自然金约占金矿物的98%，是最主要的工业矿物；碲金矿和银金矿的含量微少。

自然金呈不规则状、片状、树枝状、丝状、骨架状、粒状。经大量光薄片统计，自然金粒度大于0.074mm的仅占14.02%，大于0.01mm的占90.01%，多为中细粒金。自然金呈金黄色，强金属光泽，具明显的延展性。反光镜下呈黄-金黄色，均质性，正交镜下不完全消光而出现淡绿色调，在波长544mm下测定，反射率为69.3%，硬度2.72，比重17.23。自然金含微量Cu、Ni、Fe、Te、Bi等元素。

碲金矿呈二斜柱状、圆柱状、不规则状包于黄铁矿中。在氧化矿石中，可见其周围有溶蚀圈。碲金矿的粒度在0.004~0.031mm之间，比自然金细。反光镜下，碲金矿呈白色带淡黄色调，双反射弱，非均质性，偏光镜下为红带灰-灰绿棕色，与碲铋矿容易相混。

银金矿含量极微，有时构成自然金的镶边。其粒径、嵌布特征与自然金相同。反光镜下银金矿呈奶油白带黄色调，均质体，其在空气中易氧化。

2.8.3.6 金的赋存状态

黄铁矿、褐铁矿、含铁白云石均为金的载体矿物，而钠长石、绢云母、石英等不含金。

矿石中约90%的自然金产于载金矿物的裂隙和晶隙中，约10%为包体金。

2.8.4 矿体围岩和夹石

2.8.4.1 围岩

矿体上下盘围岩一般为钠长石化板岩，也有金含量达不到工业要求的含铁白云石胶结角砾岩。近矿板岩钠化较强，以钠长石化粉砂质板岩为主；远离矿体的板岩钠化较弱，以粉砂质绢云板岩为主。板岩的板理、节理较发育，常见小型膝状揉曲。矿体与围岩间一般为过渡接触，矿体边界与角砾岩体边界一致时矿体与板岩的接触界线比较容易辨认。

2.8.4.2 夹石

在角砾岩型矿体中，矿石品位的高低主要取决于含金胶结物的多少和载金黄铁矿金含量的高低。这两个控矿因素，就局部地段而言，是不符合线性分布规律的。矿石与夹石互相包容、相互分隔，矿与夹石在近距离内即可能相互变换。实际上，在已圈定的矿体中包含有不够边界品位的角砾夹石，在圈定的夹石体中也有网环状矿石存在，圈定的夹石体宏观上只起预示和统计作用。夹石的宽窄、多少与矿体的贫富有关，夹石多分布在矿体的西部和下部，在中高级储量区段夹石较少。由于夹石内含有矿石，因此矿山开采时其可以抑制贫化。

2.8.5 矿床共（伴）生矿产

双王金矿床伴生有钠长石，据《陕西省太白县双王金矿床东段KT8矿体最终地质勘探报告》，钠长石储量达亿吨以上。但钠长石中含有铁等杂质元素，经江西理工大学等科研单位评价论证，开发利用经济性欠佳，因此钠长石资源未利用。

2.8.6 累计探明资源储量

双王金矿床KT8矿体累计探明金矿石量1766.88×10^4 t，金金属量36982.43kg，品位2.09×10^{-6}，见表2-36。

表 2-36　双王金矿床 KT8 矿体累计查明资源储量统计结果

资源储量类别		金矿石量/t	品位/$\times10^{-6}$	金属量/kg
累计查明		17668772	2.09	36982.43
保有	122b 以上	827245	1.54	1274.15
	333	262845	1.76	463.32
	122b 以上+333	1090089	1.59	1737.47
动用		16578683	2.13	35244.96

2.8.7　矿床成因分析

双王金矿床的形成，主要与碳酸盐岩浆的热液充填交代作用有关。其成矿模式：印支运动使地层发生褶皱，并产生基本顺层的压扭性构造破碎带，富钠热液流体沿构造带渗入，使泥砂质岩石钠长石化。

伴随区域岩浆活动发生的应力释放使交代带变为扩容带，并产生垂向挤压力，使泥质岩石形成平顺褶曲，性脆的钠长石板岩角砾化，后被含金的碳酸盐流体充填胶结，形成了双王含金角砾岩带。

2.9　贵州紫木凼金矿（微细粒浸染型）

1981~1983 年，贵州省地矿局 105 地质大队在滥木厂—雄黄岩一带开展汞矿普查工作，于雄黄岩地区发现金矿化，由此拉开灰家堡背斜找金工作的序幕。

1984 年 5 月，贵州省地矿局 105 地质大队发现紫木凼金矿，1985~1986 年进行普查，1986 年底提交《贵州省兴仁县紫木凼金矿区紫木凼矿段浅部氧化矿中间储量计算报告》，提交表内 D 级金金属量 2101.88kg。

1986 年 10 月兴仁县黄金公司依据《贵州省兴仁县紫木凼金矿区紫木凼矿段浅部氧化矿中间储量计算报告》建设紫木凼金矿。设计年开采氧化矿矿石量 10×10^4t，采矿最大深度为 143m（标高 1583~1440m），年产黄金 460kg，采矿方式主要为露天开采，总投资 3000 万元，1986 年 12 月正式投产。截至 2005 年矿山经过 19 年开采，消耗氧化矿矿石量 120.7×10^4t，金金属量 6428kg，品位 5.33×10^{-6}，氧化矿基本开采完毕。

为了攻克原生矿选冶难关，加快黄金产业的开发，兴仁县黄金公司与中国黄金集团公司 2003 年 1 月共同出资，组建贵州金兴黄金矿业有限责任公司。公司委托长春黄金研究设计院对黄金原生矿选冶工艺攻关，经过一年多的努力，最后选定“原生矿焙烧提金工艺”，并被国家发展改革委员会批准为“西部难处理金矿资源原矿沸腾焙烧提金新工艺高新技术产业化示范工程项目”，属于国家西部高新技术产业化第一批示范项目。

2004 年紫木凼金矿依据贵州省地矿局 105 地质大队 1995 年 6 月 2 日《贵州省兴仁县紫木凼金矿区紫木凼矿段勘探地质报告》（黔储决字［1995］6 号）扩

建。设计生产规模为年开采原生矿石量 33×10^4t，年产黄金 1139kg。选冶工艺为原矿焙烧-氰化提金，开拓方式为竖井方式，采矿方法为房柱法和全面法。项目自 2004 年 10 月开工建设，2007 年 1 月建成，总投资 2.5 亿元。2007 年试生产后年生产能力只能达到 30 万吨/年。

贵州金兴黄金矿业有限责任公司紫木凼金矿位于兴仁县城东北，直距约 32km，行政区划隶属兴仁县回龙镇。

2.9.1 区域地质背景

贵州省兴仁县紫木凼金矿大地构造位置处于华南褶皱系和扬子准地台两个Ⅰ级构造单元的结合部位，属华南褶皱系右江褶皱带。其北西、北东分别以弥勒-师宗断裂带、水城-紫云和南丹-昆仑关断裂带为界，如图 2-47 所示。

图 2-47 贵州省构造单元划分示意图（据何立贤等）

2.9.1.1 区域地层

区域上出露地层主要是泥盆系至三叠系地层，其中以三叠系分布最广，二叠系地层次之，石炭系和泥盆系地层仅见于少数背斜的核部。出露地层总厚超过万余米。泥盆系至二叠系地层发育显示了浅海陆棚台、盆交替的沉积特色。台地相和盆地相地层横向的变化十分明显，同一时限的层位往往有多个不同的岩石地层单元并存。其过渡相岩性组合往往是金矿富集的地段，紫木凼金矿夜郎组地层的岩性显示了向西部飞仙关组岩性过渡的特点。

2.9.1.2 区域构造

矿区北西、北东分别以弥勒-师宗断裂带、水城-紫云和南丹-昆仑关断裂带为界。紫木凼金矿区位于右江褶皱带的北部。区域表层构造轮廓定型于印支-燕山期，其构造变形的组合形式复杂多样，主要特点表现为以下三点：

（1）构造线的展布明显受前期深大断裂的影响和制约。在前印支-燕山期运动形成的北东向弥勒-师宗断裂带、北西向水城-紫云断裂、东西向开远-平塘断裂及南北向镇宁-册亨断裂的边缘，构造线的展布方向分别呈北东向、北西向、东西向和南北向，在上述深大断裂的中间地带，构造线的展布主要呈东西向，表明区域内地层构造形成的主应力场是南北向的水平挤压。

（2）不同期次、不同方向的构造形迹叠加复合现象明显。区域上较早生成的东西向及南北向构造往往被稍后的北东向和北西向构造叠加改造而复杂化。

（3）构造变形的组合和发育特点受岩相、岩性制约，在空间上有明显的差异。灰家堡背斜是区域控矿构造。东起者相、西至大山，长约20km，宽约6km，轴向总体近东西，西段大坝田一带偏转为北西向。背斜核部零星出露龙潭组、长兴组和大隆组地层，翼部大片出露夜郎组和永宁组地层，西段岩层倾角较缓，一般5°~25°，两翼基本对称；东段岩层倾角较陡且呈北翼陡、南翼缓的不对称形态，至深部茅口组，背斜形态变得更加宽缓。其大致以贞丰—者相—大山—兴仁连线组成的弱应变域内的强应变带，紫木凼金矿位于该强应变带的西段。沿灰家堡背斜轴线，近东西向的逆断层和次级褶曲发育，与其同期生成、后期继续活动的近南北向和北东向正断层的切割，造成了沿背斜轴的若干高点和次高点，如图2-48所示。灰家堡背斜中段南部尚有北东向构造叠加形成的次级褶皱和断裂。区域内的金矿床（点）和汞矿床（点）便产于上述有利成矿构造中。

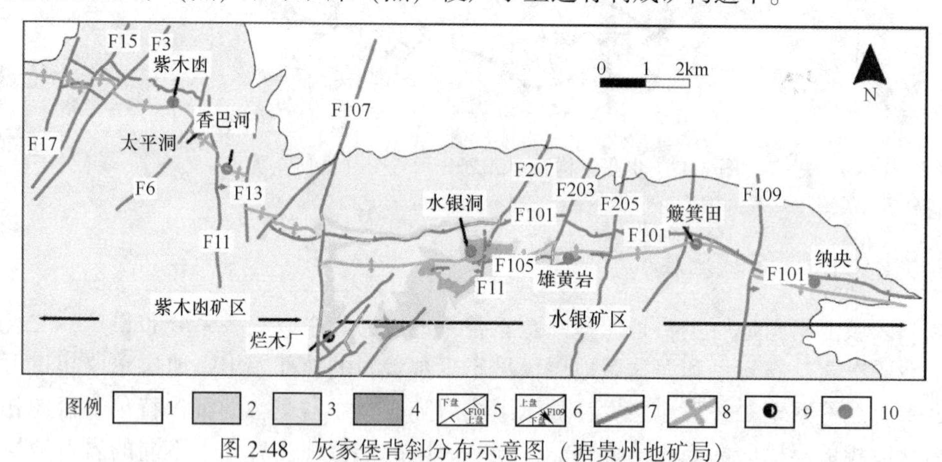

图2-48　灰家堡背斜分布示意图（据贵州地矿局）

1—下三叠统永宁镇组；2—下三叠统夜郎组；3—上二叠统长兴组；4—上二叠统龙潭组；5—逆断层及编号；6—正断层及编号；7—未分类断层及编号；8—背斜轴；9—金矿床；10—汞铊矿床

2.9.1.3　*岩浆岩*

区内岩浆岩不发育。按其成因可分为两类：一类是侵入二叠系下统至三叠系中统地层中的偏碱性超基性岩，岩体规模一般很小，产状复杂，分异明显，仅分布于贞丰、镇宁、望谟三县交界处；另一类为早晚二叠世之间喷溢的拉斑玄武岩，即峨眉山玄武岩，主要分布在兴仁至关岭一线西北部，且由北西向东南变薄至尖灭，其边缘相具有偏碱、高钛铁、低镁、SiO_2 饱和及富含挥发性组分等特点。

2.9.1.4　地球物理特征

区域地球物理资料表明，黔西南位于我国第二条重力梯度带（六盘山-龙门山）上，在北纬25°以南有东西向局部重力异常分布，紫木凼金矿大致位于该带北缘。据区域地温场研究资料表明，滇黔桂地区为高热流值区，且高热流（温泉）主要沿区域大断裂呈带状分布，地下热水为金的活化、运移提供了充足的热流体。如图2-49所示。

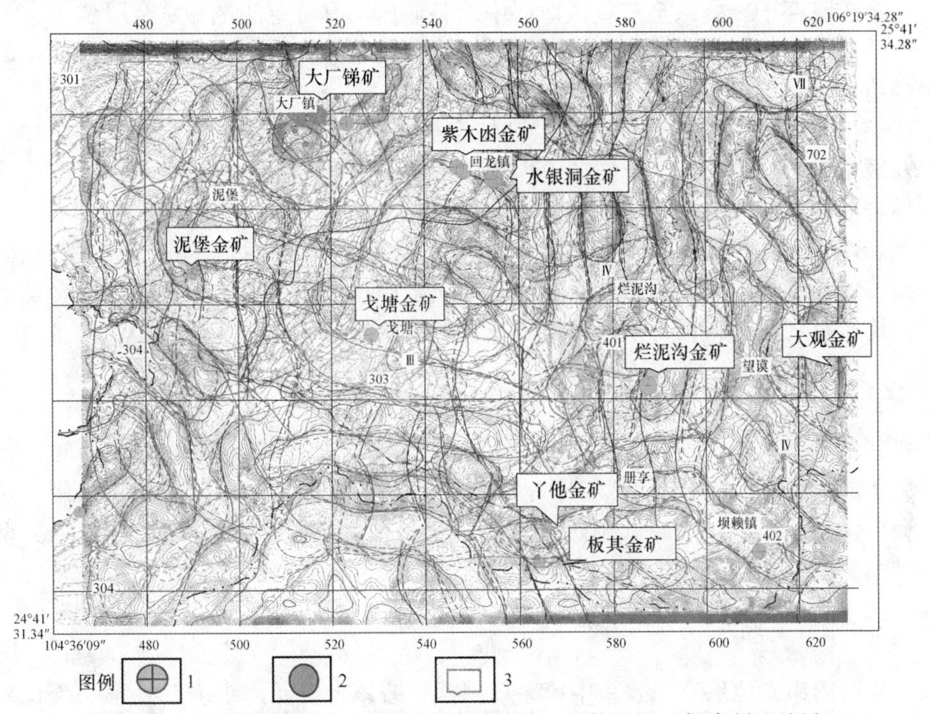

图2-49　黔西南地区1∶200000重力解译线、环构造图（据贵州地矿局）

1—古生代热液型金矿床；2—古生代火山热液型锑矿床；3—典型矿点名称

2.9.1.5　地球化学特征

根据水系沉积物测量及部分岩石地球化学测量成果，区域内以Au、As、Hg、Sb元素高背景值为基本特征，且各元素的分布较严格受地质-地球化学背景区划格局制约。据元素含量分布情况，可划分为北部台地碳酸盐岩相和南部陆源碎屑岩相两个地球化学背景区。北部碳酸盐岩地区Au、As、Hg、Sb元素含量离散性大，总体背景值较高，元素含量起伏舒缓，只在局部或金矿点附近浓集形成异常。而南部碎屑岩地区 Au、As、Hg、Sb 元素含量变化离散性小，区域分布呈大面积低缓起伏，浓集中心多出现在已知矿点附近，且异常强度大、规模大，多与断裂蚀变带吻合，远离断裂蚀变带异常值迅速降低。

2.9.1.6　区域矿产

区域上主要的内生矿产有金、汞、锑、砷、铊、煤等。其中金矿分布范围最广，也是最具有特色的矿种。区域内的微细粒浸染型金矿成矿区是滇、黔、桂“金三角”重要组成部分，点多面广，拥有紫木凼、烂泥沟、戈塘、丫他、板其等一批大中型金矿床，主要特点如下：

金矿赋存于二叠系至三叠系地层中，各矿床均有特定的主要赋金层位。

金矿化对岩性有明显的选择性，岩层较薄、组分复杂，特别是处于过渡带的岩性组合有利于金矿化。

突出表现为受构造多级控制，已知金矿床、金矿点均沿某一级构造成片集中，成带分布，金矿体产于构造应力集中的背斜轴部的逆断层和层间破碎带（或不整合面接触带）中，没有构造就没有金矿床。

金矿常与汞、锑、砷矿密切共生或伴生。反映在地化特征上，金、汞、锑、砷是性质相近的挥发性成矿元素系列，物质来源相近，其地化异常依附于金矿的控矿构造有规律分布，是黔西南地区找金的重要指示元素。

2.9.2　矿床地质特征

紫木凼金矿产于不纯的碳酸岩-碎屑岩中，按其产状和空间位置分为两种类型，上部为断裂控制的断裂型矿体，即楼上矿；下部为地层层间破碎带控制的层带型矿体，即楼下矿。属低温热液成矿，金呈微细-超微细粒浸染状，矿床类型为微细粒浸染型金矿。

2.9.2.1　地层

矿区内出露地层有二叠系中统茅口组、二叠系上统龙潭组、二叠系上统长兴组、二叠系上统大隆组，三叠系下统夜郎组和第四系（Q），龙潭组-夜郎组地层均为矿区赋金地层。

矿床处于海陆交替相的龙潭组-夜郎组地层中。龙潭组-夜郎组各地层岩石中普遍含玄武岩屑和斜长石碎屑，其中又以夜郎组地层岩性最为复杂，为方解石、白云石、黏土矿物、斜长石等 3~5 种主要矿物成分不均匀沉积、碳酸盐岩-细碎屑岩的过渡性岩石组合。横向上西部泥砂岩成分增多、东部碳酸盐成分增多，岩性上表现为明显的过渡性。

2.9.2.2　构造

矿区发育的断裂主要有东西向、北东向及南北向三组。

A 东西向断裂

发育于灰家堡背斜的近轴部，走向与背斜轴向基本一致，并与背斜同受后期断裂错断，以低角度逆断层为主，断层上下盘常发育强烈的牵引构造，以F1断层为代表，紫木凼金矿体主要受这组断层控制。

F1断裂：如图2-50所示，该断层控制的Ⅰ号矿体为紫木凼金矿的主矿体。F1断层出露于灰家堡背斜北翼近轴部，走向近东西向，长约3km（紫木凼金矿区内长约2km），断层倾向南，倾角0°~30°，平均20°，倾向延伸500~850m，深部过背斜轴部后逐渐消失于长兴组地层中，断层浅部较陡而深部平缓，主断面在走向上和倾向上均呈舒缓波状，走向上局部地段上凸下凹现象较为突出，倾向上的稍缓变化主要出现在断层由夜郎组第一段（T_1y^1）的泥灰岩进入大隆组（P_3d）、长兴组（P_3c）的黏土岩和生物灰岩互层的部位，F1断层错断地层为T_1y^1–T_1y^2，上部较老地层向北推覆盖在下盘较新地层之上，地层断距40~60m，两盘岩层受断层牵引揉褶、破碎、局部直立或倒转，其破碎带宽22~84m，主断面以断层泥或断层角砾岩为核心，一般厚2~5m，断层角砾和破碎带多被方解石脉和雄黄脉或泥质充填胶结。由脉石矿物的穿插和破碎情况判断，该断层经过多期活动，表现为压-张-扭性的发育特点。

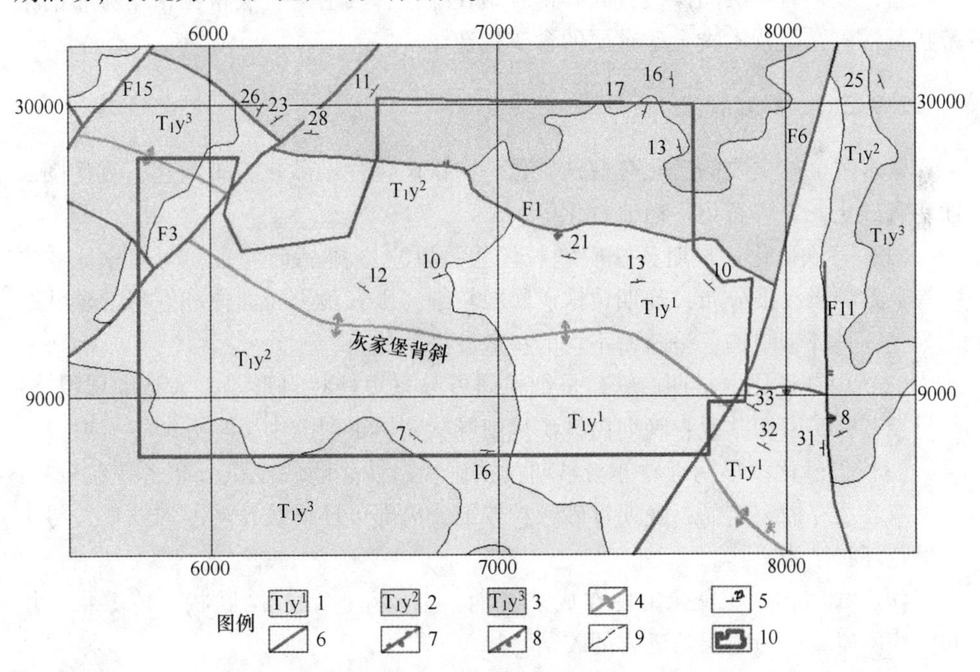

图2-50 紫木凼金矿矿区地质图

1—三叠系下统夜郎组三段；2—三叠系下统夜郎组二段；3—三叠系下统夜郎组一段；
4—背斜轴；5—岩层产状；6—性质不明断层；7—实测及推测逆断层；8—实测及推测正断层；
9—实测及推测地层界线；10—紫木凼金矿采矿权范围

B 北东向组

北东向组断层与背斜轴斜交切，近等间距发育，多为正断层，平面上具有右行平移性质，这组断层往往错断背斜轴和早期生成的东西向断层，为成矿后断裂构造，以 F6 和 F3 为代表。

F6 断层位于紫木凼金矿东部，地表大致顺太平洞—打汞沟谷发育，走向北东，延长约 10km，倾向北西西，倾角 58°~60°，为平移性质的正断层。F1 断层被错断，水平断距达 360m，破碎带宽 6~34m，深部较浅，浅部较宽，据胶结物判断，该断层经过两期活动。

F3 断层位于紫木凼金矿西部，地表沿狮子坟—小紫冲—暗子冲沟谷发育，走向北东，延长 10km 以上，倾向南东，倾角 70°~75°，为具平移性质的正断层，破碎带宽 24~33m，其断层角砾岩被方解石脉和泥质充填胶结。

C 南北向组

性质为正断层，断层倾角较大，平面上具平移性质，如 F11 断层。

D 层间破碎带

发育于背斜轴部、近轴部的层间断裂构造主要见于龙潭组地层中，常见层间角砾岩、破碎岩和层间擦痕，破碎带胶结较疏松，其上下岩层常见密集分布的条带状黄铁矿，是紫木凼金矿重要的含矿构造。

2.9.2.3 围岩蚀变

紫木凼金矿主要的矿化有黄铁矿化、白铁矿化、毒砂化、雄黄化，近矿围岩蚀变有硅化、方解石化、白云石化等。

（1）黄铁矿化。早期黄铁矿颗粒较粗，以立方体晶形为主，与白铁矿、毒砂等大致顺层浸染分布；晚期黄铁矿颗粒较细，以五角十二面体和它形等轴状晶形为主，具环带结构，呈疏密不均的星散浸染状分布。

（2）白铁矿化。早期白铁矿呈细粒斜方晶系短柱状自形晶，大致顺层浸染，与早期黄铁矿密切共生；晚期白铁矿呈细脉状充填于裂隙中，与方解石共生。

（3）毒砂化。早期毒砂亦与早期黄铁矿、白铁矿顺层浸染分布，颗粒较粗，可见双晶及穿插三连晶；晚期毒砂颗粒较细，局部可环绕黄铁矿、白铁矿边缘生长呈花环状结构。

（4）雄黄化。雄黄化出现在成矿晚期，主要呈脉状、网脉状、填隙状充填和交代围岩或成为断层角砾岩的胶结物。

（5）硅化。与金矿化伴随的硅化较弱，早期硅化多呈细小颗粒产出，或呈隐晶质交代围岩；晚期硅化可见与雄黄、方解石共生的细脉充填于围岩裂隙中。

（6）方解石化、白云石化。方解石与白云石充填、交代围岩，呈脉状、网脉状产出，常成为断层角砾岩的胶结物。

地表风化带中含铁矿物（如黄铁矿、白铁矿、毒砂等）氧化后变为褐铁矿脉或褐铁矿微粒，形成“褐铁矿化”，并与次生石英、次生黏土矿物等组成“退色化”表生蚀变，成为紫木凼金矿找金的重要标志之一。

2.9.2.4 含金蚀变带

A 断裂破碎含金蚀变带

在F1断裂破碎带内，断层角砾岩及其两盘的揉皱破碎带中发育有多期叠加的黄铁矿化、白铁矿化、毒砂化、雄黄化等矿化和方解石化、硅化等蚀变，含金时构成断裂破碎含金蚀变带。

F1断裂含金蚀变带走向近东西向，倾向南，倾角5°~30°，整体断续出露2950m，水平宽20~140m，紫木凼金矿采矿权内出露1750m，水平宽30~140m，最大延深850m，一般400~600m，垂厚一般40~60m。

断裂破碎含金蚀变带的发育程度在不同部位和不同岩性中有所差异，发育较好地段可见断裂含金蚀变带的分带现象，根据其特点不同划分为中心带、内带、外带。

中心带为断层泥、断层角砾岩和碎裂岩，伴有黄铁矿化、雄黄化，微弱的白铁矿化、毒砂化和极微量的铜、铅、锌的硫化物矿化和硅化、高岭石、白云石化等蚀变，为紫木凼金矿主矿体Ⅰ号矿体的产出部位。

内带岩层揉皱变形、破裂，产状陡立，节理、裂隙发育，矿化以黄铁矿为主，次有白铁矿化和毒砂化，有少量方解石脉产出，为紫木凼金矿Ⅰ-1、Ⅰ-2、Ⅰ-3、Ⅰ-4、Ⅰ-5、Ⅰ-7、Ⅰ-8、Ⅰ-10、Ⅰ-11、Ⅰ-14、Ⅰ-15、Ⅰ-16、Ⅰ-28等13个金矿体产出部位。

外带岩层产状逐渐趋于平缓，以发育顺层及穿层的方解石脉为特征，黄铁矿化微弱，矿区内未见矿体，仅见零星矿化。

B 层间破碎含金蚀变带

受层间破碎带控制，以大致顺层近水平发育为特点的含金破碎带称为层间破碎含金蚀变带。主要有有黄铁矿化、毒砂化、雄黄化等矿化和硅化以及较弱的方解石化蚀变。

层间破碎带在龙潭组地层中较为发育，与其相伴的含金蚀变带亦具有多层性，且在背斜轴部、近轴部发育，远离背斜轴部则蚀变减弱或消失。其是紫木凼金矿Ⅱ-1、Ⅱ-2、Ⅲ、Ⅲ-1、Ⅳ、Ⅴ、Ⅴ-1、Ⅴ-2、Ⅵ、Ⅶ、Ⅶ-1、Ⅶ-2等12个金矿体的产出部位。

2.9.3　矿体特征

2.9.3.1　矿体数量、分布

紫木凼金矿为产于沉积碳酸盐岩、细碎屑岩中的微细粒浸染型金矿（微细粒浸染型金矿），为构造-中-低温热液成矿。在紫木凼金矿采矿权范围内，共查明26个金矿体，其中受断裂控制的金矿体有Ⅰ、Ⅰ-1、Ⅰ-2、Ⅰ-3、Ⅰ-4、Ⅰ-5、Ⅰ-7、Ⅰ-8、Ⅰ-10、Ⅰ-11、Ⅰ-14、Ⅰ-15、Ⅰ-16、Ⅰ-28等14个，受层间破碎带控制的金矿体有Ⅱ-1、Ⅱ-2、Ⅲ、Ⅲ-1、Ⅳ、Ⅴ、Ⅴ-1、Ⅴ-2、Ⅵ、Ⅶ、Ⅶ-1、Ⅶ-2等12个。受层间破碎带控制的金矿体与受断裂控制的金矿体空间关系如图2-51所示，Ⅰ-3、Ⅰ-4、Ⅰ-5、Ⅰ-7、Ⅰ-8、Ⅰ-10、Ⅰ-11、Ⅰ-14、Ⅰ-15、Ⅰ-28等10个金矿体2012年之前已采空。已查明的金矿体中，Ⅰ号矿体规模最大，走向长大于1554m，其余矿体长50~694m，现存矿体特征见表2-37。

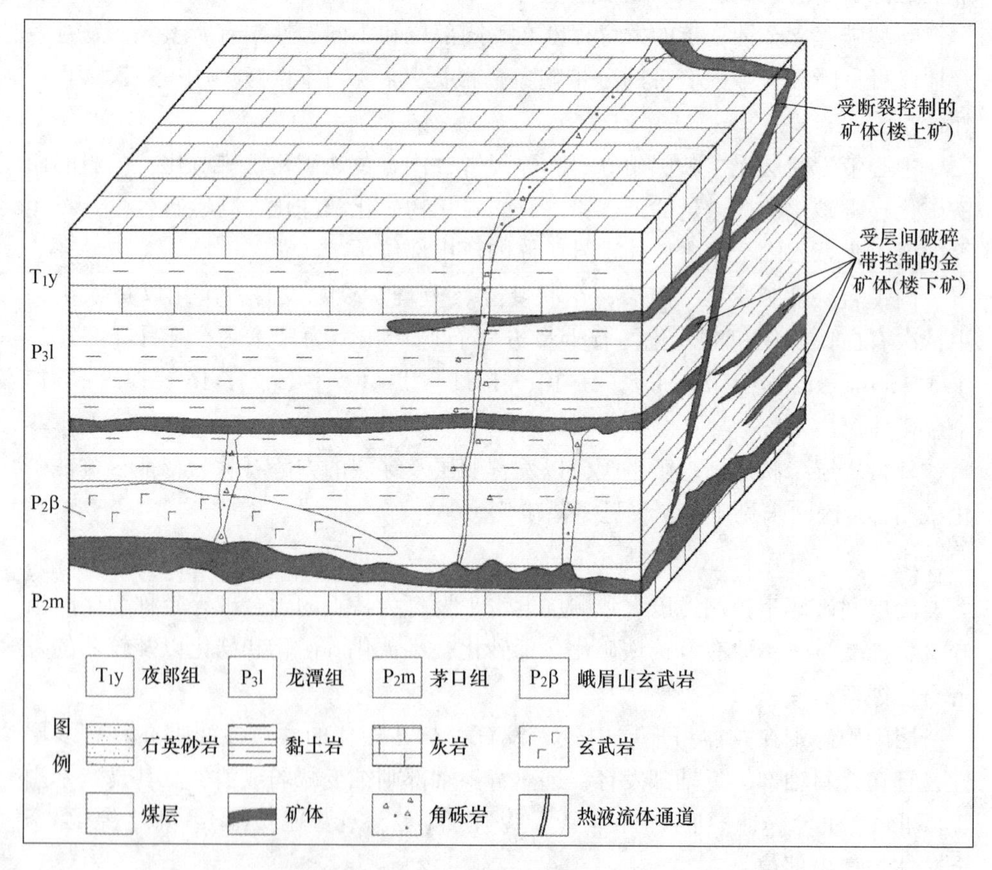

图2-51　紫木凼金矿矿体空间位置示意图（据117队核实报告）

表 2-37 紫木凼金矿现存矿体特征

序号	矿体群	矿体号	矿体位置				矿体规模				品位		倾角 /(°)	矿体形态
			勘探线		标高/m		延长 /m	延深 /m	厚度 /m	变化系数 /%	平均 /×10⁻⁶	变化系数 /%		
			自	至	自	至								
1	Ⅰ	Ⅰ	91	36	1320	1490	1554	530	3.27	105.7	4.57	88.66	20	似板状
2	Ⅰ-1	Ⅰ-1	24	1357	—	—	3.38	—	1.44	—	22	脉状		脉状
3	Ⅰ-2	Ⅰ-2	7	24	1332	1550	402	428	3.89	53.85	3.97	71.88	20	透镜状
4		Ⅰ-2-1	71	15	1365	1558	694	382	3.85	84.94	3.7	90.67	20	透镜状
5		Ⅰ-2-2	91	83	1340		136	—	18.69		30.45	90.18	20	透镜状
6		Ⅰ-2-3	47		1327		—	—	6.19	—	6.19	—	20	小透镜
7	Ⅰ-3	Ⅰ-3-1	87	83	1340		45	—	3	—	1.12	—	20	小透镜
8		Ⅰ-3-2	—		1365		—	—	6.39	—	3	—	20	小透镜
9	Ⅰ-16	Ⅰ-16	0	40	1371	1427	512	116	3.84	90.93	4.29	71.74	20	细脉状
10	Ⅱ	Ⅱ	8	32	1246	1354	302	67	1.81	49.4	3.55	138.78	20	透镜状
11		Ⅱ-1	8		1212		—	—	1.32	—	1.32	—	20	小透镜
12	Ⅲ	Ⅲ	8	32	1201	1301	320	102	2.34	74.05	4.83	138.47	21	透镜状
13	Ⅲ-1	Ⅲ-1	24	32	1198	1254	106	119	2.02	72.16	6.02	63.79	22	小透镜
14	Ⅳ	Ⅳ	24	32	1200	1232	94	197	1.86	36.16	6.13	94.12	16	脉状
15	Ⅴ	Ⅴ	32		1171	1216	—	196	4.04	45.71	3.58	66.12	12	细脉状
16		Ⅴ-1	16		1135		—	—	1.28	—	1.28	—	12	小透镜
17		Ⅴ-2	0		1136		—	—	1.32	—	1.32	—	12	小透镜
18	Ⅵ	Ⅵ	0	16	1078	1094	200	99	2.32	54.67	5.67	111.96	20	小透镜
19	Ⅶ	Ⅶ	7	32	1054	1079	502	162	2.39	58.27	3.67	69.6	21	透镜状
20	Ⅶ-1	Ⅶ-1	7	8	1056	1079	201	107	1.84	31.29	3.58	69.87	21	小透镜
21	Ⅶ-2	Ⅶ-2	0	8	1054	1058	94	45	2.93	39.67	3.15	46.72	20	细脉状

2.9.3.2 矿体类型

（1）断裂型金矿体。产于F1断裂含金蚀变带中，矿体产状与断层产状基本一致，层似板状、透镜状产出。F1断裂含金蚀变带中圈出金矿体14个，其中Ⅰ号矿体规模最大，资源储量矿石量516.2×10^4t，品位5.95g/t，金属量30841kg，占矿区总探明储量的97.6%，为紫木凼矿区的主要开采对象。

（2）层带型金矿体。产于深部龙潭组地层层间破碎含金蚀变带中，矿体产状与岩层产状基本一致，呈似层状、鞍状近水平产出，远离灰家堡背斜轴部则矿体消失。

2.9.3.3 矿体产状、形态、规模

紫木凼矿段原勘探圈定共有Ⅰ、Ⅰ-2、Ⅰ-3、Ⅰ-4、Ⅰ-5、Ⅰ-7、Ⅰ-8、Ⅰ-10、Ⅰ-11、Ⅰ-14、Ⅰ-15、Ⅱ、Ⅲ、Ⅳ、Ⅴ、Ⅵ、Ⅶ 17个工业矿体，其中Ⅰ号矿体规模最大，其他矿体规模较小。Ⅰ-2、Ⅰ-3、Ⅰ-4、Ⅰ-5及Ⅰ-10号出露地表已开采完毕，其余隐伏矿体埋藏较深，地质勘探阶段仅施工个别深孔了解其含矿情况，多为单工程或线状工程推测计算储量。

Ⅰ号矿体是紫木凼矿区最大的工业矿体，呈似板状产于F1断裂含金蚀变带的中心部位，东西两端分别交于F6及F3断层，深部随F1断裂含金蚀变带的减弱、消失而变贫或尖灭。地质勘探控制总体走向近东西，倾向南，倾角一般15°~25°，平均倾角23°。矿体东西两侧（F6及F3附近）主要是表外矿，表内矿体位于48~87勘探线，走向长1700m，倾向延深500m，厚0.56~25.08m，平均厚3.71m，厚度变化系数95%，品位（1.00~32.50）×10^{-6}，平均5.99×10^{-6}，品位变化系数105%。Ⅰ号矿体具舒缓波状起伏，16~31线间，矿体形态、产状较稳定，16~32线间及31~63线间矿体形态变化较大，各出现3个和5个无矿天窗。15~31线间矿体中部有连片的表外矿。Ⅰ号矿体勘探时，勘探类型为Ⅱ-Ⅲ勘探类型。勘探工作手段以钻探为主，采用（100~50）m×(50~25)m的钻探工程网度控制C级储量，以（200~100）m×100m的钻探工程网度控制D级储量，获金金属资源量C+D级资源储量矿石量516.2×10^4t，品位5.95g/t，金属量30841kg，占紫木凼矿区探明储量的97.6%。

2.9.4 矿石特征

2.9.4.1 矿石类型

根据矿石中金的赋存状态、容矿岩石特征及矿石加工技术条件等因素可划分为氧化矿石、半氧化矿石和原生矿石3种类型。

氧化矿石为土黄色、褐黄色、砖红色强风化黏土、黏土岩、角砾岩。矿石泥化程度高，具可塑性和半可塑性。矿石品位 $(1.00\sim51.80)\times10^{-6}$，平均 5.32×10^{-6}，矿石体重 $1.66t/m^3$，金主要以游离金形式存在。

半氧化矿石属原生矿石与氧化矿石间的过渡类型，矿石泥化程度较低，原岩结构保存较好，矿石品位 $(1.00\sim35.00)\times10^{-6}$，平均 5.18×10^{-6}，矿石体重 $2.64\sim2.87t/m^3$。

原生矿石为灰色、深灰色角砾岩、泥灰岩、灰岩及黏土岩、粉砂岩，矿石无泥化现象，结构构造清晰，矿石品位一般 $(2.00\sim19.75)\times10^{-6}$，个别可达 62.88×10^{-6}，平均 6.13×10^{-6}，矿石体重 2.87×10^{-6}，金主要以包裹金形式出现，属于难选冶金矿石。

现矿山保有资源储量全部为原生矿石。

2.9.4.2　矿石结构构造

原生矿石主要结有自形半自形晶结构、环带状结构、重结晶结构、交代结构、包含结构、压碎结构、星散浸染状构造，主要构造有顺层浸染条纹状构造、脉状、网脉状构造、碎斑-碎裂状构造、角砾状构造、假角砾状构造。

氧化矿石主要结构有它形结构、似蠕虫状结构、假象结构、胶状结构、交代残余-胶状环带结构、串珠状结构，主要构造有星散浸染状构造、脉状构造、角砾状构造。

2.9.4.3　矿物成分

A　原生矿石

原生矿石矿物成分见表2-38，原生矿物中尚未发现自然金。

表2-38　原生矿矿物成分

类别	主要矿物	次要矿物	微量矿物
氧化物	石英	磁铁矿、钛铁矿、锐钛矿	金红石、锆石、玉髓
硫化物	黄铁矿	白铁矿、毒砂、黄铜矿、闪锌矿、磁黄铁矿、雄黄	雌黄、方铅矿、蓝辉铜矿、硫锑铅矿、斑铜矿
硅酸盐矿物	水云母	高岭石、角闪石、石榴子石、绿泥石、黑云母、白云母	蒙脱石、透闪石
碳酸盐矿物	方解石、白云石	菱铁矿	球霰石
硫酸盐矿物		重晶石	石膏

黄铁矿：反射光下呈黄白色，显均质性。热液期黄铁矿有两种：一种为早期

生成的颗粒较大的自形、半自形晶立方体，粒径 0.01~0.5mm，大致顺层浸染呈条纹状、环带状分布，局部富集时含量可达 10%~15%；另一种后期生成的黄铁矿颗粒较细，一般在 0.05mm 以下，其晶形多见自形、半自形的五角十二面体和它形等轴状，内部可见草莓状黄铁矿，立方体黄铁矿重结晶增长的环带结构，呈疏密不均的星散浸染状分布。后期黄铁矿含金 $(0.2 \sim 139.5) \times 10^{-6}$，含砷 0.75%~5.32%，矿石中后期黄铁矿多，则金的品位往往较高。

白铁矿：反射光下呈淡黄白色，非均质性显著，具蓝、黄绿偏光色。早期白铁矿呈斜方晶系短柱状自形晶，常见聚片双晶，宽 0.005~1.5mm，长 0.01~1.50mm，呈浸染状大致顺层产出，与早期黄铁矿和毒砂共生。晚期白铁矿呈脉状产出，一般长几至几十厘米，厚 0.5~5mm 不等。白铁矿含金 0.08×10^{-6}。

毒砂：反射光下呈亮白色，显非均质性。早期毒砂呈粒径 0.01~0.08mm、长 0.01~0.58mm 的针矛状、信封状自形晶产出，可见单晶、双晶及穿插三连晶，与早期黄铁矿、白铁矿共生。晚期毒砂颗粒较细，局部可见环绕黄铁矿、白铁矿边缘生长的花环状结构。晚期毒砂含金 18.95g/t。

B 氧化矿石

氧化矿石矿物成分详见表 2-39，氧化矿石中可见到显微自然金。

表 2-39　氧化矿石矿物成分

类　别	主要矿物	次要矿物	微量矿物
自然元素			自然金、银金矿、自然铜、自然砷
氧化物	褐铁矿、石英（玉髓）	赤铁矿、锐钛矿	板钛矿、白钛矿、金红石
硫化物		白铁矿、黄铁矿	含砷黝铜矿、斑铜矿
硅酸盐矿物	水云母、高岭石	绿泥石	海绿石
碳酸盐矿物		方解石、铁白云石	铁方解石、白云石
硫酸盐矿物		黄钾铁矾	重晶石、石膏
磷酸盐矿物			磷灰石
砷酸盐矿物			臭葱石

自然金：反射光下呈金黄色、亮黄色，反射率高，显均质性，呈微粒状、尘点状、薄膜状、丝线状，粒径在 0.5~5μm，多数为 0.7~2.9μm，见于褐铁矿内，褐铁矿与石英、黏土矿物的孔隙间和黏土矿物中。分布极不均匀，在一块光片中，多者可见到 40 多粒，少者仅见 1~2 粒或不见。电子探针测定 Au 99.5%~99.6%，Ag 0.1%~0.15%，Cu 少量。

褐铁矿：反射光下呈灰色、亮灰色，内反射呈褐红色，镜下鉴定为针铁矿和水针铁矿，由黄铁矿、白铁矿、毒砂、铁白云石等含铁矿物氧化而成，具假象结构及胶状结构，常呈不规则团块状、脉状等形态产出。褐铁矿含金（15.5~

42.14)$\times 10^{-6}$。

2.9.4.4 矿石化学成分

氧化矿石、半氧化矿石、原生矿石化学全分析结果见表2-40。原生矿石与氧化矿石比较，在氧化矿石中CaO、Mg、S的含量明显减少，而SiO_2、TiO_2、Al_2O_3、Fe_2O_3的含量相对增加。原生矿石中含有Mn、As、Sb、Y等微量元素，在氧化矿石中趋于消失，而Ag、Cu、Pb、Zn、Mo、W、Cr等元素在氧化矿石中相对集中，说明金矿石在表生氧化淋滤作用下发生了物质组分的迁移和重新组合，从而改变了其原有的自然属性和选冶性能。

表2-40 矿石化学成分

项目	氧化矿石			半氧化矿石		原生矿石			
	1	2	3	1	2	1	2	3	4
SiO_2	53.19	50.87	52.4	31.31	27.12	20.55	21.62	36.8	38.72
TiO_2	3.44	3.49	3.63	2.02	1.57	1.24	1.3	1.68	1.82
Al_2O_3	16.73	16.99	13.22	8.42	6.69	6.01	3.91	9.6	9.62
Fe_2O_3	10.47	10.27	14.9	8.09	5.32	5.76	5.22	8.65	9.82
MgO	0.55	0.48	0.47	1.2	2.08	1.6	1.9	3.06	2.96
CaO	0.16	0.27	0.17	22.31	26.52	32.57	32.76	14.51	15.34
Na_2O	0.04	0.05	0.01	0.02	0.02	0.03	0.02	0.09	0.04
K_2O	3.76	3.97	3.66	2.06	1.6	1.71	1.55	2.2	2.26
S	0.027	0.019	0.012	0.67	1.39	1.75	1.2	4.14	4.61
As	0.44	0.23	0.44	0.32	0.22	0.54	0.44	1.54	0.58
$Au/g \cdot t^{-1}$	6.6	2.8	5.74	8.04	1.77	5.37	4.33	4.24	6.55
测试单位	贵州核工业地质局实验室		地矿部矿产综合利用研究所	贵州省一〇五地质大队实验室		贵州核工业地质局实验室	地矿部矿产综合利用研究所	贵州省一〇五地质大队实验室	

2.9.4.5 矿石可选（冶）性

氧化矿石泥化程度高，呈土状、半土状，具可塑性和半可塑性，原岩结构构造大部消失，矿石成因属于氧化淋积类型，金主要以游离金形式存在，游离金占96%，选冶性能优良，原矿浸出率82.92%~98.34%。

半氧化矿石泥化程度较低，原岩结构构造保存较好，矿石属氧化矿石与原生矿石的过渡类型，选冶性能较好，原矿浸出率66.62%~93.69%。

原生矿石无泥化现象，结构构造清晰，矿石成因属于热夜交代类型，金主要以包裹金形式存在，属难选冶矿石，原矿浸出率小于60%。

为了研究紫木凼金矿原生矿石的选冶性能，长春黄金研究2004年5月提交了《紫木凼金矿石原矿沸腾焙烧扩大试验研究报告》。进行了浮选-浮选金精矿生物氧化提金工艺流程、原矿沸腾焙烧-焙砂氰化提金工艺流程试验。浮选-浮选金精矿生物氧化提金工艺中，浮选金回收率86.44%、浮选金精矿生物氧化金回收率93.57%，选冶总回收率80.88%。原矿沸腾焙烧粒度小于0.074mm占90%，焙烧温度控制在680~700℃，焙烧停留时间60min，床内鼓风线速度0.29/s，鼓风氧量15%，硫氧化率92.02%，砷氧化率86%，硫的固化率51.65%，砷的固化率92.68%，金浸出率86.69%。焙烧产生的烟气经两级旋风除尘，一次静电收尘，烟尘净化率可达99.99%，除尘后的烟气再经三级中和沉淀吸收法处理，处理后的烟气SO_2含量仅为$4mg/m^3$，As_2O_3未检出，粉尘未检出，完全达到环保要求的排放标准。

2.9.5　矿体围岩和夹石情况

2.9.5.1　矿体围岩

矿体与围岩呈渐变过渡，其准确界线靠化验结果圈定。围岩和夹石化学成分与矿石矿物成分基本相同，其化学成分也没有明显区别。原生矿围岩化学成分见表2-41。

表2-41　原生矿围岩（顶底板）化学成分

项目	SiO_2	TiO_2	Al_2O_3	Fe_2O_3	MnO	MgO	CaO	Na_2O	K_2O	$Au/\times10^{-6}$
含量/%	38.82	0.23	12.17	10.66	0.12	3.7	7.14	0.04	2.81	0.57

注：资料来源于紫木凼矿段勘探地质报告。

Ⅰ号矿体氧化矿顶板含金$(0.12\sim2.05)\times10^{-6}$，平均$0.61\times10^{-6}$，底板含金$(0.11\sim2.87)\times10^{-6}$，平均$0.67\times10^{-6}$；原生矿顶板含金$0.113.46\times10^{-6}$，平均$1.42\times10^{-6}$，底板含金$(0.15\sim3.66)\times10^{-6}$，平均$1.45\times10^{-6}$。

2.9.5.2　矿体夹石

矿体中夹石分布情况及含金量见表2-42。

表2-42　Ⅰ号矿体夹石情况

序号	位　置	形态	倾角/(°)	垂厚/m	真厚/m	含金量/$\times10^{-6}$
1	ZK003、ZK005	透镜状	20	6.03~8.09	5.82~7.33	0.40

续表2-42

序号	位　置	形态	倾角/(°)	垂厚/m	真厚/m	含金量/×10^{-6}
2	ZK002	透镜状	10	3.39	3.34	0.50
3	ZK023	透镜状	20	7.44	6.99	0.48
4	ZK702	透镜状	25	9.63	8.73	0.48
5	ZK703、ZK1101	透镜状	23	6.89~11.97	6.24~11.17	1.24
6	ZK807、ZK811、ZK815	透镜状	25	2.74~10.02	2.48~9.08	0.97
7	ZK2714^{+1}、ZK2712	透镜状	8	3.88~9.44	3.82~9.40	0.42
8	ZK3118^{+1}	透镜状	17	11.74	11.23	0.37
9	ZK4405^{+1}	透镜状	18	4.05	3.85	0.53

2.9.6 矿床共（伴）生矿产

2.9.6.1 伴生矿产

有益组分S含量较高，Ag含量低，Cu、Pb、Zn等其他有益组分含量极微。参照《岩金矿地质勘查规范》（DZ/T 0205—2002）中对伴生组分的一般要求，紫木凼金矿矿石中伴生有益组分无综合利用价值，金矿矿石组合分析结果见表2-43。

表2-43 矿石组合分析结果

样号 元素	Au	Ag	Cu	Pb	Zn	Hg	Tl	Sb	As	S	钻孔号
	g/t	g/t	%	%	%	%	%	%	%	%	
ZY-29	3.6	0.05	0.0084	0.001	0.0095	0.00068	0.00039	0.0014	1.0666	3.828	ZK019
ZY-31	5.9	0.06	0.0083	0.0011	0.0097	0.00193	0.00032	0.00305	0.4183	3.849	ZK1517
ZY-32	3.6	0.05	0.0075	0.0008	0.0112	0.00102	0.00032	0.00328	2.0322	4.659	ZK811
ZY-33	5.6	0.06	0.0069	0.0009	0.0091	0.0008	0.00025	0.00065	0.3208	2.409	ZK717
ZY-34	5.1	0.05	0.0165	0.0011	0.0126	0.00055	0.00048	0.012	1.0356	2.06	ZK807
ZY-35	2.7	0.05	0.0086	0.001	0.0099	0.00051	0.00032	0.0098	0.4137	5.279	ZK815
ZY-36	5.9	0.06	0.0056	0.001	0.0098	0.0004	0.00097	0.00132	0.523	2.659	ZK823
ZY-38	3	0.05	0.0095	0.0007	0.0118	0.0004	0.00025	0.00118	0.5237	3.482	ZK2315
ZY-39	8.2	0.05	0.0055	0.001	0.0092	0.00244	0.00047	0.00362	1.9235	3.821	ZK2323
ZY-40	4.4	0.06	0.0079	0.0017	0.0146	0.00159	0.00114	0.055	0.9564	6.671	ZK3917
ZY-22	3.7	0.06	0.018	0，0012	0.0106	0.00040	0.00048	0.00458	0.1328	2.543	ZK4721
ZY-23	6.3	0.06	0.0055	0.0007	0.0084	0.00036	0.00025	0.00128	0.7001	1.783	ZK4710

续表2-43

样号 元素	Au	Ag	Cu	Pb	Zn	Hg	Tl	Sb	As	S	钻孔号
	g/t	g/t	%	%	%	%	%	%	%	%	
ZY-24	4.8	0.05	0.0041	0.0008	0.006	0.00021	0.00023	0.00575	0.3294	2.22	ZK7108
ZY-25	6.6	0.05	0.008	0.0011	0.0088	0.00153	0.00128	0.0169	0.6556	6.208	ZK6303
ZY-26	5.7	0.05	0.0057	0.0009	0.0089	0.00045	0.00047	0.00188	0.5094	4.510	ZK7914
平均	5.01	0.054	0.0085	0.0010	0.0099	0.00097	0.00053	0.01001	0.8128	3.770	

2.9.6.2　共生矿产

龙潭组地层中有多层煤产出，但横向变化大，稳定性差，主要有4层，埋藏深度均在200m以上，与金矿体是异体共生。从表2-44煤质分析结果看，煤层厚度小、灰分含量超标且勘探期间未做物探测井。根据分析结果，参照《煤、泥炭地质勘查规范》（DZ/T 0215—2002），紫木凼金矿共生矿产煤无综合利用价值。

表2-44　龙潭组煤层厚度及煤质分析结果

煤层编号及位置			煤层厚度/m	煤质分析结果						
				水分 W^{f}/%	灰分 $A^{\&}$/%	挥发分 V^{r}/%	固定碳 C^{f}_{GD}/%	硫 $S^{\&}_{G}$/%	发热值 Q^{r}_{DT}/kJ·g^{-1}	黏结性
1	第四段顶部	一般	0.45~3.56	1.68~3.84	27.95~65.87	11.96~35.69	21.57~61.97	3.34~8.38	28.99~35.02	黏着状粉状
		平均	1.25	2.55	43.82	17.85	45.67	6.27	33.16	
2	第四段下部	一般	0.55~0.65	2.47~2.98	40.14~63.61	12.81~26.34	26.14~50.64	6.68~9.09	29.06~34.90	黏着状粉状
		平均	0.6	2.73	51.88	19.58	38.38	7.89	31.98	
3	第三段顶部	一般	0.89~2.03	2.38~5.79	44.87~69.85	17.46~34.90	19.16~44.02	7.58~11.79	27.73~33.47	黏着状粉状
		平均	1.38	3.62	59.38	25.14	29.8	9.6	30.47	
4	第三段中部	一般	0.50~0.90	1.79~3.19	28.29~48.62	13.61~20.93	39.90~59.97	5.57~9.41	32.56~34.74	黏着状粉状
		平均	0.7	2.49	38.46	17.27	49.94	7.49	33.65	

2.9.7　累计查明资源储量

1995年6月2日，贵州省地矿局105地质大队编制《贵州省兴仁县紫木凼金矿区紫木凼矿段勘探地质报告》，经黔储决字［1995］6号文批准C+D级金矿石量543万吨，金属量32354kg，品位5.95g/t。

2007年8月贵州省地矿局117地质大队提交了《贵州省兴仁县紫木凼金矿资源储量核实报告》，经中矿联储评字［2007］59号文认定累计查明331+332+333金矿石量401.17万吨，金属量20575kg，品位5.13g/t。

2018年3月，金兴公司对紫木凼金矿断裂型矿体估算金矿石量438.59万吨，品位3.28g/t，金属量14396.03kg，见表2-45、表2-46。

表2-45　紫木凼金矿累计查明资源储量估算

类别	累计探明资源储量			动用资源储量			保有资源储量		
	矿石量/t	品位/$g \cdot t^{-1}$	金属量/kg	矿石量/t	品位/$g \cdot t^{-1}$	金属量/kg	矿石量/t	品位/$g \cdot t^{-1}$	金属量/kg
122b	2091134	3.84	8038.29	1256441	3.91	4908.19	834693	3.75	3130.10
2m22	1157044	2.71	3134.29	658652	2.76	1818.18	498392	2.64	1316.11
2s22	618859	2.20	1363.90	336417	2.17	731.34	282442	2.24	632.56
332	241955	4.04	978.29	192190	4.33	832.85	49765	2.92	145.44
333	277005	3.18	881.27	30678	3.11	95.39	246327	3.19	785.88
总计	4385997	3.28	14396.03	2474377	3.39	8385.95	1911620	3.14	6010.09

表2-46　紫木凼金矿累计查明资源储量估算（分中段统计）

中段	累计探明资源储量			动用资源储量			保有资源储量		
	矿石量/t	品位/$g \cdot t^{-1}$	金属量/kg	矿石量/t	品位/$g \cdot t^{-1}$	金属量/kg	矿石量/t	品位/$g \cdot t^{-1}$	金属量/kg
1465	512114	4.38	2244.04	209260	5.01	1049	302854	3.95	1194.8
1440	341043	3.59	1224.81	228372	3.62	827	112671	3.53	398.18
1415	684978	3.74	2564.29	435395	3.93	1711	249583	3.42	852.96
1390	1454132	2.98	4336.57	955269	3.01	2872	498863	2.94	1464.77
1365	1019708	2.85	2905.96	566907	3	1703	452801	2.66	1202.88
1340	295490	2.83	836.88	79175	2.83	224	216315	2.83	613.01
1315	78532	3.61	283.48	0		0	78532	3.61	283.48
合计	4385997	3.28	14396.03	2474377	3.39	8386	1911620	3.14	6010.09

2.9.8　微细浸染型金矿一般特征

（1）成矿地质特征：分布于显生宙准地台及地槽区，地层为上古生界到中生界，主要含金层位为中三叠统，由碎屑岩构成的沉积岩系。金及硫化物呈浸染状分布其中。

（2）金属矿物：黄铁矿、白铁矿、毒砂、含砷黄铁矿、辉锑矿、自然金、雄黄。

(3) 脉石矿物：水云母、重晶石、萤石、石膏。

(4) 围岩蚀变：硅化、高龄土化、碳酸盐化、白铁矿化、毒砂化、含砷黄铁矿化。

(5) 矿体形状：层状、似层状、透镜状。

(6) 规模及品位：中型。

(7) 共伴生元素：Sb、Hg。

2.10 甘肃阳山金矿（微细粒浸染型）

阳山金矿位于甘、陕、川三省交界地带，行政区划属甘肃省陇南市文县堡子坝镇。

1989年，原甘肃省地矿局地质一队在文县阳山金矿带开展异常查证时发现了观音坝金矿（在矿区以东3km），经槽探、钻探控制，求得金金属资源量537kg，该金矿属阳山金矿田的一部分，至此阳山金矿田首次被发现。20世纪90年代初，地勘项目经费锐减，地矿局将化探及矿点资料移交武警黄金第十二支队(下称武警黄金部队)。武警黄金部队从1998年开始了长达近10年的大规模找金工作，2007年3月，武警黄金部队提交了《甘肃省文县阳山矿带安坝矿段南部金矿普查报告》，经国土资源部资源储量评审中心评审备案332+333类金金属量162.428t，矿石量3311.18万吨，平均品位4.91g/t。需要指出的是，安坝里南矿段矿权面积1.45km^2，是安坝里矿段的一部分。

2008年7月，国家发改委、财政部、国土资源部、甘肃省政府、武警黄金指挥部联合组织阳山金矿安坝里南探矿权转让招标活动。矿权评估价6.59亿元。阳山金矿以21.8亿元中标。

阳山金矿成立于2008年12月，初始注册资本金8.8亿元，中国黄金占60%，金川集团股份有限公司占24%，成县金和国有资产投资管理有限公司占16%。

2009年6月~2011年2月，由阳山金矿委托勘查单位武警黄金部队开展详查，完成槽探14100m^3/22条，钻探18620m/66个钻孔，坑探工程9145m，基本分析样12282件。2012年6月，武警黄金部队提交了详查报告，估算333以上金金属量134t，金平均品位4.64g/t。2012年10月，武警黄金部队提交了未完全按专家意见修改的详查地质报告，提交地质资源储量332+333金金属量92t，平均品位4.58g/t。2013年5月，甘肃省矿产资源储量评审中心评审未通过。

2013年7月~2016年1月，矿山委托甘肃省地矿局第一矿产勘查院资源储量核实，施工坑探4个中段计25690m，坑内钻探1914.1m/11孔，采集样品10072件。2016年8月，一勘院编写了《甘肃省文县安坝里金矿南矿区详查报告》。

2016 年 12 月，详查报告通过甘肃省国土资源厅矿产资源储量评审，备案 332+333 金金属量 39.65t，品位 4.50g/t。

2.10.1 成矿地质背景

阳山金矿带安坝里金矿床位于西秦岭南亚带—勉略构造蛇绿混杂岩带—文县弧形构造带上。

2.10.1.1 地层

区域上位于西秦岭南亚带地层分区，主要出露震旦纪、寒武纪、志留纪、泥盆纪、石炭纪、三叠纪、白垩纪等地层。此外该区还有大面积第四纪黄土、残坡积堆积物等。各地层多以近东西向带状展布，其间多呈构造接触关系，变形作用表现强烈。其中泥盆纪桥头岩组是区内最主要的赋矿地层，其形成和演化对阳山金矿田发育有着重要影响和控制作用，见图 2-52。

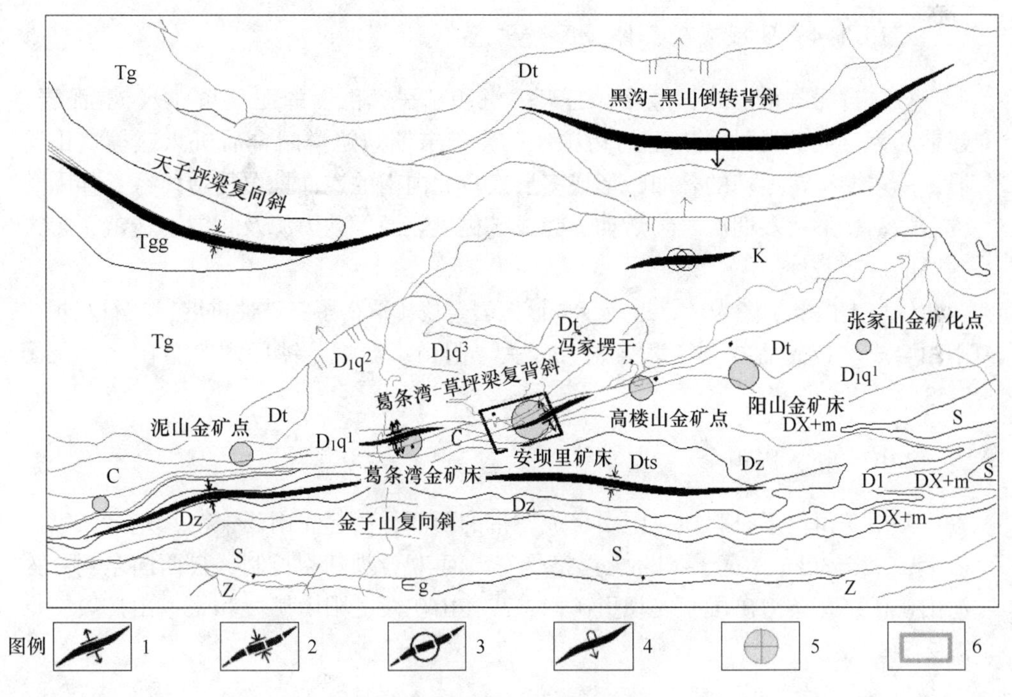

图 2-52 阳山金矿区域地质图

1—复背斜；2—复向斜；3—短轴向斜；4—倒转背斜；5—金矿床；6—工作区

2.10.1.2 构造

（1）褶皱。规模较大的有金子山复向斜、葛条湾-草坪梁复背斜和天子坪梁复向斜。

（2）断裂。断裂构造主要以逆冲断裂为主，多沿构造区边界分布，地表多以脆性断裂为主，深部以韧脆性、韧性剪切带为主。矿区主要分布安昌河-观音坝逆冲韧性剪切带。

2.10.1.3　岩浆岩

区域岩浆岩极不发育，仅有一些小的酸性岩脉，主要为花岗斑岩脉、花岗细晶岩脉。这些酸性岩脉主要侵入于桥头岩组、屯寨岩组、石坊群中，脉体展布方向与区域构造线基本一致（近东西向），多沿构造裂隙带、劈理、片理面及层间破碎带产出。

花岗斑岩脉分布范围广，常呈脉状及复脉产于破碎带中，碎裂岩化程度越高，金矿体品位越高。说明该类脉岩与金矿化关系密切，是区内重要的找矿标志。

2.10.1.4　区域成矿条件和区域矿产

该区自泥盆系以来，勉略洋打开，沉积了一套巨厚的泥盆系“炭-硅-泥岩”建造，为金成矿提供了丰富的物源；三叠纪末期勉略洋闭合后进入碰撞造山阶段，受多期构造运动的叠加，形成多层次自北向南的逆冲推覆构造体系；伴随着构造运动，形成多期次岩浆活动，为成矿提供热源、动力源及物源，造就了得天独厚的成矿条件。

区域上主要矿产为金。近几年，该区岩金找矿取得了突破性进展，在石鸡坝—阳山金成矿带先后找到了联合村、新关、阳山、塘坝、铧厂沟等金矿床，见图2-53。

2.10.1.5　阳山金矿田

阳山矿田位于石鸡坝—阳山金成矿带的西部，西起泥山汤卜沟，东至张家山一带，全长30km，宽3~5km，严格受安昌河-观音坝断裂控制，自西向东划分为泥山矿段、葛条湾矿段、安坝里矿段、高楼山矿段、阳山矿段和张家山矿段，见图2-54。

2.10.2　矿体特征

2.10.2.1　矿化带特征

安坝里南金矿区自南向北划分了两个金矿化带：以F1断层为界，断层以南为Ⅰ号矿化带、以北为Ⅱ号矿化带，如图2-55所示。

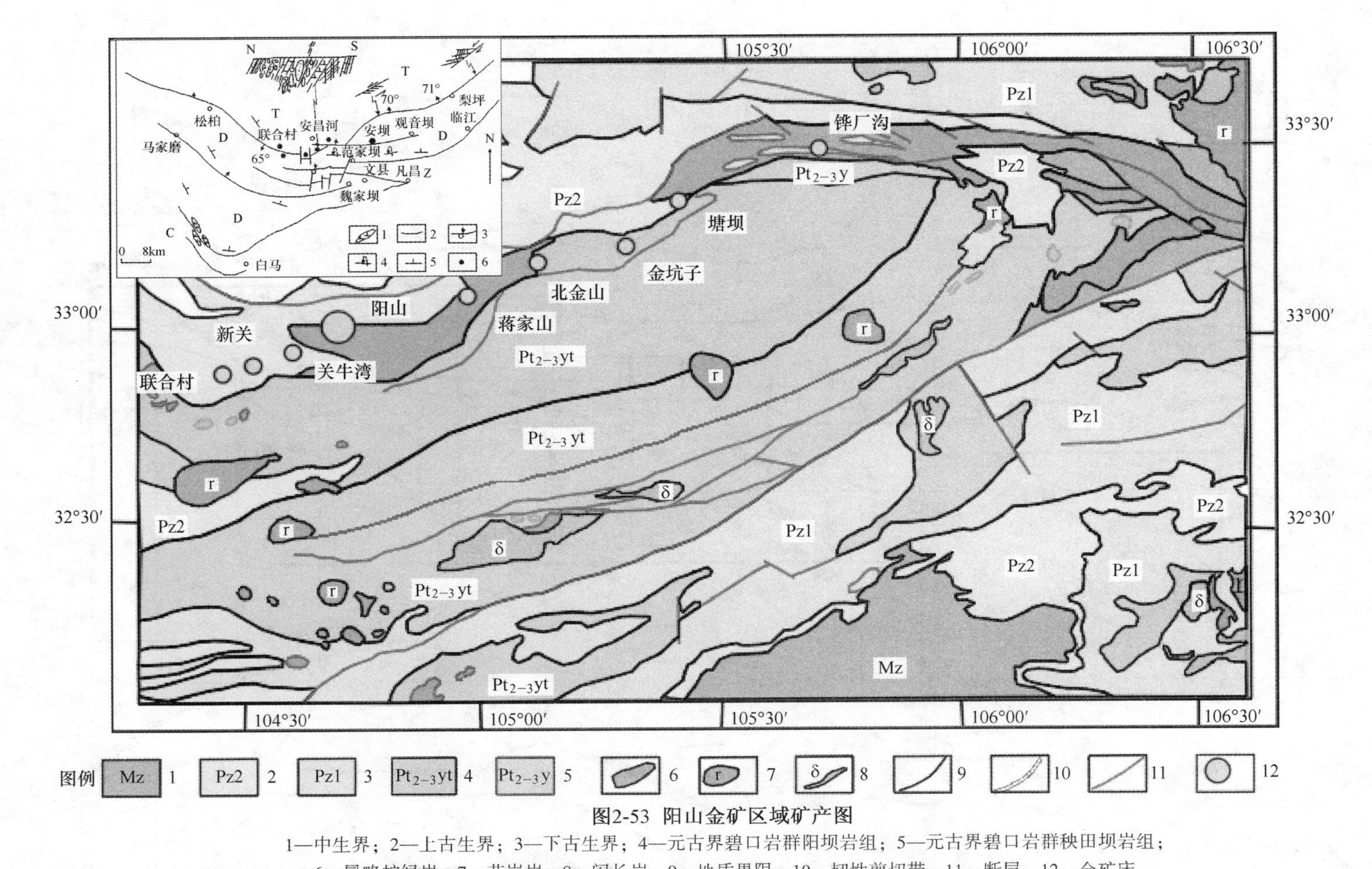

图2-53 阳山金矿区域矿产图

1—中生界；2—上古生界；3—下古生界；4—元古界碧口岩群阳坝岩组；5—元古界碧口岩群秧田坝岩组；6—冕略蛇绿岩；7—花岗岩；8—闪长岩；9—地质界限；10—韧性剪切带；11—断层；12—金矿床

小图图例：T—三叠系；C—石炭系；D—泥盆系；Z—震旦系；1—石英闪长岩脉；2—断裂；3—倒转倾伏向斜；4—倒转地层产状；5—地层产状；6—金矿床

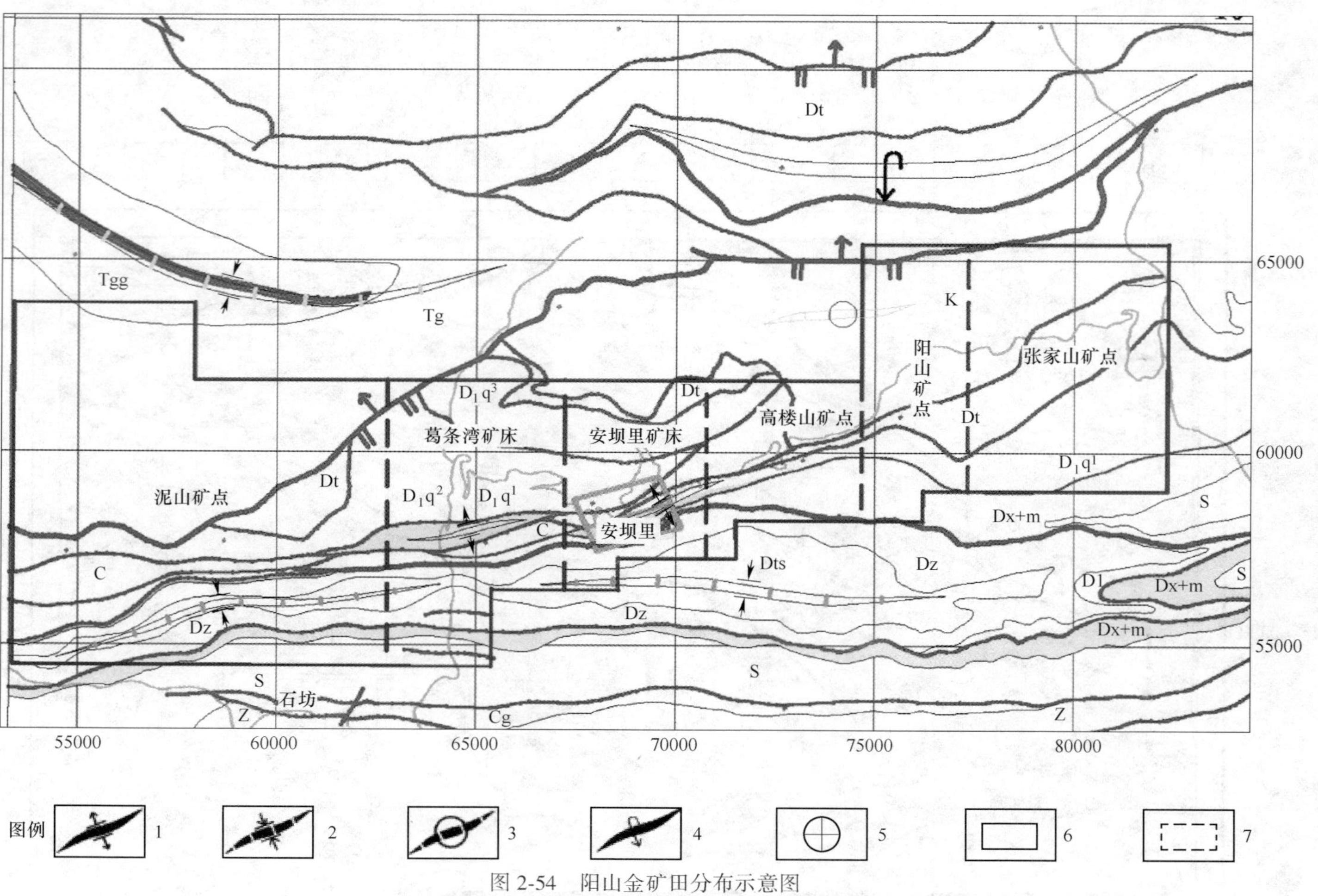

图 2-54　阳山金矿田分布示意图

1—复背斜；2—复向斜；3—短轴向斜；4—倒转背斜；5—金矿床；6—阳山金矿；7—阳山金矿带矿段

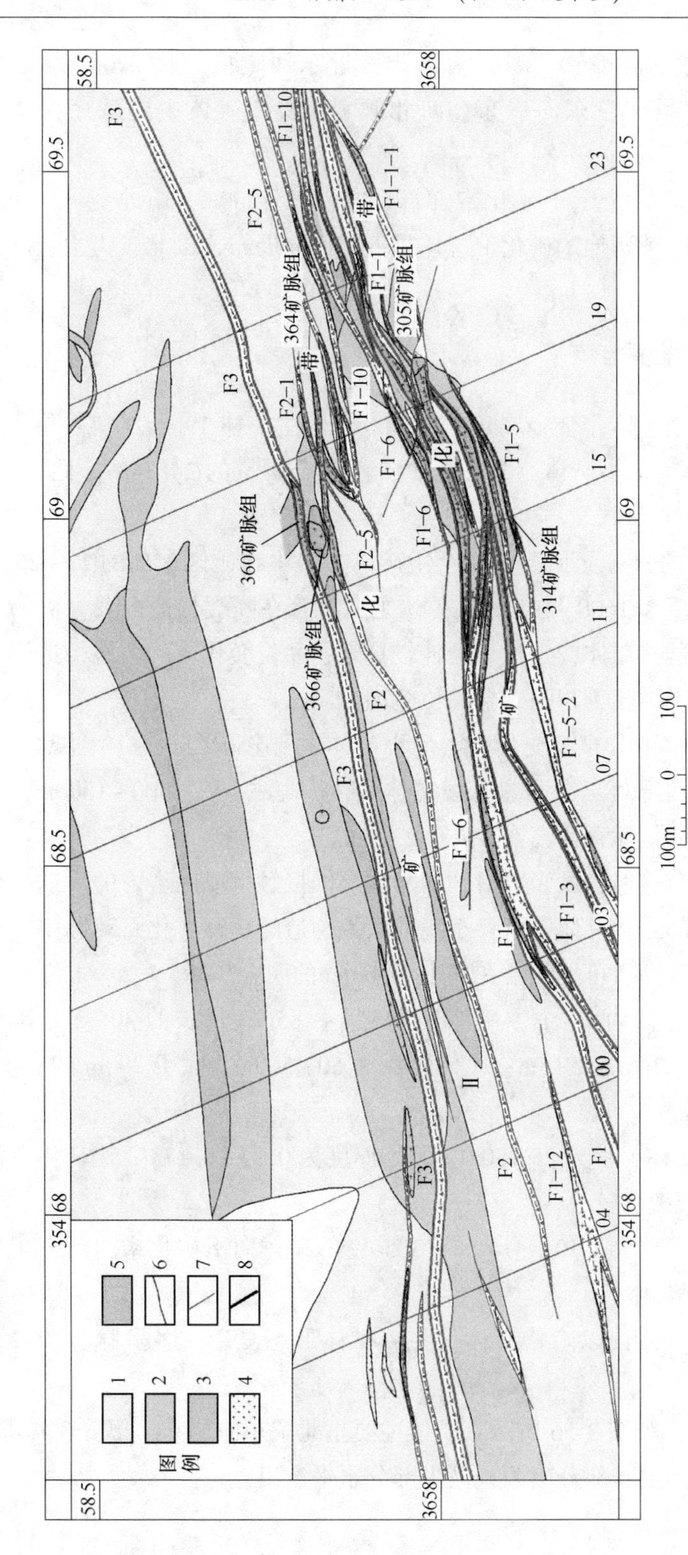

图2-55　阳山金矿矿化带分布示意图

1—灰色千枚岩；2—灰黑色千枚岩；3—灰黑色薄层状灰岩；4—花岗斑岩；5—金矿体；6—断层；7—勘探线；8—坑道

（1）Ⅰ号矿化带。分布于矿区南部，呈近东西走向，长 2200m，宽 97～169m。矿化带总体呈北东东向展布，向北倾斜。带内矿体主要赋存在 2204～1241m 标高范围内。

（2）Ⅱ号矿化带。位于Ⅰ矿化带北部，东西长 1200m，南北宽 62～144m，东西向在整个矿区断续延伸。矿化带总体呈近东西向展布，以北倾为主，部分地段南倾。

2.10.2.2　矿体特征

共圈出 280 个金矿体，金金属量大于 500kg 的主矿体 19 个，占总金属量的 75.66%，其余的为零星小矿体，共 261 个，占总金属量的 24.34%，见表 2-47、表 2-48。

（1）主要矿体的分布及变化。19 个主矿体多集中在矿区东部的 13～25 号勘探线，赋矿标高主要在 1600～1950m。矿体主要发育在断裂构造内及旁侧的脉岩和蚀变千枚岩中。这些矿体，延长、延伸较稳定，品位变化较均匀。构造岩石越破碎，黄铁矿化、毒砂化等越强，金品位越高。

（2）零星小矿体的分布及变化。零星小矿体主要分布在 08～13 号勘探线和 27～33 号勘探线，西部 08～13 号勘探线矿体赋存标高主要在 1300～1600m；东部 27～33 号勘探线内矿体赋存标高在 1900～2200m。

零星小矿体分布普遍，大多数沿脉岩与地层的接触带或脉岩内的后期小构造裂隙发育；还有少部分金矿体，赋存于晚期断裂构造的辉锑矿化石英脉中，辉锑矿化愈强，金品位愈高，可见粒度在 0.1～0.6mm 的明金。

（3）矿体规模。区内 19 个主矿体长为 126～485m，最长的 305-2 号矿体达 1100m；平均厚度为 2.61～8.15m；矿体斜深为 50～500m，大于 200m 的有 7 个，最大斜深控制 500m。

261 个零星小矿体，长为 25～50m，平均厚度为 0.85～6.17m；小矿体资源量总和为 10799kg，规模均较小。

通过综合研究发现 314-10、314-58、305-69 等矿体向下矿化未间断，矿体厚度向下有扩大的趋势。

（4）矿体形态。带内以隐伏矿体为主，矿体形态复杂，多呈脉状、大透镜体状、扁豆状等特点。

（5）矿体产状。如图 2-56 所示，矿体主要呈北东东向展布，部分矿体北东、北西走向。以北倾为主，部分南倾，极少部分水平产出。

表 2-47 阳山金矿主矿体特征

矿体编号	矿体位置	控制矿体工程个数	赋存标高/m	矿体形态	矿体规模/m			矿体平均厚度/m	厚度变化系数/%	矿体平均品位/×10^{-6}	品位变化系数/%	矿体产状/(°)		顶底板岩石	矿石类型	金金属量/kg	资源量占比/%	备注
					长度	斜深	厚度					倾向	倾角					
305-2	9~23 线	60	1773~1877	脉状、局部透镜状	1100	247	0.89~20.42	5.41	80.31	5.33	148.37	319~27	50~88	蚀变千枚岩	蚀变碎裂千枚岩	7864	16.14	
305-6-3	19~25 线	26	1788~1985	脉状、局部透镜状	360	232	0.82~20.47	6.71	78.34	5.13	124.68	327~21	56~81	蚀变千枚岩	蚀变碎裂千枚岩	6037	12.39	
305-1	17~25 线	38	1785~1834	脉状、局部透镜状	485	235	0.86~16.10	5.86	79.88	4.03	120.63	170~10	45~70	蚀变千枚岩	蚀变碎裂千枚岩	3132	6.43	
305-3	9~17 线	39	1737~1788	脉状、局部透镜状	330	345	0.89~29.90	5.47	82.72	4.68	98.88	325~40	35~61	蚀变千枚岩	蚀变碎裂千枚岩	2612	5.36	
305-6-2	17~25 线	31	1776~1967	脉状	400	192	0.82~17.77	5.42	92.69	5.42	104.29	300~18	63~72	蚀变千枚岩	蚀变碎裂千枚岩	2406	4.94	
364-2	15~19 线	25	1709~1831	透镜状	300	172	2.01~16.77	6.7	84.99	3.45	92.4	142~178	56~80	蚀变千枚岩	蚀变碎裂千枚岩	2141	4.39	
305-14	1~5 线	17	1925~1968	脉状、局部透镜状	365	127	1.06~18.52	8.15	75.6	4.67	91.17	150~160	43~56	蚀变千枚岩	蚀变碎裂千枚岩	1806	3.71	
305-4	21~25 线	23	1804~2017	透镜状	290	150	0.80~14.61	4.26	78.83	5.18	98.28	320~0	50~85	蚀变千枚岩	蚀变碎裂千枚岩	1557	3.20	

续表2-47

矿体编号	矿体位置	控制矿体工程个数	赋存标高/m	矿体形态	矿体规模/m			矿体平均厚度/m	厚度变化系数/%	矿体平均品位/$\times10^{-6}$	品位变化系数/%	矿体产状/(°)		顶底板岩石	矿石类型	金金属量/kg	资源量占比/%	备注
					长度	斜深	厚度					倾向	倾角					
305-69	33~35线	9	2068~2194	透镜状	250	140	1.22~19.88	4.36	105.23	4.66	98.07	325	72	蚀变千枚岩	蚀变碎裂千枚岩	1515	3.11	
305-38	1线	6	1554~1653	透镜状	50	165	6.01~21.33	13.67	79.25	6.64	135.22	342	41	蚀变千枚岩	蚀变碎裂千枚岩	1341	2.75	
305-7	11~13线	9	1828~1887	脉状	158	150	0.89~16.20	8.02	81.68	3.66	90.08	320~355	48~58	蚀变千枚岩	蚀变碎裂千枚岩	1255	2.58	
364-40	04线	1	1723~1742	板状	64	20	17.78	17.78		10.19		160	25	蚀变千枚岩	蚀变碎裂千枚岩	1031	2.12	水平矿体
364-30	2~3线	10	1651~1690	透镜状	400	40	6.01~15.27	8.08	51.36	5.15	79	7~342	48~64	蚀变千枚岩	蚀变碎裂千枚岩	1001	2.05	
314-4	11~15线	15	1722~1860	脉状、局部透镜状	220	243	0.94~16.78	4.81	113.21	2.96	101.93	340~0	50~71	蚀变千枚岩	蚀变碎裂千枚岩	870	1.79	
364-106	15~17线	3	1726~1780	透镜状	153	58	4.62~20.29	12.46	92.87	4.26	97.18	336~350	68~80	蚀变千枚岩	蚀变碎裂千枚岩	726	1.49	
314-1-2	15~17线	18	1735~1830	脉状、局部透镜状	150	330	0.82~8.94	4.08	66.47	4.9	77.95	341~5	53~68	蚀变千枚岩	蚀变碎裂千枚岩	719	1.48	
364-3-1	19~25线	22	1786~1830	透镜状	416	125	0.86~25.99	4.68	125.32	3.5	92.86	162~170	53~69	蚀变千枚岩	蚀变碎裂千枚岩	694	1.42	

表 2-48 阳山金矿其他矿体特征

矿体编号	矿体位置	控制矿体工程个数	赋存标高/m	矿体形态	矿体规模/m			矿体平均厚度/m	厚度变化系数/%	矿体平均品位/$\times10^{-6}$	品位变化系数/%	矿体产状/(°)		顶底板岩石	矿石类型	金金属量/kg	资源量占比/%	备注
					长度	斜深	厚度					倾向	倾角					
305-10	25线	11	1540~2015	细脉状	120	500	0.91~5.07	2.61	58.49	4.09	95.55	25~352	58~66	蚀变千枚岩	蚀变碎裂千枚岩	651	1.34	
314-1-1	15~19线	15	1767~1834	脉状、局部透镜状	230	140	0.93~7.15	3.28	59.11	3.48	105.61	336~4	42~68	蚀变千枚岩	蚀变碎裂千枚岩	642	1.32	
314-5	5~7线	7	1650~1803	透镜状	180	180	1.02~10.29	4.46	94.47	3.8	115.01	334~350	60~72	蚀变千枚岩	蚀变碎裂千枚岩	624	1.28	
314-10	0~1线	8	1503~1685	细脉状	150	294	0.85~1.28	0.96	109.36	2.91	47.25	342~360	35~51	蚀变千枚岩	蚀变碎裂千枚岩	568	1.17	
366-2	17线	1	1793	马鞍状	50	26	17.54	17.54		4.6		215~355	15~16	蚀变千枚岩	蚀变碎裂千枚岩	507	1.04	水平矿体
364-41	4线	1	1676~1704	细脉状	50	33	26.97	26.97		5.84		160	25	蚀变千枚岩	蚀变碎裂千枚岩、蚀变碎裂花岗斑岩、蚀变构造角砾岩	390	0.80	水平矿体
305-49	21~23线	10	1812~1909	细脉状	204	136	2.29~8.47	5.97		3.51		320~350	62	蚀变千枚岩	蚀变碎裂千枚岩、蚀变构造角砾岩	383	0.79	
360-1	17~23线	20	1784~1828	细脉状	337	90	0.96~12.00	3.10	89.31	3.42	73.41	5~355	66~76	灰黑色千枚岩、灰黑色薄层灰岩	蚀变碎裂千枚岩、蚀变碎裂花岗斑岩、蚀变构造角砾岩	317	0.65	

续表2-48

矿体编号	矿体位置	控制矿体工程个数	赋存标高/m	矿体形态	矿体规模/m			矿体平均厚度/m	厚度变化系数/%	矿体平均品位/$\times10^{-6}$	品位变化系数/%	矿体产状/(°)		顶底板岩石	矿石类型	金金属量/kg	资源量占比/%	备注
					长度	斜深	厚度					倾向	倾角					
305-48	1825	7	1825	细脉状	43	45	5.75~11.54	8.65		6.94		130	65	蚀变千枚岩	蚀变碎裂千枚岩、蚀变碎裂花岗斑岩、蚀变构造角砾岩	271	0.56	
305-43	11线	2	1840~1920	细脉状	50	112	5.7~9.09	7.40		2.85		5	45	蚀变千枚岩	蚀变碎裂千枚岩、蚀变碎裂花岗斑岩、蚀变构造角砾岩	261	0.54	
305-6-1	19~21线	25	1834	细脉状	140	121	0.40~11.95	3.18	89.94	3.20	81.68	14~340	66~78	蚀变千枚岩	蚀变碎裂千枚岩、蚀变碎裂花岗斑岩、蚀变构造角砾岩	258	0.53	
366-1	17线	3	1777~1793	细脉状	76	24	6.55~9.19	8.01		3.89		243~355	9~40	蚀变千枚岩	蚀变碎裂千枚岩、蚀变碎裂花岗斑岩、蚀变构造角砾岩	248	0.51	水平矿体
364-1	19~21线	11	1711~1831	透镜状	230	210	0.87~6.33	3.27	77.88	3.21	102.8	140~176	62~77	蚀变千枚岩	蚀变碎裂千枚岩	246	0.50	
364-23	1线	6	1571~1728	细脉状	50	168	11.44	11.44		15.26		15	48	蚀变千枚岩	蚀变碎裂千枚岩、蚀变构造角砾岩	228	0.47	

续表2-48

矿体编号	矿体位置	控制矿体工程个数	赋存标高/m	矿体形态	矿体规模/m			矿体平均厚度/m	厚度变化系数/%	矿体平均品位/×10⁻⁶	品位变化系数/%	矿体产状/(°)		顶底板岩石	矿石类型	金金属量/kg	资源量占比/%	备注
					长度	斜深	厚度					倾向	倾角					
364-28	0~2线	9	1577~1700	细脉状	50	105	1.15~5.97	3.22		2.34		325~342	56~58	蚀变千枚岩	蚀变碎裂千枚岩、蚀变碎裂花岗斑岩、蚀变构造角砾岩	217	0.45	
305-13	5~7线	8	1760~1400	细脉状	158	44.68	2.16~4.49	3.33		6.98		327~342	54~70	蚀变千枚岩	蚀变碎裂千枚岩	172	0.35	
305-97	29~31线	2	2181~2204	细脉状	50	97	3.47~1033	6.90		5.38		350	70	蚀变千枚岩	蚀变碎裂千枚岩	170	0.35	
364-3-2	19~21线	7	1828	脉状、局部透镜状	167	45	1.21~6.40	3.02	67.60	6.25	103.58	165	60	蚀变千枚岩	蚀变碎裂千枚岩	143	0.29	
305-87	17线	4	1709~1777	细脉状	50	106	1.03~5.41	3.07		4.70		322~356	49~50	蚀变千枚岩	蚀变碎裂千枚岩	142	0.29	
305-89	21线	1	1838~1861	小透镜体	50	24	4.80	4.80		10.63		336	74	蚀变千枚岩	蚀变碎裂千枚岩	136	0.28	
314-40	21线	1	1629~1668	小透镜体	50	40	2.67	2.67		12.27		340	56	灰黑色千枚岩	蚀变碎裂千枚岩、蚀变构造角砾岩	131	0.27	
366-3	17线	1	1774~1779	细脉状	50	4.61	4.61	4.61		4.14		355	40	蚀变千枚岩	蚀变碎裂千枚岩、蚀变构造角砾岩	127	0.26	水平矿体

续表2-48

矿体编号	矿体位置	控制矿体工程个数	赋存标高/m	矿体形态	矿体规模/m			矿体平均厚度/m	厚度变化系数/%	矿体平均品位/$\times10^{-6}$	品位变化系数/%	矿体产状/(°)		顶底板岩石	矿石类型	金金属量/kg	资源量占比/%	备注
					长度	斜深	厚度					倾向	倾角					
314-72	17线	3	1555~1640	小脉状体	50	179	1.74~11.87	6.80		3.52		341~342	54~55	蚀变千枚岩	蚀变碎裂千枚岩、蚀变构造角砾岩	123	0.25	
305-66	27线	1	2086~2106	小透镜体	50	40	8.90	8.90		4.67		350	63	蚀变千枚岩	蚀变碎裂千枚岩	110	0.23	
305-74	3线	6	1769~1845	细脉状	50	105	0.86~6.63	3.75		5.92		165~168	60	蚀变千枚岩	蚀变碎裂千枚岩、蚀变碎裂花岗斑岩、蚀变构造角砾岩	109	0.22	
305-68	33~35线	3	2170	细脉状	209	90	1.32~3.86	1.99		2.68		340	65	蚀变千枚岩	蚀变碎裂千枚岩、蚀变构造角砾岩	106	0.22	
314-21	11线	5	1775~1889	细脉状	50	103	2.38	2.38		2.89		351	55	蚀变千枚岩	蚀变碎裂千枚岩、蚀变碎裂花岗斑岩、蚀变构造角砾岩	100	0.21	
364-1-1	19~21线之间	1	1740	细脉状	56	8.31	8.31~11.09	8.31		4.52		121~128	50~70	蚀变千枚岩	蚀变碎裂千枚岩、蚀变构造角砾岩	96	0.20	

续表2-48

矿体编号	矿体位置	控制矿体工程个数	赋存标高/m	矿体形态	矿体规模/m			矿体平均厚度/m	厚度变化系数/%	矿体平均品位/×10⁻⁶	品位变化系数/%	矿体产状/(°)		顶底板岩石	矿石类型	金金属量/kg	资源量占比/%	备注
					长度	斜深	厚度					倾向	倾角					
360-58	17线	2	1615~1760	小透镜体	50	175	0.83~2.96	1.90		2.95		323	72	蚀变千枚岩	蚀变碎裂千枚岩、蚀变碎裂花岗斑岩、蚀变构造角砾岩	94	0.19	
360-55	25线	3	1811~1998	细脉状	50	197	2.73~8.28	5.98		1.63		328~331	72	蚀变千枚岩	蚀变碎裂千枚岩、蚀变构造角砾岩	90	0.18	
305-108	33线	8	2029~2193	细脉状	137	170	1.38~4.14	2.05		1.99		325~352	70	蚀变千枚岩	蚀变碎裂千枚岩、蚀变构造角砾岩	89	0.18	
364-29	1线	5	1552~1728	细脉状	50	234	0.83~5.34	3.14		1.93		340~342	56~60	蚀变千枚岩	蚀变碎裂千枚岩	86	0.18	
305-22	21~23线之间	1	1825	小透镜体	63	90	6.72	6.72		1.94		349	78	蚀变千枚岩	蚀变碎裂千枚岩	86	0.18	
360-25	25线	3	1675~1407	细脉状	50	155	1.04~5.01	3.03		2.05		342	72	蚀变千枚岩	蚀变碎裂千枚岩、蚀变构造角砾岩	85	0.17	
364-54	13线	1	1665~1700	小透镜体	50	40	2.06	2.06		10.19		355	53	蚀变千枚岩	蚀变碎裂千枚岩、蚀变构造角砾岩	83	0.17	

续表2-48

矿体编号	矿体位置	控制矿体工程个数	赋存标高/m	矿体形态	矿体规模/m			矿体平均厚度/m	厚度变化系数/%	矿体平均品位/$\times10^{-6}$	品位变化系数/%	矿体产状/(°)		顶底板岩石	矿石类型	金金属量/kg	资源量占比/%	备注
					长度	斜深	厚度					倾向	倾角					
305-63	25线	1	2004~2044	小透镜体	50	47	4.83	4.83		6.23		340	65	蚀变千枚岩	蚀变碎裂千枚岩、蚀变构造角砾岩	80	0.16	
305-12	3线	4	1759~1817	细脉状	50	82	3.02~3.09	3.06		8.60		327~342	57~60	蚀变千枚岩	蚀变碎裂千枚岩、蚀变碎裂花岗斑岩、蚀变构造角砾岩	68	0.14	
305-118	21~23线之间	1		脉状	50	90	6.40	6.40		3.51		350	54	蚀变千枚岩	蚀变碎裂千枚岩	67	0.14	
360-47	1线	1	1778~1787	小透镜体	50	40	6.35	6.35		3.85		45	32	蚀变千枚岩	蚀变碎裂千枚岩	65	0.13	
305-6-4	23线	8	1828~1948	细脉状	143	50	3.19~13.16	1.13		6.08		340	73	蚀变千枚岩	蚀变碎裂千枚岩	61	0.13	
364-72	3线	1	1682~1719	小透镜体	50	60	3.21	3.21		6.97		347	64	蚀变千枚岩	蚀变碎裂千枚岩	60	0.12	
314-29	15线	1	1734~1769	小透镜体	50	64	3.60	3.60		6.27		342	59	灰白色千枚岩	蚀变碎裂千枚岩	60	0.12	
314-1-4	15~17线之间	1	1740	小脉状体	10	90	6.66	6.66		11.35		110	74	蚀变千枚岩	蚀变碎裂千枚岩	59	0.12	

续表2-48

矿体编号	矿体位置	控制矿体工程个数	赋存标高/m	矿体形态	矿体规模/m			矿体平均厚度/m	厚度变化系数/%	矿体平均品位/$\times10^{-6}$	品位变化系数/%	矿体产状/(°)		顶底板岩石	矿石类型	金金属量/kg	资源量占比/%	备注
					长度	斜深	厚度					倾向	倾角					
360-57	1735	2	1735	细脉状	67	90	0.82~1.17	1		8.25		221~225	26~35	蚀变千枚岩	蚀变碎裂千枚岩、蚀变碎裂花岗斑岩、蚀变构造角砾岩	57	0.12	水平矿体
305-8	23~25线	1	1787~1833	小透镜体	56	90	3.44	3.44		5.47		27	75	蚀变千枚岩	蚀变碎裂千枚岩	56	0.11	
305-41	11线	1	1833~1898	细脉状	50	62	11.82	11.82		1.80		5	68	灰白色千枚岩	蚀变碎裂千枚岩	56	0.11	
305-20	6线	1	1835~1868	小透镜体	50	40	4.16	4.16		4.41		350	56	蚀变千枚岩	蚀变碎裂千枚岩、蚀变构造角砾岩	55	0.11	
364-1-3	19~21线之间	1	1740	细脉状	15	40	7.13	7.13		3.91		121	50	蚀变千枚岩	蚀变碎裂千枚岩、蚀变构造角砾岩	54	0.11	
305-88	19线	1	1587~1619	细脉状	50	40	5.40	5.40		3.62		335	46	蚀变千枚岩	蚀变碎裂千枚岩、蚀变构造角砾岩	52	0.11	
364-37	1线	1	1588~1619	小透镜体	50	40	6.48	6.48		2.93		342	50	蚀变千枚岩	蚀变碎裂千枚岩	50	0.10	

续表2-48

矿体编号	矿体位置	控制矿体工程个数	赋存标高/m	矿体形态	矿体规模/m			矿体平均厚度/m	厚度变化系数/%	矿体平均品位/$\times10^{-6}$	品位变化系数/%	矿体产状/(°)		顶底板岩石	矿石类型	金金属量/kg	资源量占比/%	备注
					长度	斜深	厚度					倾向	倾角					
305-82	6线	1	1542~1617	细脉状	50	40	3.50	3.50		5.33		350	60	蚀变千枚岩	蚀变碎裂千枚岩、蚀变碎裂花岗斑岩、蚀变构造角砾岩	50	0.10	
364-65	15线	1	1699~1735	小透镜体	50	53	3.84	3.84		4.80		175	75	蚀变千枚岩	蚀变碎裂千枚岩、蚀变碎裂花岗斑岩	49	0.10	
364-49	9线	1	1887~1924	细脉状	50	51	6.34	6.34		2.82		174	60	蚀变千枚岩	蚀变碎裂千枚岩	47	0.10	
314-31	15线	1	1698~1765	小透镜体	50	40	2.88	2.88		6.13		342	56	灰白色千枚岩	蚀变碎裂千枚岩	47	0.10	
314-65	31线	1	1822~1944	脉状	50	40	3.88	3.88		4.52		342	50	蚀变千枚岩、花岗斑岩	蚀变碎裂千枚岩、蚀变碎裂花岗斑岩	47	0.10	
305-64	27线	1	2051~2085	小透镜体	50	40	4.92	4.92		5.25		348	57	蚀变千枚岩、花岗斑岩	蚀变碎裂千枚岩、蚀变碎裂花岗斑岩	46	0.09	
305-45	9线	1	1241~1277	小脉状体	50	40	0.85	0.85		20.05		340	56	灰白色千枚岩	蚀变碎裂千枚岩	45	0.09	
364-5	21~25线	8	1785~1906	细脉状	238	70	0.40~7.21	3.40		1.78	0	183	50	蚀变千枚岩	蚀变碎裂千枚岩	41	0.08	

续表2-48

矿体编号	矿体位置	控制矿体工程个数	赋存标高/m	矿体形态	矿体规模/m			矿体平均厚度/m	厚度变化系数/%	矿体平均品位/×10^{-6}	品位变化系数/%	矿体产状/(°)		顶底板岩石	矿石类型	金金属量/kg	资源量占比/%	备注
					长度	斜深	厚度					倾向	倾角					
364-1-2	19~21线之间	1	1740	细脉状	23	5.40	5.40	5.40		2.85		121	50	蚀变千枚岩	蚀变碎裂千枚岩、蚀变构造角砾岩	40	0.08	
360-24	25线	1	1611~1771	细脉状	50	183	0.96~2.69	1.83		1.69		345	60	蚀变千枚岩	蚀变碎裂千枚岩	40	0.08	
305-59	1849	1	1849	小透镜体	50	90	3.08	3.08		4.94		310	60	蚀变千枚岩	蚀变碎裂千枚岩	40	0.08	
360-48	5线	1	1849	小透镜体	50	90	0.86~6.96	4.96		3.07		175	58	蚀变千枚岩	蚀变碎裂千枚岩	38	0.08	
360-6	9线	1	1760~1787	小透镜体	50	40	2.39	2.39		8.35		352	62	蚀变千枚岩	蚀变碎裂千枚岩	37	0.08	
364-73	3线	1	1667~1712	小透镜体	50	65	4	4		3.44		347	64	蚀变千枚岩	蚀变碎裂千枚岩	37	0.08	
314-51	27线	1	1970~2004	小脉状体	50	40	2.17	2.17		6.39		355	60	蚀变千枚岩	蚀变碎裂千枚岩	37	0.08	
314-61	9~11线之间	3	1825	小脉状体	88	90	1.42~2.84	2.13		8.29		350	77	蚀变千枚岩	蚀变碎裂千枚岩、蚀变碎裂花岗斑岩、蚀变构造角砾岩	36	0.07	

续表2-48

矿体编号	矿体位置	控制矿体工程个数	赋存标高/m	矿体形态	矿体规模/m			矿体平均厚度/m	厚度变化系数/%	矿体平均品位/$\times10^{-6}$	品位变化系数/%	矿体产状/(°)		顶底板岩石	矿石类型	金金属量/kg	资源量占比/%	备注
					长度	斜深	厚度					倾向	倾角					
364-93	5~7线	1	1731~1755	小透镜体	50	49	4.26	4.26		4.99		328	68	蚀变千枚岩	蚀变碎裂千枚岩	35	0.07	
305-81	3线	1	1950~1986	细脉状	50	62	8.46	8.46		1.56		158	52	蚀变千枚岩	蚀变碎裂花岗斑岩	35	0.07	
314-71	29线	1	2054~2088	小脉状体	50	40	1.33	1.33		9.98		350	60	蚀变千枚岩	蚀变碎裂千枚岩	35	0.07	
305-60	11线	1	1759~1785	小透镜体	50	44	6.17	6.17		1.80		0	63	蚀变千枚岩	蚀变碎裂千枚岩	33	0.07	
364-108	2000	1	2000	细脉状	83	90	1.11~2.86	1.80		2.71		316~350	45~59	蚀变千枚岩	蚀变碎裂千枚岩	31	0.06	
305-31	7线	1	1901~1938	小透镜体	50	75	3.05	3.05		3.85		168	66	蚀变千枚岩	蚀变碎裂花岗斑岩	31	0.06	
305-46	11线	1	1871~1896	小透镜体	50	43	2.16	2.16		5.41		5	64	灰白色千枚岩	蚀变碎裂千枚岩	31	0.06	
314-52	27线	1	1904~1935	小透镜体	50	40	5.32	5.32		2.22		355	60	灰白色千枚岩	蚀变碎裂千枚岩	31	0.06	
305-19	19~21线之间	1	1825	细脉状	50	105	1.23~5.41	2.90		2.48		352	58	蚀变千枚岩	蚀变碎裂千枚岩	30	0.06	
305-106	31~33线之间	1	1905~1942	细脉状	50	40	6.80	6.80		2.61		340	65	灰白色千枚岩	蚀变碎裂千枚岩	30	0.06	

续表2-48

矿体编号	矿体位置	控制矿体工程个数	赋存标高/m	矿体形态	矿体规模/m			矿体平均厚度/m	厚度变化系数/%	矿体平均品位/$\times10^{-6}$	品位变化系数/%	矿体产状/(°)		顶底板岩石	矿石类型	金金属量/kg	资源量占比/%	备注
					长度	斜深	厚度					倾向	倾角					
305-111	0线	1	1889~1911	小透镜体	50	45	5.18	5.18		3.84		160	48	蚀变千枚岩	蚀变碎裂千枚岩、蚀变构造角砾岩	30	0.06	
314-7	4线	1	1544~1613	小透镜体	50	40	3.69	3.69		3.09		348	61	灰黑色千枚岩	蚀变构造角砾岩	30	0.06	
314-58	33线	1	1995~2033	小透镜体	50	40	4.24	4.24		2.69		346	70	灰黑色千枚岩	蚀变构造角砾岩	30	0.06	
305-114	TC513	1		小脉状体	26	90	3.08	3.08		3.14		170	45	蚀变千枚岩	蚀变碎裂千枚岩	29	0.06	
314-8	4线	1	1523~1592	小脉状体	50	40	2.87	2.87		3.79		348	61	灰白色千枚岩	蚀变碎裂千枚岩	29	0.06	
305-95	23~25线之间	1	1870	小脉状体	50	90	1.92	1.92		5.50		336	73	蚀变千枚岩	蚀变碎裂千枚岩	28	0.06	
360-22	13线	1	1696~1732	小脉状体	50	52	2.29	2.29		6.85		345	68	蚀变千枚岩	蚀变碎裂千枚岩	27	0.06	
364-4	19线	1	1727~1757	小透镜体	50	60	2.19	2.19		4.70		145	60	蚀变千枚岩	蚀变碎裂千枚岩、蚀变碎裂花岗斑岩、蚀变构造角砾岩	27	0.06	

续表2-48

矿体编号	矿体位置	控制矿体工程个数	赋存标高/m	矿体形态	矿体规模/m			矿体平均厚度/m	厚度变化系数/%	矿体平均品位/$\times10^{-6}$	品位变化系数/%	矿体产状/(°)		顶底板岩石	矿石类型	金金属量/kg	资源量占比/%	备注
					长度	斜深	厚度					倾向	倾角					
305-53	1870	1	1870	小脉状体	50	45.80	1.35	1.35		6.77		168	54	蚀变千枚岩	蚀变碎裂千枚岩	27	0.06	
305-120	BT295	1		小透镜体	50	23.70	10.68	10.68		3.63		160	50	蚀变千枚岩	蚀变碎裂千枚岩	27	0.06	
305-15	19 线	1	1818~1852	小透镜体	50	61	3.24	3.24		2.67		347	60	蚀变千枚岩	蚀变碎裂千枚岩	26	0.05	
305-103	33 线	1	2173~2196	小脉状体	50	46	1.62	1.62		5.13		340	58	蚀变千枚岩	蚀变碎裂千枚岩	25	0.05	
314-55	25 线	1	1594~1635	小脉状体	50	66	1.31	1.31		7.26		342	56	蚀变千枚岩	蚀变碎裂千枚岩	25	0.05	
314-63	31 线	1	1930~1991	小透镜体	50	40	3.70	3.70		2.50		342	50	蚀变千枚岩、花岗斑岩	蚀变碎裂千枚岩、蚀变碎裂花岗斑岩	25	0.05	
364-15	19 线	1	1765~1405	细脉状	50	74	1.45	1.45		5.50		170	68	蚀变千枚岩	蚀变碎裂千枚岩	24	0.05	
364-33	2 线	1	1572~1607	小脉状体	50	40	1.44	1.44		6.29		340	60	蚀变千枚岩	蚀变碎裂千枚岩	24	0.05	
305-71	23 线	1	1850~1918	小脉状体	50	69	1.82	1.82		4.49		328	67	灰白色千枚岩	蚀变碎裂千枚岩	24	0.05	

续表2-48

矿体编号	矿体位置	控制矿体工程个数	赋存标高/m	矿体形态	矿体规模/m			矿体平均厚度/m	厚度变化系数/%	矿体平均品位/$\times10^{-6}$	品位变化系数/%	矿体产状/(°)		顶底板岩石	矿石类型	金金属量/kg	资源量占比/%	备注
					长度	斜深	厚度					倾向	倾角					
314-64	31线	1	1890~1958	小透镜体	50	40	2.77	2.77		3.30		342	50	蚀变千枚岩、花岗斑岩	蚀变碎裂千枚岩、蚀变碎裂花岗斑岩	24	0.05	
305-47	11线	1	1892~1916	小透镜体	50	48	1.51	1.51		9.84		5	55	灰白色千枚岩	蚀变碎裂千枚岩	23	0.05	
305-119	31线	1	2096~2131	小透镜体	50	40	4.32	4.32		2.02		346	62	蚀变千枚岩、花岗斑岩	蚀变碎裂千枚岩、蚀变碎裂花岗斑岩	23	0.05	
314-15	1线	1	1731~1764	小透镜体	50	40	2.76	2.76		3.14		346	55	灰白色千枚岩	蚀变碎裂千枚岩	23	0.05	
305-98	29线	2	2064~2159	脉状	50	90	5.65	5.65		2.99		350	70	蚀变千枚岩	蚀变碎裂千枚岩、蚀变构造角砾岩	22	0.05	
305-5	1825		1825	细脉状	41	90	6.03	6.03		3.91		352	65	蚀变千枚岩	蚀变碎裂千枚岩	22	0.05	
305-36	1825	1	1825	小透镜体	63	90	0.88~2.45	1.67		4.52		186	45	蚀变千枚岩、花岗斑岩	蚀变碎裂千枚岩、蚀变碎裂花岗斑岩	21	0.04	
305-61	25线	1	1844~1869	细脉状	50	33	7.19	7.19		1.97		340	60	蚀变千枚岩	蚀变碎裂千枚岩、蚀变碎裂花岗斑岩、蚀变构造角砾岩	21	0.04	

续表2-48

矿体编号	矿体位置	控制矿体工程个数	赋存标高/m	矿体形态	矿体规模/m			矿体平均厚度/m	厚度变化系数/%	矿体平均品位/×10^{-6}	品位变化系数/%	矿体产状/(°)		顶底板岩石	矿石类型	金金属量/kg	资源量占比/%	备注
					长度	斜深	厚度					倾向	倾角					
314-6	6线	1	1662~1694	小脉状体	50	40	0.95	0.95		8.14		348	53	灰白色千枚岩	蚀变碎裂千枚岩	21	0.04	
360-40	0~2线	1	1745~1402	小脉状体	144	65	0.58	0.58		2.46		135~191	63~65	蚀变千枚岩	蚀变碎裂千枚岩	20	0.04	
364-46	9线	1	1657~1691	细脉状	50	40	6.93	6.93		1.06		340	52	蚀变千枚岩	蚀变碎裂千枚岩	20	0.04	
305-83	6线	1	1500~1585	小透镜体	50	40	4	4		1.84		350	60	蚀变千枚岩	蚀变碎裂花岗斑岩	20	0.04	
305-94	29线	1	1725~1764	小透镜体	50	40	3.64	3.64		2.11		347	60	蚀变千枚岩	蚀变碎裂千枚岩	20	0.04	
314-59	7线	1	1743	小透镜体	50	97	2.86~4	3.43		1.99		334	47	蚀变千枚岩	蚀变碎裂千枚岩、蚀变碎裂花岗斑岩、蚀变构造角砾岩	20	0.04	
360-5	9线	1	1751~1403	细脉状	50	40	7.05	7.05		1.10		15	62	蚀变千枚岩	蚀变碎裂千枚岩	19	0.04	
364-42	5线	1	1633~1671	小透镜体	50	40	0.93	0.93		7.72		350	68	蚀变千枚岩	蚀变碎裂千枚岩	19	0.04	
364-59	17线	1	1408~1850	小透镜体	50	40	1.40	1.40		4.46		176	40	蚀变千枚岩	蚀变碎裂千枚岩	19	0.04	

续表2-48

矿体编号	矿体位置	控制矿体工程个数	赋存标高/m	矿体形态	矿体规模/m			矿体平均厚度/m	厚度变化系数/%	矿体平均品位/$\times10^{-6}$	品位变化系数/%	矿体产状/(°)		顶底板岩石	矿石类型	金金属量/kg	资源量占比/%	备注
					长度	斜深	厚度					倾向	倾角					
305-133	21~23线之间	1	1825	小脉状体	64	40	0. 72	0. 72		13. 48		20	40	蚀变千枚岩	蚀变碎裂千枚岩	19	0. 04	
314-9	4线	1	1503~1573	小脉状体	50	40	1. 44	1. 44		4. 94		348	61	灰白色千枚岩	蚀变碎裂千枚岩	19	0. 04	
314-14	1线	1	1514~1544	小透镜体	50	40	1. 96	1. 96		3. 68		346	48	灰白色千枚岩	蚀变碎裂千枚岩	19	0. 04	
314-17	1线	1	1431~1498	小脉状体	50	40	0. 85	0. 85		8. 30		346	57	灰白色千枚岩	蚀变碎裂千枚岩	19	0. 04	
314-69	29线	1	2086~2121	小透镜体	50	40	4. 09	4. 09		1. 75		350	60	蚀变千枚岩	蚀变碎裂千枚岩	19	0. 04	
360-43	2线	1	1727~1740	小透镜体	50	40	0. 85	0. 85		8. 30		140	20	蚀变千枚岩	蚀变碎裂千枚岩	18	0. 04	
364-77	25线	1	1949~1987	细脉状	50	40	4. 19	4. 19		1. 48		342	62	蚀变千枚岩	蚀变碎裂千枚岩	17	0. 03	
364-99	15线	1	1725~1748	小透镜体	50	40	2. 24	2. 24		2. 61		324	35	蚀变千枚岩	蚀变碎裂千枚岩	17	0. 03	
305-33	25线	1	1989~2032	小脉状体	50	75	0. 50	0. 50		12. 70		340	62	蚀变千枚岩	蚀变碎裂千枚岩、蚀变构造角砾岩	17	0. 03	

续表2-48

矿体编号	矿体位置	控制矿体工程个数	赋存标高/m	矿体形态	矿体规模/m			矿体平均厚度/m	厚度变化系数/%	矿体平均品位/$\times10^{-6}$	品位变化系数/%	矿体产状/(°)		顶底板岩石	矿石类型	金金属量/kg	资源量占比/%	备注
					长度	斜深	厚度					倾向	倾角					
305-65	27 线	1	2026~2064	细脉状	50	40	3.01	3.01		1.95		168	57	蚀变千枚岩、花岗斑岩	蚀变碎裂千枚岩、蚀变碎裂花岗斑岩	16	0.03	
305-84	6 线	1	1514~1551	细脉状	50	40	3.78	3.78		1.56		350	60	蚀变千枚岩	蚀变碎裂花岗斑岩	16	0.03	
305-107	31~33 线之间	1	2170	透镜状	77	90	2.72	2.72		1.93		340	65	灰白色千枚岩	蚀变碎裂千枚岩	16	0.03	
305-136	13 线	1	1877~1907	小脉状体	50	45	2.71	2.71		3.56		3	55	蚀变千枚岩	蚀变碎裂千枚岩、蚀变构造角砾岩	16	0.03	
314-43	21 线	1	1572~1607	细脉状	50	40	2.87	2.87		2.15		340	52	灰黑色千枚岩	蚀变碎裂千枚岩	16	0.03	
314-49	25 线	1	1590~1677	小脉状体	50	40	1.30	1.30		5.14		352	62	蚀变千枚岩	蚀变碎裂千枚岩	15	0.03	
305-24	0~2 线	1	1862~1891	细脉状	50	40	0.87~2.99	2.13		1.91		3~360	50~52	蚀变千枚岩	蚀变碎裂千枚岩	15	0.03	
305-90	21 线	1	1407~1849	小脉状体	65	45	1.17~4.13	2.65		2.14		350	53	蚀变千枚岩、花岗斑岩	蚀变碎裂千枚岩、蚀变碎裂花岗斑岩	15	0.03	
364-71	3 线	1	1703~1740	小透镜体	50	50	3.50	3.50		2.67		347	62	蚀变千枚岩	蚀变碎裂千枚岩	15	0.03	

续表2-48

矿体编号	矿体位置	控制矿体工程个数	赋存标高/m	矿体形态	矿体规模/m			矿体平均厚度/m	厚度变化系数/%	矿体平均品位/$\times10^{-6}$	品位变化系数/%	矿体产状/(°)		顶底板岩石	矿石类型	金金属量/kg	资源量占比/%	备注
					长度	斜深	厚度					倾向	倾角					
305-55	11线	1	1835~1863	小透镜体	50	40	2.06	2.06		2.69		355	50	灰白色千枚岩	蚀变碎裂千枚岩	15	0.03	
305-116	25线	1	1533~1564	细脉状	50	40	2.91	2.91		1.88		347	65	蚀变千枚岩	蚀变碎裂千枚岩	15	0.03	
314-28	13线	1	1519~1560	小透镜体	50	45	1.64	1.64		3.38		343	65	灰白色千枚岩	蚀变构造角砾岩	15	0.03	
314-38	17线	1	1568~1607	小透镜体	50	45	2.24	2.24		2.45		342	60	灰白色千枚岩	蚀变碎裂千枚岩	15	0.03	
314-81	7线	1	1713~1758	小透镜体	50	90	1.03	1.03		4.78		338	70	蚀变千枚岩	蚀变碎裂千枚岩、蚀变构造角砾岩	15	0.03	
305-25	23线	1	1674~1719	小脉状体	50	40	3.77	3.77		2		355	73	蚀变千枚岩	蚀变碎裂千枚岩	14	0.03	
305-121	TC273~1	1		小脉状体	50	90	1.04	1.04		4.48		216	53	蚀变千枚岩	蚀变碎裂千枚岩	14	0.03	
360-15	21线	1	1884~1913	小透镜体	50	40	1.89	1.89		4.03		345	76	蚀变千枚岩	蚀变碎裂千枚岩	13	0.03	
305-105	23线	1	1854~1877	小脉状体	75	49	0.85	0.85		4.99		352	62	蚀变千枚岩	蚀变碎裂千枚岩、蚀变构造角砾岩	13	0.03	

续表2-48

矿体编号	矿体位置	控制矿体工程个数	赋存标高/m	矿体形态	矿体规模/m			矿体平均厚度/m	厚度变化系数/%	矿体平均品位/×10^{-6}	品位变化系数/%	矿体产状/(°)		顶底板岩石	矿石类型	金金属量/kg	资源量占比/%	备注
					长度	斜深	厚度					倾向	倾角					
305-64-1	27线	1	2059~2095	小脉状体	50	40	0.82	0.82		5.22		168	53	蚀变千枚岩	蚀变碎裂千枚岩、蚀变碎裂花岗斑岩	12	0.02	
364-19	19线	1	1757~1740	小透镜体	50	46	1.91	1.91		4.26		169	67	蚀变千枚岩	蚀变碎裂千枚岩	12	0.02	
364-45	9线	1	1647~1687	小透镜体	50	40	2.38	2.38		1.92		340	64	蚀变千枚岩	蚀变碎裂千枚岩	12	0.02	
364-47	9线	1	1630~1670	小脉状体	50	40	1.32	1.32		3.38		340	64	蚀变千枚岩	蚀变碎裂千枚岩	12	0.02	
364-53	13线	1	1693~1723	小透镜体	50	47	4.56	4.56		1.35		350	64	蚀变千枚岩	蚀变碎裂千枚岩	12	0.02	
364-78	25线	1	1920~1959	小透镜体	50	40	2.67	2.67		1.75		342	60	蚀变千枚岩	蚀变碎裂千枚岩	12	0.02	
314-20	3线	1	1664~1698	小脉状体	50	45	1.78	1.78		2.54		350	50	灰白色千枚岩	蚀变碎裂千枚岩	12	0.02	
314-42	21线	1	1587~1625	小脉状体	50	40	1.36	1.36		3.43		340	55	灰黑色千枚岩	蚀变碎裂千枚岩	12	0.02	
360-50	5线	1	1831~1853	小透镜体	50	46	2.31	2.31		3.18		181	53	蚀变千枚岩	蚀变碎裂千枚岩	11	0.02	
364-25	6线	1	1536~1567	小脉状体	50	40	0.90	0.90		4.43		342	57	蚀变千枚岩	蚀变碎裂千枚岩	11	0.02	

续表2-48

矿体编号	矿体位置	控制矿体工程个数	赋存标高/m	矿体形态	矿体规模/m			矿体平均厚度/m	厚度变化系数/%	矿体平均品位/$\times10^{-6}$	品位变化系数/%	矿体产状/(°)		顶底板岩石	矿石类型	金金属量/kg	资源量占比/%	备注
					长度	斜深	厚度					倾向	倾角					
364-68	25线	1	1992~2028	脉状	50	55	1.78	1.78		2.76		340	67	蚀变千枚岩	蚀变碎裂千枚岩	11	0.02	
314-3	17线	1	1770~1407	脉状、透镜状	50	90	1.83	1.83		3.16		331	67	灰白色千枚岩	蚀变碎裂千枚岩	11	0.02	
360-23	25线	1	1581~1623	小脉状体	50	40	1.17	1.17		3.17		345	62	蚀变千枚岩	蚀变碎裂千枚岩	10	0.02	
360-56	1735	1	1735	小透镜体	57	90	1.18	1.18		2.73		140	33	蚀变千枚岩	蚀变碎裂千枚岩、蚀变构造角砾岩	10	0.02	
364-36	6线	1	1733~1765	小脉状体	50	90	3.44	3.44		5.94		342	42	蚀变千枚岩	蚀变碎裂千枚岩	10	0.02	
305-37	17~19线之间	1	1740	小透镜体	24	90	3.61	3.61		1.04		325	63	蚀变千枚岩	蚀变碎裂千枚岩	10	0.02	
314-30	1线	1	1638~1665	小脉状体	50	40	1.74	1.74		2.15		346	46	蚀变千枚岩	蚀变碎裂千枚岩、蚀变构造角砾岩	10	0.02	
314-56	25线	1	1581~1625	小脉状体	50	40	0.86	0.86		4.26		342	62	蚀变千枚岩	蚀变碎裂千枚岩	10	0.02	
360-10	21线	1	1839~1867	小透镜体	50	43	4.27	4.27		1.33		345	66	蚀变千枚岩	蚀变碎裂千枚岩	9	0.02	

续表2-48

矿体编号	矿体位置	控制矿体工程个数	赋存标高/m	矿体形态	矿体规模/m			矿体平均厚度/m	厚度变化系数/%	矿体平均品位/$\times10^{-6}$	品位变化系数/%	矿体产状/(°)		顶底板岩石	矿石类型	金金属量/kg	资源量占比/%	备注
					长度	斜深	厚度					倾向	倾角					
364-20	19 线	1	1747~1774	小脉状体	50	60	1. 55	1. 55		3. 28		169	67	蚀变千枚岩	蚀变碎裂千枚岩、蚀变构造角砾岩	9	0. 02	
364-26	1 线	1	1644~1677	小脉状体	50	40	0. 96	0. 96		3. 70		342	53	蚀变千枚岩	蚀变碎裂千枚岩	9	0. 02	
364-43	5 线	1	1611~1640	小脉状体	50	40	2. 01	2. 01		1. 68		340	64	蚀变千枚岩	蚀变碎裂千枚岩	9	0. 02	
364-80	17 线	1	1644~1682	小脉状体	50	40	3. 19	3. 19		1. 08		345	58	蚀变千枚岩	蚀变碎裂千枚岩	9	0. 02	
364-112	17 线	1	1759~1402	小脉状体	53	50	1. 23	1. 23		2. 54		339	55	蚀变千枚岩	蚀变碎裂千枚岩、蚀变构造角砾岩	9	0. 02	
305-21	25 线	1	1904~2027	细脉状	25	50	0. 65	0. 65		5. 28		352	60	蚀变千枚岩	蚀变碎裂千枚岩	9	0. 02	
305-32	25 线	1	1737~1762	小脉状体	50	40	0. 50	0. 50		8. 94		341	62	蚀变千枚岩	蚀变碎裂千枚岩	9	0. 02	
305-54	25 线	1	2000~2039	小脉状体	50	40	0. 77	0. 77		4. 02		340	62	灰黑色千枚岩	蚀变碎裂千枚岩	9	0. 02	
305-77	7 线	1	1683~1719	小脉状体	50	61	1. 55	1. 55		1. 94		355	77	蚀变千枚岩	蚀变构造角砾岩	9	0. 02	

续表2-48

矿体编号	矿体位置	控制矿体工程个数	赋存标高/m	矿体形态	矿体规模/m			矿体平均厚度/m	厚度变化系数/%	矿体平均品位/$\times10^{-6}$	品位变化系数/%	矿体产状/(°)		顶底板岩石	矿石类型	金金属量/kg	资源量占比/%	备注
					长度	斜深	厚度					倾向	倾角					
305-123	TC2901	1		小脉状体	50	67	2.39	2.39		1.26		0	70	蚀变千枚岩	蚀变碎裂千枚岩	9	0.02	
314-23	11线	1	1634~1676	小脉状体	50	40	1.65	1.65		2.10		360	65	灰白色千枚岩	蚀变碎裂千枚岩	9	0.02	
314-26	13线	1	1540~1619	小脉状体	50	40	1.53	1.53		2.29		343	63	灰白色千枚岩	蚀变碎裂千枚岩	9	0.02	
314-27	13线	1	1553~1592	小透镜体	50	40	0.61	0.61		5.81		343	63	蚀变千枚岩	蚀变碎裂千枚岩、蚀变碎裂花岗斑岩	9	0.02	
364-12	21线	1	1828	小脉状体	25	97	2.69	2.69		2.85		175	74	蚀变千枚岩	蚀变碎裂千枚岩	8	0.02	
360-3	BT037	1		小脉状体	70	45	3.87	3.87		1.41		335	60	蚀变千枚岩	蚀变碎裂千枚岩	8	0.02	
360-16	7线	1	1817	小透镜体	70	64	5.70	5.70		1.30		154	62	灰白色千枚岩	蚀变碎裂千枚岩	8	0.02	
360-28	6线	1	1718~1747	小脉状体	50	40	2.18	2.18		1.44		342	46	蚀变千枚岩	蚀变碎裂千枚岩	8	0.02	
305-27	7线	1	1929~1959	小脉状体	50	52	2.30	2.30		1.35		165	60	蚀变千枚岩	蚀变碎裂千枚岩	8	0.02	

续表2-48

矿体编号	矿体位置	控制矿体工程个数	赋存标高/m	矿体形态	矿体规模/m			矿体平均厚度/m	厚度变化系数/%	矿体平均品位/$\times10^{-6}$	品位变化系数/%	矿体产状/(°)		顶底板岩石	矿石类型	金金属量/kg	资源量占比/%	备注
					长度	斜深	厚度					倾向	倾角					
305-28	7线	1	1911~1942	小脉状体	50	67	1.50	1.50		2.10		165	56	蚀变千枚岩	蚀变碎裂花岗斑岩、蚀变碎裂千枚岩	8	0.02	
305-34	25线	1	1976~2017	小脉状体	50	40	0.41	0.41		10.40		340	62	蚀变千枚岩	蚀变碎裂千枚岩、蚀变构造角砾岩	8	0.02	
305-93	29线	1	1725~1764	小脉状体	50	40	0.91	0.91		3.79		347	60	蚀变千枚岩	蚀变碎裂千枚岩	8	0.02	
305-113	23线	1	1881~1918	小脉状体	50	40	1.40	1.40		2.16		348	62	蚀变千枚岩	蚀变碎裂千枚岩、蚀变构造角砾岩	8	0.02	
305-122	TC273~2	1		小脉状体	50	90	0.69	0.69		3.74		216	53	蚀变千枚岩	蚀变碎裂千枚岩	8	0.02	
314-68	2线	1	1368~1406	小脉状体	50	40	0.86	0.86		3.67		183	56	蚀变千枚岩	蚀变碎裂千枚岩	8	0.02	
360-18	7线	1	1837~1870	小脉状体	50	60	5.55	5.55		1.23		154	62	蚀变千枚岩	蚀变碎裂千枚岩	7	0.01	
305-40	27线	1	2033~2070	细脉状	50	40	0.82	0.82		4.76		348	57	蚀变千枚岩	蚀变碎裂花岗斑岩	7	0.01	

续表2-48

矿体编号	矿体位置	控制矿体工程个数	赋存标高/m	矿体形态	矿体规模/m			矿体平均厚度/m	厚度变化系数/%	矿体平均品位/$\times10^{-6}$	品位变化系数/%	矿体产状/(°)		顶底板岩石	矿石类型	金金属量/kg	资源量占比/%	备注
					长度	斜深	厚度					倾向	倾角					
360-33	6线	1	1727~1756	小脉状体	50	40	0.85	0.85		3.08		342	46	蚀变千枚岩	蚀变碎裂千枚岩、蚀变碎裂花岗斑岩、蚀变构造角砾岩	7	0.01	
364-14-1	21线	1	1913~1965	小脉状体	50	77	1.38	1.38		1.84		330	60	蚀变千枚岩	蚀变碎裂千枚岩	7	0.01	
364-18	1线	1	1655~1687	小脉状体	50	40	1.08	1.08		2.37		342	53	蚀变千枚岩	蚀变碎裂千枚岩	7	0.01	
364-21	1线	1	1636~1668	小脉状体	50	40	0.93	0.93		2.81		342	53	蚀变千枚岩	蚀变碎裂千枚岩	7	0.01	
364-31	5线	1	1972~1997	小透镜体	35	45	10.12	10.12		1.48		350	84	蚀变千枚岩	蚀变碎裂千枚岩、蚀变构造角砾岩	7	0.01	
364-50	11线	1	1694~1729	小透镜体	50	40	1.94	1.94		1.30		350	52	蚀变千枚岩	蚀变碎裂千枚岩	7	0.01	
364-87	6线	1	1571~1627	小脉状体	50	40	1.12	1.12		2.45		342	57	蚀变千枚岩	蚀变碎裂千枚岩	7	0.01	
364-110	17线	1	1705~1764	小脉状体	50	62	0.85	0.85		2.92		2	70	蚀变千枚岩	蚀变碎裂千枚岩、蚀变碎裂花岗斑岩	7	0.01	

续表2-48

矿体编号	矿体位置	控制矿体工程个数	赋存标高/m	矿体形态	矿体规模/m			矿体平均厚度/m	厚度变化系数/%	矿体平均品位/$\times10^{-6}$	品位变化系数/%	矿体产状/(°)		顶底板岩石	矿石类型	金金属量/kg	资源量占比/%	备注
					长度	斜深	厚度					倾向	倾角					
305-40	9线	1	1708~1747	小脉状体	50	40	0.68	0.68		3.80		345	62	蚀变千枚岩	蚀变碎裂千枚岩、蚀变碎裂花岗斑岩、蚀变构造角砾岩	7	0.01	
305-58	11线	1	1847~1883	小脉状体	50	40	0.96	0.96		2.56		355	51	蚀变千枚岩	蚀变碎裂千枚岩	7	0.01	
305-62	21线	1	1687~1727	小脉状体	50	40	1.57	1.57		1.89		340	65	蚀变千枚岩	蚀变碎裂千枚岩	7	0.01	
305-79	9线	1	1848~1887	小脉状体	50	40	1.46	1.46		2.57		354	70	蚀变千枚岩	蚀变碎裂花岗斑岩	7	0.01	
314-25	13线~29线	1	1854~1888	小脉状体	50	40	0.59	0.59		4.20		344	59	蚀变千枚岩	蚀变碎裂千枚岩	7	0.01	
360-11	15~17线之间	1	1825	小脉状体	70	69	1.68	1.68		3.70		342	57	蚀变千枚岩	蚀变碎裂千枚岩	6	0.01	
360-34	17线	1	1560~1630	小脉状体	50	40	1.98	1.98		1.15		346	64	蚀变千枚岩	蚀变碎裂千枚岩、蚀变构造角砾岩	6	0.01	
364-17	23线	1	1824~1854	细脉状	50	40	1.68	1.68		3.70		5	78	蚀变千枚岩	蚀变碎裂千枚岩	6	0.01	

续表2-48

矿体编号	矿体位置	控制矿体工程个数	赋存标高/m	矿体形态	矿体规模/m			矿体平均厚度/m	厚度变化系数/%	矿体平均品位/$\times10^{-6}$	品位变化系数/%	矿体产状/(°)		顶底板岩石	矿石类型	金金属量/kg	资源量占比/%	备注
					长度	斜深	厚度					倾向	倾角					
364-51	11线	1	1640~1714	小脉状体	50	40	1.85	1.85		1.30		350	56	蚀变千枚岩	蚀变碎裂千枚岩	6	0.01	
305-11	7线	1	1761~1400	小脉状体	50	90	0.99	0.99		2.02		342	57	蚀变千枚岩	蚀变碎裂千枚岩	6	0.01	
305-18	1740	1	1740	小脉状体	50	90	0.82	0.82		2.59		27	75	蚀变千枚岩	蚀变碎裂千枚岩	6	0.01	
305-35	8线	1	1534~1569	小脉状体	50	40	1.45	1.45		1.51		350	53	蚀变千枚岩	蚀变碎裂千枚岩、蚀变构造角砾岩	6	0.01	
305-51	13线	1	1888~1909	小透镜体	50	24	1.70	1.70		1.39		3	56	灰黑色千枚岩	蚀变碎裂千枚岩	6	0.01	
305-130	21~23线之间	1	1825	小脉状体	50	90	1.88	1.88		4.44		340	71	蚀变千枚岩	蚀变碎裂千枚岩	6	0.01	
314-62	11线	1	1830~1853	小脉状体	50	40	3.10	3.10		1.33		351	51	灰黑色千枚岩	蚀变碎裂花岗斑岩	6	0.01	
360-14	19线	1	1714~1752	小脉状体	50	40	1.19	1.19		1.95		347	72	蚀变千枚岩	蚀变碎裂千枚岩	5	0.01	
360-60	1825	1	1825	小脉状体	50	90	0.99	0.99		1.60		154	62	蚀变千枚岩	蚀变碎裂千枚岩	5	0.01	
305-104	1920	1	1920	小脉状体	50	40	1.11	1.11		1.96		172	56	蚀变千枚岩	蚀变碎裂千枚岩	5	0.01	

续表2-48

矿体编号	矿体位置	控制矿体工程个数	赋存标高/m	矿体形态	矿体规模/m			矿体平均厚度/m	厚度变化系数/%	矿体平均品位/$\times10^{-6}$	品位变化系数/%	矿体产状/(°)		顶底板岩石	矿石类型	金金属量/kg	资源量占比/%	备注
					长度	斜深	厚度					倾向	倾角					
360-17	7线	1	1833	细脉状	50	95	3.43	3.43		1.51		154	47	灰白色千枚岩	蚀变碎裂千枚岩	5	0.01	
364-48	9线	1	1626~1676	小脉状体	50	40	0.80	0.80		2.56		340	50	蚀变千枚岩	蚀变碎裂千枚岩、蚀变碎裂花岗斑岩、蚀变构造角砾岩	5	0.01	
360-7	9线	1	1740	小脉状体	50	74	1.04	1.04		2.44		346~13	58~76	灰黑色千枚岩	蚀变碎裂千枚岩	5	0.01	
305-23	1825	1	1825	小透镜体	48	45	2.12	2.12		1.14		355	48	蚀变千枚岩	蚀变碎裂千枚岩	5	0.01	
305-50	11线	1	1853~1892	小脉状体	50	40	1.25	1.25		2.34		5	60	灰白色千枚岩	蚀变构造角砾岩	5	0.01	
305-57	21线	1	1675~1714	小脉状体	50	40	1.28	1.28		1.42		340	62	灰黑色千枚岩	蚀变碎裂千枚岩	5	0.01	
305-109	1线	1	1905~1942	小脉状体	50	40	1.16	1.16		1.48		172	58	灰白色千枚岩	蚀变碎裂千枚岩	5	0.01	
305-125	TC331~TC351	1		小透镜体	50	22.50	1.35	1.35		1.22		340	75	蚀变千枚岩	蚀变碎裂千枚岩	5	0.01	
305-134	15~17线之间	1	1825	脉状	50	90	0.89	0.89		1.94		18	40	蚀变千枚岩	蚀变碎裂千枚岩	5	0.01	

续表2-48

矿体编号	矿体位置	控制矿体工程个数	赋存标高/m	矿体形态	矿体规模/m			矿体平均厚度/m	厚度变化系数/%	矿体平均品位/×10^{-6}	品位变化系数/%	矿体产状/(°)		顶底板岩石	矿石类型	金金属量/kg	资源量占比/%	备注
					长度	斜深	厚度					倾向	倾角					
314-13	1线	1	1532~1561	小脉状体	50	40	0.98	0.98		2.07		346	48	灰白色千枚岩	蚀变碎裂千枚岩	5	0.01	
314-16	1线	1	1685~1719	小脉状体	50	40	0.87	0.87		2.14		346	56	灰白色千枚岩	蚀变碎裂千枚岩	5	0.01	
314-34	17线	1	1596~1641	小脉状体	46	85	0.87	0.87		2.31		350	55	灰白色千枚岩	蚀变碎裂千枚岩	5	0.01	
314-41	21线	1	1614~1652	小脉状体	50	40	1.51	1.51		1.32		340	56	灰黑色千枚岩	蚀变碎裂千枚岩	5	0.01	
360-12	17线	1	1833~1863	小脉状体	50	40	3.29	3.29		1.64		13	75	蚀变千枚岩	蚀变碎裂千枚岩	4	0.01	
360-20	6线	1	1747~1775	小脉状体	50	40	0.86	0.86		1.88		342	46	蚀变千枚岩	蚀变碎裂千枚岩	4	0.01	
364-27	1线	1	1609~1639	小脉状体	50	40	0.93	0.93		1.47		342	53	蚀变千枚岩	蚀变碎裂千枚岩	4	0.01	
305-72	23线	1	1829~1918	小脉状体	50	40	0.91	0.91		1.61		328	67	灰白色千枚岩	蚀变碎裂千枚岩	4	0.01	
305-86	4线	1	1814~1854	小脉状体	50	40	1.50	1.50		1.08		345	57	蚀变千枚岩	蚀变碎裂千枚岩、蚀变构造角砾岩	4	0.01	

续表2-48

矿体编号	矿体位置	控制矿体工程个数	赋存标高/m	矿体形态	矿体规模/m			矿体平均厚度/m	厚度变化系数/%	矿体平均品位/$\times10^{-6}$	品位变化系数/%	矿体产状/(°)		顶底板岩石	矿石类型	金金属量/kg	资源量占比/%	备注
					长度	斜深	厚度					倾向	倾角					
305-91	21线	1	1799~1852	小脉状体	38	45	0.93	0.93		1.56		350	53	蚀变千枚岩	蚀变碎裂千枚岩、蚀变碎裂花岗斑岩、蚀变构造角砾岩	4	0.01	
305-92	23线	1	1854~1879	小透镜体	77	68	0.94	0.94		2.10		162	71	蚀变千枚岩	蚀变碎裂千枚岩	4	0.01	
305-102	1线	1	1920~1947	小脉状体	50	51	1.24	1.24		1.17		168	56	蚀变千枚岩	蚀变碎裂千枚岩	4	0.01	
314-2	17~19线之间	1	1825	小脉状体	63	75	1.37	1.37		1.59		343	62	灰白色千枚岩	蚀变碎裂千枚岩	4	0.01	
314-12	1线	1	1689~1722	小脉状体	50	40	0.87	0.87		1.71		346	56	灰白色千枚岩	蚀变碎裂千枚岩	4	0.01	
314-19	3线	1	1727~1769	小脉状体	50	40	0.98	0.98		1.42		350	70	蚀变千枚岩	蚀变碎裂千枚岩	4	0.01	
314-32	15线	1	1652~1719	小脉状体	70	65	0.96	0.96		1.68		342	56	灰白色千枚岩	蚀变碎裂千枚岩	4	0.01	
314-78	5线	1	1402~1846	细脉状	50	90	1.22	1.22		1.21		255	69	蚀变千枚岩	蚀变碎裂千枚岩	4	0.01	
364-44	9线	1	1596~1644	小脉状体	50	40	0.80	0.80		1.20		340	50	蚀变千枚岩	蚀变碎裂千枚岩	3	0.01	

续表2-48

矿体编号	矿体位置	控制矿体工程个数	赋存标高/m	矿体形态	矿体规模/m			矿体平均厚度/m	厚度变化系数/%	矿体平均品位/$\times10^{-6}$	品位变化系数/%	矿体产状/(°)		顶底板岩石	矿石类型	金金属量/kg	资源量占比/%	备注
					长度	斜深	厚度					倾向	倾角					
364-81	17线	1	1634~1672	小脉状体	50	40	0.80	0.80		1.38		345	55	蚀变千枚岩	蚀变碎裂千枚岩	3	0.01	
364-86	6线	1	1625~1669	小脉状体	50	40	0.80	0.80		1.23		342	57	蚀变千枚岩	蚀变碎裂千枚岩	3	0.01	
364-109	17线	1	1704~1769	小脉状体	50	69	0.85	0.85		1.02		2	70	蚀变千枚岩	蚀变碎裂千枚岩、蚀变碎裂花岗斑岩	3	0.01	
364-111	17线	1	1717~1759	小脉状体	50	44	0.85	0.85		1.05		2	70	蚀变千枚岩	蚀变碎裂千枚岩、蚀变碎裂花岗斑岩	3	0.01	
305-29	11线	1	1811~1849	小透镜体	40	60	0.95	0.95		1.08		2	40	灰黑色千枚岩	蚀变碎裂千枚岩	3	0.01	
305-39	8线	1	1556~1589	小脉状体	50	40	3.57	3.57		1.29		350	53	蚀变千枚岩	蚀变碎裂千枚岩、蚀变碎裂花岗斑岩	3	0.01	
305-42	3线	1	1884~1919	小脉状体	50	40	1	1		1.10		169	52	灰白色千枚岩	蚀变碎裂千枚岩	3	0.01	
305-44	9线	1	1423~1460	小脉状体	50	40	0.85	0.85		1.35		340	56	灰白色千枚岩	蚀变碎裂千枚岩	3	0.01	

续表2-48

矿体编号	矿体位置	控制矿体工程个数	赋存标高/m	矿体形态	矿体规模/m			矿体平均厚度/m	厚度变化系数/%	矿体平均品位/$\times10^{-6}$	品位变化系数/%	矿体产状/(°)		顶底板岩石	矿石类型	金金属量/kg	资源量占比/%	备注
					长度	斜深	厚度					倾向	倾角					
305-104	1线	1	1902~1940	细脉状	50	62	0.99~1.23	1.11		1.96		150~172	56	蚀变千枚岩	蚀变碎裂千枚岩、蚀变构造角砾岩	3	0.01	
305-132	19~21线之间	1	1825	细脉状	50	90	2.10	2.10		3.47		316	78	蚀变千枚岩	蚀变碎裂千枚岩	3	0.01	
305-135	33线	1	2178~2197	小脉状体	50	31	0.90	0.90		1.97		340	62	蚀变千枚岩	蚀变碎裂千枚岩、蚀变构造角砾岩	3	0.01	
314-46	21线	1	1795~1831	小脉状体	50	40	0.88	0.88		1.11		340	52	灰黑色千枚岩	蚀变碎裂千枚岩	3	0.01	
314-54	23线	1	1846~1866	小脉状体	50	40	1.12	1.12		3.34		346	62	蚀变千枚岩	蚀变碎裂千枚岩	3	0.01	
360-8	17线	1	1843~1870	小脉状体	50	23	1.02	1.02		1.16		13	70	蚀变千枚岩	蚀变碎裂千枚岩、蚀变构造角砾岩	2	0	
360-35	17线	1	1536~1600	小脉状体	50	40	0.92	0.92		1.02		346	55	蚀变千枚岩	蚀变碎裂千枚岩	2	0	
360-51	7线	1	1855~1883	小脉状体	50	40	2.76	2.76		1.05		154	62	蚀变千枚岩	蚀变碎裂千枚岩	2	0	

续表2-48

矿体编号	矿体位置	控制矿体工程个数	赋存标高/m	矿体形态	矿体规模/m			矿体平均厚度/m	厚度变化系数/%	矿体平均品位/$\times10^{-6}$	品位变化系数/%	矿体产状/(°)		顶底板岩石	矿石类型	金金属量/kg	资源量占比/%	备注
					长度	斜深	厚度					倾向	倾角					
364-22	25线	1	1827~1853	小脉状体	50	40	0.82	0.82		1.76		345	50	蚀变千枚岩	蚀变碎裂千枚岩	2	0	
364-35	23线	1	1815~1850	小脉状体	77	63	0.80	0.80		1.52		5	78	蚀变千枚岩	蚀变碎裂千枚岩	2	0	
364-79	17线	1	1674~1712	小透镜体	50	40	0.80	0.80		1.03		345	55	蚀变千枚岩	蚀变碎裂千枚岩	2	0	
305-9	5~7线	1	1781~1887	小透镜体	50	90	0.86	0.86		1.01		164	60	蚀变千枚岩	蚀变碎裂千枚岩	2	0	
305-30	5线	1	1940~1965	小脉状体	50	40	0.98	0.98		1.26		340	59	蚀变千枚岩	蚀变碎裂千枚岩、蚀变构造角砾岩	2	0	
305-52	25线	1	1762~1407	小脉状体	50	90	0.98	0.98		1.10		0	87	蚀变千枚岩	蚀变碎裂千枚岩	2	0	
305-56	23线	1	1852~1900	小脉状体	70	50	0.96	0.96		1.16		343	75	蚀变千枚岩	蚀变碎裂千枚岩、蚀变构造角砾岩	2	0	

续表2-48

矿体编号	矿体位置	控制矿体工程个数	赋存标高/m	矿体形态	矿体规模/m			矿体平均厚度/m	厚度变化系数/%	矿体平均品位/$\times10^{-6}$	品位变化系数/%	矿体产状/(°)		顶底板岩石	矿石类型	金金属量/kg	资源量占比/%	备注
					长度	斜深	厚度					倾向	倾角					
305-85	4线	1	1833~1869	小透镜体	50	40	0.82	0.82		1.01		345	57	蚀变千枚岩	蚀变碎裂千枚岩、蚀变构造角砾岩	2	0	
314-18	1线	1	1431~1497	小脉状体	70	65	0.86	0.86		1.06		346	57	灰白色千枚岩	蚀变碎裂千枚岩	2	0	
314-24	13线	1	1752~1788	小脉状体	50	40	0.81	0.81		1.16		343	51	灰白色千枚岩、花岗斑岩	蚀变碎裂千枚岩	2	0	
314-53	17线	1	1409~1850	细脉状	36	90	1.27	1.27		1.73		0	67	灰白色千枚岩	蚀变碎裂千枚岩	2	0	
364-16	1825	1	1825	小透镜体	24	90	1.46	1.46		1.24		170	77	蚀变千枚岩	蚀变碎裂千枚岩	1	0	
305-131	1825	1	1825	小透镜体	24	45	0.98	0.98		1.08		340	78	蚀变千枚岩	蚀变碎裂千枚岩	1	0	
364-92	5线	1	1733~1738	脉状	45	40	1.19	1.19		1.50		286	32	蚀变千枚岩	蚀变碎裂千枚岩	0	0	

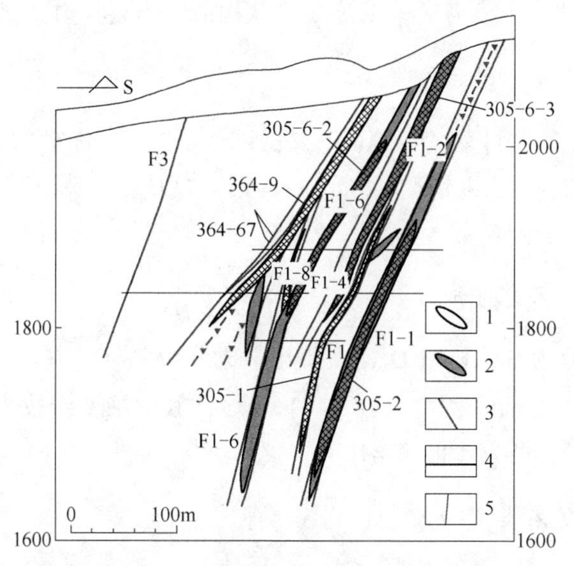

图 2-56　安坝里南金矿南矿区 23 线剖面

1—矿体；2—脉岩；3—断层；4—中段；5—钻孔

2.10.3　矿石特征

矿石特征见图 2-57。

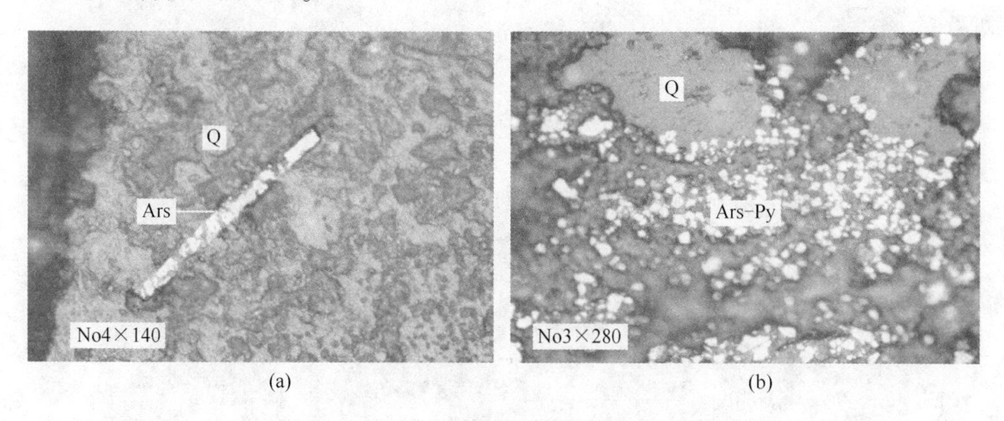

(a)　(b)

图 2-57　矿石特征图

（a）自形晶毒砂（Ars）呈斜方柱状嵌布于脉石（Q）；

（b）微细粒黄铁矿（Py）、毒砂（Ars）相伴呈稠密浸染状嵌布于脉石（Q）裂隙中

2.10.3.1　*矿石结构构造*

（1）矿石结构。主要为自形-半自形结构、它形结构、草莓结构等。

（2）矿石构造。主要为稀疏-致密浸染状构造、碎裂状构造、团块状构造等。

2.10.3.2　*矿石矿物成分*

矿石矿物主要有自然金（Au）、黄铁矿（Py）、毒砂（Apy）、辉锑矿（Stb）、闪锌矿（Sph）、方铅矿（Gal）、黄铜矿（Cp），脉石矿物为石英（Q）和方解石（Ct）。

2.10.3.3　*矿石化学成分*

主要化学成分为 SiO_2、Al_2O_3，次要化学成分为 Fe_2O_3、CaO、MgO，矿石中有益组分主要为 Au，品位为 $(1.18\sim47)\times10^{-6}$，其中蚀变千枚岩型为 $(2\sim6)\times10^{-6}$，蚀变花岗斑岩型为 $(1\sim5)\times10^{-6}$。

2.10.3.4　*矿石类型*

（1）矿石自然类型。根据赋矿岩石类型可分为 4 种自然类型：蚀变碎裂千枚岩型、蚀变碎裂花岗斑岩型、蚀变构造角砾岩型、辉锑矿化石英脉型，其特征如图 2-58 所示。

图 2-58　矿石类型特征

（a）蚀变千枚岩型金矿石；（b）蚀变花岗斑岩型金矿石；（c）蚀变构造角砾岩型金矿石；（d）辉锑矿化石英脉型金矿石

（2）矿石工业类型。根据选矿时的工业利用程度，主要分为两个工业类型：蚀变碎裂千枚岩型、蚀变碎裂花岗斑岩型、蚀变构造角砾岩型为低硫化物型，辉锑矿石英脉型为多硫化物型。

2.10.4 矿床成因

为产于泥盆系炭-硅-泥岩建造中与中生代深源浅成的花岗斑岩相关的在大型推覆构造背景下产生的褶皱和韧-韧脆性断裂带控制的中低温复合热液-细脉浸染状构造蚀变岩型金矿床，形成时代主要为燕山期（200～190Ma），成矿模式如图2-59所示。

矿床成因类型为与中生代花岗斑岩有关的中低温热液构造蚀变岩型金矿。

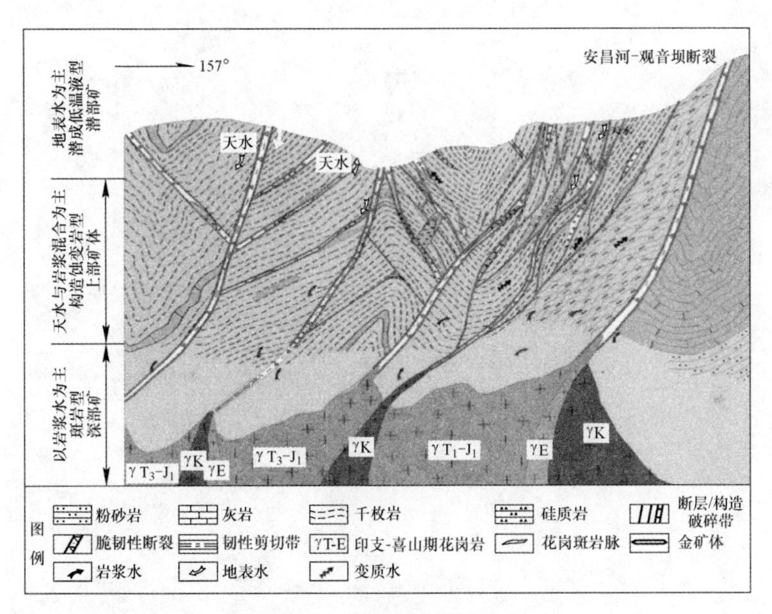

图2-59 矿床成因模式

2.10.5 微细粒浸染型金矿床地质特征总结

（1）微细粒浸染型矿化蚀变发生于成矿作用的中、晚期，该矿化蚀变相对强烈，呈稀疏浸染于花岗斑岩中，或断续石英脉状形式产于岩体与围岩接触带中。既可叠加在早期微细脉浸染状矿化之上，也可单独出现。

（2）由于矿化较强烈且充分，砷的大量消耗，中、晚期成矿阶段于脆性构造中出现大量含矿石英脉体，并有显微明金出现使金进一步富集。

（3）浅成花岗岩侵入含矿岩系或呈构造透镜体直接参与控矿的韧-脆性剪切

构造带中，或使含矿岩系明显热变质，致使金进一步富集。

（4）控矿的韧性剪切带中内部未变形的浅成花岗斑岩构造透镜体普遍发生轻度中期阶段的黄铁矿-毒砂-绢云母化-硅化。

（5）成矿元素组合新增有岩浆带入的 Bi-Te 等亲石元素。

3 探采对比方法

3.1 探采对比及其目的意义

3.1.1 探采对比

探采对比是通过矿山基建勘探、生产勘探或生产中当前积累的地质、开采技术条件、选冶加工等资料，与原地质勘查资料或前一阶段的地质资料进行验证对比，比较矿体地质特征、形态、规模、产状、资源储量、矿石质量、开采技术条件、选冶加工工艺等方面的变化，验证勘探方法、手段、工程布置形式、工程间距的合理性，资源储量的准确性，矿石选冶性能和有用、有益元素综合回收的经济性，水文地质、工程地质、环境地质等开采技术条件认识的准确性和地质灾害防治的有效性，评价矿床综合勘探程度。

3.1.2 探采对比的目的、意义

探采对比的目的是通过对比，探讨勘探和开采的合理性，为同类型矿床勘探开发提供借鉴。

探采对比对提高地质勘探理论水平和矿山设计水平、促进生产，具有重要意义。

3.1.3 探采对比的基础和对比资料

探采对比的基础是前期已经完成的地质勘探、基建勘探、生产勘探资料。

探采对比当前积累的资料是对比资料。鉴于当前阶段工程多、网度密，一般认为更加可靠，作为对比基数。

3.1.4 探采对比的一般要求

3.1.4.1 资料翔实

以开采资料作为对比资料的，开采资料要有各开采块段的矿石开采量及开采损失量（包括留作矿柱的储量）；以基建勘探或生产勘探资料作为对比资料的，基建勘探或生产勘探工程及地质编录应合格。

3.1.4.2 有代表性

在全面分析对比的基础和对比资料的基础上，正确选择和确定有代表性的范围和地段。探采对比的矿体或矿体中的某一地段，其地质特征、矿床类型、矿石性质、开采技术条件等方面应能代表整个矿床或矿区。

对比地段最好是整个矿区或整个矿床，也可以是主要矿体。如果是矿体的某一段，其位置和空间分布应能代表该矿体地质特征，其资源储量应占该矿体或全矿区资源储量的一半以上。

对比的矿体或矿体中的某一地段，应是进行过两个阶段以上的工作，资源储量类别有所提高、工程控制较均匀、对比资料较全面、对比成果有较高的利用价值。

对比地段应选择在矿体厚度、有用组分的分布等特征能代表全矿区，工程分布较规则的地段。

对加密法，验证的块段最好是浅部的中心地段，能与高级储量分布地段相结合；对稀空法，验证的块段数量愈多愈好。

3.1.4.3 块段一致

对比资料和对比基础资料应在同一矿体的同一大小的块段内进行。

3.1.4.4 工业指标一致

工业指标应是在同一工业指标圈定和评价的矿体上进行。

3.2 探采对比的基本方法

探采对比的基本方法有图纸对比法和统计对比法两种，一般是两种方法结合使用。

3.2.1 图纸对比法

图纸对比法是将对比资料与对比基础资料，在矿床中段地质平面图、剖面图、矿体垂直或水平投影图、资源储量估算图中，对比不同勘查手段、勘探网度下，矿体形态、产状、内部结构、矿石类型和品级、矿化连续性，对比资源储量类别提高后的变化。这种方法直观，但作图工作量较大。

3.2.2 统计对比法

统计对比法是通过计算有关参数的对比误差，根据误差的大小进行检验，是定量的对比方法，一般用绝对误差和相对误差来评价。

绝对误差： $P_x = u - c$,

相对误差： $\Delta P_x = (u - c)100\%/u$

式中，P_x 为对比参数的绝对误差；ΔP_x 为对比参数的相对误差；u 为对比资料参数的平均值；c 为对比基础参数平均值。

3.3 对比参数计算方法及其误差标准

3.3.1 矿体形态对比参数

矿体形态、产状、空间赋存特征、受构造的改造情况，是反映矿体外部形态特征的重要因素，也是确定矿山生产规模、开采方案和开采方法的重要依据。井下开采矿山，主体开拓工程一般布置在矿体下盘岩石中，它们至主矿体底板的距离有一定要求，如果矿体形态、产状和空间位置偏差较大，尤其是底板负向位移（即向下盘方向位移）较大，可能会导致开拓、采准工程布置不合理，从而造成井巷工程压矿（或远离矿体），甚至使井巷工程报废。对露天矿山势必造成露天境界的重新圈定，使已形成的外部运输线路和上部开拓工程修改或报废。

所以探采对比一般选择矿体面积误差、面积重合率、形态歪曲误差、厚度误差、长度误差、边界位移误差等形态对比参数。

3.3.2 矿体形态探采对比参数的计算方法

矿体形态探采对比参数的计算方法：在中段平面图（剖面图）上，以对比资料为基数，计算某一中段（剖面）矿体形态参数，然后计算所有中段（剖面）平均参数。对比参数的计算方法如下。

3.3.2.1 矿体面积误差（S）

矿体面积误差是对比资料与对比的基础资料圈定的矿体面积误差，如图 3-1 所示，计算公式：

绝对误差： $S_{绝} = S_u - S_c$

相对误差： $S_{相} = (S_u - S_c) \times 100\%/S_u$

相对误差率： $P_{S相} = [(S_u - S_c)/S_u] \times 100\%$

3.3.2.2 矿体面积重叠率（$P_{S重}$）

矿体面积重叠率是对比资料与对比的基础资料圈定的矿体重叠面积与对比资料圈定矿体的百分比，如图 3-2 所示，计算公式为：

$$P_{S重} = (S_{重}/S_u) \times 100\%$$

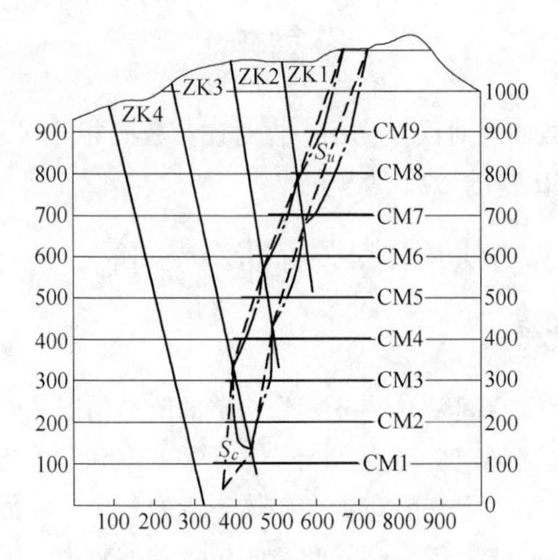

图 3-1　矿体面积误差计算示意图

ZK1—对比的基础探矿钻孔位置及编号；CM1—对比采矿坑道位置及编号；
S_c—对比的基础圈定的矿体；S_u—对比资料圈定的矿体

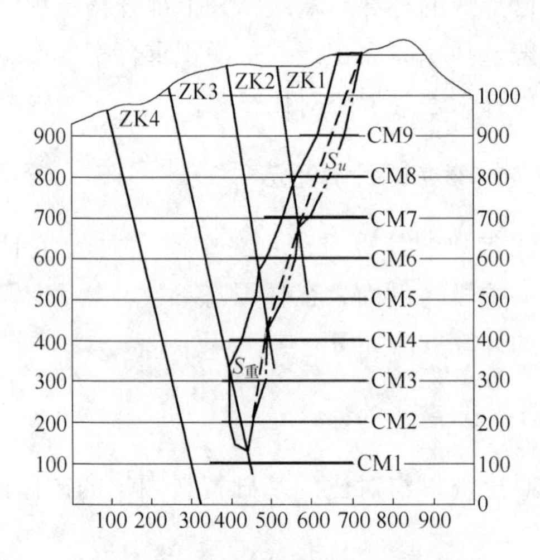

图 3-2　矿体面积重叠率计算示意图

ZK1—对比的基础探矿钻孔位置及编号；CM1—对比采矿坑道位置及编号；
$S_重$—对比的基础与对比资料圈定的矿体重合部分；S_u—对比资料圈定的矿体

3.3.2.3　矿体形态歪曲误差（W）

形态歪曲绝对误差是对比资料与对比的基础资料所圈定的矿体增加和减少的面积和，如图 3-3 所示，计算公式为：形态歪曲绝对误差（$W_{绝}$）= $\sum(S_{增}+S_{减})$。

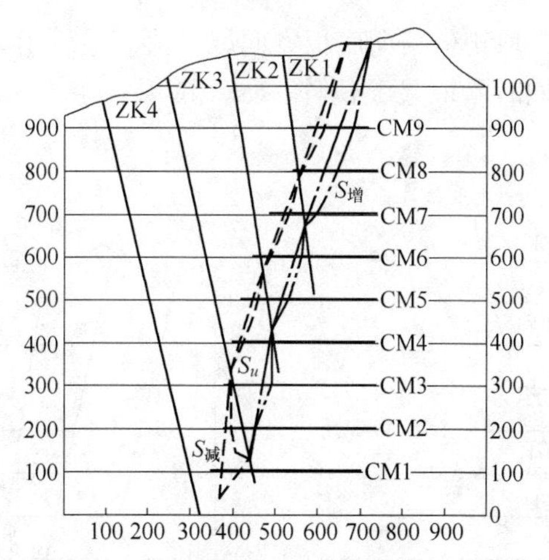

图 3-3　矿体形态歪曲误差计算示意图

ZK1—对比的基础探矿钻孔位置及编号；CM1—对比采矿坑道位置及编号；
$S_{增}$—对比资料比对比的基础资料多圈定的矿体部分；
$S_{减}$—对比资料比对比的基础少圈定的矿体部分；S_u—对比资料圈定的矿体

形态歪曲率是对比资料与对比的基础资料圈定的矿体增加和减少的面积和与对比资料圈定的矿体面积的百分比，计算公式为：

$$矿体形态歪曲率(W_{相}) = [\sum(S_{增} + S_{减})] \times 100\%/S_u$$

3.3.2.4　矿体厚度误差（$M_{厚}$）

绝对误差：
$$M_{绝} = M_u - M_c$$
相对误差：
$$M_{相} = [(M_u - M_c)/M_u] \times 100\%$$

3.3.2.5　矿体长度误差（$L_{长}$）

绝对误差：
$$L_{绝} = L_u - L_c$$
相对误差：
$$L_{相} = [(L_u - L_c)/L_u] \times 100\%$$

3.3.2.6　矿体边界位移误差

矿体边界位移误差指对比资料圈定的矿体边界与对比的基础资料圈定的矿体边界比较，矿体上盘或下盘边界的位移。以矿体下盘水平位移为例，有两种测算方法。

一种是在中段平面图（剖面图）上，将对比资料圈定的矿体下盘边界和对比的基础资料圈定的矿体下盘边界同时绘出。沿走向按勘探线（或一定间距）为测点，以对比资料中矿体边界线为基准，测量各测点上对比的基础资料矿体下盘位移值。向顶板方向取正值，向底板方向取负值。最后用算术平均法求得矿体下盘边界线位移值，同时量取最大位移，如图 3-4（a）所示。计算公式为 $L_{移}=(a_1+a_2+a_3+\cdots+a_n)/n$。

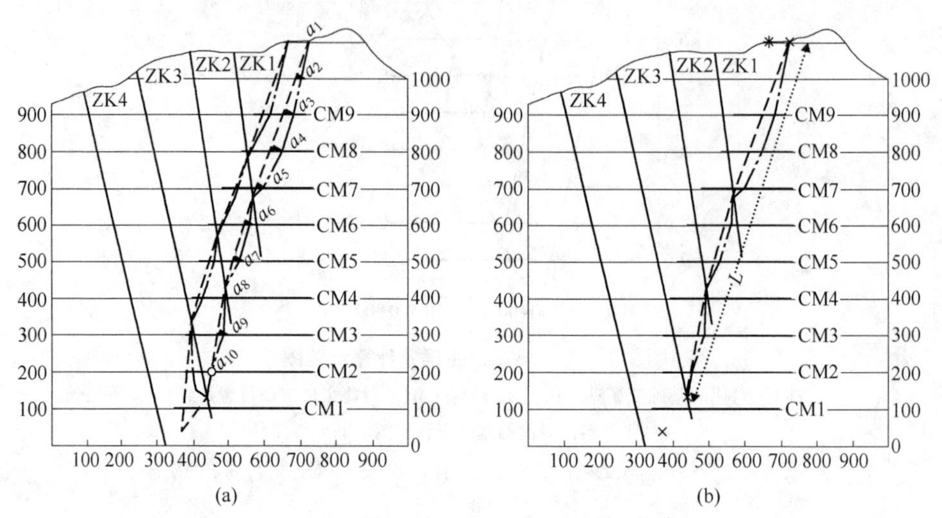

图 3-4 矿体边界位移误差计算示意图

ZK1—对比的基础探矿钻孔位置及编号；CM1—对比采矿坑道位置及编号；

—对比资料圈定的矿体；—对比的基础圈定的矿体；

—a_1 对比资料与对比的基础圈定矿体下盘位移距离；L—矿体走向长度

另一种是用对比资料和对比的基础资料分别圈定的矿体下盘界线构成的图形的面积（位移面积，$S_{移}$），除以矿体走向长度（L），得到下盘界线平均水平位移的距离（位移值），同时量取最大位移，如图 3-4（b）所示，计算公式为 $L_{移}=S_{移}/L$。

反映矿体形态探采对比的主要结果可采用综合统计的方法，见表 3-1。

表 3-1 矿体形态对比参数综合表

矿体号	中段或剖面号	面积误差率/%	面积重叠率/%	形态歪曲率/%	厚度误差率/%	长度误差率/%	底板位移		备注
							上（正） 左（正）	下（负） 右（负）	
1	2	3	4	5	6	7	8	9	10

3.3.3 资源储量对比参数

资源储量是确定矿山建设规模和服务年限的主要依据。

资源储量变化对比参数包括矿石量、金属量、品位的绝对误差、相对误差和超差率。资源储量变化包括矿块、中段（剖面）、矿体、矿区等4个层次。

3.3.4 资源储量对比参数的计算方法

3.3.4.1 矿石量误差

绝对误差： $$Q_{绝} = Q_u - Q_c$$

相对误差： $$Q_{相} = (Q_u - Q_c) \times 100\% / Q_u$$

3.3.4.2 品位误差

绝对误差： $$C_{绝} = C_u - C_c$$

相对误差： $$C_{相} = (C_u - C_c) \times 100\% / C_u$$

3.3.4.3 金属量误差

绝对误差： $$P_{绝} = P_u - P_c$$

相对误差： $$P_{相} = (P_u - P_c) \times 100\% / P_u$$

3.3.4.4 矿块资源储量误差

矿块资源储量误差指按资源储量估算的最小单元矿块对比资源储量误差，见表3-2，是工程加密、资源储量升级后的小块段与对比基础的大网度、大矿块之间资源储量误差的对比，是资源储量及其误差统计分析的基础。

表3-2 矿块资源储量对比

矿体号	对比资料					对比基础					误差								
	块段号	类别	矿石量/$\times 10^4$	金属量/kg	品位/$\times 10^{-6}$	块段号	类别	矿石量/$\times 10^4$	金属量/kg	品位/$\times 10^{-6}$	矿石量			金属量			品位		
											绝对误差	相对误差	超差情况	绝对误差	相对误差	超差情况	绝对误差	相对误差	超差情况

3.3.4.5 中段（剖面）资源储量对比

中段（剖面）资源储量对比按对比资料和对比基础资料，依中段（剖面）

统计资源储量及其变化，见表 3-3。

表 3-3　中段资源储量误差对比

矿体号	对比资料					对比基础					误差								
											矿石量			金属量			品位		
	中段号	类别	矿石量/$\times 10^4$	金属量/kg	品位/$\times 10^{-6}$	中段号	类别	矿石量/$\times 10^4$	金属量/kg	品位/$\times 10^{-6}$	绝对误差	相对误差	超差情况	绝对误差	相对误差	超差情况	绝对误差	相对误差	超差情况

3.3.4.6　资源储量类别升级后的对比

资源储量类别升级后的对比指按不同类别的资源储量统计对比资料，即升级后的资源储量与对比的基础资料即升级前的资源储量进行统计对比，见表 3-4。

表 3-4　资源储量误差对比

矿体号	对比资料				对比基础				误差								
	类别	矿石量/$\times 10^4$	金属量/kg	品位/$\times 10^{-6}$	类别	矿石量/$\times 10^4$	金属量/kg	品位/$\times 10^{-6}$	绝对误差	相对误差	超差情况	绝对误差	相对误差	超差情况	绝对误差	相对误差	超差情况

3.3.4.7　资源储量误差

资源储量误差可按矿体资源储量误差、对比地段资源储量误差统计，见表 3-5。

表 3-5　矿体资源储量探采对比参数综合表

矿体号	矿石量			金属量			品位		
	绝对误差	相对误差	超差情况	绝对误差	相对误差	超差情况	绝对误差	相对误差	超差情况

3.3.5　探采对比误差标准

目前为止，对探采对比的误差并没有一个标准。中国冶金矿山企业协会《冶金矿山地质技术管理手册》建议参照表3-6，作为对比参数误差标准。

表3-6　对比参数误差允许范围

主要对比参数	误差种类	误差允许范围			备注
		准确探明	探明	控制	
资源储量/%	相对误差	±5	±10	±20	
	块段合格率	≥85	≥75	≥60	
矿体面积误差/%	相对误差	≤10~15	≤20~30	≤40~50	
矿体面积重合率/%		≥90	≥80	≥70	
矿体形态歪曲率/%	相对误差	≤30	≤30~60	≤60~80	
品位误差/%	绝对误差	±1	±2	±3	
	相对误差	±3	±3~7	±7~10	
矿体厚度误差/%	相对误差	±10~20	±20~30	±30~40	
矿体底板位移/m	绝对误差	±5~7	±7~10	±10~20	
矿体边界模数		简单<1. 2	中等	1. 2~1. 5	复杂>1. 5
矿体下盘倾角变化	绝对误差	<5°	<10°	<15°	不得出现反向
矿体厚度变化系数		形状稳定的 5~50	形状不稳定的 50~100	形状很不稳定的 100~150	

3.4　探采对比误差分析

3.4.1　矿床地质条件

分析对比的基础是对地层、构造、岩浆岩、变质岩的控矿关系，围岩蚀变和矿化类型与矿体的关系，矿床的成因和成矿规律的认识是否正确。对今后需要进一步认识和验证的矿床地质条件，提出建议。

3.4.2　矿体地质特征

（1）矿体圈定的对比分析。分析对比资料和对比基础资料采用的工业指标、勘探类型、工程手段、网度、资源储量估算方法的异同及其对矿体圈定的影响。

（2）矿体形态对比分析。对照允许误差标准，分析对矿体的控制程度和误差产生的原因。

3.4.3　资源储量

按矿石类型，以矿块为单元，分析矿石量、品位和金属量在矿块、中段、矿体、矿区等4个层次的误差，分析不同勘查手段、工程间距、资源储量类别资源储量误差产生的原因。

3.4.4　矿体总体控制程度

分析对比资料是否发现了新矿体以及对比的基础资料漏矿的原因，分析矿体厚度变化及其原因。平面上分析矿体沿走向是否有重大变化，如延长、缩短、分支、复合情况，分析矿体上下盘位移大小；剖面上分析矿体在倾向上延长、缩短、分支、复合变化情况，主要矿体顶部和延深尖灭变化原因。评价前期勘查工作的合理性、提供的资料的可靠性及其对后期矿山设计、生产开采中开拓系统、总图布置、采矿方法的影响。

从地质条件出发，分析不同勘探网度对矿体各种地质因素及其变化规律的控制程度，分析误差的原因、影响程度和主要影响因素。

分析不同勘查网度（工程间距）圈定的矿体，看其形态与资源储量变化，评价勘查网度的合理性。

3.4.5　矿石加工选冶技术性能

分析对比的基础查定的有用元素、共生元素和伴生元素的元素种类、含量、推荐的生产工艺和产品与当前实际利用的元素种类、含量、生产工艺流程和产品之间的误差和误差产生的原因，评价选矿方法、工艺流程有无因地质条件的变化而改变的结论，提出提高资源综合利用率的改进措施。

3.4.6　矿床开采技术条件

对比水文地质、工程地质、环境地质条件的变化，分析误差产生的原因，对前期工作作出的矿床开采技术条件的结论的可靠性作出评价，对后期工作提出建议。

4 典型岩金矿床探采对比

4.1 山东焦家金矿（Ⅰ类型）

4.1.1 探采对比的范围

探采对比的基础是2008年10月山东省第六地质矿产勘查院提交的《山东省莱州市焦家金矿床延深详查报告》及评审意见、备案函；2010年6月山东正元地质资源勘查有限责任公司提交的《山东省莱州市焦家村东矿区金矿详查报告》及评审意见、备案函；2014年10月山东省第六地质矿产勘查院提交的《山东省莱州市焦家金矿资源储量核实报告》及评审意见、备案函。

对比报告是2018年3月《山东省莱州市焦家金矿（扩界）资源储量核实报告》。两次报告都将Ⅰ号矿体的勘查类型定为Ⅰ类型，其他矿体的勘查类型定为Ⅲ类型。

该报告对比范围是Ⅰ号矿体，-60~-270m等7个中段。

4.1.2 探采对比

4.1.2.1 控矿构造对比

控矿构造基本无变化，只是地质勘探报告仅对主构造（即焦家主断裂）特征进行了总结，采矿过程中发现主构造下盘破碎蚀变带中发育多组构造裂隙，且错综复杂。如平行主断层广泛发育的断裂构造，一般层面破碎，控制小规模的破碎蚀变，绢英岩化强者伴有矿化，含浅色矿物碎屑及泥质者无矿化。规模较大的为主断裂的次级断层；规模较小的系陡倾构造与水平构造切错形成，下盘往往出现裂理密集的小三角岩体，当陡倾构造含矿时，形成矿化三角。这种矿化三角规模很小，一般纵向、横向延伸仅数米。

4.1.2.2 岩性与蚀变对比

与勘探报告相比，开采过程中岩性有3类变化。一是碎裂岩、绢英岩的蚀变程度减弱；二是花岗岩化斜长角闪岩残留体大量出现；三是近主断层下盘碎糜岩带发育。

4.1.2.3 矿床开采技术条件对比

1996年及之前提交的勘探报告确定焦家金矿床为以裂隙水为主要充水因素的水文地质条件中等、工程地质条件中等、地质环境质量中等的开采条件中等的具复合问题的矿床（Ⅱ-4）。

2008年提交的“延深报告”确定焦家金矿床深部为水文地质条件简单、工程地质条件中等、地质环境质量良好的开采条件中等的矿床（Ⅱ-2）。

2010年提交的“村东报告”确定焦家村东金矿床为水文地质条件简单、工程地质条件简单、地质环境质量中等的开采条件中等的矿床（Ⅱ-3）。

2018年报告将焦家金矿床浅部与深部及焦家村东金矿床视为一个整体，结合现行资料，确定矿床为以构造裂隙水为主要充水因素的水文地质条件中等、工程地质条件中等、地质环境质量中等的开采技术条件中等的具复合问题的矿床（Ⅱ-4）。与勘探报告相比，矿床开采技术条件基本无变化，只是随着开采深度的加深，矿坑涌水量逐渐增大，水质逐渐变差。

4.1.2.4 矿体形态对比

在平面上，地质勘探提交的矿体形态简单，大致呈完整、连续的似层状、脉状。开采发现地质勘探所述只是对浅部矿体的印象，深部矿体在平面上呈单侧羽状分支的复杂形态。矿体产状总体未变化，大致走向北东30°，倾向北西，倾角29°。

在剖面图上，勘探时将矿体连为简单板状，采矿时发现矿体变为向下羽状分支的脉状。矿体以40°角向南西的侧伏情况，勘探与开采相符。

4.1.2.5 矿体规模对比

矿体长度开采后有所减小，但变化不大，说明矿体在走向上变化不大。

开采后，矿体厚度多数地段增大。其原因，一是钻探使用的金刚石钻进工艺，对以裂隙充填为主的矿化段岩心采取率虽可达到要求，但含金黄铁矿细脉易磨损，造成矿体品位偏低，漏失矿体；二是钻探工程间距较大，不易揭露到矿体羽状分支（各分支均甚为短小）的现象。

表4-1说明，在中段平面图上，-230m中段以上勘探与开采面积相差不大，-230～-270m地质勘探发现的矿体多为333，面积相差较大。勘探与开采矿体重叠率为78%～93%，普遍较高；歪曲率变化较大（9%～88%）。

剖面图面积对比显示，矿体横向形态变化也较大，且大都呈正变趋势。两翼剖面变化较中间剖面变化大，主要因为地质勘探控制程度低，加之两翼矿体本身复杂。

表 4-1 中段矿体面积对比

中段/m	面积/m²		面积差		重叠面积		歪曲面积	
	勘探	开采	绝对差/m²	相对差/%	绝对/m²	相对/%	绝对值/m²	歪曲率/%
-60	32243	33439	1196	3.71	25284	78	19049	59
-70	38200	38629	429	1.12	33980	89	31246	82
-110	40657	43403	2746	6.75	36919	91	31381	77
-150	96647	97895	1248	1.29	87246	90	25777	27
-190	116334	108200	-8134	-6.99	98065	84	10007	9
-230	35477	40342	4865	13.71	32994	93	9937	28
-270	37206	41598	4392	11.80	31977	86	32741	88
合计	396764	403506	6742	1.70	346465	87	160138	40

4.1.2.6 底板位移

底板位移是直接影响开拓工程布置，进而可能造成工程浪费或资源损失的一项重要指标。此次对比，以勘探提交矿体下盘边界为基准，开采后矿体下盘边界向矿体上盘方向移动记为正向，反之记为负向。平均位移由位移部位的面积除以其走向长度求得。位移部位走向长度之和与矿体走向长度的百分比，称为位移占有率，见表 4-2。

表 4-2 底板位移对比

中段/m	正向位移			负向位移		
	最大位移/m	平均位移/m	占有率/%	最大位移/m	平均位移/m	占有率/%
-60	18	12	23	30	14	76
-70	23	14	17	42	18	83
-110	22	8	27	40	21	75
-150	33	16	28	39	17	69
-190	10	1	12	25	9	61
-230	20	3	25	26	10	63
-270	15	8	44	13	7	23

底板的负向位移大于正向位移。表现在一是各中段的负向位移占有率远远高于正向，且多大于50%；二是-60~-110m 中段位移值比上下中段高出一个数量级，这和该区段矿体勘探网度较低是吻合的。

4.1.2.7　资源储量对比

表4-3表明，开采后金属量和矿石量均呈正增长，品位多呈负增长，333块段尤为明显。这也进一步表明钻探手段对矿体下盘矿化极不均匀的以黄铁绢英岩化花岗质碎裂岩为主的矿体控制程度低，对接近于边界品位的块段漏圈。

表4-3　资源储量对比结果

资源储量类别	储量要素	单位	勘探	开采	绝对差	相对差/%	备注
331	矿石量	万吨	202.86	224.31	21.45	9.56	-60~-270m中段
	金属量	kg	8177	8803	626	7.11	
	品　位	10^{-6}	4.03	3.92	-0.11	-2.71	
332	矿石量	万吨	180.17	183.98	3.81	2.07	
	金属量	kg	9720	10189	469	4.60	
	品　位	10^{-6}	5.39	5.54	0.14	2.59	
333	矿石量	万吨	295.51	500.32	204.81	40.94	
	金属量	kg	15679	20779	5100	24.54	
	品　位	10^{-6}	5.31	4.15	-1.15	-27.75	
331+332+333	矿石量	万吨	678.54	908.61	230.07	25.32	
	金属量	kg	33576	39771	6195	15.58	
	品　位	10^{-6}	4.95	4.38	-0.57	-13.05	

4.1.3　结论

（1）从勘探到开采，焦家金矿Ⅰ号矿体的勘查类型都定为Ⅰ类型，其他矿体为Ⅲ类型，勘探类型确定是合理的。

（2）勘探时采用以钻探为主的勘探手段，是迫于地形条件；矿床开采后采用以坑探为主，是考虑到探采结合。通过对两个时期的控矿构造、岩性与蚀变、开采技术条件、矿体形态、矿体规模、底板位移、资源储量对比，结果虽有变化，但其变化没有影响到开拓系统和选冶工艺的改变，是可以接受的。所以两个时期分别采用的勘探手段是合理有效的。

4.1.4　建议

（1）金刚石钻进工艺的钻探，对以裂隙充填为主的矿化段岩心采取率虽可达到要求，但由于含金黄铁矿细脉易磨损，有造成矿体品位偏低，或漏失矿体的可能。

（2）对Ⅰ类型矿体的羽状分支，不能采用Ⅰ类型的工程网度，应在主矿体的工程网度基础上，适当加密。

（3）对一个矿区，最好不要只采用钻探一种勘探手段，对于高类别资源储量，应有坑探工程揭露主要矿体的关键地段。

4.2　山东纱岭金矿区（Ⅰ类型）

4.2.1　探采对比的范围

此次对比的是纱岭金矿区普查、详查、勘探三个勘查阶段，Ⅰ-2号矿体，312～328勘探线长960m，标高−1000～−1600m地段。

对比的基础有山东省第六地质矿产勘查院2011年编制的《山东省莱州市纱岭矿区金矿普查报告（2008.12—2011.11）》，2015年2月在山东省国土资源厅备案的《山东省莱州市纱岭金矿详查报告》（鲁国土资函［2015］62号）。

对比资料是2015年7月7日在山东省国土资源厅备案的《山东省莱州市纱岭金矿区金矿勘探报告》（鲁国土资函［2015］298号）。

4.2.2　探采对比的条件

4.2.2.1　勘查类型、工程间距

普查、详查、勘探均将Ⅰ-2号矿体确定为第Ⅰ勘探类型，普查阶段工程间距为240m×240m（走向×倾向），详查阶段工程间距为120m×120m（走向×倾向），勘探阶段工程间距为60m×60m（走向×倾向）。

均采用勘探线法布置探矿工程，探矿手段为单一钻探。纱岭金矿区普查、详查、勘探工程布置图如图4-1所示。

4.2.2.2　工业指标

三个阶段采用的工业指标见表4-4。边界品位、最小可采厚度、夹石剔除厚度一致，所以3个阶段圈定的矿体范围一致，最低工业品位和矿床平均品位不同，只是影响资源储量类别，并不影响矿床总的资源储量。

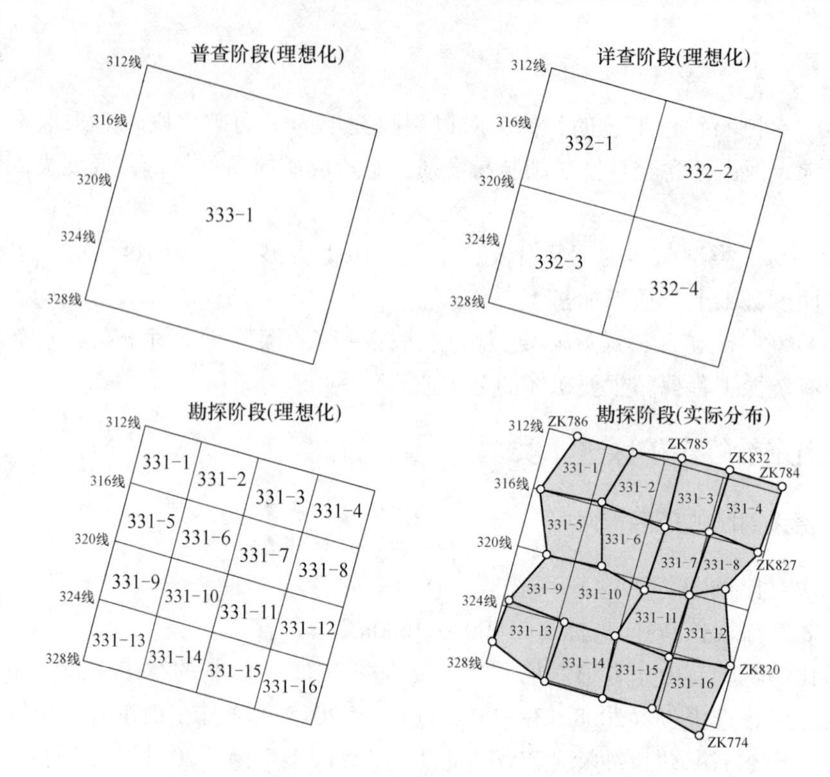

图 4-1 纱岭金矿区普查、详查、勘探工程布置图

表 4-4 纱岭金矿区工业指标对比

勘查阶段	普查	详查	勘探
边界品位/$\times10^{-6}$	1	1	1
最低工业品位/$\times10^{-6}$		2.2	2.2
矿床工业品位/$\times10^{-6}$		3.4	3.4
最小可采厚度/m	1.2	1.2	1.2
夹石剔除厚度/m	2	3	3
其他		当矿体小于最低可采厚度而品位较高时，可按最低工业m·g/t值 2.64×10^{-6}圈定矿体	当矿体小于最低可采厚度而品位较高时，按最低工业m·g/t值 2.64×10^{-6}圈定矿体

4.2.3 探采对比

4.2.3.1 矿体特征变化

从普查到勘探矿体特征的变化见表 4-5。矿体厚度、品位均有变小的趋势。从图 4-2 可见，随着工程控制程度的提高，矿体形态愈加复杂，矿体出现了

明显的分支复合和工业矿与低品位矿互层情况，与分支复合伴随的夹石也增多。

表 4-5 矿体厚度品位对比

勘查阶段	普查	详查	勘探
矿体厚度/m	38.01	49.33	37.99
厚度变化系数/%	104.18	91.39	81.85
矿体品位/g·t^{-1}	4.34	4.21	4.00
品位变化系数/%	90.53	96.05	92.15

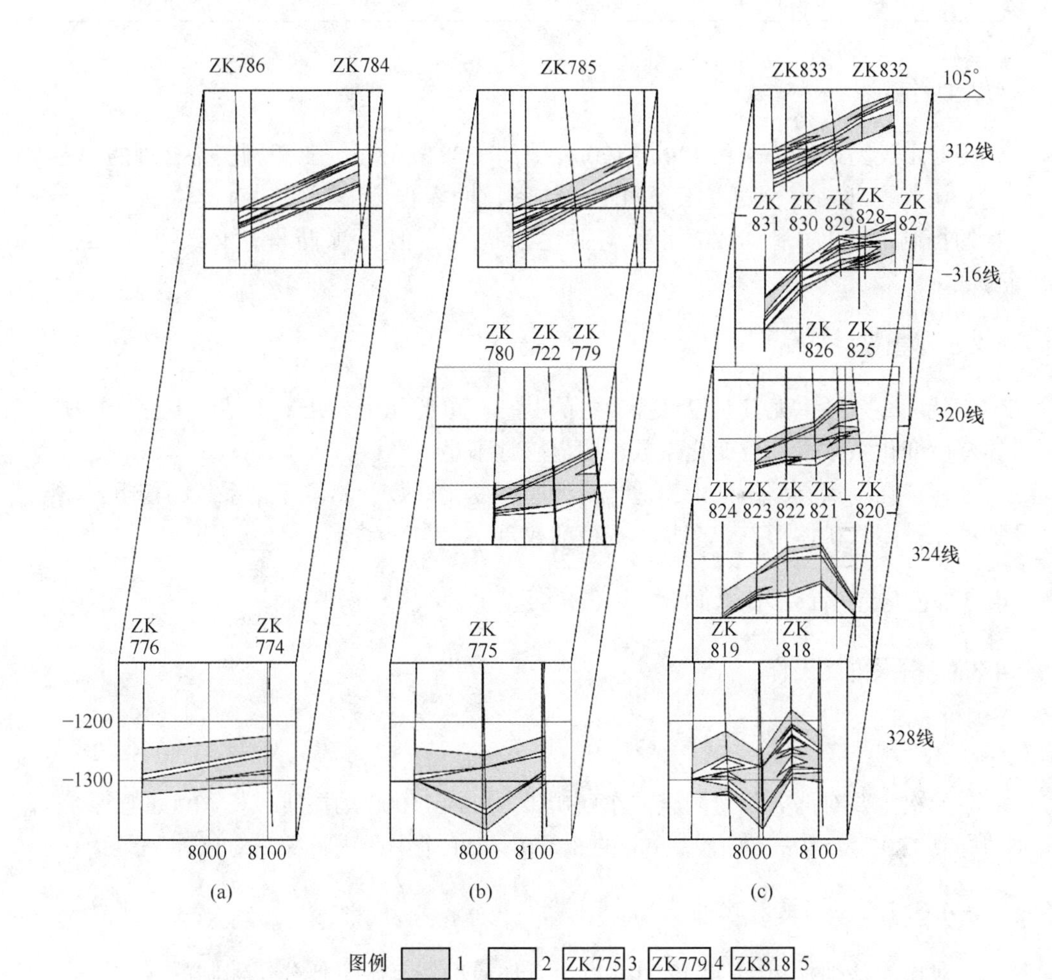

图 4-2 不同勘查阶段圈定矿体形体对比联合剖面

（a）普查；（b）详查；（c）勘探

1—工业矿体；2—低品位矿体；3—普查钻孔位置及编号；

4—详查钻孔位置及编号；5—勘探钻孔位置及编号

4.2.3.2　资源储量变化

从表4-6可见，勘探程度提高，资源储量总体变少，品位变低。

表4-6　资源储量对比

勘查阶段	普查	详查	勘探
矿石量/t	6064572	7871099	6061580
金金属量/kg	26320	33145	24236
矿体平均品位/$\times10^{-6}$	4.34	4.21	4.00

4.2.4　结论

对Ⅰ类型矿体，采用120m×120m，探求332资源量，工程网度是合理的。

从普查到勘探，随着工程间距的加密，勘探程度的提高，对矿体形态、产状的控制逐渐提高，资源储量类别逐渐提高，但资源储量总体变少，品位变低。

4.2.5　建议

就勘查来说，尤其是以钻探为主的勘查，单凭几个或几十个见矿工程计算矿体厚度变化系数、品位变化系数，明显感觉不足。

建议在勘探类型论证中，适当降低厚度变化系数、品位变化系数的权重，增加矿床类型、矿体形态、产状、规模的权重。

4.3　内蒙古浩尧尔忽洞金矿（Ⅰ类型）

4.3.1　探采对比工作

4.3.1.1　探采对比的范围

此次主要对浩尧尔忽洞金矿东西矿带6900~11000勘探线，长4100m已采完的标高1606~1540m，中段高6m的8条矿体11个中段进行探采对比。

4.3.1.2　探采对比的基础

对比的基础是2011年12月北京金有地质勘查有限责任公司编制的《内蒙古自治区乌拉特中旗浩尧尔忽洞金矿东、西矿段详查报告》（未备案），采用的边界品位0.28g/t，资源储量估算方法为地质块段法在垂直纵投影上估算资源储量。

4.3.1.3 探采对比的资料

对比资料是2012~2017年12月底矿山生产勘探，东坑利用炮孔99090个，计696052.11m，基本分析99090件；西坑利用炮孔64890个，计445132.65m，基本分析64890件，用炮孔样边界品位0.28g/t，以Dimine软件，二次圈定矿体重新估算资源储量。

4.3.1.4 探采对比工作

为使探采对比基础资料口径统一，此次探采对比采用了Dimine、Minesight等三维建模软件及CAD、Mapgis制图软件。

利用Dimine软件，整理详查资料，形成详查数据库。整理详查历年的钻孔资料和东西矿带1606~1540m标高的11个台阶所有潜孔钻资料后，形成了采矿数据库。

利用Dimine软件形成各个中段的勘探矿体与开采矿体的中段平面图，再转成CAD格式，利用CAD填充各个区域，通过查询计算矿体形态对比参数。

采用距离幂次反比法和克里格法，计算详查大块段与采矿小块段的资源储量，根据块段之间的关系对比资源储量和资源类别的变化。

4.3.2 探采对比结果

4.3.2.1 矿体形态对比

浩尧尔忽洞金矿设计和实际开采台阶高度均为6m，上下平台相互平行，故以中段平面图进行矿体形态误差的对比。

在1606~1540m标高的11个开采中段平面图上，将详查矿体边界与开采二次圈定矿体边界重叠在同一平面图上，利用软件求出各中段详查矿体平面面积、开采二次圈定矿体平面面积、详查矿体与二次圈定开采矿体各平台重合面积、多圈和少圈面积，在此基础上再计算各平台水平面积的误差率、重合率、歪曲率并以开采面积为基数，进行形态相对误差率的计算，计算结果见表4-7。

8个矿体，中段矿体面积重合率、形态歪曲率排序基本和矿体金属量的排序一致，即主矿体的面积重合率大、形态歪曲率小，小矿体的面积重合率低、形态歪曲率大。

4.3.2.2 资源储量对比

分别计算出各中段间详查期、开采期金矿体矿石量、金属量、平均品位。以开采期资源储量为基数，进行资源储量的相对误差率的计算，计算结果见表4-8。

表 4-7　浩尧尔忽洞金矿矿体形态探采对比

矿体号	台阶	面积/m^2		面积误差		重合面积/m^2	面积重合率/%	歪曲面积/m^2			形态歪曲率/%
		开采	勘探	绝对误差/m^2	相对误差/%			多圈	少圈	合计	
W1	1540~1546	0	3544	-3544	100	0	0	3544	0	3544	100
	1546~1552	686	3925	-3239	82. 52	203	5. 17	3722	483	4205	107. 13
	1552~1558	1055	4306	-3251	75. 5	485	11. 26	3821	570	4391	101. 97
	1558~1564	1071	4564	-3493	76. 53	628	13. 76	3936	443	4379	95. 95
	1564~1570	1093	4752	-3659	77	281	5. 91	4471	812	5283	111. 17
	1570~1576	1478	4899	-3421	69. 83	804	16. 41	4095	674	4769	97. 35
	1576~1582	5972	4963	1009	20. 33	1955	39. 39	3008	4017	7025	141. 55
	1582~1588	3054	4980	-1926	38. 67	1351	27. 13	3629	1703	5332	107. 07
	1588~1594	4114	4942	-828	16. 75	1982	40. 11	2960	2132	5092	103. 04
	1594~1600	4598	4848	-250	5. 16	1758	36. 26	3090	2840	5930	122. 32
	1600~1606	3670	4593	-923	20. 1	1318	28. 7	3275	2352	5627	122. 51
	小计	2435. 55	4574. 18	-2138. 64	52. 94	978. 64	20. 37	3595. 55	1456. 91	5052. 45	110. 01
W2	1540~1546	14621	27973	-13352	47. 73	10807	38. 63	17166	3814	20980	75
	1546~1552	21548	28342	-6794	23. 97	16808	59. 3	11534	4740	16274	57. 42
	1552~1558	20632	28690	-8058	28. 09	16602	57. 87	12088	4030	16118	56. 18
	1558~1564	25268	29111	-3843	13. 2	18536	63. 67	10575	6732	17307	59. 45
	1564~1570	28811	29402	-591	2. 01	22055	75. 01	7347	6756	14103	47. 97
	1570~1576	29135	29574	-439	1. 48	23882	80. 75	5692	5253	10945	37. 01
	1576~1582	32795	29600	3195	10. 79	25310	85. 51	4290	7485	11775	39. 78
	1582~1588	28880	29662	-782	2. 64	23164	78. 09	6498	5716	12214	41. 18
	1588~1594	31641	29403	2238	7. 61	24734	84. 12	4669	6907	11576	39. 37
	1594~1600	31525	29172	2353	8. 07	24068	82. 5	5104	7457	12561	43. 06
	1600~1606	29596	29230	366	1. 25	22183	75. 89	7047	7413	14460	49. 47
	小计	26768. 36	29105. 36	-2337. 00	13. 35	20740. 82	71. 03	8364. 55	6027. 55	14392. 09	49. 63

续表4-7

矿体号	台阶	面积/m²		面积误差		重合面积/m²	面积重合率/%	歪曲面积/m²			形态歪曲率/%
		开采	勘探	绝对误差/m²	相对误差/%			多圈	少圈	合计	
W3	1540~1546	78985	78762	223	0.28	57850	73.45	20912	21135	42047	53.38
	1546~1552	77444	78523	-1079	1.37	57424	73.13	21099	20020	41119	52.37
	1552~1558	79869	78609	1260	1.6	60142	76.51	18467	19727	38194	48.59
	1558~1564	72156	78283	-6127	7.83	57118	72.96	21165	15038	36203	46.25
	1564~1570	75055	78044	-2989	3.83	59057	75.67	18987	15998	34985	44.83
	1570~1576	85571	77767	7804	10.04	63428	81.56	14339	22143	36482	46.91
	1576~1582	77909	77505	404	0.52	59308	76.52	18197	18601	36798	47.48
	1582~1588	82058	77273	4785	6.19	60117	77.8	17156	21941	39097	50.6
	1588~1594	73748	76954	-3206	4.17	56245	73.09	20709	17503	38212	49.66
	1594~1600	71860	76642	-4782	6.24	53807	70.21	22835	18053	40888	53.35
	1600~1606	67820	76338	-8518	11.16	50913	66.69	25425	16907	42332	55.45
	小计	76588.64	77700.00	-1111.36	4.84	57764.45	74.33	19935.55	18824.18	38759.73	49.90
W4	1540~1546	3377	4980	-1603	32.19	2162	43.41	2818	1215	4033	80.98
	1546~1552	4688	5092	-404	7.93	2108	41.4	2984	2580	5564	109.27
	1552~1558	2813	5143	-2330	45.3	1125	21.87	4018	1688	5706	110.95
	1558~1564	3150	5155	-2005	38.89	2058	39.92	3097	1092	4189	81.26
	1564~1570	4886	5148	-262	5.09	2449	47.57	2699	2437	5136	99.77
	1570~1576	4052	5162	-1110	21.5	1983	38.42	3179	2069	5248	101.67
	1576~1582	4393	5207	-814	15.63	2157	41.43	3050	2236	5286	101.52
	1582~1588	3690	5225	-1535	29.38	1319	25.24	3906	2371	6277	120.13
	1588~1594	3323	5237	-1914	36.55	1362	26.01	3875	1961	5836	111.44
	1594~1600	4312	5239	-927	17.69	2175	41.52	3064	2137	5201	99.27
	1600~1606	5605	5234	371	7.09	2484	47.46	2750	3121	5871	112.17
	小计	4026.27	5165.64	-1139.36	23.39	1943.82	37.66	3221.82	2082.45	5304.27	102.58

续表4-7

矿体号	台阶	面积/m²		面积误差		重合面积/m²	面积重合率/%	歪曲面积/m²			形态歪曲率/%
		开采	勘探	绝对误差/m²	相对误差/%			多圈	少圈	合计	
E1	1540~1546	150415	152501	−2086	1. 37	132185	86. 68	20316	18230	38546	25. 28
	1546~1552	147438	153061	−5623	3. 67	127825	83. 51	25236	19613	44849	29. 3
	1552~1558	145261	153568	−8307	5. 41	126012	82. 06	27556	19249	46805	30. 48
	1558~1564	148571	153799	−5228	3. 4	130131	84. 61	23668	18440	42108	27. 38
	1564~1570	157784	153703	4081	2. 66	134758	87. 67	18945	23026	41971	27. 31
	1570~1576	157397	153468	3929	2. 56	135079	88. 02	18389	22318	40707	26. 52
	1576~1582	162579	152973	9606	6. 28	134840	88. 15	18133	27739	45872	29. 99
	1582~1588	151997	152373	−376	0. 25	128688	84. 46	23685	23309	46994	30. 84
	1588~1594	157387	151689	5698	3. 76	131426	86. 64	20263	25961	46224	30. 47
	1594~1600	146002	150775	−4773	3. 17	123697	82. 04	27078	22305	49383	32. 75
	1600~1606	145985	149688	−3703	2. 47	127206	84. 98	22482	18779	41261	27. 56
	小计	151892. 4	152508. 91	−616. 545	3. 18182	130167. 9	85. 3473	22341	21724. 4545	44065. 45	28. 8982
E2	1540~1546	40610	32246	8364	25. 94	18036	55. 93	14210	22574	36784	114. 07
	1546~1552	33386	31796	1590	5	18987	59. 72	12809	14399	27208	85. 57
	1552~1558	36778	31385	5393	17. 18	20785	66. 23	10600	15993	26593	84. 73
	1558~1564	36113	30967	5146	16. 62	19115	61. 73	11852	16998	28850	93. 16
	1564~1570	32023	30518	1505	4. 93	19037	62. 38	11481	12986	24467	80. 17
	1570~1576	36509	30283	6226	20. 56	19958	65. 9	10325	16551	26876	88. 75
	1576~1582	35139	29756	5383	18. 09	18828	63. 27	10928	16311	27239	91. 54
	1582~1588	28593	29255	−662	2. 26	17285	59. 08	11970	11308	23278	79. 57
	1588~1594	27559	28910	−1351	4. 67	16976	58. 72	11934	10583	22517	77. 89
	1594~1600	23624	28656	−5032	17. 56	14420	50. 32	14236	9204	23440	81. 8
	1600~1606	21072	28340	−7268	25. 65	12014	42. 39	16326	9058	25384	89. 57
	小计	31946. 00	30192. 00	1754. 00	14. 41	17767. 36	58. 70	12424. 64	14178. 64	26603. 27	87. 89

续表4-7

矿体号	台阶	面积/m²		面积误差		重合面积/m²	面积重合率/%	歪曲面积/m²			形态歪曲率/%
		开采	勘探	绝对误差/m²	相对误差/%			多圈	少圈	合计	
E3	1540~1546	29867	21287	8580	40. 31	12291	57. 74	8996	17576	26572	124. 83
	1546~1552	23594	21054	2540	12. 06	10796	51. 28	10258	12798	23056	109. 51
	1552~1558	22041	20810	1231	5. 92	10535	50. 62	10275	11506	21781	104. 67
	1558~1564	25433	20554	4879	23. 74	9836	47. 85	10718	15597	26315	128. 03
	1564~1570	17566	20270	-2704	13. 34	7730	38. 14	12540	9836	22376	110. 39
	1570~1576	24280	19954	4326	21. 68	10741	53. 83	9213	13539	22752	114. 02
	1576~1582	22268	19611	2657	13. 55	11328	57. 76	8283	10940	19223	98. 02
	1582~1588	19461	19252	209	1. 09	9354	48. 59	9898	10107	20005	103. 91
	1588~1594	25152	18908	6244	33. 02	11747	62. 13	7161	13405	20566	108. 77
	1594~1600	24431	18534	5897	31. 82	9284	50. 09	9250	15147	24397	131. 63
	1600~1606	22163	17600	4563	25. 93	9996	56. 8	7604	12167	19771	112. 34
	小计	23296. 00	19803. 09	3492. 91	20. 22	10330. 73	52. 26	9472. 36	12965. 27	22437. 64	113. 28
E4	1540~1546	8655	8126	529	6. 51	3043	37. 45	5083	5612	10695	131. 61
	1546~1552	6991	7733	-742	9. 6	2680	34. 66	5053	4311	9364	121. 09
	1552~1558	6541	7292	-751	10. 3	2267	31. 09	5025	4274	9299	127. 52
	1558~1564	7887	6800	1087	15. 99	2886	42. 44	3914	5001	8915	131. 1
	1564~1570	5833	6254	-421	6. 73	2218	35. 47	4036	3615	7651	122. 34
	1570~1576	4736	5710	-974	17. 06	2108	36. 92	3602	2628	6230	109. 11
	1576~1582	2922	5223	-2301	44. 06	881	16. 87	4342	2041	6383	122. 21
	1582~1588	3317	4800	-1483	30. 9	1609	33. 52	3191	1708	4899	102. 06
	1588~1594	3370	4440	-1070	24. 1	1511	34. 03	2929	1859	4788	107. 84
	1594~1600	663	4089	-3426	83. 79	147	3. 6	3942	516	4458	109. 02
	1600~1606	570	3727	-3157	84. 71	445	11. 94	3282	125	3407	91. 41
	小计	4680. 45	5835. 82	-1155. 36	30. 34	1799. 55	28. 91	4036. 27	2880. 91	6917. 18	115. 94

表 4-8　浩尧尔忽洞金矿矿体资源储量探采对比

矿体号	台阶	地质勘探			实际开采			矿石量		金属量		品位	
		矿石量/t	金属量/kg	平均品位/$g \cdot t^{-1}$	矿石量/t	金属量/kg	平均品位/$g \cdot t^{-1}$	绝对误差/t	相对误差/%	绝对误差/kg	相对误差/%	绝对误差/$g \cdot t^{-1}$	相对误差/%
W1	1540~1546	62339.8	13.78	0.22	0	0	0	-62340	100	-13.78	100	-0.22	100
	1546~1552	69169.7	12.58	0.18	11517.1	5.08	0.44	-57653	83.35	-7.5	59.63	0.26	142.46
	1552~1558	74526.5	12.58	0.17	17610.5	9.36	0.53	-56916	76.37	-3.22	25.61	0.36	214.82
	1558~1564	77316.5	12.05	0.16	17945.3	10.73	0.6	-59371	76.79	-1.32	10.99	0.44	283.51
	1564~1570	80664.5	14.22	0.18	18681.8	9.55	0.51	-61983	76.84	-4.67	32.84	0.33	189.98
	1570~1576	82784.9	18.24	0.22	25310.9	12.87	0.51	-57474	69.43	-5.38	29.46	0.29	130.71
	1576~1582	83164.3	19.53	0.23	100239	34.58	0.35	17074.8	20.53	15.06	77.1	0.11	46.93
	1582~1588	83142	21.86	0.26	23369	10.49	0.45	-59773	71.89	-11.37	52.02	0.19	70.7
	1588~1594	82026	22.03	0.27	68567	31.51	0.46	-13459	16.41	9.48	43.06	0.19	71.14
	1594~1600	78700.3	22.06	0.28	77338.8	33.42	0.43	-1361.5	1.73	11.36	51.47	0.15	54.14
	1600~1606	73767.6	21.17	0.29	61737.1	22.15	0.36	-12030	16.31	0.97	4.59	0.07	24.97
	小计	847602	190.1	0.22	422317	179.74	0.4256	-425285	-100.7	-10.37	-5.76	0.20	47.30
W2	1540~1546	471443	260.25	0.55	244940	138.32	0.56	-226503	48.04	-121.93	46.85	0.01	2.3
	1546~1552	478675	298.2	0.62	360178	188.51	0.52	-118497	24.76	-109.69	36.78	-0.1	15.99
	1552~1558	484723	311.85	0.64	347121	191.94	0.55	-137603	28.39	-119.91	38.45	-0.09	14.05
	1558~1564	489812	336.27	0.69	423790	218.19	0.51	-66023	13.48	-118.08	35.11	-0.17	25.01
	1564~1570	494076	330.59	0.67	482313	280.21	0.58	-11763	2.38	-50.38	15.24	-0.09	13.17
	1570~1576	495973	317.77	0.64	486197	285.4	0.59	-9776.2	1.97	-32.36	10.18	-0.05	8.38
	1576~1582	496196	307.98	0.62	549474	307.03	0.56	53277.8	10.74	-0.95	0.31	-0.06	9.98
	1582~1588	493875	286.17	0.58	466242	274.4	0.59	-27632	5.59	-11.76	4.11	0.01	1.57
	1588~1594	490303	340.84	0.7	530524	284.07	0.54	40220.6	8.2	-56.77	16.66	-0.16	22.97
	1594~1600	489031	452.64	0.93	527511	282.5	0.54	38479.7	7.87	-170.13	37.59	-0.39	42.14
	1600~1606	489187	452.8	0.93	496441	260.18	0.52	7254	1.48	-192.62	42.54	-0.4	43.38
	小计	5373294	3695.36	0.69	4914730	2710.75	0.55	-458564	-8.53	-984.61	-26.64	-0.13	-24.68

续表4-8

矿体号	台阶	地质勘探			实际开采			矿石量		金属量		品位	
		矿石量/t	金属量/kg	平均品位/$g \cdot t^{-1}$	矿石量/t	金属量/kg	平均品位/$g \cdot t^{-1}$	绝对误差/t	相对误差/%	绝对误差/kg	相对误差/%	绝对误差/$g \cdot t^{-1}$	相对误差/%
W3	1540～1546	1318175	805.61	0.61	1323397	653.41	0.49	5222.88	0.4	−152.19	18.89	−0.12	19.21
	1546～1552	1316768	814.02	0.62	1300363	653.41	0.5	−16405	1.25	−160.61	19.73	−0.12	18.72
	1552～1558	1315318	807.65	0.61	1337861	681.81	0.51	22543.2	1.71	−125.83	15.58	−0.1	17
	1558～1564	1310965	798.22	0.61	1209766	648.19	0.54	−101199	7.72	−150.03	18.8	−0.07	12
	1564～1570	1303555	808.75	0.62	1256906	675.81	0.54	−46649	3.58	−132.94	16.44	−0.08	13.34
	1570～1576	1298667	834.83	0.64	1432007	737.89	0.52	133340	10.27	−96.95	11.61	−0.13	19.84
	1576～1582	1295207	842.18	0.65	1303376	653.75	0.5	8169.12	0.63	−188.43	22.37	−0.15	22.86
	1582～1588	1291681	857.8	0.66	1372077	667.52	0.49	80396.6	6.22	−190.28	22.18	−0.18	26.74
	1588～1594	1286525	871.82	0.68	1236617	642.2	0.52	−49908	3.88	−229.62	26.34	−0.16	23.36
	1594～1600	1280498	902.37	0.7	1202468	594.03	0.49	−78031	6.09	−308.34	34.17	−0.21	29.9
	1600～1606	1274026	873.42	0.69	1133700	575.12	0.51	−140326	11.01	−298.31	34.15	−0.18	26
	小计	14291384.4	9216.67	0.64491	14108538.96	7183.14	0.50913	−182845	−1.29	−2033.5	−28.31	−0.13	−26.67
W4	1540～1546	84481.2	37.8	0.45	56380.3	23.56	0.42	−28101	33.26	−14.24	37.67	−0.03	6.6
	1546～1552	85686.5	38.19	0.45	78611	27.56	0.35	−7075.4	8.26	−10.63	27.83	−0.1	21.34
	1552～1558	86534.6	38.22	0.44	47608.6	23.52	0.49	−38926	44.98	−14.7	38.46	0.05	11.85
	1558～1564	86333.8	37.5	0.43	52362.7	24.83	0.47	−33971	39.35	−12.67	33.79	0.04	9.17
	1564～1570	86244.5	36.1	0.42	82226.9	40.47	0.49	−4017.6	4.66	4.38	12.12	0.07	17.6
	1570～1576	86847.1	33.42	0.38	67964.4	35.14	0.52	−18883	21.74	1.72	5.15	0.13	34.36
	1576～1582	87315.8	31.23	0.36	74124.7	34.12	0.46	−13191	15.11	2.89	9.26	0.1	28.7
	1582～1588	86869.4	27.07	0.31	43925.8	23.79	0.54	−42944	49.43	−3.28	12.11	0.23	73.81
	1588～1594	86847.1	27.4	0.32	56045.5	26.31	0.47	−30802	35.47	−1.09	3.98	0.15	48.79
	1594～1600	87137.3	28.21	0.32	72316.8	30.15	0.42	−14820	17.01	1.93	6.86	0.09	28.76
	1600～1606	87338.2	28.51	0.33	93744	31.74	0.34	6405.84	7.33	3.22	11.3	0.01	3.69
	小计	951636	363.65	0.38	725311	321.19	0.44	−226325	−31.204	−42.46	−13.22	0.06	13.71

续表4-8

矿体号	台阶	地质勘探			实际开采			矿石量		金属量		品位	
		矿石量/t	金属量/kg	平均品位/g·t^{-1}	矿石量/t	金属量/kg	平均品位/g·t^{-1}	绝对误差/t	相对误差/%	绝对误差/kg	相对误差/%	绝对误差/g·t^{-1}	相对误差/%
E1	1540~1546	2556809	1549.97	0.61	2517093	1646.24	0.65	−39716	1.55	96.27	6.21	0.05	7.89
	1546~1552	2567389	1553.77	0.61	2465333	1587.22	0.64	−102055	3.98	33.45	2.15	0.04	6.38
	1552~1558	2574552	1563.69	0.61	2428371	1562.68	0.64	−146181	5.68	−1.01	0.06	0.04	5.95
	1558~1564	2574943	1559.53	0.61	2490711	1590.77	0.64	−84232	3.27	31.24	2	0.03	5.45
	1564−1570	2570857	1569.29	0.61	2633269	1573.76	0.6	62411.9	2.43	4.48	0.29	−0.01	2.09
	1570~1576	2565417	1580.32	0.62	2621283	1557.88	0.59	55866.1	2.18	−22.45	1.42	−0.02	3.52
	1576~1582	2558619	1602	0.63	2716902	1581.98	0.58	158283	6.19	−20.02	1.25	−0.04	7
	1582~1588	2548621	1592.52	0.62	2527137	1487.54	0.59	−21484	0.84	−104.98	6.59	−0.04	5.8
	1588~1594	2533374	1563.78	0.62	2625569	1560.55	0.59	92194.7	3.64	−3.24	0.21	−0.02	3.71
	1594~1600	2512658	1533.51	0.61	2443303	1482.81	0.61	−69355	2.76	−50.7	3.31	0	0.56
	1600~1606	2492589	1493.75	0.6	2435938	1458.7	0.6	−56651	2.27	−35.05	2.35	0	0.08
	小计	28055827.55	17162.1	0.61	27904910.4	17090.1	0.61	−150917	−0.54	−72.00	−0.42	0.00	0.12
E2	1540~1546	535112	197.22	0.37	686206	265.55	0.39	151094	28.24	68.33	34.65	0.02	5
	1546~1552	528259	203.3	0.38	569830	246.22	0.43	41570.8	7.87	42.91	21.11	0.05	12.27
	1552~1558	520952	199.3	0.38	617773	282.14	0.46	96821.4	18.59	82.84	41.57	0.07	19.38
	1558~1564	515933	192.64	0.37	605586	260.79	0.43	89653.3	17.38	68.16	35.38	0.06	15.34
	1564~1570	508001	185.28	0.36	536952	254.26	0.47	28951.3	5.7	68.98	37.23	0.11	29.83
	1570~1576	499261	181.63	0.36	611613	282.22	0.46	112352	22.5	100.59	55.38	0.1	26.84
	1576~1582	495263	183.36	0.37	588511	259.08	0.44	93248.3	18.83	75.72	41.3	0.07	18.91
	1582~1588	488813	186.15	0.38	478295	217.93	0.46	−10518	2.15	31.78	17.07	0.07	19.65
	1588~1594	482584	200.64	0.42	461087	214.69	0.47	−21497	4.45	14.05	7	0.05	11.99
	1594~1600	474850	216.87	0.46	395332	192.04	0.49	−79518	16.75	−24.83	11.45	0.03	6.36
	1600~1606	467437	227.66	0.49	354553	153.9	0.43	−112884	24.15	−73.76	32.4	−0.05	10.88
	小计	5516464	2174.05	0.39	5905738	2628.82	0.45	389274	6.59	454.77	17.30	0.05	11.46

续表4-8

矿体号	台阶	地质勘探			实际开采			矿石量		金属量		品位	
		矿石量/t	金属量/kg	平均品位/g·t^{-1}	矿石量/t	金属量/kg	平均品位/g·t^{-1}	绝对误差/t	相对误差/%	绝对误差/kg	相对误差/%	绝对误差/g·t^{-1}	相对误差/%
E3	1540~1546	355235	110.13	0.31	505950	157.34	0.31	150715	42.43	47.21	42.87	0	0.31
	1546~1552	351772	109.51	0.31	396135	132.02	0.33	44362.9	12.61	22.51	20.56	0.02	7.06
	1552~1558	348961	110.63	0.32	369619	141.33	0.38	20658	5.92	30.7	27.76	0.07	20.62
	1558~1564	343829	110.38	0.32	424392	164.2	0.39	80563.6	23.43	53.82	48.76	0.07	20.52
	1564~1570	337191	109.46	0.32	292080	105.11	0.36	−45112	13.38	−4.36	3.98	0.04	10.85
	1570~1576	331434	108.89	0.33	404706	138.59	0.34	73272.4	22.11	29.7	27.28	0.01	4.23
	1576~1582	325374	107.06	0.33	376382	136.64	0.36	51008	15.68	29.58	27.63	0.03	10.33
	1582~1588	318822	104	0.33	327300	121.42	0.37	8478.45	2.66	17.41	16.74	0.04	13.72
	1588~1594	312810	99.8	0.32	420375	145.08	0.35	107565	34.39	45.29	45.38	0.03	8.18
	1594~1600	301737	95.37	0.32	409460	145.1	0.35	107724	35.7	49.73	52.14	0.04	12.11
	1600~1606	286173	90.58	0.32	370222	126.29	0.34	84049.2	29.37	35.71	39.43	0.02	7.77
	小计	3613339	1155.81	0.32	4296622	1513.12	0.35	683284	15.90	357.31	23.61	0.03	9.17
E4	1540~1546	132401	24.44	0.18	145437	47.89	0.33	13036.2	9.85	23.45	95.95	0.14	78.39
	1546~1552	125823	25.88	0.21	118854	42.23	0.36	−6968.8	5.54	16.35	63.17	0.15	72.74
	1552~1558	118220	27.52	0.23	108274	44.24	0.41	−9946	8.41	16.72	60.75	0.18	75.52
	1558~1564	108916	27.87	0.26	131710	56.03	0.43	22794.6	20.93	28.16	101.03	0.17	66.24
	1564~1570	99760	28.25	0.28	97627.7	40.79	0.42	−2132.3	2.14	12.54	44.41	0.13	47.56
	1570~1576	91874.6	28.98	0.32	79481.5	29.86	0.38	−12393	13.49	0.88	3.02	0.06	19.09
	1576~1582	85082.4	28.36	0.33	48880.8	17.16	0.35	−36202	42.55	−11.2	39.49	0.02	5.32
	1582~1588	77709.8	30.06	0.39	55978.6	22.41	0.4	−21731	27.96	−7.65	25.46	0.01	3.47
	1588~1594	69760.5	29.89	0.43	55643.8	21.12	0.38	−14117	20.24	−8.76	29.33	−0.05	11.4
	1594~1600	63558.2	30.01	0.47	11115.4	3.16	0.28	−52443	82.51	−26.85	89.47	−0.19	39.78
	1600~1606	58520.5	27.74	0.47	9575.28	2.95	0.31	−48945	83.64	−24.79	89.37	−0.17	35.03
	小计	1031626	309	0.30	862579	327.84	0.38	−169047	−19.60	18.84	5.75	0.08	21.19

4.3.3　探采对比误差分析

4.3.3.1　矿体形态、产状及其空间位置变化分析

鉴于 W3 矿体金属量占到了西露天总金属量的 69.10%，E1 矿体金属量占到了东露天总金属量的 79.27%，其他矿体规模小，探采误差代表性不强，故此次仅对 W3 和 E1 矿体探采误差分析。

西采坑 W3 号矿体形态、产状及空间位置变化如图 4-3 所示。

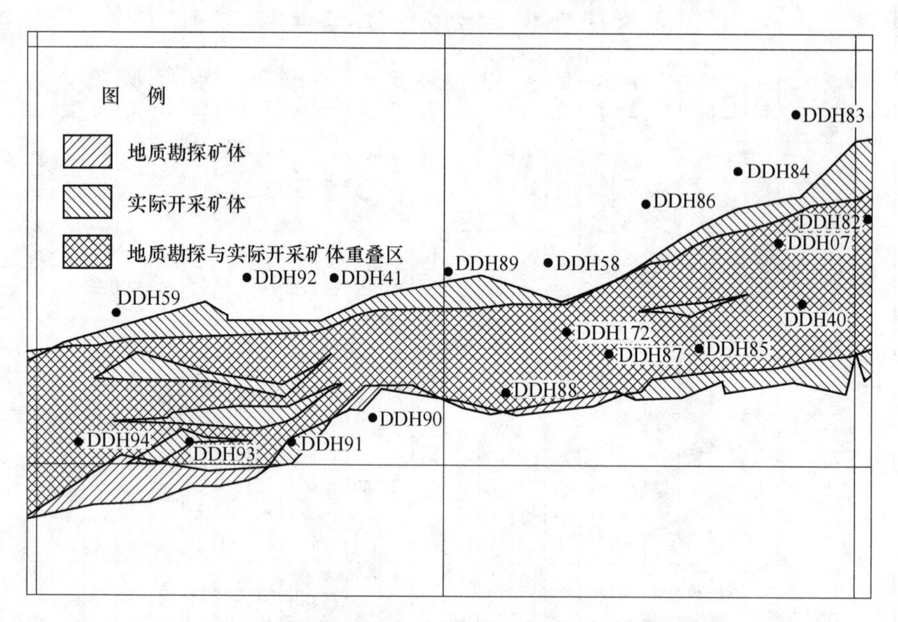

图 4-3　西采坑 W3 号矿体形态、产状及空间位置变化

从表 4-7 各中段矿体平面形态变化对比分析看，西采坑 W1 矿体面积相对误差-472%~16.9%，平均-177%。面积重合率 25.71%~58.64%，平均 41%。矿体形态歪曲率 117.63%~294%，平均 294%。

W2 矿体面积相对误差-91.32%~9.74%，平均-14%。面积重合率 73.36%~81.97%，平均 77%。矿体形态歪曲率 35.9%~143.49%，平均 60%。

W3 矿体面积相对误差-12.56%~9.12%，平均-1.83%。面积重合率 73.26%~79.16%，平均 75.48%。矿体形态歪曲率 42.63%~62.42%，平均 50.87%。

W4 矿体面积相对误差-82.83%~6.62%，平均-33.45%。面积重合率 35.75%~65.33%，平均 48.54%。矿体形态歪曲率 104.75%~202.84%，平均 136%。

中段矿体面积相对误差重合率 0~85.51%，平均 69.84%

W3 号矿体在 11 个中段矿体面积相对误差的变化系数最大为 28.09%（负变），最小为 0.28%（正变），矿体面积相对误差在控制误差允许范围内。

W3 号矿体在 11 个平台矿体面积重合率变化系数最高为 81.56%，最低为 57.87%，矿体面积重合率均在控制误差允许范围内。

W3 号矿体在 11 个平台矿体形态歪曲率变化系数最高为 56.18%，最低为 44.83%，参考误差允许范围值判断，均在探明误差允许范围内，由于各中段矿体面积重合率小，致使形态歪曲率变大。

上述西采坑 W3 号矿体平面形态参数对比表明，各平台矿体的面积误差不大，相对误差小，面积重合率局部较小，矿体形态简单，因此，浩尧尔忽洞金矿对比的西采坑 W3 号矿体的 11 个台阶，与详查结果基本吻合。

从各中段矿体平面形态变化对比分析看，东采坑 E1 号矿体在 11 个中段矿体面积相对误差变化系数最高为 6.28%（正变），最低为 0.25%（负变）。

东采坑 E1 号矿体形态、产状及空间位置变化如图 4-4 所示。

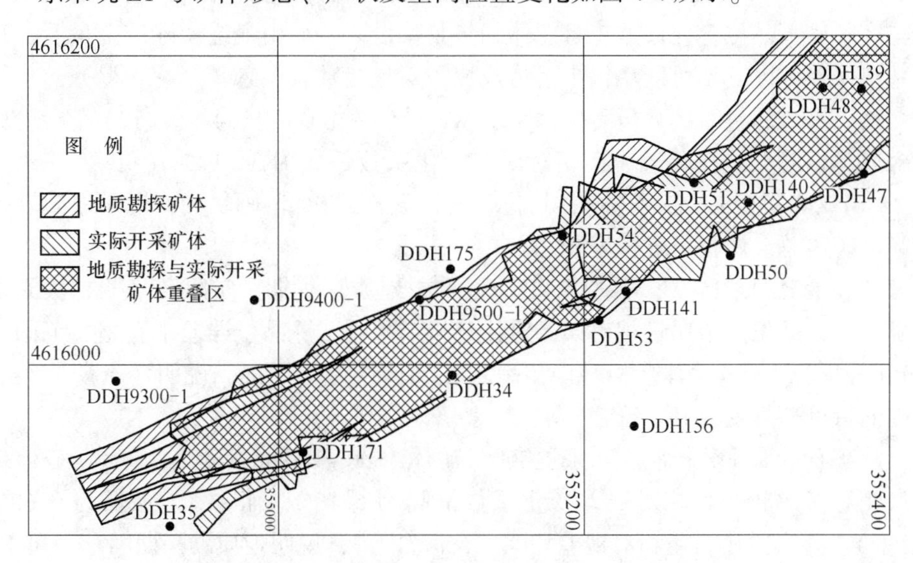

图 4-4 东采坑 E1 号矿体形态、产状及空间位置变化

E1 号矿体在 11 个平台矿体面积重合率变化系数最高为 88.15%，最低为 82.04%。

E1 号矿体在 11 个平台矿体形态歪曲率最高为 32.75%，最低为 25.28%。

上述东采坑 E1 号矿体平面形态参数对比表明，各平台矿体的面积误差不大，相对误差小、面积重合率大、矿体形态简单，因此，浩尧尔忽洞金矿对比的东采坑 E1 号矿体的 11 个台阶，与勘探结果相吻合。

4.3.3.2　资源储量控制程度分析

浩尧尔忽洞金矿区属于品位低、资源储量大的矿山，利用计算机软件进行矿体圈定来指导生产。从资源储量控制程度主要分析了东西采坑中的主矿体，即西坑的 W3 号矿体与东坑的 E1 号矿体。

从表 4-8 矿石量对比分析看，西矿段 W3 号矿体 1606~1504m 标高 11 个台阶矿体矿石量相对误差较小。相对误差变化系数最高为 11.01%（负变），最低为 0.40%（正变）。这说明地质勘探期间西采坑 W3 号矿体矿石量可靠程度较高。

从矿石品位对比分析看，西采坑 W3 号矿体 1606~1504m 标高 11 个台阶矿体矿石品位相对误差较大。相对误差变化系数最高为 29.90%（负变），最低为 12.00%（负变）。11 个台阶中，除 1606~1576m 间 5 个台阶外，其余 6 个台阶品位相对误差全部在控制±20%范围之内，从表 4-8 中可看出，11 个台阶开采期总矿石平均品位相较于勘探总矿石平均品位降低 0.10g/t，开采期品位较勘探期品位降低，其中一个原因是开采期有大量低品位矿石，并将其开采，造成潜孔样品位与实际矿石品位存在误差，且总体趋势是偏低。从矿山最终实际产金量看，这种系统误差不大，不可能从根本上造成探采对比参数误差悬殊。

从矿石金属量对比分析看，西采坑 W3 号矿体 1606~1504m 标高 11 个台阶矿体金属量相对误差变化较小，相对误差变化系数最高为 34.17%（负变），最低为 11.61%（负变）。各台阶矿体均位于允许误差±40%范围之内，说明地质勘探期间对矿体总金属量可靠程度较好。

从以上对西采坑 W3 号矿体 11 个台阶中地质详查期、实际开采期二次圈定的矿石量、品位、金属量相对误差对比分析结果看，除品位误差中有超出范围外(分析原因见上述)，其余相对误差率均在允许误差范围内，说明详查期的经济基础储量可靠程度较好，符合要求。

从矿石量对比分析看，东采坑 E1 号矿体 1606~1504m 标高 11 个台阶矿体矿石量相对误差较小。相对误差变化系数最高为 6.19%（正变），最低为 0.65%(负变)。各台阶矿石量相对误差均在±15%范围内，说明地质勘探期间东采坑 E1 号矿体矿石量可靠程度较高。

从矿石品位对比分析看，E1 号矿体 1606~1504m 标高 11 个台阶矿体矿石品位相对误差较小。相对误差变化系数最高为 7.89%（正变），最低为 0.08%（正变）。

从矿石金属量对比分析看，E1 号矿体 1606~1504m 标高 11 个台阶矿体金属量相对误差变化较小，相对误差变化系数最高为 6.59%（负变），最低为 0.21%（负变），误差均在±10%范围内，这说明地质勘探期间对矿体总金属量可靠程度很高。

从以上对东采坑 E1 号矿体 11 个台阶地质详查期、实际开采期二次圈定的矿石量、品位、金属量相对误差对比分析结果看，相对误差率均在±10%范围内，说明详查期的经济基础储量可靠程度高。

4.3.3.3 矿块资源储量可靠程度分析

从浩尧尔忽洞金矿区东西采坑矿块可靠程度探采对比结果看，西采坑对比1条矿体、9个矿块。资源储量比值最高为1.39，最低为0.66，品位比值最高为1.089，最低为0.814。

东采坑对比3条矿体，共29个矿块，其中E1矿体11个矿块，E2矿体10个矿块，E3矿体8个矿块。参考表4-8，其中E1资源储量比值最高为1.15，最低为0.97，品位比值最高为1.108，最低为0.873；E2资源储量比值最高为1.01，最低为0.74，品位比值最高为1.276，最低为1.036；E3资源储量比值最高为1.39，最低为0.66，品位比值最高为1.089，最低为0.841。

4.3.3.4 矿体内部结构和矿石质量特征变化分析

综上所述矿体内部的结构和矿石的质量及工艺流程与详查报告所述一致，均未发生变化。

4.3.3.5 边坡稳定性

（1）北坡稳定性（顶板部位）。北边坡形成后，岩体倾向与边坡倾向相反，边坡基本稳定。

（2）南坡稳定性（底板部位）。南边坡形成后，高倾角地层朝向临空面，岩体内各界面结合很差，在这种情况下，受岩石挤压作用，坡面岩石将有坍塌、滑移或弯曲拗折现象发生，边坡极不稳定。转入深部开采后，尤其是2017年进入春季后，采场滑坡灾害频发，通过常规加固和治理手段（如锚索、锚杆、挡土墙、框架梁、削方、留置宽平台，降低台阶段高和坡面角等）处理的边坡仍然发生不等规模的滑坡、倾倒变形破坏，已经严重威胁露天采矿生产作业的安全。如不进行边坡治理，抬高采场低界，会缩短采场服务期限；如通过削帮放缓边坡角治理边坡，则会影响企业效益。目前企业已立项，边坡由原设计的41°变更为38°，正在进行专项治理。

4.3.3.6 勘探类型和勘探工程网度

浩尧尔忽洞金矿体主矿体确定为第Ⅰ勘查类型，详查期间探矿手段主要为钻探，钻探工程基本间距达到50m（走向）×50m（倾向），采场底部炮孔采用50m（线距）×2~15m（孔距），求探明的（可研）经济的基础储量（111b）；钻探工程基本间距达到100m（走向）×100m（倾向），求控制的（预可研）经济基础储量

(122b)；钻探工程基本间距达到 100m(走向)×100m(倾向)，求控制的内蕴经济资源量（332)；钻探工程基本间距达到 200m(走向)×200m(倾向)，或 332 外推求推断的内蕴经济资源量（333)。

4.3.4　结论

浩尧尔忽洞金矿东西矿段矿体露采 1606～1540m 间各 11 个台阶，详查期、开采期二次圈定的共 8 个矿体，面积相对误差、形态歪曲率不大，面积重合率较大，矿体形态、产状的变化总体不大。

浩尧尔忽洞金矿东西矿段在详查期间对矿床的地质认识基本正确，对勘查类型的划分、勘探手段的选择、勘探方法及勘查网度等的确定合理，对矿体的形态、规模、空间位置总体控制较好，对矿石质量特征认识是正确的，对开采技术条件的认识符合实际。详查地质成果能够满足矿山建设、生产对地质资料精度的要求。

4.3.5　建议

潜孔钻样品不能作为资源储量估算的依据。矿山生产应用潜孔岩粉样进行二次圈定，作为指导矿石装运品位控制。潜孔样一般比实际矿石品位低，这是潜孔取样的局限性所在。

4.4　内蒙古哈达门沟金矿（Ⅱ类型)

4.4.1　对比地段的选择及依据

4.4.1.1　对比地段

本次地探生探对比地段选择的是 13 号矿体 103～179 勘探线，沿走向长 900m，658～168m 标高，沿倾向斜深 570m 地段。

4.4.1.2　对比基础及对比资料

对比基础是鑫达公司第二、三深部普查阶段中，19 个钻孔控制的 13 号矿体。

对比资料是鑫达公司生产勘探阶段施工的坑探工程，即 658～168m 中段共 12 层平巷及穿脉揭露的 13 号矿体，如图 4-5 所示。

4.4.1.3　选择依据

(1) 13 号矿体是哈达门矿区的主矿体。

(2) 哈达门矿区 13 号矿体已连续开采 25 年，对矿体富集规律的认识较清楚。

(3) 拟选择地段矿体沿走向长 900m，沿倾向斜深 570m，探矿对比结果代表

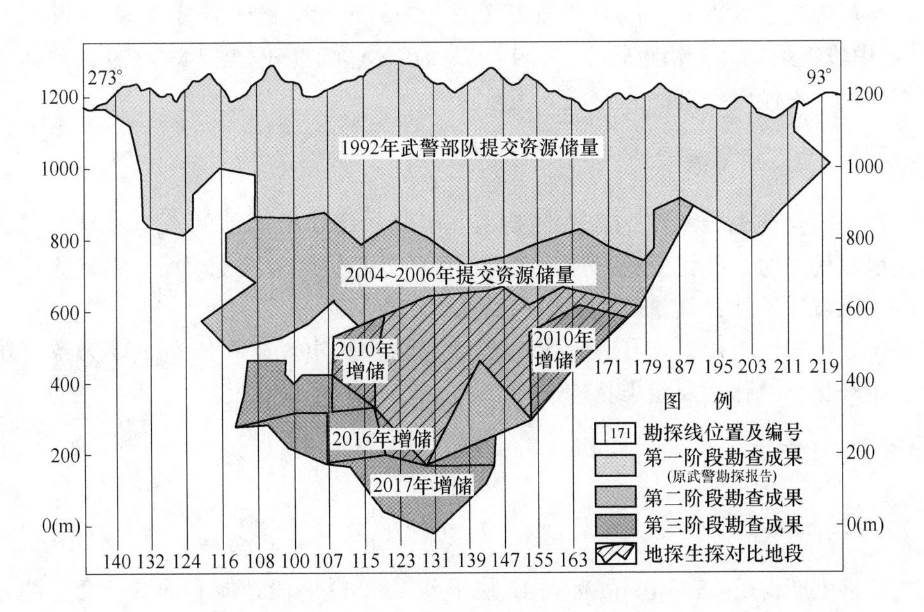

图 4-5　对比地段位置示意图

性强。

（4）深部普查共施工坑内钻孔 19 个，以（150~200）m×160m 探求 333。生产探矿采用平巷脉外开拓和穿脉揭露矿体的方式，工程间距（40~50）m×50m（一个中段段高×穿脉间距），探求 122b。

（5）该地段工程分布均匀，探矿资料保存相对较好。

4.4.2 对比地段地质概况

4.4.2.1 矿体的形态、产状、连续性

此次 13 号矿体对比地段位于 103~179 勘探线，658~168m 标高。控制矿体沿走向长 900m，沿倾向斜深 570m。矿体水平厚度 0.47~13.50m，平均 4.86m，厚度变化系数为 76.25%，厚度稳定；品位 Au（0.63~36.52）$\times10^{-6}$，平均 2.76$\times10^{-6}$，品位变化系数为 107.10%，有用组分分布较均匀。

对比地段 13 号矿体呈脉状、似层状产出。矿体倾向 140°~204°，平均 183°，倾角 45°~85°，平均 55°，深部有变陡趋势。坑道工程显示，该地段矿化带总体连续，但工业矿体在 143~151 勘探线由上到下出现了一个近 100m 长的无矿段。另外在 618m、578m、538m 中段 CM167、CM171 与 CM155 也有临星的无矿段。在 123 勘探线附近，沿走向错断矿体的断层主要为 F25，矿体在水平方向错断约 20m，破坏了矿体的连续性、完整性，形成了一个无矿的“断空区”，由于断层

走向与矿体近于垂直，所以，在纵投影图上未显示出大的“断空”。F24 断层在 498m 中段逐渐尖灭，错距较小。139 线以西矿体连续性较好，143~179 线矿体连续性较差。沿倾向深部品位较浅部明显降低。

4.4.2.2　矿石特征

该地段含金矿脉主要为含金蚀变岩，下部矿体完整厚大的石英脉呈尖灭态势，取而代之的是硅化变弱、钾化明显增强的低品位含金蚀变岩带。硫化物比较单一，除黄铁矿外，其他硫化物很少见，属贫硫型矿石。

矿石结构以压碎、交代残余和花岗变晶结构为主。矿石构造主要为致密块状、角砾状、网脉状及浸染状构造等。

4.4.3　对比方法

4.4.3.1　资料准备

收集生产探矿 658~168m 标高 12 层平巷 1∶200 中段地质平面图一套、部分穿脉素描图及采加化资料；近 10 年矿山生产地质探矿报告 6 套，包括附表、附图；部分已采矿块图册资料。

收集原地质普查勘探线剖面图 20 张，原 13 号脉群勘探地质报告一套。

4.4.3.2　探采对比工作方法

以对比地段普查阶段施工的钻探工程及相关数据为基础，计算 333 资源量，作为对比的基础。以生产勘探阶段施工的坑探工程及相关数据为基础，计算控制的经济基础储量 122b，作为对比资料。

资源储量估算方法均采用地质块段法，采用的工业指标、估算参数、矿体圈定原则均一致。

利用 Mapgis 软件绘制图件，在矿体垂直纵投影图上采用地质块段法进行资源储量估算。资源储量估算及各参数对比分析均在 Excel 表中利用公式计算，保证了计算数据的准确性。

4.4.4　对比结果

4.4.4.1　矿体产状、结构、形态变化

矿体产状局部变化较大。在剖面图上，深部普查时将矿体连为简单的、大致完整、连续的似层状、脉状矿体。生产探矿阶段发现，矿体沿倾向呈明显的舒缓波状，而且个别地段有被断层错断现象。矿体厚度变化较小，相对差仅为 9.67%，如图 4-6 所示。

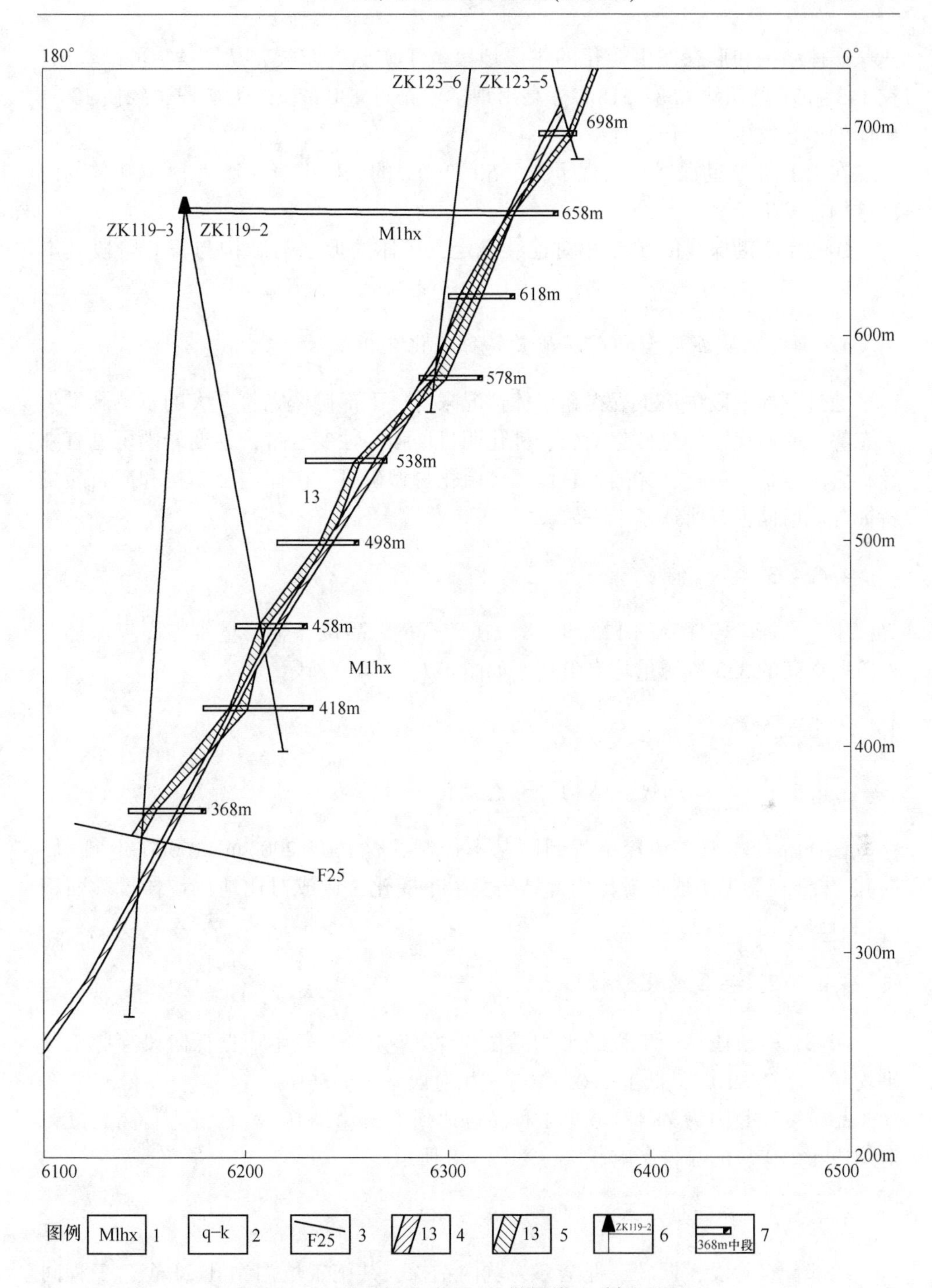

图 4-6 哈达门沟矿区 119 勘探线地质剖面图

1—含榴石黑云斜长片麻岩；2—石英钾长石脉；3—断层及编号；

4—钻孔圈定矿体；5—坑道圈定矿体；6—钻孔位置及编号；7—坑道位置及标高

矿体结构和形态发生变化的主要地段位于矿脉的东翼，从图 4-7 可以看出，在 143~151 勘探线 658~318m 标高出现了一条近 130m 长的无矿段，致使 13 号矿体的形态发生了变化。

在 151~179 勘探线，出现了 3 个 50~100m 的无矿天窗，致使 13 号矿体的内部结构也发生了变化。

109~143 勘探线间矿体相对连续稳定，矿体的形态与结构与普查阶段基本一致。

4.4.4.2　矿石类型和矿石质量特征变化分析

通过下部中段坑道工程揭露矿体情况来看，下部矿体完整厚大的石英脉呈尖灭态势，取而代之的是硅化变弱、钾化明显增强的蚀变岩带，蚀变岩内可见有细脉状、网脉状石英化脉穿插，总体属贫硫化物型矿石。矿体内部结构和矿石质量特征与原增储报告所述基本一致。

4.4.4.3　资源储量

生产勘探阶段探获的 122b 储量，在矿石量、品位、金属量等方面较深部普查阶段探获的 333 资源量均有负变，如图 4-7、表 4-9 所示。

4.4.5　误差分析

4.4.5.1　矿体产状、结构、形态变化

普查阶段施工的钻探工程间距基本控制在（150~200）m×160m（走向×倾向），未能控制无矿段，矿体内部结构发生了变化，造成对比地段矿体投影面积的相对误差达到了 33.39%。

4.4.5.2　品位变化分析

深部普查阶段钻探工程的平均品位为 4.83×10^{-6}，较生产勘探阶段穿脉工程平均品位 2.76×10^{-6} 降低了 2.07×10^{-6}，相对误差−74.86%。

品位变化是因为 ZK131-6 单工程品位达到了 36.42×10^{-6}（已处理特高品位），对周边 4 个矿块的品位影响较大，如图 4-8 所示。

4.4.5.3　资源储量控制程度分析

深部普查阶段，探矿工程全部为坑内钻探，共施工坑内钻孔 21 个，工程间距（150~200）m×160m（走向×倾向），达到了对矿体深部延续和 333 资源量控制的要求，为矿山基建、技改提供了依据。

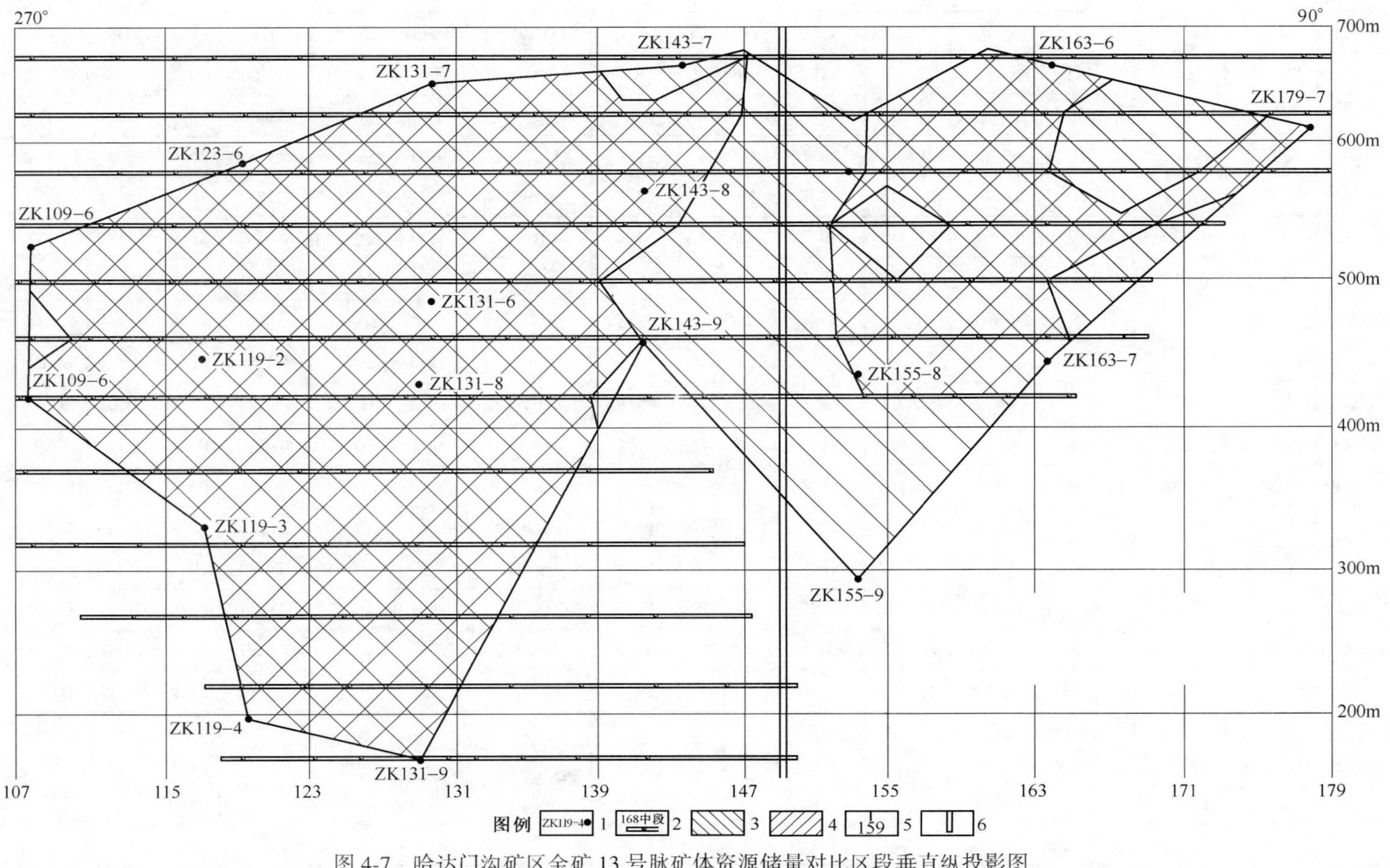

图 4-7　哈达门沟矿区金矿 13 号脉矿体资源储量对比区段垂直纵投影图

1—钻孔位置及编号；2—坑道位置及标高；3—地质勘探金矿体；4—生产勘探金矿体；5—勘探线及编号；6—竖井

表 4-9 哈达门矿区金矿 13 号矿体 109~179 勘探线 658~168m 标高估算资源储量对比

矿块号	钻孔控制资源量（A）					坑道控制资源储量（B）					资源储量变化率（$D=C/B$）/%				
	矿块面积/m^2	水平厚度/m	矿石量/t	平均品位/10^{-6}	金属量/kg	矿块面积/m^2	水平厚度/m	矿石量/t	平均品位/$\times10^{-6}$	金属量/kg	矿块面积	水平厚度	矿石量	平均品位	金属量
333-1	15238	4. 77	197600	3. 42	676. 03	14425	4. 67	182933	2. 52	461. 79	-5. 64	-2. 09	-8. 02	-35. 53	-46. 39
333-2	19886	4. 11	222310	9. 75	2167. 80	19886	5. 88	324409	4. 00	1298. 56	0. 00	30. 10	31. 47	-143. 61	-66. 94
333-3	18488	5. 04	253323	7. 48	1893. 96	17517	5. 44	274904	3. 77	1036. 26	-5. 54	7. 40	7. 85	-98. 34	-82. 77
333-4	5738	7. 62	118928	1. 69	201. 49	2986	4. 53	45552	4. 76	216. 85	-92. 16	-68. 21	-161. 08	64. 41	7. 09
333-5	3296	6. 54	58587	1. 61	94. 62	477	2. 53	3191	4. 47	14. 26	-590. 99	-158. 30	-1735. 99	63. 85	-563. 68
333-6	3849	9. 40	98359	3. 26	320. 72	3475	2. 35	24541	2. 47	60. 56	-10. 76	-299. 79	-300. 80	-32. 13	-429. 58
333-7	6904	4. 08	76680	5. 09	390. 20	6904	4. 32	82477	2. 14	176. 41	0. 00	5. 48	7. 03	-137. 91	-121. 19
333-8	12907	3. 48	122085	11. 20	1367. 25	12907	5. 14	168017	2. 60	436. 37	0. 00	32. 34	27. 34	-331. 20	-213. 32
333-9	11889	5. 20	168158	7. 07	1188. 24	10977	5. 16	159719	3. 08	491. 45	-8. 31	-0. 78	-5. 28	-129. 65	-141. 78
333-10	17676	5. 74	275852	1. 80	497. 12	2218	3. 56	20050	2. 51	50. 39	-696. 93	-61. 17	-1275. 84	28. 29	-886. 59
333-11	23218	5. 69	359025	2. 92	1049. 12	20600	3. 36	214360	1. 81	388. 86	-12. 71	-69. 20	-67. 49	-61. 08	-169. 79
333-12	18401	5. 35	267938	4. 32	1158. 65	6910	3. 19	54062	2. 61	141. 12	-166. 30	-67. 82	-395. 61	-65. 67	-721. 05
333-13	27240	6. 38	472712	4. 61	2177. 53	26713	5. 22	389368	2. 16	841. 70	-1. 97	-22. 22	-21. 41	-113. 09	-158. 71
333-14	20098	6. 42	351142	4. 75	1666. 28	19571	4. 65	265609	1. 84	489. 49	-2. 69	-38. 14	-32. 20	-157. 49	-240. 41
333-15	10303	3. 94	110322	4. 30	474. 63	0	0	0	0	0					
333-16	9034	4. 01	98618	3. 73	367. 78	2482	1. 90	12097	2. 15	26. 00	-263. 98	-111. 23	-715. 25	-73. 53	-1314. 72
合计	224165	5. 33	3251637	4. 83	15691. 43	168048	4. 86	2221288	2. 76	6130. 07	-33. 39	-9. 74	-46. 39	-74. 86	-155. 97

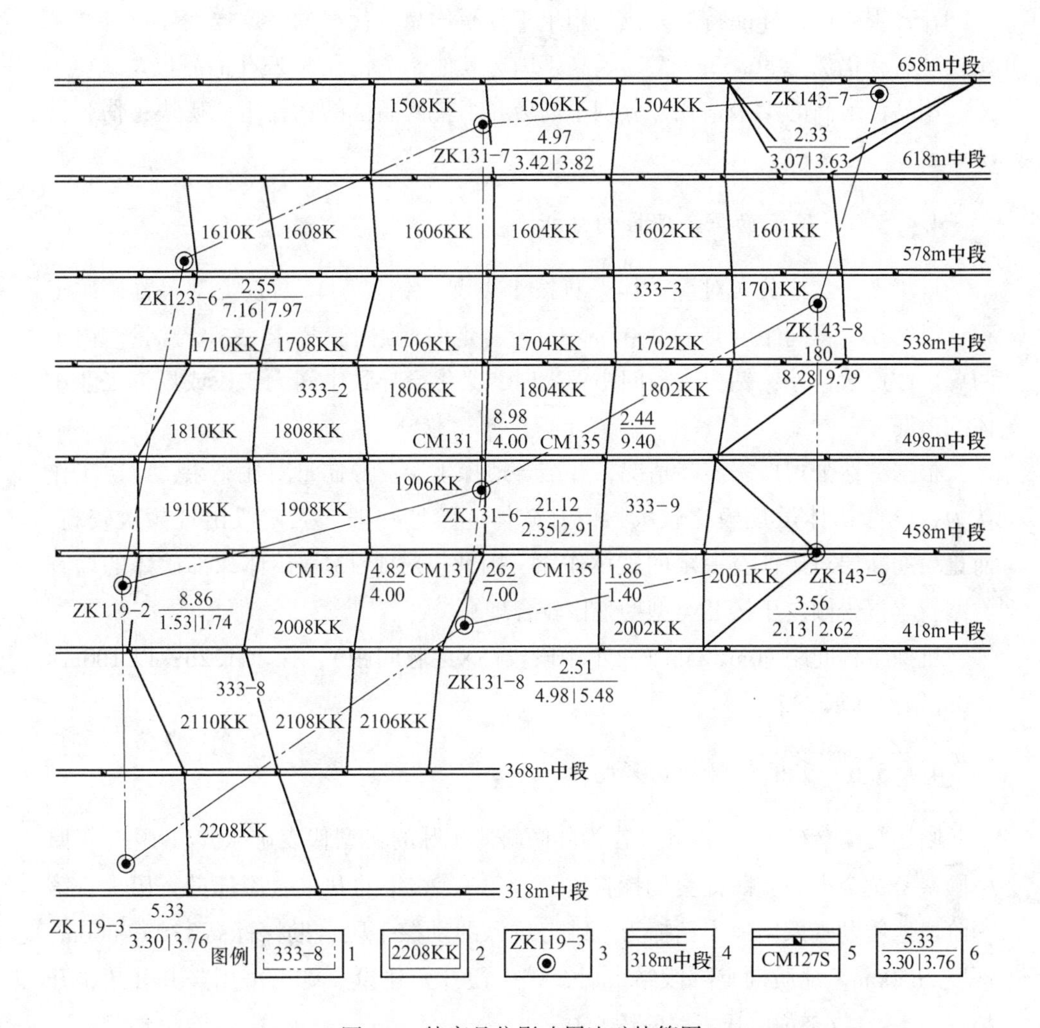

图 4-8 特高品位影响周边矿块简图

1—地质勘探金矿体及矿块编号；2—生产勘探金矿体及矿块编号；3—钻孔见矿位置及编号；4—坑探工程编号；5—穿脉位置及编号；6—单工程平均品位/真厚度 | 勘探线水平厚度

生产探矿采用平巷脉外开拓和穿脉揭露矿体，工程间距 40m 或 50m×50m（一个中段段高×穿脉间距），在普查大体确定了矿体形态、产状、位置的基础上，将 333 资源量升级到 122b，是合适的。

4.4.5.4 资源储量变化分析

无矿段的变化，造成对比地段投影面积的相对误差达到了 33.39%，是资源储量变化的主要原因。

在普查阶段，样品特高品位是用单工程平均品位代替的。这样就导致特高品位处理后，仍然为36.52g/t，远远高于周边其他8个钻孔3.2g/t的品位。

用品位最高的1个钻孔，分别于周边8个较低品位的钻孔组成矿块，估算资源储量。

4.4.5.5　矿床勘探合理性的分析

近年来，鑫达公司对该矿体一直按Ⅰ类型（偏复杂）勘查类型布置探矿工程，以钻探工程间距（150~200）m×160m（走向×倾向）探求333资源量。由于两翼矿体连续性差，钻探工程间距偏大时，必然会导致中间无矿段或局部工业矿体的遗漏。

根据鑫达公司探采实际情况，并结合地探生探资源储量对比结果，此次工作认为，13号矿体虽规模比较大，但其矿体连续性一般，无矿段出现频次较高，而且后期断层对矿体有一定的破坏作用。因此，对于13号矿体深部矿体的勘查类型，本报告倾向于按Ⅱ类型勘查比较合理。

坑探工程间距50m×25m（一个中段段高×穿脉间距），探求122b；以100m×100m钻探探求333。

4.4.5.6　矿床合理勘查深度分析

哈达门沟金矿13号矿体，作为陡倾斜薄矿脉的典型代表矿床，自1992年原中国武警黄金十一支队提交勘探报告至今已有26年的开采、深部勘查历史。第一阶段地质勘查采用地表钻探为主结合坑探的勘探手段，勘探标高1300~800m，深度约500m。地质勘查阶段结束后，矿山便开始建设。矿山采用竖井开拓，开拓标高1300~658m，开拓深度约650m。

到2006年，原地质勘查探获的资源储量已基本消耗殆尽，矿山开始第二阶段就矿找矿的深部勘查。该阶段在初步查明矿体位置、厚度、品位的基础上，采用坑内钻，勘查深度约500m，以150m×160m工程间距探求333资源量，为矿山深部开拓系统布置提供地质依据。

到2010年，658~168m中段的盲竖井已经施工完毕，具备了中段拉开的工程条件，于是矿山开始了第三阶段利用新的开拓系统探边摸底、扩大资源储量。该阶段采用坑内钻，勘查工程主要布置在标高600~0m，深度为600m的地段。

由此可以看到，哈达门沟金矿从地质勘查到深部勘查是分阶段进行的，每个阶段的勘查深度大体在400~600m，如图4-9所示。

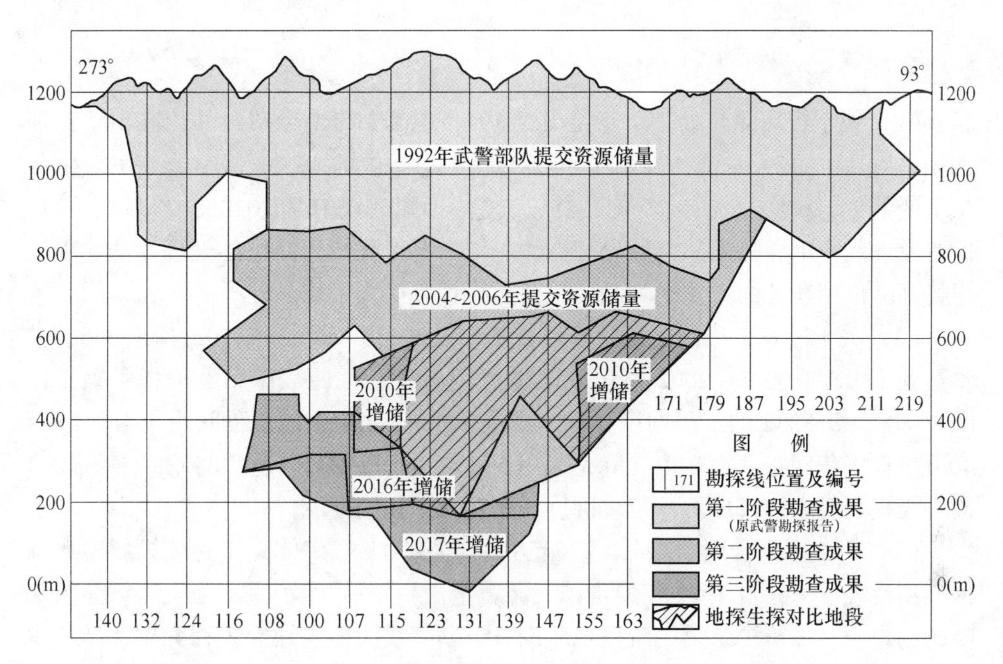

图 4-9 合理勘查深度

4.4.5.7 资源储量可靠性分析

深部普查阶段，以勘探线法布置钻探工程，共施工 19 个钻孔，以第Ⅰ勘探类型偏复杂，(150~200)m×160m（走向×倾向）工程间距，控制矿体内部结构、外部形态、333 资源量，作为矿山深部开拓的依据。

生产探矿采用段高为 40~50m 平巷脉外开拓，50m 穿脉间距揭露矿体的水平勘探方式，即（40~50）m×50m（一个中段段高×穿脉间距）工程间距，探求 122b 基础储量。该工程间距控制的储量对矿山单矿块回采提供的依据较充分，储量可信度较高。

4.4.6 结论

13 号矿体以 650m 标高为界，深部与浅部比，矿体品位、厚度、产状等变化不大，矿体的连续性和稳定性差，出现了 3 个无矿天窗，勘探类型由Ⅰ类型变为Ⅱ类型。

深部通过施工坑内钻，基本达到了普查找矿的目的，其资源量可以作为基建、技改、深部开拓设计的依据。

将 13 号矿体深部确定为Ⅱ勘查类型，采用钻探工程以（150~200）m×160m 探求 333 资源量，采用坑探以（40~50）m×50m 探求 122b，工程网度是合适的。

4.4.7 建议

（1）关于特高品位处理。正是由于 19 个钻孔中的 1 个钻孔品位高出了钻探工程平均品位的 7.56 倍，高出了坑探工程平均品位的 13.23 倍，造成了矿体品位负变了 74.86%，金属量夸大了 155.97%。所以建议 DZ/T 0205—2002 修订时，保留原规范中单样特高品位的处理方法，增加单工程特高品位的处理办法。单工程特高品位用涉及的矿块平均品位代替后再计算矿块平均品位。

（2）关于勘查工程网度。深部普查工作以（150～200）m×160m 探求 333，基本达到了 DZ/T 0205—2002 附录 D 表 D.1 勘查工程间距表中第Ⅱ勘探类型钻探 80m×80m 探求 332 的工程网度要求。规范中 80m×80m 钻探工程间距相当于40m×40m 坑探工程间距，而矿山实际是采用 50m×50m 求 122b，建议将附录 D 表 D.1 勘查工程间距表修订成坑探工程网度低于钻探工程网度。

（3）关于矿床合理勘查深度。哈达门沟金矿 13 号矿体，作为陡倾斜薄矿脉的典型代表矿床，自 1992 年原中国武警黄金十一支队提交勘探报告至今已有 26 年的勘查、开采历史。第一阶段地质勘查以勘探线法地表钻探工程为主，结合少量坑探工程对矿体进行了控制，勘查深度为 500m。

地质勘查阶段结束，开始矿山生产 10 年后，开始第二阶段深部勘查。第二阶段深部勘查采用勘探线法与水平勘探相结合，勘探手段是坑探为主结合坑内钻。

矿山第二阶段深部勘查结束又生产了 10 年后，开始第三阶段的深部勘查。

由此可见，对于一个矿床或矿体，为提高整体勘查开发效益，不是一勘到底，而是最佳勘查深度或满足生产需要的深度。所以建议 DZ/T 0205—2002 修改时提出最佳勘探深度的概念，建议最佳勘探深度为 500m 或满足矿山 10 年规划的需要。

4.5 内蒙古毕力赫金矿（Ⅱ类型）

4.5.1 对比地段

选择毕力赫金矿区Ⅱ矿带 AuⅡ-1 矿体 1230～1130m 标高厚大透镜体矿段作为探采对比地段。因为 AuⅡ-1 矿体是该矿床的主矿体，其矿床地质特征、矿床勘查类型、勘探控制程度、研究程度、矿石质量特征、水文工程地质特征等能够代表该矿床。AuⅡ-1 矿体 1130m 标高以上矿体露天开采结束，积累了比较系统、全面的地质资料。AuⅡ-1 矿体查明 122b＋333 金矿石量 8031073t，金属量 21916kg，平均品位 2.73×10^{-6}，设计利用的金矿石量 4633500t，金属量 19334.78kg，品位 4.17×10^{-6}。设计利用的金金属量占探明总金属量的 88.2%。

4.5.2 对比的基础

对比的基础是武警黄金地质研究所2008年8月编制的《内蒙古自治区苏尼特右旗毕力赫矿区Ⅱ矿带15—40线岩金矿详查报告》，该报告已于2008年12月8日在内蒙古自治区国土资源厅以内国土资储备字〔2008〕235号备案。

采用的露天开采工业指标为边界品位≥0.5×10^{-6}，单工程最低工业品位≥1.0×10^{-6}，矿床平均品位≥2.5×10^{-6}，最低可采厚度4.0m，最低工业m·g/t值4，夹石剔除厚度6.0m，剥采比$15m^3/m^3$，最低开采标高1130m，边坡角45°，最小底盘宽度30m。详查以钻探40m×40m网度探求122b，共完成钻探21442.05m /70个，槽探1116.16mm^3，竖井60m，基本分析14413件。

4.5.3 对比资料

对比的资料是矿山2009~2015年露天生产开采过程中，1230~1130m标高间11个平台开拓、开采图件，采矿过程中潜孔钻岩粉取样统计资料、储量计算台账。取6163个潜孔钻10m一个岩粉样，共6163件，其中参与资源量估算的岩粉样4175件。

以潜孔钻岩粉取样6m×(6~10)m，最大20m×20m工程间距，探求111b。

4.5.4 对比地段地质概况

4.5.4.1 AuⅡ-1矿体基本特征

毕力赫金矿区Ⅱ矿带AuⅡ-1号金矿体平面上投影总体为不规则的火炬状，呈北西-北北西方向展布，控制北西长约400m，北东最宽约300m，矿体规模中等。

空间形态变化比较大，中段为厚大透镜体，北西出现分支，矿体呈不规则板状体，南东段则呈向南东倾伏的板柱体。总体看，矿体基本连续、夹石厚度小，对矿体连续性影响小，产状变化中等，矿体形态变化程度中等。

矿体厚2.32~132.68m，平均厚47.02m，厚度变化系数87%，属较稳定型。

AuⅡ-1矿体基本没有大的断层构造或后期脉岩错动或破坏，基本没有大的后期构造，构造对矿体影响比较小。

矿体平均品位（0.5~54.76）$\times10^{-6}$，平均2.73×10^{-6}，品位变化系数97%。矿体品位呈有规律的变化，中心高，上下及边部逐渐变贫。矿体有用组分分布均匀到较均匀。

4.5.4.2　AuⅡ-1 矿体矿石类型、结构构造及物质组成

AuⅡ-1 矿体矿石自然类型为贫硫化物石英网脉状蚀变岩型，又可划分为石英网脉-团块状蚀变岩型金矿石和稀疏石英细脉蚀变岩型金矿石两大类。矿石工业类型为斑岩型，原生贫硫化物矿石为主，极少量氧化矿石。

AuⅡ-1 矿体矿石结构主要有他形晶粒状、半自形粒状和斑状结构，次为压碎、交代残余等结构，少见包含结构、次生溶蚀结构、次生残留体结构。矿石构造主要有块状及浸染状构造，次为条带状、网脉状及角砾状等构造。

AuⅡ-1 矿体矿石矿物成分简单，金属矿物有黄铁矿与磁黄铁矿，其次有磁铁矿，黄铜矿与黝铜矿，闪锌矿与方铅矿、辉钼矿、毒砂及少量辉锑矿，贵金属矿物主要为自然金，少量银金矿；另含少量次生氧化矿物褐铁矿、辉铜矿、蓝辉铜矿及铜蓝。非金属矿物主要为斜长石、石英及钾长石，其次为绢云母、黑云母、白云母、绿泥石、绿帘石、黝帘石、碳酸盐矿物、电气石、高岭土及黏土矿物。

4.5.4.3　AuⅡ-1 矿体资源储量

毕力赫金矿区Ⅱ矿带 AuⅡ-1 矿体详查期间查明金矿石量 803.11×10^4t，金属量 21916kg，品位 2.73×10^{-6}。其中 122b 金矿石量 600.47×10^4t，金属量19861kg，品位 3.31×10^{-6}，333 金矿石量 51.02×10^4t，金属量 1152kg，品位 2.26×10^{-6}，另有 333 低金矿石量 151.62×10^4t，金属量 903kg，品位 0.60×10^{-6}。

此次探采对比地段位于 1230~1130m 标高，设计露采金矿石量 463.35×10^4t，金属量 19334kg，品位 4.17×10^{-6}，占探明总金金属量的 88.2%。

4.5.5　对比的基本条件

毕力赫金矿区Ⅱ矿带 AuⅡ-1 金矿体 1130m 标高以上露天开采期间，初步设计依据的地质勘查报告为《内蒙古自治区苏尼特右旗毕力赫矿区Ⅱ矿带 15—40 线岩金矿详查报告》，开采期与详查期两者采用的矿体工业指标相一致。

详查期间，根据矿体规模、品位厚度变化系数、构造影响程度等将矿床勘查类型划分为Ⅱ-Ⅲ类，偏Ⅱ类型，勘查手段以钻探为主槽探为辅，并以小竖井验证。钻探施工的基本勘查间距为 40m×40m，探求 122b；122b 外推部分及单工程见矿探求 333。岩心全孔劈心取样，地表探槽、浅井采样用刻槽法取样，样槽规格 10cm×5cm。单个样长 1~1.5m 长，个别样品 0.7m 或 3m。

资源储量估算采用垂直平行断面法。完成钻探工程 70 个孔，21442.05m；槽探 7 条，1116m^3，竖井 1 个，深 60m。对比前收集了全套图、文、表资料。

矿山生产中采用露天开采方式，台阶高10m，生产中共形成17个平台。鉴于详查期间矿体以40m×40m网度钻孔控制，故生产期间未施工专门的生产探矿工程。

生产勘探矿体二次圈定利用采矿施工的潜孔岩粉样品进行矿体的再圈连。每个潜孔钻深10m，净孔径89mm，施工中专人用袋收集整孔全部岩粉作为一个样品，送交化验室进行化验。潜孔钻取样工程间距一般为6m×(6~10)m，部分地段因矿岩破碎或机械开挖，潜孔间距较大，最大可达20m×20m。本次收集1230~1130m共10个台阶6163件岩粉样品。

生产勘探矿体二次圈定资源储量估算方法采用的是水平平行断面法，以20m×20m潜孔钻取样工程间距探求111b。

4.5.6 探采对比方法

4.5.6.1 图件整理

在收集整理资料期间，因详查资料提交时间较早，部分图件没有电子版，运用扫描仪将纸版图件扫描后，用section地质软件矢量化为电子版图件。对于已有的不同格式的电子版图件，借助相应制图软件，全部转换为Mapgis格式。探采对比中新编制的图件，一律用section地质软件制作。在对比工作中，首先要统一图件的电子版格式，这利于后继各类对比原始数据的采集。

在矿体资源储量探采对比原始数据采集过程中，利用section地质软件，在各平台综合地质平面图上以不同矿体边界造区，通过查询区属性，直观得到该区域的面积。这比过去手工做图运用方格纸法求面积更便捷、快速、准确。在矿体形态探采对比原始数据采集中，同样利用section地质软件，在各平台综合地质平面图上分别查询详查矿体、开采期二次圈定矿体闭合边界线属性，计算机自动求出矿体断面边界长度。将同标高详查矿体、开采期二次圈定矿体边界线叠加在同一平台平面图上，在两边界线交集部分造区，通过section地质软件查询区属性功能，自动获得矿体重合面积大小。在详查矿体边界线与两期矿体重合区边界线组成的封闭区域内造区，通过section地质软件查询区属性功能，计算机自动获得多圈矿体面积大小。同法，在开采期二次圈定矿体边界线与两期矿体重合区边界线组成的封闭区域内造区，运用软件查询区属性功能，计算机自动获得多圈矿体面积大小。在探采对比原始数据采集过程中，专业计算机制图软件显现出其提取数据效率高、所提数据精度高的巨大优势。

4.5.6.2 数据整理

在探采对比工作中，大量原始对比数据的整理、登记、统计及储量、矿体形态对比参数的计算，都应用 Excel 电子表格软件完成。当对比原始数据采集完成后，输入到 Excel 电子表格中，制作相应的资源储量计算表，矿石量、矿石品位、金属量误差对比分析表，面积误差、面积重合率、形态弯曲误差对比分析表及矿体边界模数计算表等表格。在各表计算参数对应单元格中插入参数计算公式，Excel 电子表格软件自动求出参数数值。

4.5.6.3　矿体形态误差对比方法

毕力赫金矿区Ⅱ矿带 AuⅡ-1 金矿体在露天开采中，设计和实际开采台阶高度均为 10m，上下平台相互平行，故在矿体形态误差对比分析中，只进行平面上形态误差的对比分析，未进行剖面上形态误差的对比分析。

在 1230~1130m 标高间的 11 个开采平台平面图上，将详查矿体边界与二次圈定开采矿体边界重叠在同一平面图上，利用 section 地质软件辅以 Autocad 2007 制图软件求出各平台详查矿体平面面积、二次圈定开采矿体平面面积、详查与开采矿体断面边界长度、详查矿体与二次圈定开采矿体各平台重叠面积、多圈和少圈面积，在此基础上再计算各平台水平面积的误差率、重合率、歪曲率、矿体边界模数，并以开采面积为基数，进行形态相对误差率的计算。

此次未对矿体厚度、长度、矿体上下盘边界位移、倾角进行对比分析。

4.5.6.4　资源储量对比方法

《内蒙古自治区苏尼特右旗毕力赫矿区Ⅱ矿带 15—40 线岩金矿详查报告》资源储量估算方法选用剖面法。为使探采对比基础资料一致，运用详查报告 15~40 线勘查剖面图，在 1230~1130m 标高，每隔 10m（与露采台阶高度一致）切一平面矿体边界，作为勘探期矿体边界，共切出 11 个平面。利用详查施工的地质钻孔取样结果以水平平行断面法计算各平台间勘查矿体资源量。因详查期间探求的 122b 占 122b+333 的 90.6%，加之露采段矿体形态为大透镜体，没有后期断裂和脉岩破坏，矿体形态比较简单，厚度、品位连续，故此次对比中将矿体边部少量的 333 归并入 122b 内，不再区分。

在露天开采过程中，没有施工专门生产探矿孔，当时采用的探采结合手段是利用采矿过程中的潜孔岩粉样作为地质取样，据其化验结果进行平台矿体边界二次圈定，用以指导生产。以水平平行断面法计算各平台间开采矿体资源量。资源/储量类别达 111b。

块段资源储量对比是选择 1190~1130m 标高范围内 5 个台阶进行块段合格率对比分析。在详查期间资源/储量估算中，将两勘查线间同一类别资源划分为一大块段进行估算。在此次块段合格率对比分析中，将两勘查线间同一类别资源划分为几个块段分别计算资源/储量，而后分别进行开采期与详查期矿石量、金属量、平均品位的对比分析。其中 1190～1170m 标高间块段尺寸为 40m(长)×40m(宽)×20m（高）；1170～1130m 标高间的 4 个台阶各块段尺寸为 40m(长)×40m(宽)×10m(高)。

中段资源储量对比是以块段资源储量对比计算结果为基础，按中段统计详查期、开采期金矿石量、金属量、平均品位。

对比地段资源储量误差是用各台阶开采期的矿石量、金属量、平均品位分别减去详查期矿石量、金属量、平均品位，得出矿石量误差、品位误差、矿石金属量误差，并以开采期储量为基数，进行储量的相对误差率的计算。

4.5.7 完成的工作量

参与探采对比的工作人员共编制地形地质图、中段平面图、探采对比剖面图等图件 16 张，有关计算表 8 个。

此次探采对比，在收集与整理探采对比所需的基础资料之后，经过认真分析研究，按照对比项目内容绘制出各类对比图件，计算了各类参数。在详查报告提交的毕力赫金矿区地形地质图上复合叠加了露采坑开采现状图。在 1230～1130m 间的 11 个实测平台地质平面图上叠加详查期施工的钻孔位置、详查矿体边界、开采潜孔位置、二次圈定矿体边界，形成各平台综合地质平面图。该类图件既可作矿体形态水平截面对比图，又可作为资源储量计算对比图。在详查报告提交的勘查线剖面图上叠加开采期二次圈定的矿体边界，形成勘查线地质剖面对比图。同时复制了详查报告矿区交通位置图、矿区水文地质图等图件。

为便于资源储量、矿体形态等对比分析，整理复制了详查钻孔样品结果登记表、开采潜孔取样位置登记表、潜孔样品结果登记表等表格资料。

运用前述制作的综合对比图件，重新计算编制了各平台勘查期矿体资源储量估算表、开采期二次圈定矿体资源储量估算表。编制了开采实际与地质详查资源储量误差对比分析表（包括平台的误差对比及平台合格率），矿石品位误差对比分析表，金属量误差对比分析表，面积误差、面积重合率、形态弯曲误差对比分析表，矿体边界模数矿体形态复杂程度类型表等对比分析表格资料。

4.5.8 对比结果

4.5.8.1 矿体形态产状对比

矿体总的面积重合率为 88.86%，形态歪曲率为 18.43%。从各平台矿体形态对比来看，1200m 以下各平台矿体形态控制的比 1200m 以上各平台矿体形态控制的更好。1200m 以下各平台矿体水平面积重合率均大于 91%，形态歪曲率均小于 16%，见表 4-10。

表 4-10　毕力赫金矿区Ⅱ矿带 AuⅡ-1 号金矿体形态误差对比结果

平台标高/m	详查圈定矿体面积/m²	开采圈定矿体面积/m²	面积绝对误差/m²	面积相对误差/%	重合矿体面积/m²	面积重合率/%	多圈矿体面积/m²	少圈矿体面积/m²	形态歪曲绝对误差/m²	形态歪曲率/%
1230	11518	12742	1224	9.61	10659	83.65	898	2083	2981	23.40
1220	15102	18303	3201	17.49	13708	74.89	1140	4595	5735	31.33
1210	20485	25528	5043	19.75	18975	74.33	1510	6552	8062	31.58
1200	22290	24983	2692	10.78	21300	85.26	990	3683	4673	18.70
1190	23738	23979	241	1.00	21982	91.67	1756	1997	3753	15.65
1180	23612	21311	−2300	−10.79	21161	99.30	2450	150	2601	12.20
1170	21865	21747	−119	−0.55	20352	93.58	1514	1395	2909	13.38
1160	17694	16838	−856	−5.08	16488	97.92	1206	350	1556	9.24
1150	13226	11945	−1282	−10.73	11816	98.92	1411	129	1540	12.89
1140	8940	8431	−508	−6.03	8109	96.18	831	322	1153	13.67
1130	5697	5507	−189	−3.44	5458	99.10	239	50	289	5.24
合计	184166	1913	7148	3.74	170008	88.86	13945	21306	35252	18.43
相对误差允许范围/%（以控制的122b级储量计算误差要求为标准）				≤45		≥70				≤60~80

1230~1210m 间平台面积重合率为 74.33%~83.65%，形态歪曲率为 23.40%~31.58%。相比于1200m 以下各平台，位于矿体顶部的这 3 个平台矿体面积重合率偏低，形态歪曲率增大，如图 4-10 所示。

开采期和详查期各平台矿体边界模数均小于 1.2，矿体形态属于简单类型。总体趋势是 1210m 平台以上矿体边界模数大于 1，1210m 平台以下矿体边界模数小于 1。详查期矿体平均边界模数为 0.91，开采期二次圈定矿体平均边界模数为 0.98，开采期矿体边界模数大于详查期的矿体边界模数，说明开采期二次圈定的矿体边界较详查期矿体边界复杂，控制的更近于实际，见表 4-11。

4.5.8.2　矿体内部结构对比

详查期，在 ZK046 单孔圈出一厚 16.4m 的夹石，标高为 1199~1182.4m。开采期，1200m 平台在 ZK046 位置附近施工的潜孔圈定出一北西长 18m 多，北东宽近 12m，厚 10m 近似不规则长方体夹石，夹石品位为 0.34×10^{-6}。因夹石含有低品位矿化，生产期并未剔除，而是与矿一同运往矿场。在 1190m 平台 ZK046 位置附近施工的潜孔样品位都大于 0.5×10^{-6}，未圈出夹石。开采前后对比看，ZK046 圈定的夹石位置较一致，生产期圈定的夹石厚度较详查期夹石厚度变薄。

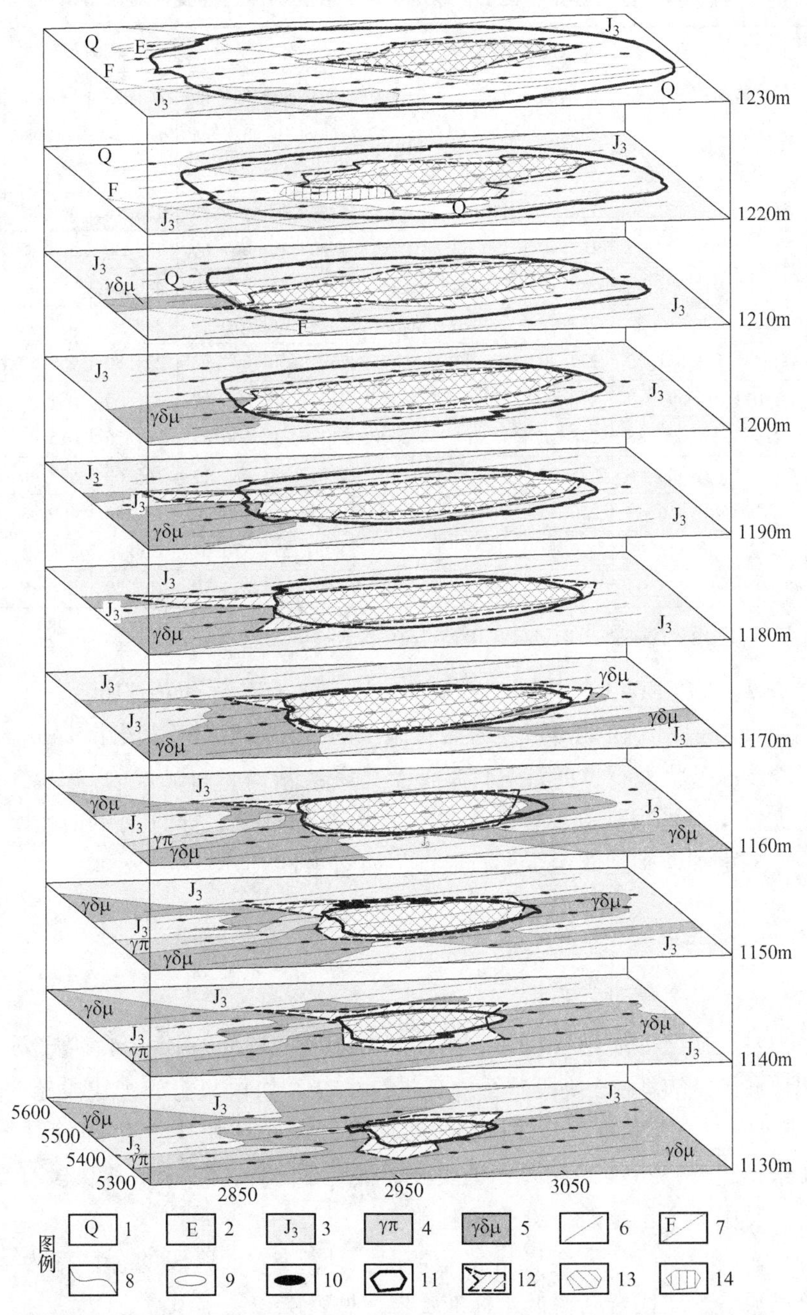

图 4-10　毕力赫金矿区Ⅱ矿带 AuⅡ-1 矿体露采平台联合平面图

1—第四系残坡积冲积物；2—第三系红色泥岩；3—侏罗系上统火山碎屑岩；4—二长花岗斑岩；5—花岗闪长玢岩；6—勘探线位置及编号；7—断层；8—地质界线；9—详查期见矿钻孔位置及编号；10—详查期未见矿钻孔位置及编号；11—采矿境界线；12—详查期 AuⅡ-1 号矿体边界线；13—开采期二次圈定 AuⅡ-1 号矿体边界线；14—开采期新圈定残积型 AuⅡ-3 号矿体边界线

表 4-11 毕力赫金矿区Ⅱ矿带 Au Ⅱ-1 号金矿体边界模数对比结果

平台标高	详查期					开采期二次圈定				
	矿体断面面积 /m²	矿体断面边界长 /m	矿体断面延长 /m	同面积矩形周长 /m	矿体边界模数	矿体断面面积 /m²	矿体断面边界长 /m	矿体断面延长 /m	同面积矩形周长 /m	矿体边界模数
1230	11517.62	453.80	134.77	440.46	1.03	12742.03	489.18	135.10	458.83	1.06
1220	15102.10	537.17	162.10	510.53	1.05	18303.12	667.60	185.30	568.15	1.18
1210	20485.01	674.38	286.10	715.40	0.94	25527.56	713.28	250.64	704.98	1.01
1200	22290.27	616.23	262.45	694.76	0.89	24982.66	670.73	248.00	697.47	0.96
1190	23737.89	661.22	237.70	675.13	0.98	23978.58	624.93	221.80	659.82	0.95
1180	23611.58	593.33	238.16	674.60	0.88	21311.44	575.57	186.60	601.62	0.96
1170	21865.25	589.88	248.18	672.56	0.88	21746.69	566.84	197.76	615.45	0.92
1160	17693.65	500.16	223.05	604.75	0.83	16837.57	482.13	166.69	535.40	0.90
1150	13226.40	556.48	210.25	546.32	1.02	11944.60	426.20	160.53	469.87	0.91
1140	8939.53	381.95	199.03	487.89	0.78	8431.20	370.61	139.45	399.82	0.93
1130	5696.81	305.93	200.28	457.45	0.67	5507.36	292.79	105.28	315.18	0.93

注：矿体边界模数：简单<1.2；1.2≤中等≤1.5；复杂>1.5。

详查期，在 ZK043 单孔圈出一厚 6.5m 的夹石，标高为 1166.3~1159.8m。开采期，1170m 平台在 ZK043 位置附近施工的潜孔圈定出一北东长 24m、北西宽 13m、厚 10m 条状夹石，夹石一直延伸至露采边帮。夹石品位为 0.18×10^{-6}。生产中此夹石与露采边帮剥离围岩一同运往废石场堆放。详查期单钻孔圈定的夹石，生产期更加准确地圈定了夹石形态，如图 4-11 所示。

4.5.8.3 资源储量对比

A 块段资源储量对比

毕力赫金矿区Ⅱ矿带 AuⅡ-1 号金矿体 1190~1130m 间 5 个台阶内划分了 57 个矿块块段。从表 4-12 块段矿石量对比看，57 个块段只有 4 个块段超差，其中 1 个正超差，3 个负超差；从块段品位对比看，57 个矿块块段有 29 个块段超差，其中 4 个正超差，25 个负超差；从块段金属量对比看，57 个矿块块段有 28 个块段超差，其中 4 个正超差，24 个负超差。

综合矿石量、品位、金属量超差情况，计算 57 个块段的合格率为 49.5%。从计算结果看，块段合格率低于标准要求，见表 4-12。

B 中段资源储量对比

1230~1130m 标高间各台阶详查期查明的 122b 资源量及开采期二次圈定的 111b 资源量，二者对比结果见表 4-13。

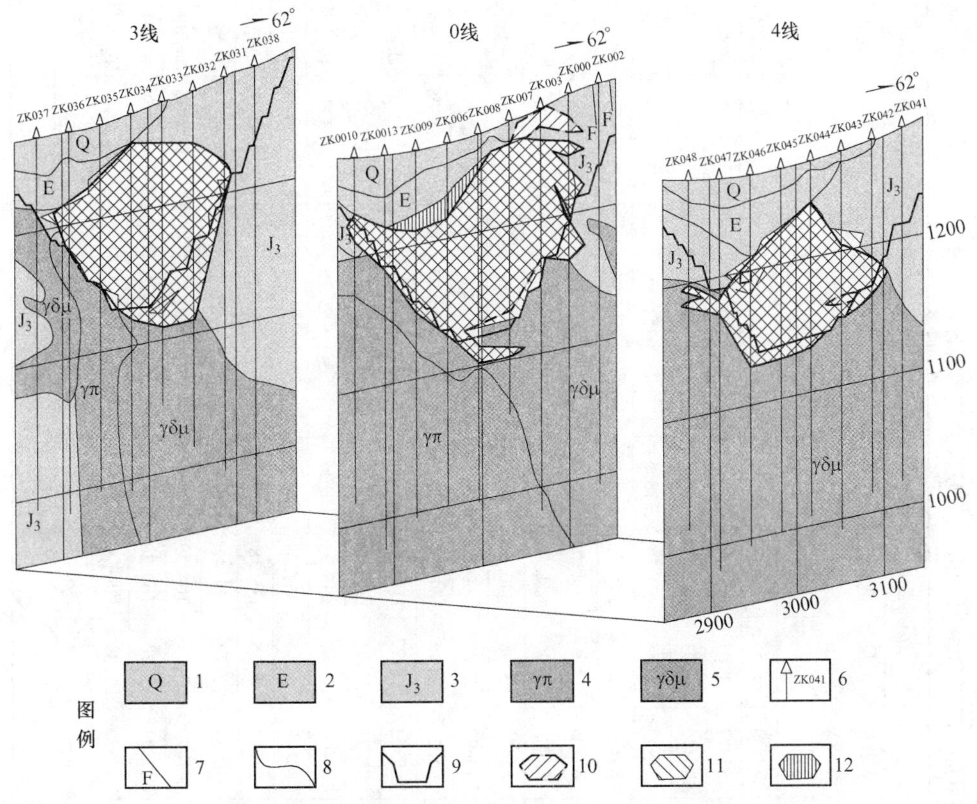

图4-11 毕力赫金矿区Ⅱ矿带 AuⅡ-1 矿体 3—4 线联合剖面图

1—第四系残坡积冲积物；2—第三系红色泥岩；3—侏罗系上统火山碎屑岩；4—二长花岗斑岩；5—花岗闪长玢岩；6—详查期施工的钻孔；7—断层；8—地质界线；9—露采最终境界线；10—详查期 AuⅡ-1 号矿体边界线；11—开采期二次圈定 AuⅡ-1 号矿体边界线；12—开采期新圈定残积型 AuⅡ-3 号矿体边界线

C 对比地段对比

从整个对比地段看，开采期 111b 与详查期 122b 金矿石量相对误差 5.21%，品位相对误差为-12.25%，金属量相对误差为-6.40%。矿石量总体正变，而品位和金属量双双负变。

4.5.8.4 矿床开采技术条件对比

原详查报告确定矿区水文地质勘查类型为二类一型，即以裂隙水充水水文地质条件简单矿床。生产中，金矿主要矿体位于当地侵蚀基准面以下，附近无地表水体，地形有利于自然排水。矿区内无富水性较好的含水层，矿床充水水源主要为基岩裂隙水，单位涌水量 0.0014L/(s·m)，富水性弱，因此，将金矿水文地质勘查类型确定为二类一型，即以裂隙充水的水文地质条件简单矿床，与原报告结论一致。

表 4-12　毕力赫金矿区Ⅱ矿带 AuⅡ-1 矿体 1190~1130m 台阶块段合格率统计

台阶编号	块段编号	对比范围	详查期				开采期二次圈定			矿石量		品位		金属量	
			类别	矿石量/t	品位/×10⁻⁶	金属量/kg	矿石量/t	品位/×10⁻⁶	金属量/kg	相对误差/%	是否超差	相对误差/%	是否超差	相对误差/%	是否超差
1190~1170	19-7-3-1	7-3 线	122b	57619	5.78	333.04	47097	3.66	172.38	-22.34		-57.92	负超差	-93.20	负超差
	19-7-3-2	7-3 线	122b	71269	5.83	415.50	72963	1.55	113.09	2.32		-276.13	负超差	-267.41	负超差
	19-7-3-3	7-3 线	122b	51038	2.09	106.67	54377	1.07	58.18	6.14		-95.33	负超差	-83.34	负超差
	19-7-3-4	7-3 线	122b	36081	1.28	46.18	36470	0.93	33.92	1.07		-37.63	负超差	-36.14	
	19-3-0-1	3-0 线	122b	32553	1.72	55.99	27933	3.55	99.16	-16.54		51.55	正超差	43.54	正超差
	19-3-0-2	3-0 线	122b	84540	7.21	609.53	83454	6.18	515.75	-1.30		-16.67		-18.18	
	19-3-0-3	3-0 线	122b	85308	10.86	926.44	85308	13.47	1149.10	0.00		19.38		19.38	
	19-3-0-4	3-0 线	122b	85505	8.05	688.32	85505	9.96	851.63	0.00		19.18		19.18	
	19-3-0-5	3-0 线	122b	85630	4.28	366.50	85630	3.98	340.81	0.00		-7.54		-7.54	
	19-3-0-6	3-0 线	122b	53477	1.70	90.91	43892	3.80	166.79	-21.84		55.26	正超差	45.49	
	19-0-4-1	0-4 线	122b	61129	2.08	127.15	60127	1.40	84.18	-1.67		-48.57	负超差	-51.05	负超差
	19-0-4-2	0-4 线	122b	84675	7.00	592.73	85572	13.97	1195.44	1.05		49.89	正超差	50.42	正超差
	19-0-4-3	0-4 线	122b	85771	11.27	966.64	85771	15.18	1302.00	0.00		25.76		25.76	
	19-0-4-4	0-4 线	122b	85400	11.44	976.98	85400	7.44	635.38	0.00		-53.76	负超差	-53.76	负超差
	19-0-4-5	0-4 线	122b	85045	8.99	764.55	80195	4.54	364.09	-6.05		-98.02	负超差	-109.99	负超差
	19-0-4-6	0-4 线	122b	35610	2.27	80.83	27918	1.26	35.18	-27.55		-80.16	负超差	-129.76	负超差
	19-4-8-1	4-8 线	122b	37088	5.10	189.15	42984	2.22	95.42	13.72		-129.73	负超差	-98.23	负超差
	19-4-8-2	4-8 线	122b	50327	6.29	316.56	41880	3.93	164.59	-20.17		-60.05	负超差	-92.33	负超差
	19-4-8-3	4-8 线	122b	40226	8.26	332.27	27892	3.70	103.20	-44.22	负超差	-123.24	负超差	-221.97	负超差
	19-4-8-4	4-8 线	122b	20224	10.91	220.64	13589	1.89	25.68	-48.83	负超差	-477.25	负超差	-759.19	负超差
	小计	7-8 线	122b	1228515	6.68	8206.58	1173957	6.39	7505.97	-4.65		-4.48		-9.33	
	误差允许范围									±35		±35		±45	

续表 4-12

台阶编号	块段编号	对比范围	详查期				开采期二次圈定			矿石量		品位		金属量	
			类别	矿石量/t	品位/$\times10^{-6}$	金属量/kg	矿石量/t	品位/$\times10^{-6}$	金属量/kg	相对误差/%	是否超差	相对误差/%	是否超差	相对误差/%	是否超差
1170~1160	17-7-3-1	7-3 线	122b	54991	3.49	191.92	48987	2.66	130.31	−12.26		−31.20		−47.28	负超差
	17-7-3-2	7-3 线	122b	31343	3.15	98.73	36004	2.07	74.53	12.95		−52.17	负超差	−32.47	
	17-7-3-3	7-3 线	122b	15183	0.72	10.93	18399	1.95	35.88	17.48		63.08	正超差	69.54	正超差
	17-3-0-1	3-0 线	122b	42533	5.66	240.74	39256	3.67	144.07	−8.35		−54.22	负超差	−67.10	负超差
	17-3-0-2	3-0 线	122b	42610	8.31	354.09	42610	10.04	427.80	0.00		17.23		17.23	
	17-3-0-3	3-0 线	122b	42775	9.46	404.65	42775	13.58	580.88	0.00		30.34		30.34	
	17-3-0-4	3-0 线	122b	49549	6.85	339.41	46007	4.05	186.33	−7.70		−69.14	负超差	−82.16	负超差
	17-0-4-1	0-4 线	122b	58929	5.07	298.77	55516	6.08	337.54	−6.15		16.61		11.49	
	17-0-4-2	0-4 线	122b	42872	7.29	312.54	42872	7.07	303.11	0.00		−3.11		−3.11	
	17-0-4-3	0-4 线	122b	42248	8.07	340.94	42643	4.42	188.48	0.93		−82.58	负超差	−80.89	负超差
	17-0-4-4	0-4 线	122b	30050	7.36	221.17	27949	3.56	99.5	−7.52		−106.74	负超差	−122.28	负超差
	17-4-8-1	4-8 线	122b	27707	3.26	90.32	30811	3.68	113.38	10.07		11.41		20.34	
	17-4-8-2	4-8 线	122b	27371	2.22	60.76	27463	2.00	54.93	0.33		−11.00		−10.61	
	17-4-8-3	4-8 线	122b	16137	1.39	22.43	12004	1.66	19.93	−34.43		16.27		−12.54	
	小计	7-8 线	122b	524298	5.70	2987.40	513296	5.25	2696.67	−2.14		−8.46		−10.78	
	误差允许范围									±35		±35		±45	

续表 4-12

台阶编号	块段编号	对比范围	详查期				开采期二次圈定			矿石量		品位		金属量	
			类别	矿石量/t	品位/$\times10^{-6}$	金属量/kg	矿石量/t	品位/$\times10^{-6}$	金属量/kg	相对误差/%	是否超差	相对误差/%	是否超差	相对误差/%	是否超差
1160~1150	16-7-3-1	7-3 线	122b	34548	2. 47	85. 33	26342	1. 26	33. 19	-31. 15		-96. 03	负超差	-157. 10	负超差
	16-7-3-2	7-3 线	122b	43102	2. 22	95. 69	28655	2. 08	59. 60	-50. 42	负超差	-6. 73		-60. 55	负超差
	16-3-0-1	3-0 线	122b	23128	4. 50	104. 08	21886	3. 82	83. 60	-5. 67		-17. 80		-24. 50	
	16-3-0-2	3-0 线	122b	42609	6. 24	265. 88	42609	3. 71	158. 08	0. 00		-68. 19	负超差	-68. 19	负超差
	16-3-0-3	3-0 线	122b	42769	4. 84	207. 00	42769	5. 03	215. 13	0. 00		3. 78		3. 78	
	16-3-0-4	3-0 线	122b	35868	2. 63	94. 33	35188	1. 51	53. 13	-1. 93		-74. 17	负超差	-77. 55	负超差
	16-0-4-1	0-8 线	122b	61638	4. 64	286. 00	57818	4. 87	281. 57	-6. 61		4. 72		-1. 57	
	16-0-4-2	0-8 线	122b	64275	6. 42	412. 65	62168	2. 97	184. 64	-3. 39		-116. 16	负超差	-123. 49	负超差
	16-0-4-3	0-8 线	122b	51299	4. 66	239. 05	49294	4. 88	240. 55	-4. 07		4. 51		0. 62	
	16-0-4-4	0-8 线	122b	9861	3. 19	31. 46	13617	0. 78	10. 62	27. 58		-308. 97	负超差	-196. 23	负超差
	小计	7-8 线	122b	409097	4. 45	1821. 47	380346	3. 47	1320. 11	-7. 56		-28. 28		-37. 98	
	误差允许范围									±35		±35		±45	
1150~1140	15-3-0-1	3-0 线	122b	65643	2. 38	156. 23	55658	2. 49	138. 59	-17. 94		4. 42		-12. 73	
	15-3-0-2	3-0 线	122b	56801	3. 35	190. 28	52315	2. 68	140. 20	-8. 57		-25. 00		-35. 72	
	15-3-0-3	3-0 线	122b	23605	3. 39	80. 02	23962	4. 13	98. 96	1. 49		17. 92		19. 14	
	15-0-4-1	0-8 线	122b	41365	2. 02	83. 56	40679	1. 54	62. 65	-1. 69		-31. 17		-33. 38	
	15-0-4-2	0-8 线	122b	54386	2. 33	126. 72	53512	1. 86	99. 53	-1. 63		-25. 27		-27. 32	
	15-0-4-3	0-8 线	122b	38776	3. 61	139. 98	38105	2. 39	91. 07	-1. 76		-51. 05	负超差	-53. 71	负超差
	15-0-4-4	0-8 线	122b	3689	5. 30	19. 55	7135	4. 52	32. 25	48. 30	正超差	-17. 26		39. 38	
	小计	3-8 线	122b	284265	2. 80	796. 34	271366	2. 44	663. 25	-4. 75		-14. 62		-20. 07	
	误差允许范围									±35		±35		±45	

续表 4-12

台阶编号	块段编号	对比范围	详查期				开采期二次圈定			矿石量		品位		金属量	
			类别	矿石量/t	品位/$\times10^{-6}$	金属量/kg	矿石量/t	品位/$\times10^{-6}$	金属量/kg	相对误差/%	是否超差	相对误差/%	是否超差	相对误差/%	是否超差
1140~1130	14-3-0-1	7-3 线	122b	18493	0.81	14.98	18096	0.73	13.21	-2.19		-10.96		-13.40	
	14-3-0-2	3-0 线	122b	50861	1.53	77.82	47130	0.75	35.35	-7.92		-104.00	负超差	-120.14	负超差
	14-3-0-3	3-0 线	122b	9831	2.22	21.82	9584	1.90	18.21	-2.58		-16.84		-19.82	
	14-0-4-1	0-8 线	122b	18493	0.82	15.16	18096	0.64	11.58	-2.19		-28.13		-30.92	
	14-0-4-2	0-8 线	122b	41825	0.81	33.88	41700	1.85	77.15	-0.30		56.22	正超差	56.09	正超差
	14-0-4-3	0-8 线	122b	27365	2.30	62.94	30629	1.71	52.38	10.66		-34.50		-20.16	
	小计	7-8 线	122b	166868	1.36	226.60	165235	1.26	207.88	-0.99		-7.94		-9.01	
	误差允许范围									±35		±35		±45	
1190~1130	总计	7-8 线	122b	2613043	5.37	14038	2504200	4.95	12394	-4.35		-8.55		-13.27	
	误差允许范围									±35		±35		±45	

表 4-13　毕力赫金矿区Ⅱ矿带 AuⅡ-1 号金矿体资源储量对比结果

台阶标高	详查期			开采期二次圈定			矿石量		品位		金属量	
	矿石量/t	品位/$\times10^{-6}$	金属量/kg	矿石量/t	品位/$\times10^{-6}$	金属量/kg	绝对误差/t	相对误差/%	绝对误差/$\times10^{-6}$	相对误差/%	绝对误差/kg	相对误差/%
1230~1220	355373	1.29	459.87	434072	1.53	664.13	78699	18.13	0.24	15.42	204.26	30.76
1220~1210	475088	1.63	773.67	617202	1.94	1197.37	142114	23.03	0.31	16.06	423.70	35.39
1210~1200	571050	3.47	1981.08	674311	2.94	1982.48	103261	15.31	-0.53	-18.00	1.40	0.07
1200~1190	614476	5.29	3251.94	653633	4.64	3032.86	39157	5.99	-0.65	-14.06	-219.08	-7.22
1190~1170	1228515	6.68	8206.58	1173957	6.39	7505.97	-54558	-4.65	-0.29	-4.48	-700.61	-9.33
1170~1160	524298	5.70	2987.40	513296	5.25	2696.67	-11002	-2.14	-0.44	-8.46	-290.73	-10.78
1160~1150	409097	4.45	1821.47	380346	3.47	1320.11	-28751	-7.56	-0.98	-28.28	-501.36	-37.98
1150~1140	284265	2.80	796.34	271366	2.44	663.25	-12899	-4.75	-0.36	-14.62	-133.09	-20.07
1140~1130	166868	1.36	226.60	165235	1.26	207.88	-1633	-0.99	-0.10	-7.94	-18.72	-9.01
总　计	4629030	4.43	20504.94	4883418	3.95	19270.71	254388	5.21	-0.48	-12.25	-1234.23	-6.40

原详查报告确定工程地质勘查类型划分为二类二型，即块状岩类工程地质条件中等型。从生产实际揭露看，含矿地层岩性较复杂，以块状岩类为主，地质构造中等，无大的构造破碎带通过矿床。矿体部分地段顶底板较软弱破碎，但整体稳固性较好，对矿床开采有局部影响或影响程度较轻。充水含水层以基岩裂隙含水层为主，富水性弱，地下水不具较大的静水压力，矿区地形地貌简单，地形有利，因此确定工程地质勘查类型为二类二型，即块状岩类工程地质条件中等型，与原报告结论一致。

原详查报告确定矿区的环境地质类型为一类，环境质量良好。生产实际中，矿区在自然状态下没有发现地质灾害和环境污染问题，地下水水质良好。矿区建有日处理3000t的矿石采、选、冶一体化自动化选矿厂，目前未发生过水环境污染问题和矿渣、尾矿的堆放出现滑坡与崩塌等环境地质问题。因此生产证实的矿区环境地质类型为第一类，环境地质质量良好，与原报告结论一致。

4.5.9　探采对比误差分析

4.5.9.1　形态产状误差分析

除矿体顶部部分地段外，总体矿体的面积误差小，面积重合率大，探采前后AuⅡ-1矿体形态和产状变化不大，矿体长度和延深与详查结果相吻合。

引起变化的原因为详查期间，在1230~1210m标高3~0勘查线，第三系红色泥岩中施工的ZK035、ZK006、ZK009钻孔质量偏低，岩心采取率低，未进行取样，导致漏圈了残积型AuⅡ-3矿体，经生产勘探新增金矿石量10.88×10^{4}，金属量162.41kg，品位1.49×10^{-6}，如图4-11所示。

另外，1230~1210m各平台位于7~3、4~8勘查线矿体边部近于边界品位的低品位矿（化）体边界呈弯曲弧状，详查运用钻探圈连矿体边界为直线，造成面积重合率降低。

详查期间，采用钻探手段，以40m×40m工程勘查间距普遍勘查，对于厚大透镜体，工程勘查间距明显过密。

4.5.9.2　资源储量误差分析

（1）块段资源储量误差分析。块段合格率低主要是块段品位负超差多引起。从各台阶数据可以看出，开采期二次圈定采用的潜孔岩粉样品位计算的矿体品位较详查期品位偏低，而实际生产产金量较详查金金属量呈正变。说明开采期潜孔岩粉样品位存在系统误差，其值较实际品位值偏低，该系统误差值现无法求得，故此次资源量储量对比主要进行矿石量的对比，在未剔除品位系统误差影响情况下，此次所作的品位及金属量对比只做参考。

（2）中段资源储量误差分析。在对比的9个台阶中，1200m标高以上3个台阶的矿石量相对误差较大，主要原因是1230m、1220m、1210m、1200m四个平台位于7~3线、4~8线间边部贫矿体外界较详查期均有不同程度扩大，矿石量发生正变，引起矿石量相对误差增大。

在对比的9个台阶中，除上部1230~1220m、1220~1210m两台阶品位相对误差为正外，其余7个台阶品位相对误差均为负，整个对比地段二次圈定矿体品位较详查期品位降低0.48×10^{-6}，但实际生产期产金量较详查期金金属量呈正变。究其原因，生产期二次圈定矿体采用的潜孔岩粉样品位存在系统误差，潜孔岩粉样品位整体偏低。

在开采期品位系统误差存在的情况下，1210~1200m、1160~1150m两个台阶品位相对误差分别为-18%、-28.28%，变化较大主因是详查期施工的控制矿体边部的钻孔，对接近边界品位的蚀变斑岩贫矿（化）体样品代表性较差。

（3）总体资源储量误差分析。从整个对比地段看，开采期111b与详查期122b金矿石量相对误差5.21%，品位相对误差为-12.25%，金属量相对误差为-6.40%。矿石量总体正变，而品位和金属量双双负变。

4.5.9.3　矿床勘探合理性

详查报告将AuⅡ-1号金矿体定为Ⅱ-Ⅲ勘查类型，偏Ⅱ勘查类型。从对比分析结果看，对于矿体空间形态变化较大的AuⅡ-1号金矿体，根据其不同形态，按矿段分别划分勘查类型，如矿体中部3~4线厚大透镜状矿段勘查类型划分为第Ⅱ勘查类型，北西、南东两侧板状、板柱状矿段划分为第Ⅲ勘查类型更合理。

毕力赫金矿区Ⅱ矿带地势地貌主要为平坦的草原风成砂覆盖区，主要矿体位于沟谷第三系黄土和第四系残坡积、洪积砂和风成砂泥质沉积物以下，矿体为隐伏矿体，地表采用槽探、深部采用钻探，在有利部位施工的小探井对钻孔起到了部分验证作用。详查选择的勘探手段组合是合理有效的。

4.5.10　结论

4.5.10.1　工程控制程度

开采期与详查对比，矿体的面积相对误差、面积重合率、形态歪曲率均在控制级误差允许范围内，详查达到了对矿体的控制程度。

4.5.10.2　勘探手段、网度

毕力赫金矿区Ⅱ矿带AuⅡ-1金矿体露采1230~1130m各台阶详查期、开采

期二次圈定的矿石量、金属量、品位误差不大，详查期确定的第Ⅱ勘查类型、钻探为主的勘探手段、40m×40m 探求 122b 的钻探工程网度是合适的。

4. 5. 10. 3　对矿石选冶性能

详查确定的唯一可回收的有价元素为金，无共伴生有益组分，无有害组分的矿石性质，以及属易选冶金矿石的选冶性能，已被多年选冶生产选冶回收率超过 90%的实践所证明。

4.5.11　建议

4. 5. 11. 1　分段确定勘探类型

AuⅡ-1 金矿体中间段主矿体位于外接触带的蚀变凝灰质砂岩或沉凝灰岩及内接触带花闪长玢岩体中，形态呈基本水平的透镜体状，但在南东的延深（伸）方向，矿体具有向深部变陡、向南南东倾伏的特征，至深部矿体主要赋存在花岗闪长玢岩体内部，并明显转为受岩体的构造控制，产状也有较大的变化。详查期采用一个矿体一种勘探类型一种工程间距，显得呆板。

详查时，以 10.0×10^{-6}为边界圈定了富矿，既避免了资源储量估算中高品位地段对低品位地段的影响，又为生产提供了配矿的可能。

建议《岩金矿勘查规范》修订时增加可以根据矿体变化在不同地段采用不同的勘探类型和工程间距。有高品位的地段，可以单圈单算。

4. 5. 11. 2　坑探工程是必要的

详查期间第三系红色泥岩采取率低且为采样。开采期，在 3～0 勘查线间，以潜孔钻岩粉样，新发现残积型 AuⅡ-3 矿体，新增金矿石量 10.88×10^{4}t，金属量 162. 41kg，品位 1.49×10^{-6}的实践说明，单一钻探手段，只能控制不能揭露，也正是因为有了 1 个小竖井，为以后观察矿体产状、选矿试验样品采取等提供了可能。

建议《岩金矿勘查规范》修订时，在详查或勘探阶段增加尽量有坑探工程验证的有关要求。

4. 5. 11. 3　可以合并勘查阶段

AuⅡ-1 金矿体从发现到开发利用，历时 3 年，就是在发现矿体后将预查、普查与详查阶段合并，加快了勘查进度。

建议《岩金矿勘查规范》修订时可以合并勘查阶段，可以提交超过证载勘查阶段的勘查报告。

4.6 湖北三鑫（Ⅲ类型）

4.6.1 对比地段的选择

Ⅱ4号矿体为桃花嘴金铜铁矿床的最主要矿体，其控制程度和研究程度均较高，Ⅱ4号矿体内铜、金储量分别占勘探阶段探明矿体总储量的78.22%和80.03%，选择Ⅱ4号矿体具有很好的代表性。

此次探采对比选择桃花嘴金铜矿区Ⅱ4号金铜矿体，0~14勘探线，-470~-620m标高地段。

4.6.2 探采对比的基础

探采对比的基础是2013年3月，以“鄂土资储备字［2013］23号”文备案的《湖北省大冶市鸡冠咀-桃花嘴矿区深部铜金矿地质普查报告》（简称深部普查报告），矿床勘查类型为铜Ⅱ勘查类型，勘查手段为钻探工程，勘查网度(80~100)m×(60~80)m钻探，探求332资源量。

4.6.3 对比资料

对比资料是矿山2013~2017年年底的生产探矿资料，探矿手段为坑探，网度为段高50m×穿脉50m，共完成穿脉坑探工程3517m，刻槽采样1390个。其中0~14线-470m中段、-520m中段主矿体已基本采空；-570m中段已开采50%以上，-620m中段已开始回采。

4.6.4 对比地段地质概况

4.6.4.1 *矿体分布*

对比地段Ⅱ4号矿体为桃花嘴矿区主矿体，经-470~-620m中段生产工程揭露，Ⅱ4号矿体主要分布于5~22线，矿体走向北东40°，长约600m，其中-520m水平最长，达618m，向深部矿体长度有缩短趋势，-620m水平为540m。

4.6.4.2 *矿体形态、产状*

矿体整体呈大的透镜状或似板状，两端厚度变小并出现分支现象，中间厚度较稳定，一般为30~40m。

矿体总体倾向北西-北西西，倾角较陡，局部近于直立。

4.6.4.3 *矿石特征*

矿石类型主要为矽卡岩型金铜铁矿石，主要金属矿物为黄铜矿、黄铁矿，局部有磁铁矿。

4.6.4.4　矿体围岩和夹石

矿体上下盘围岩主要为石英二长闪长玢岩和矽卡岩，局部为大理岩；从-420m 水平开始，在 10～14 线，矿体被从下往上插入的矽化石英二长闪长玢岩分隔开，在平面上形成两个相互独立的矿体。矿体围岩除大理岩外，其他均较破碎。

4.6.4.5　资源储量

根据生产勘探圈定的Ⅱ4 号矿体，在对比地段-470～-620m 中段共查明矿石量 533.85×10^4t，金金属量 13.25×10^3kg，铜金属量 130.17×10^3t。

4.6.5　探采对比工作

4.6.5.1　资料准备

（1）收集的资料。2013 年 3 月“鄂土资储备字［2013］23 号”文备案的《湖北省大冶市鸡冠咀-桃花嘴矿区深部铜金矿地质普查报告》（简称深部普查报告）。

（2）编制的图件。此次探采对比，在以往资料基础上，编制的图件有桃花嘴矿区交通位置图及矿区地质图；-470m、-520m、-570m、-620m 勘探及开采对比地质平面图（见图 4-12）；0 线、4 线、6 线、10 线、14 线勘探及开采对比勘探线剖面图，见图 4-13 和图 4-14。

（3）制作对比表。此次探采对比制作的对比表有勘探线剖面矿体储量探采资料验证对比表、中段平面和勘探线剖面矿体形态探采资料验证对比表、矿体连续性误差验证对比表、矿体厚度误差验证对比表、矿体下盘倾角变化验证对比表、矿体平面和剖面边界模数验证对比表、矿体水位移距离和垂直位移距离验证对比表等 7 类表格。

4.6.5.2　探采对比方法

（1）中段地质平面图和剖面图。利用 CAD 软件，在深部普查报告勘探线剖面图基础上，绘制与生产探矿对应的中段地质平面图。在生产探矿原始地质编录、刻槽采样和化验分析结果等基础上，编制地质平面图，绘制与深部普查报告一致的勘探线剖面图。

（2）单工程见矿厚度、品位。勘查阶段直接利用原报告勘探线剖面上钻孔见矿厚度、品位数据；开采阶段采用穿脉坑探工程见矿厚度、品位。

（3）资源储量的计算方法。采用垂直平行断面法计算金铜矿石量及金、铜

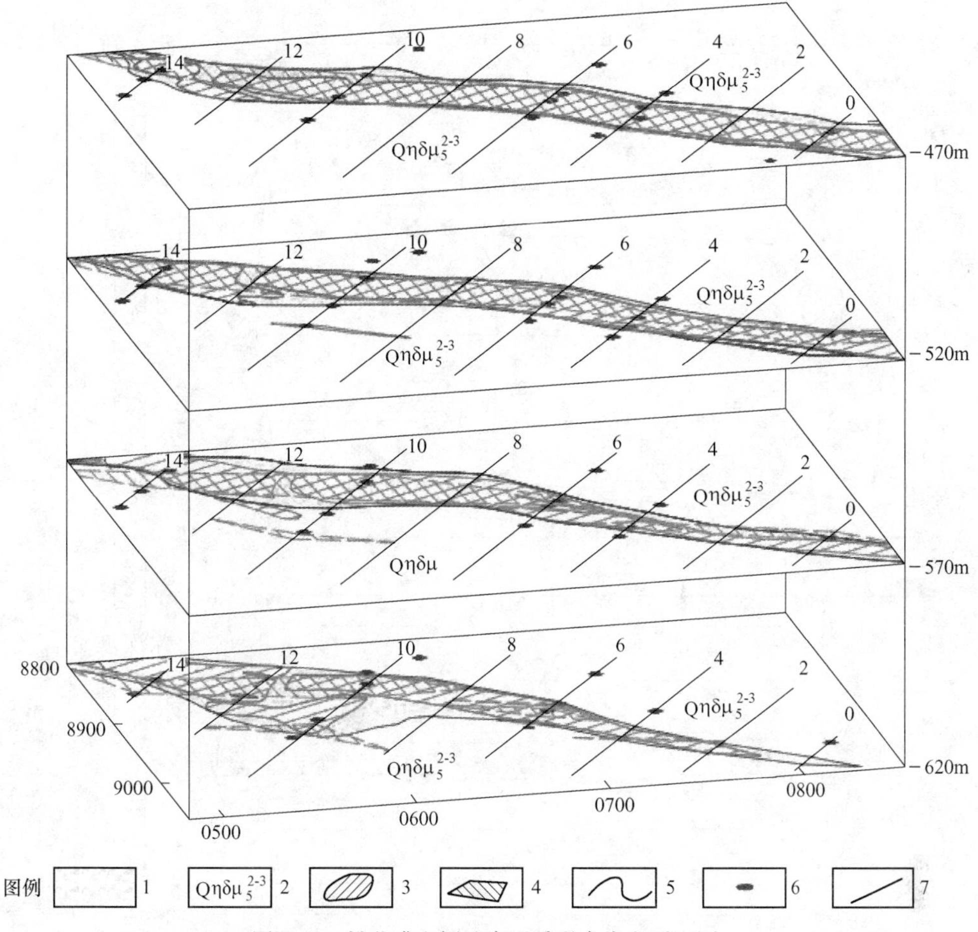

图 4-12 桃花嘴金铜矿床开采联合中段平面图

1—矽卡岩；2—石英二长闪长玢岩；3—开采矿体；4—勘查矿体；5—地质界线；6—勘查钻孔；7—勘探线

金属量。

(4) 矿体面积、厚度、顶底板位移及下盘倾角变化。依据平、剖面图，用CAD软件量取。

(5) 矿体的三维模型。分别依据勘查阶段和开采阶段所圈定的矿体，利用3Dmine软件绘制。

4.6.6 探采对比结果

4.6.6.1 矿体形态对比

按中段水平矿体面积和勘探线剖面矿体面积对比，生产勘探矿体面积比深部普查大，特别是最低标高-620m中段，相对误差达44.78%。中段平面图比剖面图面积重叠率略低，面积歪曲率总体较大，见表4-14、表4-15。

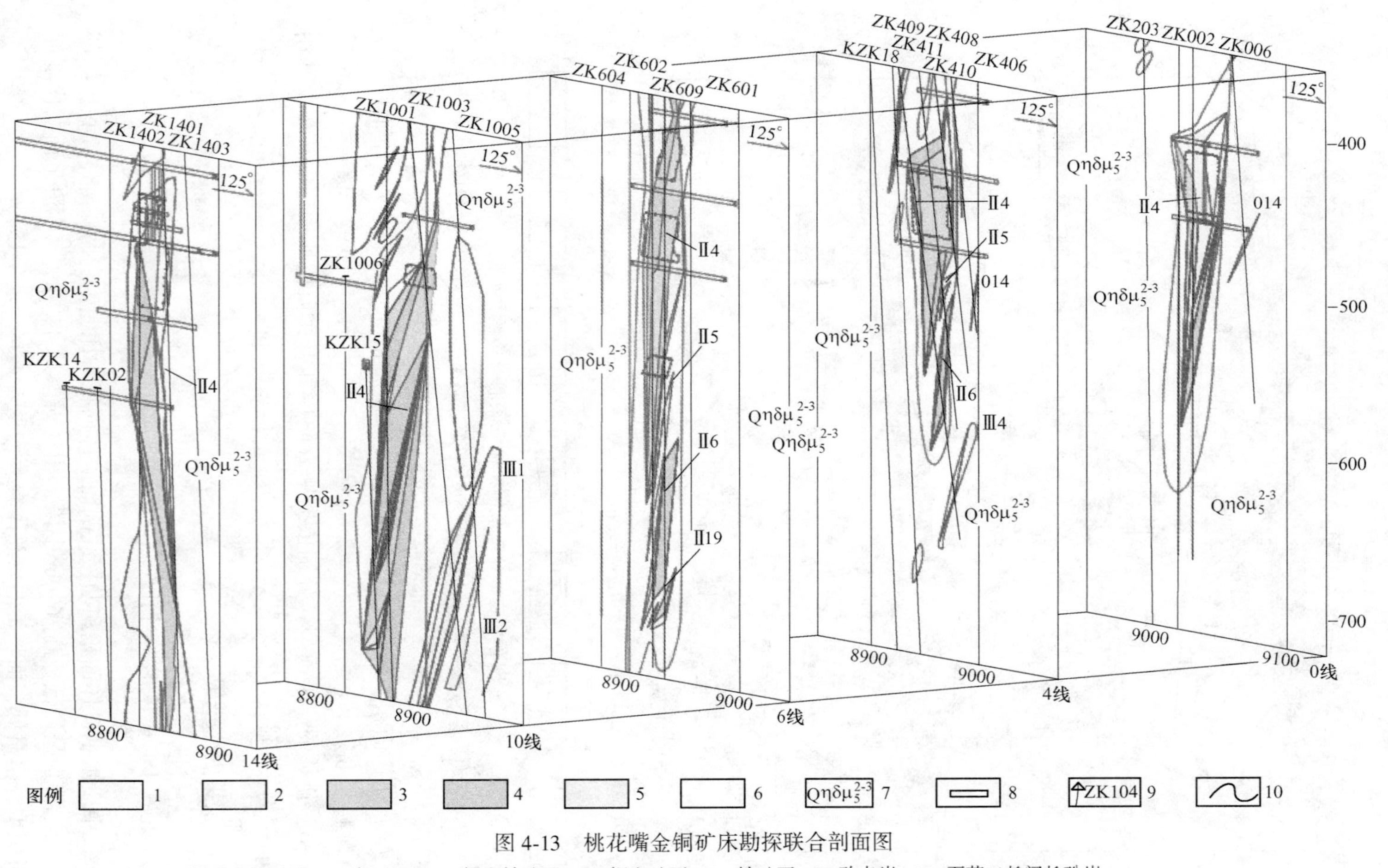

图 4-13　桃花嘴金铜矿床勘探联合剖面图

1—低品位铜矿石；2—铜矿石；3—铜金铁矿石；4—铜金矿石；5—铁矿石；6—矽卡岩；7—石英二长闪长玢岩；8—巷道工程；9—钻孔位置及编号；10—地质界线

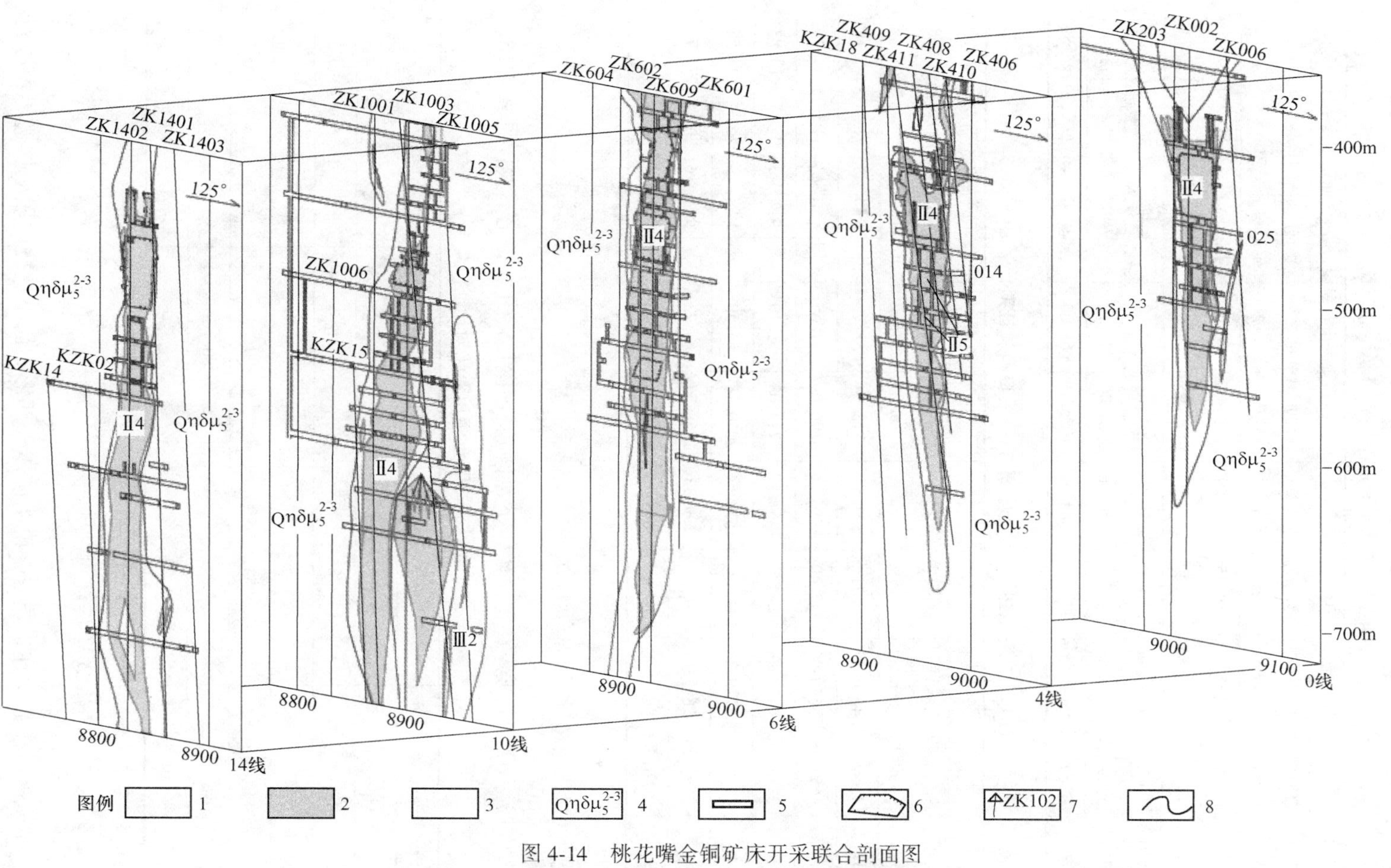

图 4-14 桃花嘴金铜矿床开采联合剖面图

1—铜矿石；2—铜金矿石；3—矽卡岩；4—石英二长闪长玢岩；5—巷道工程；6—采空区；7—钻孔位置及编号；8—地质界线

表 4-14　矿体平面形态探采资料验证对比

中段	面积误差				面积重叠率		面积歪曲率			
	普查面积/m^2	生产面积/m^2	相对误差/%	绝对误差/m^2	重叠面积/m^2	重叠率/%	普查圈定面积		相对误差/%	绝对误差/m^2
-470	13865.13	12542.16	-10.55	-1322.97	11113.67	88.61	多圈		33.33	4179.95
-520	10704.92	13087.66	18.21	2382.74	9139.93	69.84		少圈	42.12	5512.73
-570	7967.40	10921.09	27.05	2953.69	6858.63	62.80		少圈	47.35	5171.23
-620	5020.22	9090.88	44.78	4070.66	3924.06	43.16		少圈	68.89	6262.98
合计	37557.67	45641.79	17.71	8084.12	31036.29	68.00		少圈	46.29	21126.89

表 4-15　矿体剖面形态探采资料验证对比

勘探线号	面积误差				面积重叠率		面积歪曲率			
	勘探面积/m^2	开采面积/m^2	相对误差/%	绝对误差/m^2	重叠面积/m^2	重叠率/%	勘探圈定面积		相对误差/%	绝对误差/m^2
14	4306.70	4616.37	6.71	309.67	2713.94	58.79		少圈	75.71	3495.18
10	6657.56	5670.69	-17.40	-986.86	5196.99	91.65	多圈		34.11	1934.27
6	3988.51	5452.48	26.85	1463.97	3713.08	68.10		少圈	36.95	2014.83
4	2189.64	3719.27	41.13	1529.64	2030.18	54.59		少圈	49.70	1848.55
0	2594.28	2893.61	10.34	299.33	1858.57	64.23		少圈	61.20	1770.76
合计	19736.68	22352.42	11.70	2615.75	15512.76	69.40		少圈	49.50	11063.59

4.6.6.2　矿体下盘倾角对比

生产探矿与深部普查比，矿体下盘倾角变化在5°内，变化不大，见表4-16。

表 4-16　矿体下盘倾角变化对比

勘探线号	生产勘探/(°)	深部普查（α)/(°)	变化/(°)
14线	86	84	2
10线	78	83	-5
6线	89	88	1
4线	84	90	-6
0线	89	80	9
平均			4.6

4.6.6.3　矿体边界模数对比

矿体边界模数均在1左右，说明矿体外部形态简单。按中段矿体边界模数对比见表 4-17，按剖面矿体边界模数见表 4-18。

表 4-17 矿体平面边界模数验证对比

中段	边界线总长/m	断面面积/m^2	延伸长度/m	矿体边界模数
-470	891.29	12589.00	350.00	1.15
-520	1065.25	13044.12	350.00	1.38
-570	846.38	11137.95	350.00	1.11
-620	821.02	9091.32	325.00	1.16
平均	905.99	11465.60	343.75	1.20

表 4-18 矿体剖面边界模数验证对比

勘探线	边界线总长/m	断面面积/m^2	延伸长度/m	矿体边界模数
14	368.46	4403.42	150.00	1.03
10	392.48	5667.16	150.00	1.05
6	405.13	5524.73	150.00	1.08
4	368.46	3762.44	150.00	1.05
0	378.39	3032.67	125.00	1.27
平均	382.58	4478.08	145.00	1.09

4.6.6.4 矿体顶底板位移

从中段平面图上看，矿体顶板位移相近，均在 3.03~10.64m，位移较大。从勘探线剖面图上看，矿体顶底板位移相近，均在 3.89~14.98m。矿体顶底板位移总体较大，见表 4-19、表 4-20。

表 4-19 矿体顶底板水平位移距离对比

中段	位移面积/m^2		矿体直线长度/m	位移距离/m	
	顶板	底板		顶板	底板
-470	3189.96	1059.06	350.00	9.11	3.03
-520	1528.29	3722.51	350.00	4.37	10.64
-570	2801.11	3345.94	350.00	8.00	9.56
-620	2155.43	2440.89	230.00	9.37	10.61
最大值				9.37	10.64
最小值				4.37	3.03
平均值				7.71	8.46

表 4-20　矿体顶底板垂直位移距离对比

<table>
<tr><th rowspan="2">勘探线</th><th colspan="2">位移面积/m²</th><th rowspan="2">矿体直线长度/m</th><th colspan="2">位移距离/m</th></tr>
<tr><th>顶板</th><th>底板</th><th>顶板</th><th>底板</th></tr>
<tr><td>14 线</td><td>2246.39</td><td>2228.12</td><td>150.00</td><td>14.98</td><td>14.85</td></tr>
<tr><td>10 线</td><td>1053.86</td><td>643.07</td><td>150.00</td><td>7.03</td><td>4.29</td></tr>
<tr><td>6 线</td><td>596.64</td><td>583.36</td><td>150.00</td><td>3.98</td><td>3.89</td></tr>
<tr><td>4 线</td><td>510.90</td><td>558.08</td><td>127.00</td><td>4.02</td><td>4.39</td></tr>
<tr><td>0 线</td><td>884.96</td><td>1252.28</td><td>127.00</td><td>6.97</td><td>9.86</td></tr>
<tr><td>最大值</td><td></td><td></td><td></td><td>14.98</td><td>14.85</td></tr>
<tr><td>最小值</td><td></td><td></td><td></td><td>3.98</td><td>3.89</td></tr>
<tr><td>平均值</td><td></td><td></td><td></td><td>7.39</td><td>7.46</td></tr>
</table>

4.6.6.5　矿体连续性对比

生产勘探与深部普查从含矿系数变化看总体都小，说明对矿体的连续性控制较好，见表 4-21。

表 4-21　矿体连续性误差验证对比

<table>
<tr><th rowspan="2">中段</th><th colspan="5">生产探矿</th><th colspan="5">深部普查</th><th colspan="2">误差</th></tr>
<tr><th>矿体面积/m²</th><th>矿体体积/m³</th><th>矿化总面积/m²</th><th>矿化带体积/m³</th><th>含矿系数</th><th>矿体面积/m²</th><th>矿体体积/m³</th><th>矿化总面积/m²</th><th>矿化带体积/m³</th><th>含矿系数</th><th>绝对</th><th>相对</th></tr>
<tr><td>-470</td><td>12542</td><td rowspan="2">640745</td><td>13990</td><td rowspan="2">853423</td><td>0.90</td><td>13865</td><td rowspan="2">614251</td><td>15936</td><td rowspan="2">739237</td><td>0.87</td><td>0.03</td><td>0.03</td></tr>
<tr><td>-520</td><td>13088</td><td>14457</td><td rowspan="2">0.91</td><td>10705</td><td>13634</td><td rowspan="2">0.79</td><td rowspan="2">0.12</td><td rowspan="2">0.13</td></tr>
<tr><td>-520</td><td>13088</td><td rowspan="2">600219</td><td>14457</td><td rowspan="2">798515</td><td>10705</td><td rowspan="2">466808</td><td>13634</td><td rowspan="2">571045</td></tr>
<tr><td>-570</td><td>10921</td><td>12160</td><td rowspan="2">0.90</td><td>7967</td><td>9208</td><td rowspan="2">0.87</td><td rowspan="2">0.03</td><td rowspan="2">0.04</td></tr>
<tr><td>-570</td><td>10921</td><td rowspan="2">500299</td><td>12160</td><td rowspan="2">679514</td><td>7967</td><td rowspan="2">324691</td><td>9208</td><td rowspan="2">397775</td></tr>
<tr><td>-620</td><td>9091</td><td>10490</td><td>0.87</td><td>5020</td><td>6703</td><td>0.75</td><td>0.12</td><td>0.14</td></tr>
<tr><td>合计</td><td>69650</td><td>1741264</td><td>77715</td><td>2331452</td><td>0.89</td><td>56230</td><td>1405750</td><td>68322</td><td>1708058</td><td>0.82</td><td>-0.08</td><td>-0.10</td></tr>
</table>

4.6.6.6　矿体厚度对比

生产勘探与深部普查比，矿体厚度变化不大，见表 4-22。

4.6.6.7　资源储量对比

（1）深部普查与生产探矿资源储量在垂直纵投影图上的分布，分别如图 4-15、图 4-16 和表 4-23、表 4-24 所示。

表 4-22 矿体厚度变化对比

中段	生产勘探矿体厚度/m						深部普查矿体厚度/m						误差	
	14 线	10 线	6 线	4 线	0 线	平均	14 线	10 线	6 线	4 线	0 线	平均	绝对	相对/%
-470	23.45	32.19	42.39	40.88	34.22	34.63	23.35	48.91	43.69	39.20	33.69	37.77	-3.14	-9.07
-520	36.64	35.97	44.01	38.40	37.38	38.48	36.58	45.93	24.81	18.12	23.99	29.88	8.60	22.34
-570	32.00	53.15	36.40	18.39	19.82	31.95	24.95	42.98	20.19	11.78	12.22	22.42	9.53	29.82
-620	35.96	28.58	39.92	13.31	0.00	29.44	25.69	40.06	17.19	0.00	0.00	27.65	1.79	6.10
平均						33.63						29.43	4.20	12.48

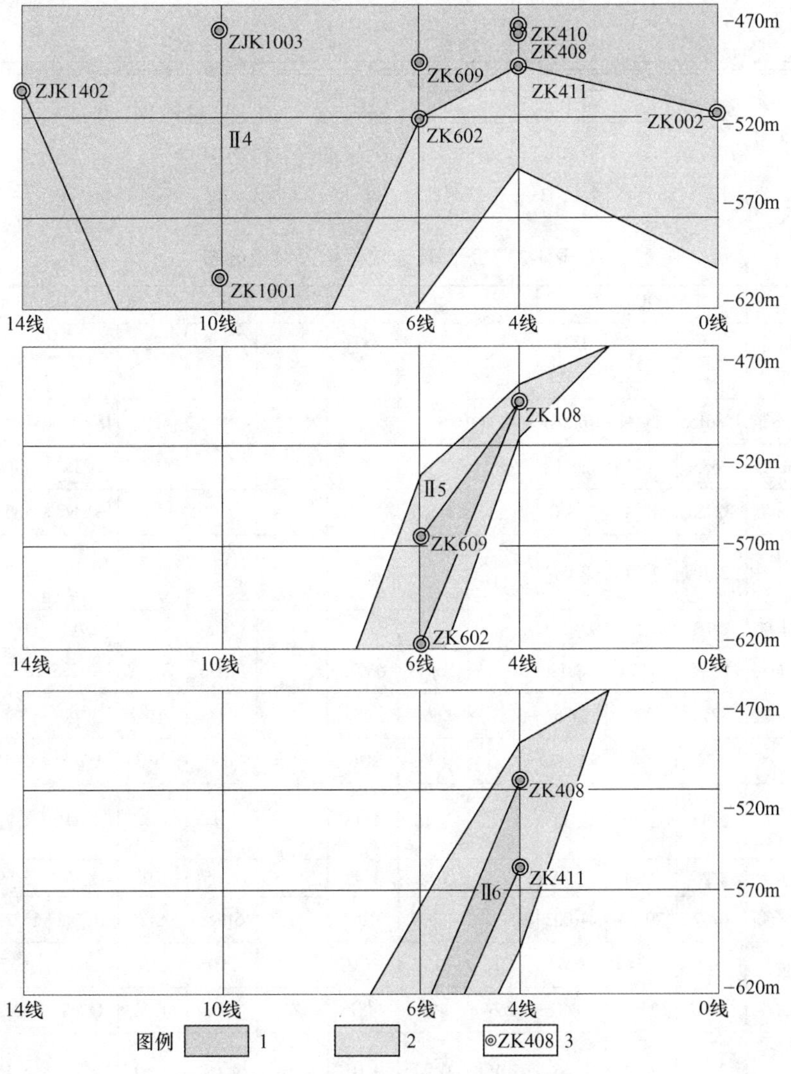

图 4-15 深部普查矿体垂直纵投影图

1—332 资源储量；2—333 资源储量；3—见矿钻孔

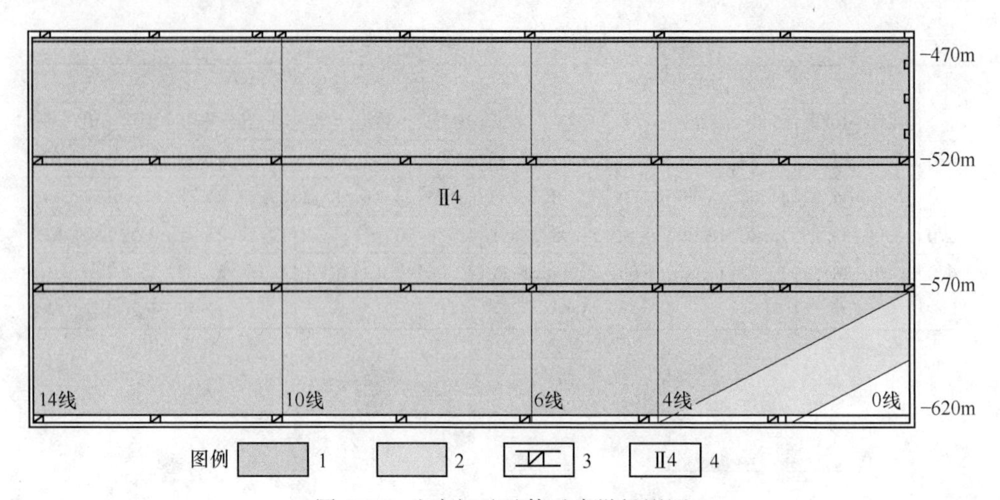

图 4-16　生产探矿矿体垂直纵投影图

1—122b 资源储量；2—332 资源储量；3—穿脉及巷道工程；4—矿体及编号

表 4-23　深部普查块段资源储量分布

块段号	矿体号	Ⅱ4			Ⅱ5			Ⅱ6			Ⅱ4+Ⅱ5+Ⅱ6		
	储量级别	332	333	332+333	332	333	332+333	332	333	332+333	332	333	332+333
14~10线	矿石量	1586155	85894	1672049							1586155	85894	1672049
	Au/kg	3335	147	3481							3335	147	3481
	Cu/t	32966	1334	34300							32966	1334	34300
	金/g·t^{-1}	2.10	1.71	2.08							2.10	1.71	2.08
	铜/%	2.08	1.55	2.05							2.08	1.55	2.05
10~6线	矿石量	1401285	86821	1488106		56640	56640		78776	78776	1401285	222237	1623522
	Au/kg	3278	208	3486		66	66		114	114	3278	388	3665
	Cu/t	45745	1942	47687		836	836		3193	3193	45745	5971	51717
	金/g·t^{-1}	2.34	2.40	2.34		1.16	1.16		1.44	1.44	2.34	1.75	2.26
	铜/%	3.26	2.24	3.20		1.48	1.48		4.05	4.05	3.26	2.69	3.19
6~4线	矿石量	261579	79423	341002	18016	13939	31955	36197	61928	98125	315792	155290	471082
	Au/kg	673	234	906	21	13	33	170	290	460	863	537	1400
	Cu/t	12732	2055	14787	266	191	457	1770	3028	4798	14768	5273	20041
	金/g·t^{-1}	2.57	2.94	2.66	1.16	0.90	1.05	4.69	4.69	4.69	2.73	3.46	2.97
	铜/%	4.87	2.59	4.34	1.48	1.37	1.43	4.89	4.89	4.89	4.68	3.40	4.25

续表 4-23

块段号	矿体号	Ⅱ4			Ⅱ5			Ⅱ6			Ⅱ4+Ⅱ5+Ⅱ6		
	储量级别	332	333	332+333	332	333	332+333	332	333	332+333	332	333	332+333
4~0线	矿石量	422444	182360	604804		7272	7272		117475	117475	422444	307107	729551
	Au/kg	759	387	1146					203	203	759	1245	1350
	Cu/t	8155	3843	11998		26	26		4108	4108	8155	14023	16133
	金/g·t^{-1}	1.80	2.12	1.90					1.73	1.73	1.80	4.05	1.85
	铜/%	1.93	2.11	1.98		0.36	0.36		3.50	3.50	1.93	4.57	2.21

表 4-24　生产探矿块段资源储量分布

块段号	矿体号	Ⅱ4		
	储量级别	122b	333	122b+333
14~10线	矿石量/t	1568777		1568777
	Au/kg	3594.86		3594.86
	Cu/t	33019.12		33019.12
	金/g·t^{-1}	2.29		2.29
	铜/%	2.10		2.10
10~6线	矿石量/t	1696283		1696283
	Au/kg	4156.71		4156.71
	Cu/t	36633.82		36633.82
	金/g·t^{-1}	2.45		2.45
	铜/%	2.16		2.16
6~4线	矿石量/t	699346		699346
	Au/kg	1932.87		1932.87
	Cu/t	18576.19		18576.19
	金/g·t^{-1}	2.76		2.76
	铜/%	2.66		2.66
4~0线	矿石量/t	966165	42300	1008465
	Au/kg	1898.31	83.11	1981.42
	Cu/t	19709.15	862.89	20572.04
	金/g·t^{-1}	1.96	2.12	1.96
	铜/%	2.04	2.04	2.04

（2）生产勘探与深部普查资源储量对比，金铜矿石量和金、铜品位均有较大变化。见表 4-25。

表 4-25　矿体资源储量验证对比

块段号	资源储量	深部普查	生产探矿	绝对误差	相对误差/%
		332+333	122b+333		
14~10 线	矿石量/t	1672049	1568777	−103272	−7
	Au/kg	3481.45	3594.86	113.41	3
	Cu/t	34300.08	33019.12	−1280.96	−4
	金/$g \cdot t^{-1}$	2.08	2.29	0.21	9
	铜/%	2.05	2.10	0.05	3
10~6 线	矿石量/t	1623522	1696283	72761	4
	Au/kg	3665.15	4156.71	491.56	12
	Cu/t	51716.66	36633.82	−15082.84	−41
	金/$g \cdot t^{-1}$	2.26	2.45	0.19	8
	铜/%	3.19	2.16	−1.03	−47
6~4 线	矿石量/t	471082	699346	228264	33
	Au/kg	1399.89	1932.87	532.98	28
	Cu/t	20041.45	18576.19	−1465.26	−8
	金/$g \cdot t^{-1}$	2.97	2.76	−0.21	−8
	铜/%	4.25	2.66	−1.60	−60
4~0 线	矿石量/t	729551	1008465	278914	28
	Au/kg	1349.54	1981.42	631.88	32
	Cu/t	16132.52	20572.04	4439.52	22
	金/$g \cdot t^{-1}$	1.85	1.96	0.11	6
	铜/%	2.21	2.04	−0.17	−8
合计	矿石量/t	4496204	4972871	476667	10
	Au/kg	9896.03	11665.86	1769.83	15
	Cu/t	122190.71	108801.17	−13389.54	−12
	金/$g \cdot t^{-1}$	2.20	2.35	0.14	6
	铜/%	2.72	2.19	−0.53	−24

4.6.7 探采对比结果分析

4.6.7.1 矿体内部结构变化分析

从表4-26可以看出，生产勘探和深部普查比，虽然矿体顶底板位移不大，但矿体面积重叠率不高，说明是矿体内部结构发生了变化，这正是因为深部普查时将1条矿体误认为3条矿体的结果。

表4-26 矿体形态产状参数误差对比分析

对比参数	误差类别	误差允许范围	平面矿体误差		剖面矿体误差	
矿体面积误差/%	相对误差	≤20~30	+17.71	不超差	+11.7	不超差
矿体面积重叠率/%		≥80	+68	超差	+69.4	超差
矿体形态歪曲率/%	相对误差	≤30~60	+46.29	不超差	+49.5	不超差
矿体厚度误差/%	相对误差	±(20~30)	+0.12	不超差		
矿体底板位移/m	绝对误差	±(5~8)	+8.46	超差	+7.46	不超差
矿体顶板位移/m	绝对误差	±(7~10)	+7.71	不超差	+7.39	不超差
矿体边界模数		中等1.2~1.5	+1.2	不超差	+1.09	不超差
矿体下盘倾角变化	绝对误差	<10°			+4.6°	不超差

4.6.7.2 资源储量变化分析

生产勘探与深部普查估算的资源储量对比，金、铜品位和矿石量均接近或超过相对误差范围上限，发生了较大变化，见表4-27。

表4-27 矿体资源储量变化误差 （%）

对比参数	误差类别	误差允许范围	剖面矿体误差	
矿石量	相对误差	±10	+10	不超差
	块段合格率	≥75	+66	超差
Au金属量	相对误差	±10	+15	超差
	块段合格率	≥75	+31	超差
Cu金属量	相对误差	±10	-12	超差
	块段合格率	≥75	+47	超差
Au品位	绝对误差	±2	+0.14	不超差
	相对误差	±3~7	+6	不超差
Cu品位	绝对误差	±2	-0.53	不超差
	相对误差	±3~7	-24	超差

4.6.7.3　品位误差

经生产勘探查明Ⅱ4 金铜矿体产状较陡，倾角平均 75°左右，局部近于直立。深部普查采用陡倾斜直孔钻探的勘查手段，导致钻孔基本沿矿体倾向延伸方向取样，样品的代表性不强，不能反映矿体的真实品位，如图 4-17 所示。如 6 勘探线 ZK602 孔在对比地段-470~-620m 标高共取样 92 个，其中 63 个样沿矿体倾向分布。

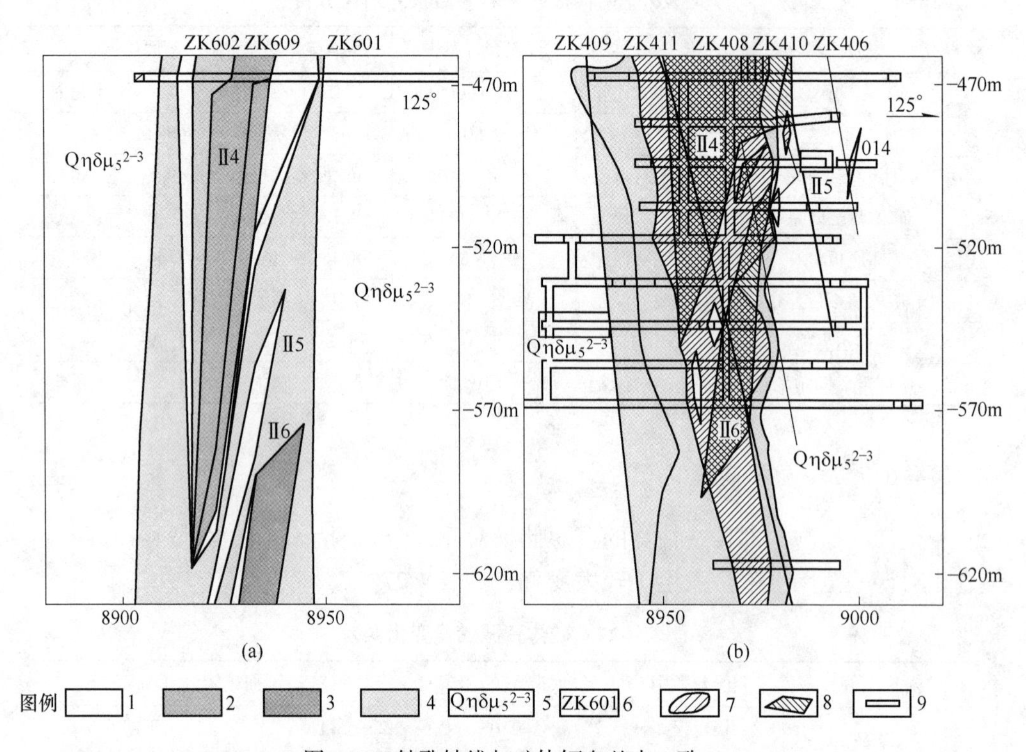

图 4-17　钻孔轴线与矿体倾向基本一致

（a）深部普查 6 线剖面图；（b）深部普查 4 线探采对比图

1—铜矿石；2—铜金铁矿石；3—铜金矿石；4—矽卡岩；5—石英二长闪长玢岩；6—钻孔位置及编号；7—生产探矿圈定矿体；8—深部普查圈定矿体；9—巷道工程

4.6.7.4　资源储量误差

生产勘探比深部普查矿石量发生正变，主要是矿体面积变化大，而矿体面积变化大是因为深部普查时 6 线的 ZK602、ZK609 和 4 线的 ZK408、ZK411 等两条勘探线上的 4 个钻孔，将Ⅱ4 矿体的夹石当成了Ⅱ4、Ⅱ5、Ⅱ6 矿体的围岩造成的。

4.6.8 结论

4.6.8.1 勘探手段

Ⅱ4 矿体是主矿体，矿体总体形态为一扁平的大透镜状，倾向北西-北西西，倾角较陡，为 65°~88°，平均 75°左右，局部地段近于直立。深部普查时采用钻探直孔勘查，造成了矿体对比连接失误，所采样品的代表性不高，致使矿石量及金属量均变化较大。

4.6.8.2 勘探类型和工程间距

Ⅱ4 矿体是主矿体，长 600m，厚 35m，深 740m，厚度变化系数 85.26%，金品位变化系数 75.90%，铜品位变化系数 74.18%。深部普查时按铜矿Ⅱ勘探类型，钻探手段，采用（120~160）m×(100~120)m 工程间距探求 332 铜资源量。实际勘探中，考虑到金矿Ⅰ勘探类型（80~160)m×(80~160)m 探求 332 金矿资源量，实际按 100m×100m 探求铜矿和金矿 332 资源量。生产勘探，探矿手段为坑探，从 50m×50m 探求 122b 看，深部普查工程网度总体适宜。

4.6.8.3 共生伴生矿产工业指标制定

桃花嘴金铜矿是金、铜、铁、钼共生的共生矿床。

Ⅱ4 矿体共生矿产有金、铜、铁、钼，矿石可分为金铜矿石、金铜铁矿石、金铜钼矿石。伴生矿产有铜、银、硫。

矿山采用的工业指标是边界品位 Cu≥0.3%或 Au≥1×10^{-6}，TFe 复合矿石≥20%，铁矿石≥25%，不能圈定 Cu<0.3%同时 Au<1×10^{-6}的矿体。另外共生和伴生是相对的，在一个矿体内也有相互穿插的关系，单独计算、统计较烦琐。

矿山实际选矿为浮选-磁选一条生产线，不分矿石类型和品级。所以，对不同类型的矿石，不分采。铜回收率 94.44%，金回收率 83.39%。

4.6.9 建议

建议修订《岩金矿勘查地质规范》时，对近于直立的金矿体，除钻探控制外，尽量布置坑探工程验证矿体连接对比的可靠性。

对同体共生矿产，若实际不分采分选，可采用当量工业指标，先按边界品位圈定矿体后，再按品位高低区分共伴生类型；对同体共生矿体，应查明共生矿产种类，按共生元素分别论证矿体勘查类型，以主元素和次主元素为主，确定矿体总体勘探类型。

4.7 河南金源（角砾岩型Ⅱ类型）

4.7.1 探采对比范围

探采对比范围选择 J4 主矿体，460m、430m、400m、340m 等 4 个中段，1~9 勘探线。

该地段内地质勘探程度、资源储量类型均高，工程控制程度较均匀。

J4 矿体为金源公司主矿体，查明金矿石量 2071.57×10^4t，占全公司累计查明金矿石量 3204.49×10^4t 的 64.64%；金属量 35085.99kg，占累计查明金属量 64727.90kg 的 54.21%。

对比地段查明金矿石量 1498.44×10^4t，占 J4 矿体查明金矿石量 2071.57×10^4t 的 72.33%，查明金属量 24526.99kg，占 J4 矿体查明金属量 35085.99kg 的 69.91%，具有较好的代表性。

4.7.2 对比的基础

此次探采比的基础是北京金有地质勘查公司 2009 年编制的《河南省嵩县河南金源黄金矿业有限责任公司祁雨沟公峪金矿补充生产勘查报告》（以下简称补充勘查报告）。该报告已以豫储评字〔2009〕95 号备案。

矿床勘探类型为第Ⅱ类型，工业指标如下：

（1）边界品位：1.0×10^{-6}；

（2）块段最低工业品位：3.5×10^{-6}；

（3）矿体最低工业品位：5.5×10^{-6}；

（4）最低可采厚度：1.0m；

（5）夹石剔除厚度：2.0m。

勘探阶段以钻孔 60m×30m，坑探 60m×60m，探求 333。在 460m、430m 中段，以坑探工程间距 30m×30m，探求 122b。

4.7.3 对比资料

对比资料是 2010~2017 年度矿山自主探矿完成的，坑探约 96000m，坑内钻探 5960m/24 个孔，以及金源公司每年都提交的《年度探矿增储报告》（以下简称生产勘探报告），共 8 份。

矿山生产勘探主要手段为坑探，钻探工程只作为揭露矿体的手段和矿体圈定中的参考依据，不参加资源储量估算。

矿床勘探类型为第Ⅲ类型，工业指标如下：

（1）边界品位：0.5×10^{-6}；

（2）块段最低工业品位：1.5×10^{-6}；

（3）矿体最低工业品位：2.0×10^{-6}；

（4）最低可采厚度：1.0m；

（5）夹石剔除厚度：4.0m。

生产勘探 15m×15m 探求 111b，30m×30m 探求 122b。

4.7.4 对比地段地质概况

4.7.4.1 矿体特征

矿体以透镜状不规则状为主，其次为似层状及脉状、囊状等。

对比地段主矿体为 J4-Ⅰ号矿体，其次为Ⅱ~Ⅹ号矿体。矿体形态主要有似层状、透镜状和不规则状，矿体产状一般在 318°~341°∠16°~35°，倾角个别达到 53°。

矿体产状相对平缓，倾向北西，倾角一般为 16°~35°。经矿体的二次圈定，对比地段 370~400m 矿体连续性较好，3~7 勘探线矿体厚大，品位较高，形态以透镜体为主，向东西两侧发散成似层状。矿体上部 430~460m 中段矿体多为厚大的层状、似层状，品位较低。

4.7.4.2 矿石特征

A 矿石类型

矿石类型有黄铁矿型金矿石、石英多金属硫化物型金矿石、石英黄铁矿型金矿石、方解石黄铁矿型金矿石。

黄铁矿型金矿石：主要在矿化早期出现。矿石构造主要为团块状、角砾状、浸染状，多为贫矿，分布于角砾岩体及构造蚀变矿体的深部。

石英多金属硫化物型金矿石：主要在中期矿化出现。矿石构造主要为块状、团块状、角砾状、条带状、细脉及网脉状构造，多为富矿，是最主要的矿石类型。在角砾岩体和构造蚀变矿体中均有分布。

石英黄铁矿型金矿石：主要出现在矿化晚期，分布少，多为贫矿。

方解石黄铁矿型金矿石：主要分布在早期矿化的浅部某些地段，分布很少。

B 结构构造

J4-Ⅰ矿体矿石结构主要为自形-他形粒状结构、碎裂结构、针状板状或长条状柱状结构、片状及叶片状结构、充填交代结构、包含结构、固溶体分离结构等。

矿石构造主要有块状构造、团块状构造、角砾状构造、条带状构造、浸染状构造、细脉及网脉状构造等。

C 矿石矿物

J4-Ⅰ矿体中共发现 34 种矿物，其中金属矿物 16 种，非金属矿物 18 种，金属矿物主要有黄铁矿、黄铜矿、自然金、银金矿，次要有方铅矿、闪锌矿、褐铁矿、赤铁矿，微量有自然银、金银矿、辉铜矿、斑铜矿等；非金属矿物主要有石英、长石、方解石、绿帘石、绢云母，次要矿物有黑云母、白云母、钠长石、白云石、高岭石，微量矿物有榍石、锆石、磷灰石、独居石等。

黄铁矿是金最重要的载体矿物，在不同类型的金矿石中，黄铁矿是含量最高的金属矿物之一。黄铁矿颗粒细小，粒径 1～1.5mm，多出现于石英细脉中。矿体含金品位和黄铁矿化关系密切，黄铁矿化愈强，金矿石品位愈高。

金主要以自然金状态存在，主要以包体金、晶隙金、裂隙金三种形式赋存于黄铁矿及石英中，以包体金形式为主。金粒度主要在 0.02～0.16mm 之间，一般呈乳滴状、短粒状，椭圆状，少数为不规则状，条带状和细脉状。

4.7.5　探采对比工作

4.7.5.1　工作方法

主要针对 J4-Ⅰ矿体形态（面积、厚度、长度、边界位移等）、矿体资源/储量（矿石量、品位、金属量），进行探采对比工作。

此次探采对比按照相关规范、规程技术要求进行，主要对以往河南有色地质勘查局第二队提交的《河南省嵩县祁雨沟金矿区 4 号角砾岩体金矿床二期勘探地质报告》的相关纸质老资料进行数字化，整理地质剖面图 9 张（01～09 剖面），地质平面图 2 张（430m 及 460m 中段），样品登记表 3 本。复制 2009 年备案的《河南省嵩县河南金源黄金矿业有限责任公司祁雨沟公峪金矿补充生产勘查报告》地质勘探成果，共处理样品分析数据 12640 余个，重新圈定矿体 24 条。编制综合地质图 3 张，中段地质平面图 17 张，地质剖面图 25 张，垂直纵投影资源储量估算图 13 张，水平投影资源储量估算图 9 张，坑道素描图 7 张，水文地质、工程地质图 6 张，共 80 张，统一规范了地质综合图件。J4-Ⅰ矿体采空区测量成果核对及开采储量估算，按照河南省国土资源厅（豫国土资函〔2009〕728 号）批准，并由中国黄金集团中金黄金股份有限公司审批（中金股地质〔2009〕39 号）下达执行的角砾岩型矿床新工业指标统一进行。

4.7.5.2　主要参数

（1）体重。补充勘查报告采用的矿体体重 2.80t/m³，生产勘探报告采用的矿体体重 2.80t/m³，两报告采用的体重是一致的。

（2）矿床工业指标。补充勘查报告和生产勘探报告采用的工业指标是一致的，其指标为边界品位 0.5×10^{-6}，块段最低工业品位 1.5×10^{-6}，矿体最低工业品位 2.0×10^{-6}，最低可采厚度 1.0m，夹石剔除厚度 4.0m。

（3）资源储量估算方法。补充勘查报告按Ⅱ勘探类型以钻探60m×30m、坑探60m×60m探求333，采用水平投影地质块段法估算资源储量。

生产勘探报告按Ⅲ勘探类型，以坑探工程15m×15m探求111b，30m×30m探求122b，采用水平平行断面法估算资源储量。

4.7.6 探采对比结果

4.7.6.1 矿体形态

从表4-28可见，460m、430m、400m、340m等4个中段矿体的面积误差率在23.82%～61.86%，平均40.19%；面积重合率37.27%～71.81%，平均53.98%；形态歪曲率在16.28%～31.80%，平均25.92%；厚度误差率16.95%～55.38%，平均34.79%；长度误差率在1.06%～12.96%。生产勘探与补充勘查比，矿体的空间形态及位置发生了明显的变化。其中矿体的形态从补充勘查阶段的脉状、似层状变化为生产勘探的大规模不规则透镜状，中心部位原勘探阶段圈定的脉状、似层状，矿体厚度增加，5～7线矿体在厚度方向合为一体，向东西两侧仍保持似层状，但厚度增加。矿体产状变缓，如图4-18、图4-19所示。

表4-28 J4矿体形态对比

中段	面积误差				面积重叠率		面积歪曲率				厚度误差率/%	长度误差率/%
	开采面积	勘查面积	多圈	少圈	绝对误差	相对误差/%	多圈	少圈	绝对误差	相对误差/%		
460	37893	28282	0.25	9611	22364	59.02	15529	5918	10723.5	28.30	30.22	12.96
430	35672	27174	0.24	8498	25616	71.81	10056	1558	5807	16.28	16.95	1.06
400	39990	20104	0.50	19886	19129	47.83	20861	975	10918	27.30	55.38	6.50
340	23815	9083	0.62	14732	8876	37.27	14939	207	7573	31.80	36.63	3.53

矿体面积误差率、面积重合率、形态歪曲率、厚度误差率、长度误差率、边界位移误差等探采对比主要参数，对照允许误差标准，符合有色金属矿山矿体形态误差范围。

4.7.6.2 矿体资源储量对比

（1）矿块资源储量变化见表4-29。

（2）升级后资源储量变化见表4-30。

（3）资源储量变化。生产勘探与补充勘查对比，122b+333金矿石量由补充勘查时的$787×10^4$t增加至生产勘探时的$135×10^4$t。

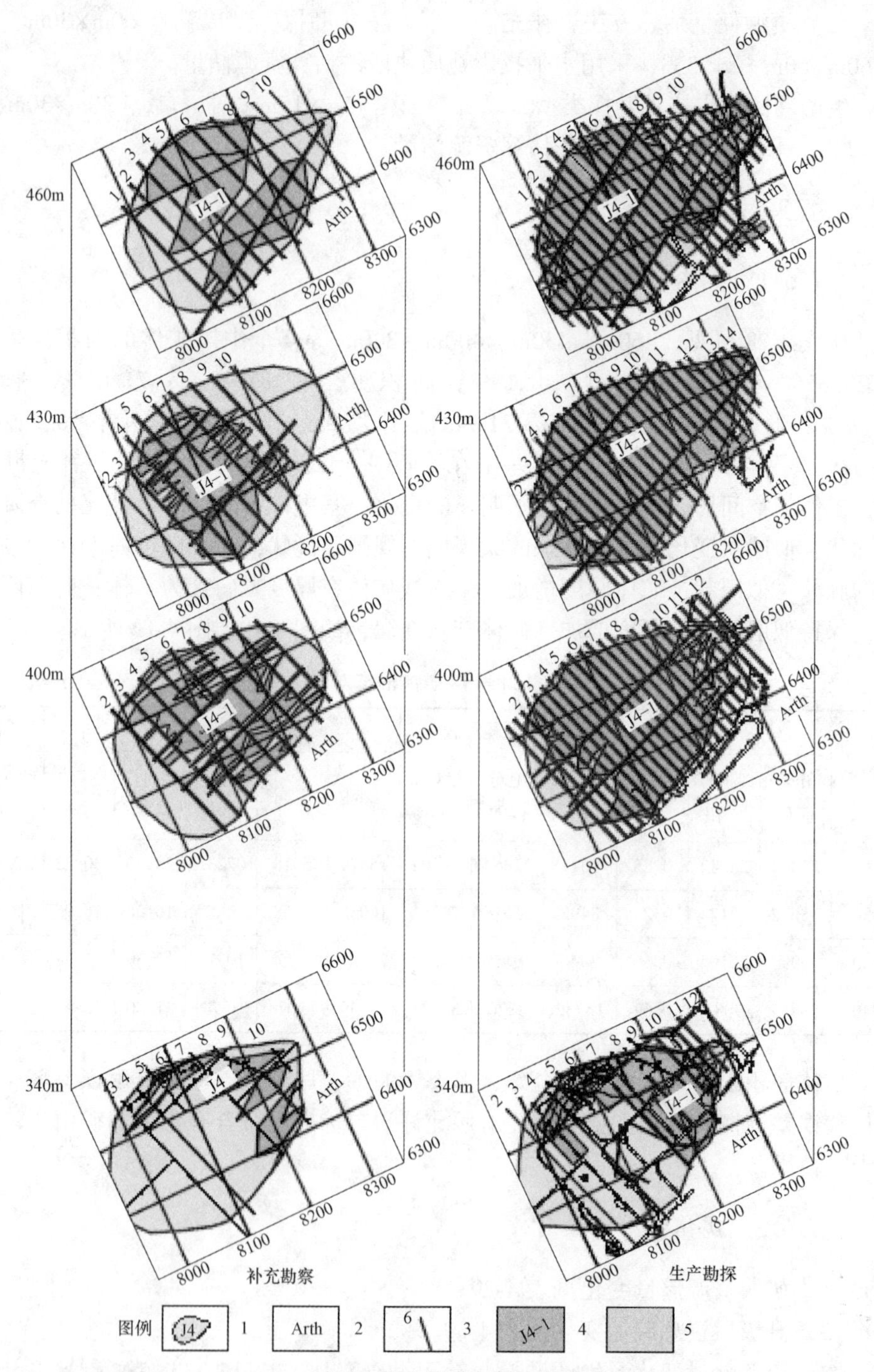

图 4-18　不同阶段矿体形态对比联合平面图

1—角砾岩体边界；2—太古界太华群片麻岩；3—勘探线位置及编号；4—矿体；5—低品位矿体

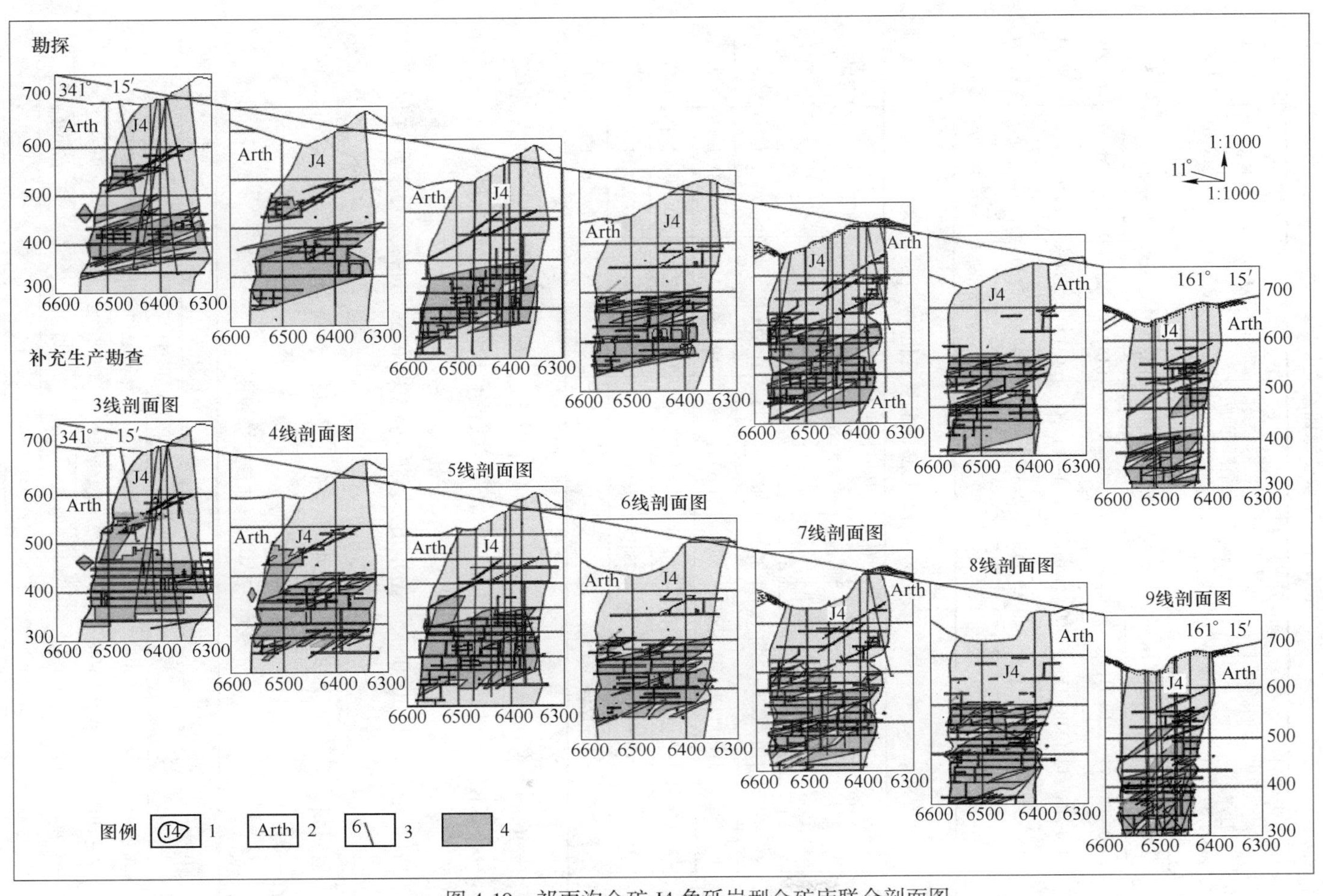

图 4-19 祁雨沟金矿 J4 角砾岩型金矿床联合剖面图

1—角砾岩体边界；2—太古界太华群片麻岩；3—勘探线位置及编号；4—金矿体

表 4-29 矿块资源储量变化

矿体号	块段号	资源储量类型	水平断面	矿体断面面积 /m²	矿体断面品位 /×10⁻⁶	断面间距 /m	体积 /m³	体重 /t·m⁻³	矿石量 /t	品位 /×10⁻⁶	金属量 /kg
J4-Ⅰ	490-460-1	122b+333	460	28282	2.25	30	848460	2.80	2375688	2.25	5345.30
	460-430-1	122b+333	430	27174	1.83	30	815220	2.80	2282616	1.83	4177.19
	430-400-1	122b+333	400	20104	3.44	30	603120	2.80	1688736	3.44	5809.25
	400-340-1	122b+333	340	9083	2.62	60	544980	2.80	1525944	2.62	3997.97
合计		122b+333						7872984	2.46	19329.71	

表 4-30 升级后资源储量变化

矿体号	块段号	资源储量类型	水平断面	矿体断面面积 /m²	矿体断面品位 /×10⁻⁶	断面间距 /m	体积 /m³	体重 /t·m⁻³	矿石量 /t	品位 /×10⁻⁶	金属量 /kg
J4-Ⅰ	490-460-1	111b+122b+333	460	37893	1.73	30	1136790	2.80	3183012	1.73	5506.61
	460-430-1	111b+122b+333	430	35672	1.30	30	1070160	2.80	2996448	1.30	3895.38
	430-400-1	111b+122b+333	400	39990	1.64	30	1199700	2.80	3359160	1.64	5509.02
	400-340-1	111b+122b+333	340	23815	1.65	60	1428900	2.80	4000920	1.65	6601.52
合计		111b+122b+333							13539540	1.59	21512.53

在 460m、430m、400m、340m 等 4 个中段，矿石量误差率在 23.82% ~ -61.86%之间，平均误差率 40.19%，基本符合 122b 类资源类型的误差参数≤40%。

品位误差率在 30.06% ~ 109.76%，平均误差率 59.84%，大于允许误差参数 20%。

金属量误差率在 2.93% ~ 39.44%，平均 7.42%，符合品位误差参数≤40%，见表 4-31。

表 4-31 资源储量对比

中段号	矿石量/t			
	生探	地探	相对误差/%	绝对误差
490 ~ 460	3183012	2375688	25.36	807324
460 ~ 430	2996448	2282616	23.82	713832
430 ~ 400	3359160	1688736	49.73	1670424
400 ~ 340	4000920	1525944	61.86	2474976
合 计				

续表 4-31

中段号	品位/×10⁻⁶			
	生探	地探	相对误差/%	绝对误差
490~460	1.73	2.25	30.06	−0.52
460~430	1.30	1.83	40.77	−0.53
430~400	1.64	3.44	109.76	−1.8
400~340	1.65	2.62	58.79	−0.97
合　计	1.58	2.53	60.12	−0.95
中段号	金属量/kg			
	生探	地探	相对误差/%	绝对误差
490~460	5506.61	5345.30	2.93	161.31
460~430	3895.38	4177.19	7.23	−281.81
430~400	5509.02	5809.25	5.45	−300.23
400~340	6601.52	3997.97	39.44	2603.55
合计	21512.53	19329.71	10.14	2182.82
中段号	工程网度/m×m		资源储量类别	
	生探	地探	生探	地探
490~460	15×15	30×30	111b	122b
460~430	15×15	30×30	111b	122b
430~400	15×15	30×30	111b	122b
400~340	15×15	60×30	111b	122b

对比矿石量、金属量误差均在允许范围内，品位误差超出范围。

4.7.7 探采对比误差分析

4.7.7.1 矿体形态变化

J4-Ⅰ号金矿体从补充勘查时控制的矿体长 243m、厚 95.52m，厚度变化系数为 91.27%，到生产勘探的控制矿体长 350m、厚 149.06m，厚度变化系数 86.57%，对比长度误差率 6.01%、厚度误差率 34.79%、面积重叠率 53.98%、形态歪曲率 25.92%。矿体的空间形态及位置变化明显。

其中矿体的形态从勘探阶段的脉状、似层状变化为大规模的不规则透镜体，中心部位原勘探阶段圈定的脉状、似层状，矿体厚度增加，5~7 线之间矿体在厚度方向融合为一体，向东西两侧仍保持似层状，但厚度增加。

矿体产状变缓（边部）。故圈定矿体面积的变化矿石量也发生了变化。

矿体面积重合率整体偏低，其原因主要是为了使矿体更加完整连续，利于资源的充分利用，开采时根据新的工业指标对 J4 角砾岩矿体进行重新圈定，把开采无法剔除的夹石也圈连进矿体，致使圈连矿体面积增大，从而导致面积重叠误差率偏低。

4.7.7.2　品位变化

J4-Ⅰ号金矿体勘探时圈定矿体平均品位 2.54×10^{-6}，生产开采时圈定矿体平均品位 1.58×10^{-6}，误差率-59.84%。对比地质勘查与开采资源储量金金属量由19329.71kg 增加至 21512.53kg，金属量误差率 7.42%，导致品位下降是因3000t/d 供矿需要，采用中深孔无底柱崩落大块段嗣后充填法采矿，为了使矿体更加完整连续，利于资源的充分利用，开采时对 J4 角砾岩矿体进行重新圈定，把开采无法剔除的夹石也圈连进矿体，致使相对高品位的“矿块”不复存在，即矿块地质品位下降，使得采矿品位偏低，从而导致品位误差率较大。如再选定某一“富集”块段进行开采，势必造成矿石资源的损失及后期采矿难度的增加，不利于矿山长期发展。因此金金属量增加导致品位发生了变化。

4.7.7.3　伴生有益组分变化

在勘探阶段的伴生有益组分铜元素含量由原 0.22%下降至为 0.073%，已达不到伴生指标要求。银元素品位从 5.60g/t 下降至 2.80g/t。伴生有益组分含量（品位）与金属硫化物含量呈正相关关系，由于金的工业指标调整（原指标 1、3.5、5.5g/t，调整后 0.5、1.5、2.0g/t），矿石中金属硫化物的平均含量降低，相应伴生的其他金属（银、铜）平均品位也随之降低。

4.7.7.4　其他

矿石质量、开采技术条件等无明显变化。

4.7.8　结论

角砾岩体在垂向上向北西侧伏，特别是370~460m 中段，生产勘探比补充地质勘查新增资源储量（333）类型中的矿石量就是因为矿体侧伏而新增的。

受角砾岩体本身特点的影响，钻探工程丢矿率比较高，在圈定的零星矿化段往往赋存有大规模的工业矿体。

矿体倾角一般为 18°~32°左右，低于补充勘查阶段认为的 30°~50°倾角。

由于胶结物的存在及其与角砾硬度的差异，地质取样品位显著偏高。

4.7.9　建议

4.7.9.1　关于隐伏矿体顶部的控制程度

J4 含金岩体角砾岩的上部为安山岩盖帽，盖帽并不含矿，矿体是隐伏矿体。

地质勘查时没有对矿体的“盖帽”做专门的勘查工作，基建勘探工作的段高由60m加密至30m后发现，矿体沿走向连续性较差，特别是随着穿脉工程加密，矿体沿走向方向被分割成一串各自独立的不规则矿化体。在垂向上，矿体产状确定上与实际相差较大，沿脉天井多数脱离矿体，同时查明资源储量负变64.48%，导致对隐伏矿体的顶部补充勘查。

建议修订《岩金矿地质勘查规范》时重视对隐伏矿体顶部的专门研究。

4.7.9.2 关于钻探手段

祁雨沟隐爆角砾岩型金矿J4-Ⅰ金矿体探采对比发现，地质勘查时钻孔控制圈定矿体时，当大角砾厚度大于工业指标要求的夹石剔除厚度时，一般都被作为夹石剔除。而生产勘探时其延长和延伸都很短，只是角砾岩中的大角砾而已，并不影响角砾岩和矿体的延长和延伸。如图4-20所示。

建议修订《岩金矿地质勘查规范》时，矿体的圈定和对比连接要建立在地质研究的基础上，特别是控矿地质体的研究。

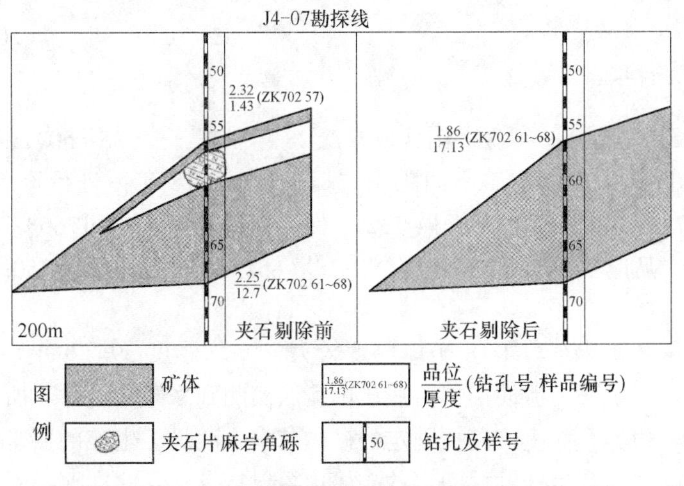

图4-20 钻孔控制角砾岩型矿体夹石剔除对比剖面图

4.7.9.3 关于成矿系统

勘查时发现祁雨沟隐爆角砾岩型金矿的矿石类型是角砾岩型，直到矿山基建勘探时才发现除角砾岩体全筒成矿外，在原地质勘查认为无矿的岩体东西两侧的岩体外接触带，又发现了大量与隐爆机构配套的断裂机构控制的脉状金矿体。

建议《岩金矿勘查规范修改》时，在研究程度的要求中补充成矿系统的研究。

4.8　陕西太白金矿（Ⅰ类型）

4.8.1　对比地段的选择

双王金矿床 KT8 矿体是矿区的主要矿体，其资源储量占整个矿区的 61.8%以上。

此次探采对比选择 KT8 矿体 20～50 线 1200m 水平以上至地表范围作为对比地段。该范围矿体资源储量占 KT8 矿体的 71.8%，且能够代表 KT8 矿体地质特征。该范围矿体的开采已基本结束，并且地质勘探资料和开采阶段生产勘探资料收集比较齐全，可供探采对比。

4.8.2　对比的基础

此次探采对比的基础是 1990 年 11 月陕西省地质矿产局第三地质队提交并经陕西省矿产储量委员会审批通过的《陕西省太白县双王金矿床东段 KT8 矿体最终地质勘探报告》。

4.8.3　对比资料

对比资料是自 1990 年底矿山建成投产 28 年以来，按(25～50)m×(20～50)m（穿脉间距×段高）的勘查工程间距用坑探工程对 KT8 矿体进行资源储量升级，投入坑探 77233.3m，基本分析样 73219 件。探明金矿石量 17668772t，金属量 36982.43kg，品位 2.09×10^{-6}。新增金矿石量 8515587t，金属量 8750.43kg，品位 1.03×10^{-6}。

由于双王金矿床东段 KT8 矿体厚度较大（平均厚度 39.27m），所以矿山开采选择了崩落采矿法，但使用崩落法矿山无法实测到采区的边界，所以无法取得开采区的真实边界。而生产勘探圈定的矿体基本上满足了生产的要求，所以开采形成的边界基本上和生产勘探圈定的矿体边界保持一致。此次探采对比用生产勘探资料作为基础参数进行对比。

4.8.4　对比的基本条件

4.8.4.1　矿石体重

矿石体重采用地质勘探阶段测定的体重平均值 2.73t/m³。

4.8.4.2　工业指标

地质勘探及生产勘探所采用的工业指标对比见表 4-32。

表 4-32 KT8 矿体工业指标对比

勘查阶段	地质勘探	生产勘探（1990~2005 年）	生产勘探（2005~2007 年）	生产勘探（2007 年至今）
边界品位/$\times10^{-6}$	1	1	0.8	0.8
最低工业品位/$\times10^{-6}$	2.5	2.5	1.5	1.2
矿床工业品位/$\times10^{-6}$	3.0	3.0	1.8	1.6
最小可采厚度/m	1	1	2	2
夹石剔除厚度/m	2	2	5	5

从表 4-32 中可以看出，矿山投产以后 1990 年~2005 年 15 年内工业指标没有变化，一直沿用地质勘探阶段采用的工业指标。只是从 2005 年以后，由于黄金市场价格上涨，矿山根据生产实际进行了两次工业指标调整，但边界品位的变化不大。即圈定矿体形态的边界品位基本一致。

4.8.4.3 勘查类型和工程间距

原地质勘探阶段将 KT8 矿体确定为第Ⅱ-Ⅲ勘探类型，工程间距为 100m(穿脉)×40m(段高)坑探或(50~100)m(穿脉)×80m(段高)坑探求 C 级储量，50m(穿脉)×40m(段高)坑探求 B 级储量，100m(走向)×100m(倾向)钻探求 D 级储量。勘探工程采用边长近等的矩形网格布置，探矿手段为上部（1250m 标高以上）用坑探，下部（1250m 标高以下）用钻探。

生产勘探阶段沿用了地质勘探阶段确定的第Ⅱ-Ⅲ勘探类型（新规范为第Ⅱ勘查类型）。基本工程间距为 100m（穿脉）×40m（段高）坑探或（50~100）m（穿脉）×80m（段高）坑探，用这一网度探求 122b 类基础储量；网度加密到 50m（穿脉）×40m（段高）的工程间距坑探求 111b 类基础储量；网度放稀到 100m（走向）×100m（倾向）的工程间距坑探或 122b 类基础储量外推求 333 类资源量。勘探工程采用矩形网格布置，探矿手段为全部用坑探工程。

4.8.4.4 资源储量估算方法

按照勘探工程的实际分布情况，此次探采对比资源储量估算采用地质块段法进行。资源储量估算垂直纵投影图和中段地质平面图为资源储量估算的基本图件。

4.8.5 对比地段地质概况

4.8.5.1 矿体的分布

对比地段内有 97 个探矿工程（探槽和穿脉）控制 KT8 矿体。按照 50m（穿脉)×（40~50)m（段高)的坑探工程网度，探明 20~50 线矿体走向长 584.33m，垂直延深 393.70m，控制矿体顶界标高 1396m、矿体底界标高 1002m。1330m、1290m、1250m 中段段高为 40m，1200m 中段段高 50m。

对比地段 4 个中段（1330m、1290m、1250m、1200m）的矿体长度分别为 568.70m、630.60m、633.00m、505.00m，均大于金矿体规模划分中大型矿体的长度要求 500m，但垂直延深小于 500m，因此对比地段矿体规模属中-大型矿体。

4.8.5.2　矿体的形态及产状、矿体的连续性

矿体呈陡立的厚板状，走向 300°~120°，倾向 30°，倾角 75°，矿体在局部地段有夹石存在，但总体上矿体连续性较好。矿体走向长 584.33m，厚 2.00~95.00m，平均厚 39.27m，矿体厚度稳定，厚度变化系数 53.59%，垂直延深 393.70m。

4.8.5.3　矿石类型、结构构造及物质组成

矿石自然类型有原生矿石、氧化矿石，它们之间选矿工艺无明显差别。矿石工业类型为含铁白云石胶结角砾岩型金矿石。

矿石的结构有自形-半自形粒状结构、包含结构、碎裂结构、嵌晶结构、填隙结构、假象结构、交代残余结构、交代结构等。矿石构造有角砾状构造、浸染状构造、脉状和网脉状构造、团块状构造、蜂窝状、孔洞状构造等构造。

矿石中金属矿物有黄铁矿、褐铁矿、自然金等金属矿物，非金属矿物有钠长石、含铁白云石、方解石、石英等。

4.8.6　完成的主要工作量

整理与复制了地质勘探阶段的矿体地质平面图、勘探线剖面图、资源储量估算垂直纵投影图等，整理与复制了生产勘探阶段的矿体地质平面图、勘探线剖面图、资源储量估算垂直纵投影图等图件。

编制完成了矿体形态对比参数综合表（面积误差率、面积重叠率、形态歪曲率、厚度误差率、长度误差率、底板线位移)、矿体资源储量探采对比参数综合表（矿石量误差率、品位误差率、金属量误差率)、地质勘探资源储量与生产勘探资源储量对比表（分中段、分块段)、KT8 矿体对比地段块段资源储量估算表、KT8 矿体对比地段厚度变化系数计算表、KT8 矿体边界模数计算表等表格。

4.8.7　对比结果

4.8.7.1　矿体形态、产状

由表 4-33 可见，KT8 矿体 1330m、1290m、1250m、1200m 等 4 个中段和 6

条勘探线剖面（32线除外）面积重合率平均值为71.3%，符合面积重合率大于70%的要求；形态歪曲率平均47.3%，符合形态歪曲率小于100%的要求。

表4-33 KT8矿体形态探采资料对比 （m^2）

平面或剖面	面积误差				面积重叠率		面积歪曲率				备注
	地质勘探面积	生产勘探面积	绝对误差	相对误差/%	重叠面积	重叠率/%	多圈	少圈	绝对误差	相对误差/%	
1330	22470	25821	3351	13.0	20333	78.7	1951	4689	6640	25.7	平面
1290	15392	23183	7791	33.6	13215	57.0	9541	1965	11506	49.6	平面
1250	18610	20250	1640	8.1	10331	51.0	9913	7926	17839	88.1	平面
1200	22342	21219	−1123	−5.3	18653	87.9	2454	3532	5986	28.2	平面
24	3276	3295	19	0.6	2268	68.8	1024	1008	2032	61.7	剖面
28	6519	7396	877	11.9	5589	75.6	1584	881	2465	33.3	剖面
32	2150	6179	4029	65.2	1830	29.6	4349	320	4669	75.6	剖面
36	6776	9195	2419	26.3	6348	69.0	2829	399	3228	35.1	剖面
40	7135	7122	−13	−0.2	5782	81.2	1568	1452	3020	42.4	剖面
44	2978	3769	791	21.0	2738	72.6	1031	240	1271	33.7	剖面

由表4-34可见，对比地段KT8矿体厚度误差率平均12.2%，小于40%的要求（《冶金矿山地质技术管理手册》P288页）；长度误差率平均4.4%，比照厚度误差标准要求，长度误差满足要求；底板位移误差均小于10m，符合底板位移误差的要求。

表4-34 矿体厚度、长度、底板边界位移误差

矿体号	中段或剖面	厚度误差率/%	长度误差率/%	底板线位移/m		备注
				上、左（正）	下、右（负）	
KT8	1330	17.8	−2.7	+0.4		平面
KT8	1290	−2.6	29.8		−2.8	平面
KT8	1250	23.6	−0.8	+2.5		平面
KT8	1200	−7.0	4.5		−1.1	平面
KT8	24	−25.4	10.1	+1.1		剖面
KT8	28	11.4	−2.1		−0.1	剖面
KT8	32	50.3	4.2	+2.6		剖面
KT8	36	23.9	−0.1		−1.1	剖面
KT8	40	13.6	0.6	+4.1		剖面
KT8	44	16.6	0.8		−6.7	剖面

从表 4-35 可知，地质勘探 4 个中段的矿体边界模数平均 1.45，生产勘探阶段 4 个中段的矿体边界模数平均 1.50，对比《矿山地质手册》P227 页的相关参数要求，KT8 矿体边界模数介于 1.2~1.5，因此 KT8 矿体形态复杂程度属于中等类型。

表 4-35　KT8 矿体边界模数计算

阶段	矿体号	中段或剖面	断面面积 S_p	矿体长度 L	矿体断面边界线总长 L_k	边界模数 U_k
地质勘探	KT8	1330	22470	584.2	1765.4	1.4
	KT8	1290	15392	442.5	1598.1	1.7
	KT8	1250	18610	638.3	1339.2	1.0
	KT8	1200	22342	482.5	1753.6	1.7
	KT8	24	3276	161.3	447.3	1.2
	KT8	28	6519	214.4	1312.8	2.7
	KT8	32	2150	126.8	725.3	2.5
	KT8	36	6776	150.1	919.4	2.4
	KT8	40	7135	143.5	1347.5	3.5
	KT8	44	2978	109.7	475.3	1.7
生产勘探	KT8	1330	25821	568.7	1761.5	1.4
	KT8	1290	23183	630.6	1566.7	1.2
	KT8	1250	20250	633.0	1722.4	1.3
	KT8	1200	21219	505.0	2272.3	2.1
	KT8	24	3295	179.5	554.7	1.4
	KT8	28	7396	210.0	681.5	1.4
	KT8	32	6179	132.3	625.5	1.7
	KT8	36	9195	149.9	481.6	1.1
	KT8	40	7122	144.4	733.9	1.9
	KT8	44	3769	110.6	379.9	1.3

从矿体面积误差率、面积重合率、形态歪曲率、厚度误差率、长度误差率、边界位移误差等参数看，误差不大，说明就矿体形态、产状而言，地质勘查与矿山生产勘探变化不大，地质勘探采用的勘探手段和工程间距能够控制矿体的形态产状。

4.8.7.2　资源储量变化

A　块段资源储量

块段资源储量以 KT8 矿体 1330m、1290m、1250m、1200m 等 4 个中段的 28 个矿块段为基本单元进行对比，如图 4-21 所示。

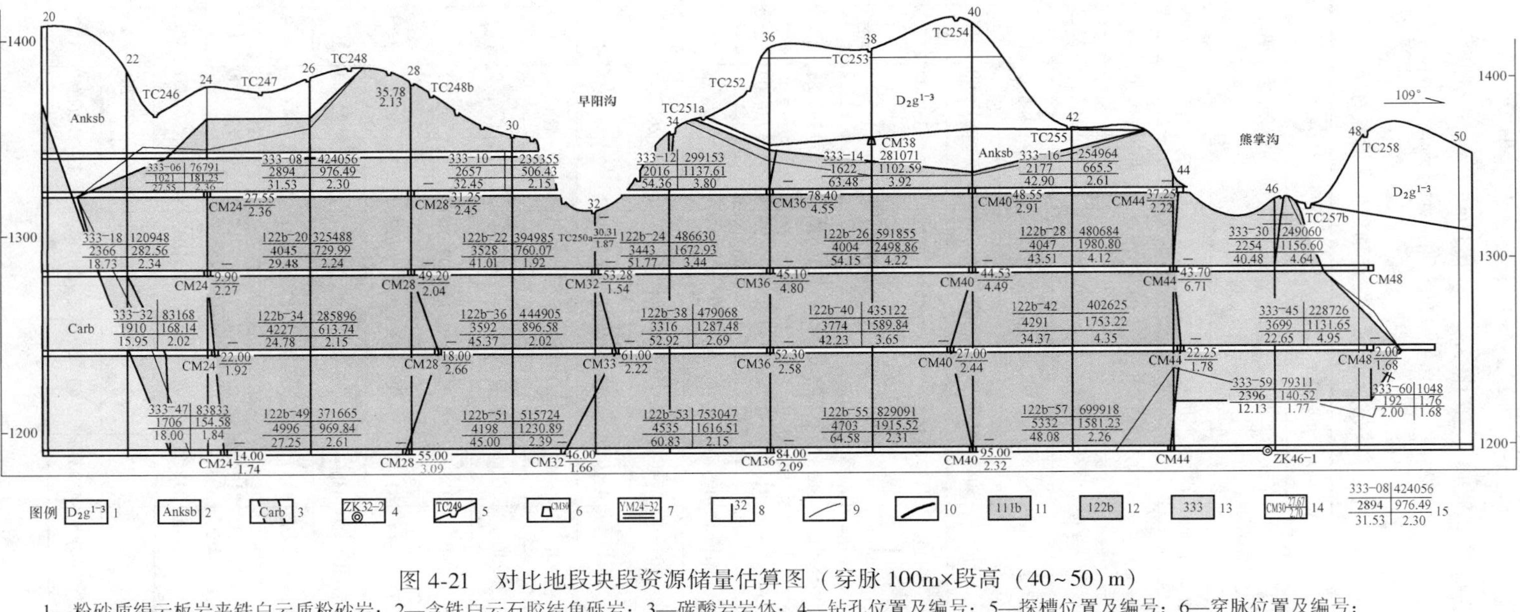

图 4-21　对比地段块段资源储量估算图（穿脉 100m×段高（40~50）m）

1—粉砂质绢云板岩夹铁白云质粉砂岩；2—含铁白云石胶结角砾岩；3—碳酸岩岩体；4—钻孔位置及编号；5—探槽位置及编号；6—穿脉位置及编号；7—沿脉位置及编号；8—勘探线位置及编号；9—地质勘探金矿体界线；10—生产勘探金矿体界线；11—111b类基础储量；12—122b类基础储量；13—333类资源量；14—穿脉号及穿脉工程见矿厚度(m)/穿脉工程平均品位(g/t)；15—

块段号	矿石量(t)
面积(m²)	金属量(kg)
厚度(m)	品位(g/t)

用111b矿石量误差小于25%，122b类型矿石量误差小于50%，333类型矿石量误差小于70%的标准，对表4-36中28个块段的矿石量误差进行衡量，其中有21个块段合格，对比地段块段合格率为75%。块段资源储量对比见表4-36。

表4-36 KT8地质勘探资源储量与生产勘探资源储量对比

中段	矿块	资源储量类别	穿脉间距×段高/m×m	生产勘探资源储量			地质勘探资源储量			相对误差/%		
				矿石量/t	品位/g·t⁻¹	金属量/kg	矿石量/t	品位/g·t⁻¹	金属量/kg	矿石量	品位	金属量
1330	20~24	111b+333	(25~50)×20	60763	2.61	158.87	41652	2.73	114.00	-31.5	4.6	-28.2
1330	24~28	111b+333	25×(20~40)	498038	1.76	874.88	377950	2.66	1004.00	-24.1	51.1	14.8
1330	28~32	111b	25×(20~40)	332772	3.01	1001.06	281722	3.26	918.00	-15.3	8.3	-8.3
1330	32~36	111b+333	25×(20~40)	293490	3.88	1139.38	293868	3.90	1145.00	0.1	0.5	0.5
1330	36~40	333	25×20	308578	3.81	1174.86	168364	4.86	818.00	-45.4	27.6	-30.4
1330	40~44	333	25×20	216786	3.00	650.05	114212	2.96	338.00	-47.3	-1.3	-48.0
1290	20~24	111b+333	25×40	101784	2.49	253.64	104201	2.69	279.91	2.4	8.0	10.4
1290	24~28	111b	25×40	285374	2.25	641.55	310617	2.56	794.88	8.8	13.8	23.9
1290	28~32	111b	(25~50)×40	411770	2.04	839.05	308897	2.53	780.00	-25.0	24.0	-7.0
1290	32~36	111b	(25~50)×40	495100	3.46	1714.25	419513	3.64	1528.00	-15.3	5.2	-10.9
1290	36~40	111b	(25~50)×40	674884	4.05	2731.66	569732	4.66	2653.00	-15.6	15.1	-2.9
1290	40~44	111b	25×40	491070	3.45	1693.23	481786	3.65	1757.00	-1.9	5.8	3.8
1290	44~48	111b+333	50×40	164923	3.53	582.12	147780	4.10	606.00	-10.4	16.1	4.1
1250	20~24	111b+333	25×40	92344	2.11	194.64	64202	2.71	174.09	-30.5	28.4	-10.6
1250	24~28	111b	25×40	258077	2.25	580.75	309926	2.56	793.12	20.1	13.8	36.6
1250	28~32	111b	(25~50)×40	411490	2.03	833.29	268277	2.58	692.00	-34.8	27.1	-17.0
1250	32~36	111b	(25~50)×40	436644	2.76	1206.99	308182	2.99	921.00	-29.4	8.3	-23.7
1250	36~40	111b	(25~50)×40	485716	3.52	1711.81	466841	3.52	1643.00	-3.9	0.0	-4.0
1250	40~44	111b	(25~50)×40	417466	3.12	1300.75	370917	3.56	1320.00	-11.2	14.1	1.5
1250	44~48	111b+333	(25~50)×40	246420	2.98	734.92	131087	4.38	574.00	-46.8	47.0	-21.9
1200	20~24	111b+333	25×50	83833	2.38	199.40	22280	2.72	60.76	-73.4	14.3	-69.5
1200	24~28	111b	(25~50)×50	419270	2.43	1018.22	288129	2.87	826.93	-31.3	18.1	-18.8

续表4-36

中段	矿块	资源储量类别	穿脉间距×段高/m×m	生产勘探资源储量			地质勘探资源储量			相对误差/%		
				矿石量/t	品位/g·t^{-1}	金属量/kg	矿石量/t	品位/g·t^{-1}	金属量/kg	矿石量	品位	金属量
1200	28~32	111b	(25~50)×50	368082	2.20	809.44	283505	2.71	768.30	-23.0	23.2	-5.1
1200	32~36	111b	(25~50)×50	547465	2.17	1185.40	283870	2.51	712.51	-48.1	15.7	-39.9
1200	36~40	111b	(25~50)×50	839081	2.20	1846.15	873939	2.56	2237.28	4.2	16.4	21.2
1200	40~44	111b	(25~50)×50	556754	2.02	1126.04	536957	2.54	1363.87	-3.6	25.7	21.1
1200	44~48	333	(25~50)×50	149858	2.43	364.18	27876	2.98	74.00	-81.4	22.6	-79.7
1200	48~50	333	50×50	1048	1.68	1.76	1979	3.77	7.00	88.8	124.4	297.7

B 中段资源储量变化

1330m、1290m、1250m 和 1200m 等 4 个中段地质勘探与生产勘探各中段资源储量误差见表 4-37。

表 4-37 KT8 矿体资源储量统计

中段	地质勘探			生产勘探			相对误差/%		
	矿石量/t	品位/g·t^{-1}	金属量/kg	矿石量/t	品位/g·t^{-1}	金属量/kg	矿石量	品位	金属量
1330	1277768	3.68	4337.00	1601429	3.12	4999.10	20.2	-17.9	13.2
1290	2342526	3.57	8398.79	2624904	3.22	8455.50	10.8	-10.9	0.7
1250	1919432	3.19	6117.21	2348158	2.80	6563.15	18.3	-13.9	6.8
1200	2318535	2.61	6050.65	2965391	2.21	6550.60	21.8	-18.1	7.6
合计	7858261	3.17	24903.65	9539882	2.78	26568.35	17.6	-14.0	6.3

C 对比地段资源储量类别变化

对比地段资源储量变化见表 4-38。

D 对比地段资源储量变化

对比地段地质勘探阶段探明的金金属量 24903.65kg，占 KT8 矿体总金属量 28232kg 的 88.21%。对比地段资源储量误差统计见表 4-39。

对比地段资源储量经生产勘探矿石量增加了 1681621t，金金属量增加了 1664.70kg，品位降低了 0.39×10^{-6}。

KT8 矿体对比地段矿石量误差率 17.6%，金属量误差率 6.3%，均小于有色金属矿山矿体资源储量参数误差表中 40%的要求；品位误差率-14.0%，小于误差表中 20%的要求。

表 4-38　KT8 矿体资源储量类别探采误差统计

中段	矿块	资源储量类别	勘查网度（穿脉×段高）/m×m	勘查类型	生产勘探资源储量			地质勘探资源储量			相对误差/%			备注
					矿石量/t	品位/g·t^{-1}	金属量/kg	矿石量/t	品位/g·t^{-1}	金属量/kg	矿石量	品位	金属量	
1290	20~24	333	100×(80~100)	Ⅱ	162547	2.54	412.51	70946	2.27	161.05	-56.4	-10.6	-61.0	超差
1290	24~28	333	100×(80~100)	Ⅱ	783412	1.94	1516.43	774563	2.10	1624.05	-1.1	8.3	7.1	
1290	28~32	333	100×(80~100)	Ⅱ	744542	2.47	1840.11	775156	1.87	1450.02	4.1	-24.3	-21.2	超差
1290	32~36	333	100×(80~100)	Ⅱ	788590	3.62	2853.63	462222	3.03	1402.6	-41.4	-16.1	-50.8	超差
1290	36~40	333	100×(80~100)	Ⅱ	983462	3.97	3906.52	492928	4.65	2290.14	-49.9	17.0	-41.4	超差
1290	40~44	333	100×(80~100)	Ⅱ	707856	3.31	2343.28	482218	5.59	2695.38	-31.9	68.8	15.0	超差
1290	44~48	333	100×(80~100)	Ⅱ	164923	3.53	582.12	195773	6.71	1313.64	18.7	90.1	125.7	超差
1200	20~24	333	100×(80~100)	Ⅱ	176177	2.24	394.04	116662	1.96	228.6	-33.8	-12.4	-42.0	超差
1200	24~28	122b	100×(80~100)	Ⅱ	677347	2.36	1598.97	750397	2.48	1857.84	10.8	4.9	16.2	
1200	28~32	122b	100×(80~100)	Ⅱ	779572	2.11	1642.73	1063367	2.11	2240.5	36.4	0.0	36.4	
1200	32~36	122b	100×(80~100)	Ⅱ	984109	2.43	2392.39	1343594	2.41	3238.39	36.5	-0.9	35.4	
1200	36~40	122b	100×(80~100)	Ⅱ	1324797	2.69	3557.96	1648043	3.02	4983.94	24.4	12.6	40.1	超差
1200	40~44	122b	100×(80~100)	Ⅱ	974220	2.49	2426.79	1492483	3.89	5812.29	53.2	56.3	139.5	超差
1200	44~48	333	100×(80~100)	Ⅱ	397326	2.77	1100.86	268427	6.71	1801.15	-32.4	142.2	63.6	超差

表 4-39 KT8 矿体对比地段资源储量探采对比误差

地质勘探阶段			生产勘探阶段			矿石量误差率/%	品位误差率/%	金属量误差率/%
矿石量/t	品位/$g \cdot t^{-1}$	金属量/kg	矿石量/t	品位/$g \cdot t^{-1}$	金属量/kg			
7858261	3.17	24903.65	9539882	2.78	26568.35	17.6	−14.0	6.3

4.8.8 探采对比误差分析

4.8.8.1 矿体形态、产状及其空间位置变化的分析

从 KT8 矿体探采对比看，矿体面积误差率、面积重合率、形态歪曲率、厚度误差率、长度误差率、边界位移误差等误差不大，说明地质勘探对矿体的控制程度相对较高。

从厚度误差率 12.2%、长度误差率 4.4%看，反映了生产勘探圈定矿体比地质勘探圈定矿体稍有扩大，主要是因为夹石普遍都含金，为了保证矿体的完整性，利于矿山开采，在局部地段简化了矿体形态。

4.8.8.2 矿体内部结构的变化分析

由于矿体赋存于含金角砾岩体中，二者的结构构造、矿物组合具有同一性，之间没有明显的界线，矿山生产过程中调整了工业指标，夹石剔除厚度由 2m 提高到 5m，相应减少了夹石的数量，矿体的形态更完整，更有利于采矿生产；同时由于夹石内含金，也减少了矿山开采中的损失与贫化。

4.8.8.3 合理工程间距分析

鉴于此次探采对比块段合格率高、资源储量误差小、可能存在工程间距过密的问题，为此采用加密法验证，以确定合理的工程间距。

分三种情况讨论：在基础工程间距为 100m(穿脉)×(80~100)m(段高)、经一次加密 100m(穿脉)×(40~50)m(段高)、二次加密 50m(穿脉)×(40~50)m(段高）时，对比 4 个中段 28 个块段资源储量的变化，并与地质勘探阶段资源储量进行对比。基础工程间距为 100m(穿脉)×(80~100)m(段高）时块段资源储量估算结果与误差对比情况见表 4-40，两次加密后的块段资源储量估算结果与误差对比情况见表 4-41、表 4-42。三种工程间距情况下对比地段块段资源储量估算如图 4-22~图 4-24 所示。

表 4-40 **KT8 地质勘探资源储量与生产勘探资源储量对比**

中段号	矿块号	资源储量类型	勘查网度（穿脉×段高）/m×m	勘查类型	地质勘探资源储量			生产勘探资源储量			相对误差/%			备注
					矿石量/t	品位/g·t^{-1}	金属量/kg	矿石量/t	品位/g·t^{-1}	金属量/kg	矿石量	品位	金属量	
1290	20~24	333	100×(80~100)	Ⅱ	70946	2.27	161.05	162547	2.54	412.51	−56.4	−10.6	−61.0	
1290	24~28	122b	100×(80~100)	Ⅱ	774563	2.10	1624.05	783412	1.94	1516.43	−1.1	8.2	7.1	
1290	28~32	122b	100×(80~100)	Ⅱ	775156	1.87	1450.02	744542	2.47	1840.11	4.1	−24.3	−21.2	超差
1290	32~36	122b	100×(80~100)	Ⅱ	462222	3.03	1402.6	788590	3.62	2853.63	−41.4	−16.3	−50.8	超差
1290	36~40	122b	100×(80~100)	Ⅱ	492928	4.65	2290.14	983462	3.97	3906.52	−49.9	17.1	−41.4	超差
1290	40~44	122b	100×(80~100)	Ⅱ	482218	5.59	2695.38	707856	3.31	2343.28	−31.9	68.9	15.0	超差
1290	44~48	333	100×(80~100)	Ⅱ	195773	6.71	1313.64	164923	3.53	582.12	18.7	90.1	125.7	超差
1200	20~24	333	100×(80~100)	Ⅱ	116662	1.96	228.6	176177	2.24	394.04	−33.8	−12.5	−42.0	
1200	24~28	122b	100×(80~100)	Ⅱ	750397	2.48	1857.84	677347	2.36	1598.97	10.8	5.1	16.2	
1200	28~32	122b	100×(80~100)	Ⅱ	1063367	2.11	2240.5	779572	2.11	1642.73	36.4	0.0	36.4	
1200	32~36	122b	100×(80~100)	Ⅱ	1343594	2.41	3238.39	984109	2.43	2392.39	36.5	−0.8	35.4	
1200	36~40	122b	100×(80~100)	Ⅱ	1648043	3.02	4983.94	1324797	2.69	3557.96	24.4	12.3	40.1	超差
1200	40~44	122b	100×(80~100)	Ⅱ	1492483	3.89	5812.29	974220	2.49	2426.79	53.2	56.2	139.5	超差
1200	44~48	333	100×(80~100)	Ⅱ	268427	6.71	1801.15	397326	2.77	1100.86	−32.4	142.2	63.6	超差

表 4-41 KT8 矿体一次加密后块段资源储量误差统计分析

中段号	矿块号	资源储量类型	勘查网度（穿脉×段高）/m×m	勘查类型	地质勘探资源储量			生产勘探一次加密后资源储量			相对误差/%			备注
					矿石量/t	品位/g·t^{-1}	金属量/kg	矿石量/t	品位/g·t^{-1}	金属量/kg	矿石量	品位	金属量	
1330	20~24	333	100×40	Ⅱ	60763	2.61	158.87	76791	2.36	181.23	26.4	-9.7	14.1	
1330	24~28	333	100×40	Ⅱ	498038	1.76	874.88	424056	2.30	976.49	-14.9	31.1	11.6	超差
1330	28~32	333	100×40	Ⅱ	332772	3.01	1001.06	235355	2.15	506.43	-29.3	-28.5	-49.4	超差
1330	32~36	333	100×40	Ⅱ	293490	3.88	1139.38	299153	3.80	1137.61	1.9	-2.0	-0.2	
1330	36~40	333	100×40	Ⅱ	308578	3.81	1174.86	281071	3.92	1102.59	-8.9	3.0	-6.2	
1330	40~44	333	100×40	Ⅱ	216786	3.00	650.05	254964	2.61	665.57	17.6	-12.9	2.4	
1290	20~24	333	100×40	Ⅱ	101784	2.49	253.64	120948	2.34	282.56	18.8	-6.2	11.4	
1290	24~28	122b	100×40	Ⅱ	285374	2.25	641.55	325488	2.24	729.99	14.1	-0.2	13.8	
1290	28~32	122b	100×40	Ⅱ	411770	2.04	839.05	394985	1.92	760.07	-4.1	-5.6	-9.4	
1290	32~36	122b	100×40	Ⅱ	495100	3.46	1714.25	486630	3.44	1672.93	-1.7	-0.7	-2.4	
1290	36~40	122b	100×40	Ⅱ	674884	4.05	2731.66	591855	4.22	2498.86	-12.3	4.3	-8.5	
1290	40~44	122b	100×40	Ⅱ	491070	3.45	1693.23	480684	4.12	1980.8	-2.1	19.5	17.0	
1290	44~48	333	100×40	Ⅱ	164923	3.53	582.12	249060	4.64	1156.6	51.0	31.6	98.7	超差
1250	20~24	333	100×40	Ⅱ	92344	2.11	194.64	83168	2.02	168.14	-9.9	-4.1	-13.6	
1250	24~28	122b	100×40	Ⅱ	258077	2.25	580.75	285896	2.15	613.74	10.8	-4.6	5.7	

续表 4-41

中段号	矿块号	资源储量类型	勘查网度（穿脉×段高）/m×m	勘查类型	地质勘探资源储量			生产勘探一次加密后资源储量			相对误差/%			备注
					矿石量/t	品位/$g \cdot t^{-1}$	金属量/kg	矿石量/t	品位/$g \cdot t^{-1}$	金属量/kg	矿石量	品位	金属量	
1250	28～32	122b	100×40	Ⅱ	411490	2.03	833.29	444905	2.02	896.58	8.1	-0.5	7.6	
1250	32～36	122b	100×40	Ⅱ	436644	2.76	1206.99	479068	2.69	1287.48	9.7	-2.8	6.7	
1250	36～40	122b	100×40	Ⅱ	485716	3.52	1711.81	435122	3.65	1589.84	-10.4	3.7	-7.1	
1250	40～44	122b	100×40	Ⅱ	417466	3.12	1300.75	402625	4.35	1753.22	-3.6	39.8	34.8	超差
1250	44～48	333	100×40	Ⅱ	246420	2.98	734.92	228726	4.95	1131.65	-7.2	65.9	54.0	超差
1200	20～24	333	100×50	Ⅱ	83833	2.38	199.4	83833	1.84	154.58	0.0	-22.5	-22.5	
1200	24～28	122b	100×50	Ⅱ	419270	2.43	1018.22	371665	2.61	969.84	-11.4	7.4	-4.8	
1200	28～32	122b	100×50	Ⅱ	368082	2.20	809.44	515724	2.39	1230.89	40.1	8.5	52.1	超差
1200	32～36	122b	100×50	Ⅱ	547465	2.17	1185.4	753047	2.15	1616.51	37.6	-0.9	36.4	
1200	36～40	122b	100×50	Ⅱ	839081	2.20	1846.15	829091	2.31	1915.52	-1.2	5.0	3.8	
1200	40～44	122b	100×50	Ⅱ	556754	2.02	1126.04	699918	2.26	1581.23	25.7	11.7	40.4	超差
1200	44～48	333	100×50	Ⅱ	149858	2.43	364.18	79311	1.77	140.52	-47.1	-27.1	-61.4	超差
1200	48～50	333	100×50	Ⅱ	1048	1.68	1.76	1048	1.68	1.76	0.0	0.0	0.0	

表 4-42 KT8 矿体二次加密后块段资源储量误差统计分析

中段号	矿块号	资源储量类型	勘查网度（穿脉×段高）/m×m	勘查类型	地质勘探资源储量			生产勘探二次加密后资源储量			相对误差/%			备注
					矿石量/t	品位/$g \cdot t^{-1}$	金属量/kg	矿石量/t	品位/$g \cdot t^{-1}$	金属量/kg	矿石量	品位	金属量	
1330	22~24	333	50×40	Ⅱ	60067	2.55	153.26	60067	2.55	153.26	0.0	0.0	0.0	
1330	24~26	333	50×40	Ⅱ	139957	2.31	322.74	155403	2.33	362.80	-9.9	-1.2	-11.0	
1330	26~28	333	50×40	Ⅱ	266896	2.31	615.47	251450	2.29	575.41	6.1	0.8	7.0	
1330	28~30	111b	50×40	Ⅱ	289756	3.17	919.51	278704	3.09	860.15	4.0	2.8	6.9	
1330	30~32	333	50×40	Ⅱ	51736	3.17	164.18	62788	3.56	223.54	-17.6	-10.9	-26.6	
1330	32~34	333	50×40	Ⅱ	55306	3.75	207.50	48835	3.44	168.12	13.3	9.0	23.4	
1330	34~36	333	50×40	Ⅱ	224865	3.75	843.68	231337	3.82	883.06	-2.8	-1.7	-4.5	
1330	36~38	333	50×40	Ⅱ	164587	3.98	654.62	167788	4.15	696.91	-1.9	-4.2	-6.1	
1330	38~40	333	50×40	Ⅱ	118209	3.98	470.16	115008	3.72	427.88	2.8	6.9	9.9	
1330	40~42	333	50×40	Ⅱ	80308	2.90	232.52	85595	3.04	259.92	-6.2	-4.7	-10.5	
1330	42~44	333	50×40	Ⅱ	130088	2.90	376.65	124801	2.80	349.25	4.2	3.5	7.8	
1290	20~22	333	50×40	Ⅱ	33351	2.60	86.80	30243	2.78	84.05	10.3	-6.4	3.3	
1290	22~24	111b	50×40	Ⅱ	68858	2.60	179.20	71965	2.53	181.95	-4.3	2.9	-1.5	
1290	24~26	111b	50×40	Ⅱ	135240	2.23	301.10	105572	2.27	239.39	28.1	-1.8	25.8	超差
1290	26~28	111b	50×40	Ⅱ	133199	2.23	296.56	162867	2.20	358.27	-18.2	1.2	-17.2	
1290	28~30	111b	50×40	Ⅱ	253830	2.05	521.06	251962	2.16	543.64	0.7	-4.9	-4.2	
1290	30~32	111b	50×40	Ⅱ	195030	2.05	400.35	196898	1.92	377.77	-0.9	7.0	6.0	
1290	32~34	111b	50×40	Ⅱ	209489	3.41	714.29	186612	2.49	465.23	12.3	36.8	53.5	超差

续表 4-42

中段号	矿块号	资源储量类型	勘查网度（穿脉×段高）/m×m	勘查类型	地质勘探资源储量			生产勘探二次加密后资源储量			相对误差/%			备注
					矿石量/t	品位/g·t^{-1}	金属量/kg	矿石量/t	品位/g·t^{-1}	金属量/kg	矿石量	品位	金属量	
1290	34~36	111b	50×40	Ⅱ	286577	3.41	977.14	309454	3.96	1226.20	-7.4	-14.0	-20.3	
1290	36~38	111b	50×40	Ⅱ	318370	4.24	1351.36	339152	4.45	1509.84	-6.1	-4.7	-10.5	
1290	38~40	111b	50×40	Ⅱ	317100	4.24	1345.97	296318	4.01	1187.48	7.0	5.9	13.3	
1290	40~42	111b	50×40	Ⅱ	250359	3.49	872.78	258736	3.28	848.83	-3.2	6.3	2.8	
1290	42~44	111b	50×40	Ⅱ	257263	3.49	896.84	248886	3.70	920.79	3.4	-5.8	-2.6	
1290	44~46	111b	50×40	Ⅱ	123428	3.53	435.66	136093	3.84	522.11	-9.3	-8.0	-16.6	
1290	46~48	333	50×40	Ⅱ	41495	3.53	146.46	28830	2.08	60.01	43.9	69.6	144.1	超差
1250	22~24	333	50×40	Ⅱ	91598	2.28	208.98	91598	2.28	208.98	0.0	0.0	0.0	
1250	24~26	111b	50×40	Ⅱ	130742	2.28	297.69	105280	2.25	237.28	24.2	1.0	25.5	超差
1250	26~28	111b	50×40	Ⅱ	130428	2.28	296.98	155890	2.29	357.39	-16.3	-0.7	-16.9	
1250	28~30	111b	50×40	Ⅱ	179950	2.08	374.74	151416	2.20	332.78	18.8	-5.2	12.6	
1250	30~32	111b	50×40	Ⅱ	223254	2.08	464.92	251788	2.01	506.88	-11.3	3.4	-8.3	
1250	32~34	111b	50×40	Ⅱ	181469	2.76	501.63	190730	2.24	427.96	-4.9	23.2	17.2	超差
1250	34~36	111b	50×40	Ⅱ	255175	2.76	705.37	245914	3.17	779.04	3.8	-12.7	-9.5	
1250	36~38	111b	50×40	Ⅱ	245225	3.48	854.50	261864	3.47	909.55	-6.4	0.3	-6.1	
1250	38~40	111b	50×40	Ⅱ	244149	3.48	850.75	227510	3.50	795.70	7.3	-0.4	6.9	
1250	40~42	111b	50×40	Ⅱ	224098	3.23	723.85	228107	2.96	675.54	-1.8	9.1	7.2	
1250	42~44	111b	50×40	Ⅱ	173733	3.23	561.17	169724	3.59	609.48	2.4	-10.1	-7.9	

续表 4-42

中段号	矿块号	资源储量类型	勘查网度（穿脉×段高）/m×m	勘查类型	地质勘探资源储量			生产勘探二次加密后资源储量			相对误差/%			备注
					矿石量/t	品位/$g \cdot t^{-1}$	金属量/kg	矿石量/t	品位/$g \cdot t^{-1}$	金属量/kg	矿石量	品位	金属量	
1250	44~46	111b	50×40	Ⅱ	131527	3. 22	423. 20	166522	3. 77	627. 52	−21. 0	−14. 6	−32. 6	超差
1250	46~48	111b	50×40	Ⅱ	65839	3. 22	211. 85	54972	2. 36	129. 46	19. 8	36. 6	63. 6	超差
1250	46~48	333	50×40	Ⅱ	54988	3. 22	176. 93	30860	1. 78	55. 00	78. 2	80. 5	221. 7	超差
1200	22~24	333	50×50	Ⅱ	83833	1. 84	154. 58	83833	1. 84	154. 58	0. 0	0. 0	0. 0	
1200	24~26	111b	50×50	Ⅱ	202789	2. 43	492. 72	171253	2. 12	363. 64	18. 4	14. 4	35. 5	超差
1200	26~28	111b	50×50	Ⅱ	209048	2. 43	507. 93	240584	2. 65	637. 01	−13. 1	−8. 2	−20. 3	
1200	28~30	111b	50×50	Ⅱ	172406	2. 33	402. 50	148083	2. 75	406. 79	16. 4	−15. 0	−1. 1	
1200	30~32	111b	50×50	Ⅱ	187824	2. 33	438. 49	212147	2. 05	434. 20	−11. 5	14. 1	1. 0	
1200	32~34	111b	50×50	Ⅱ	277639	2. 20	610. 86	255370	2. 10	535. 85	8. 7	4. 9	14. 0	
1200	34~36	111b	50×50	Ⅱ	365045	2. 20	803. 16	387314	2. 27	878. 17	−5. 7	−3. 0	−8. 5	
1200	36~38	111b	50×50	Ⅱ	430093	2. 21	948. 86	441528	2. 19	968. 25	−2. 6	0. 6	−2. 0	
1200	38~40	111b	50×50	Ⅱ	361975	2. 21	798. 58	350540	2. 22	779. 20	3. 3	−0. 8	2. 5	
1200	40~42	111b	50×50	Ⅱ	289378	2. 04	590. 72	355882	2. 17	771. 42	−18. 7	−5. 8	−23. 4	
1200	42~44	111b	50×50	Ⅱ	235238	2. 04	480. 20	168734	1. 77	299. 49	39. 4	15. 0	60. 3	超差
1200	44~46	333	50×50	Ⅱ	75772	2. 55	193. 12	92341	2. 41	222. 78	−17. 9	5. 6	−13. 3	
1200	46~48	333	50×50	Ⅱ	76687	2. 55	195. 45	60118	2. 76	165. 78	27. 6	−7. 6	17. 9	
1200	48~50	333	50×50	Ⅱ	1048	1. 68	1. 76	1048	1. 68	1. 76	0. 0	0. 0	0. 0	

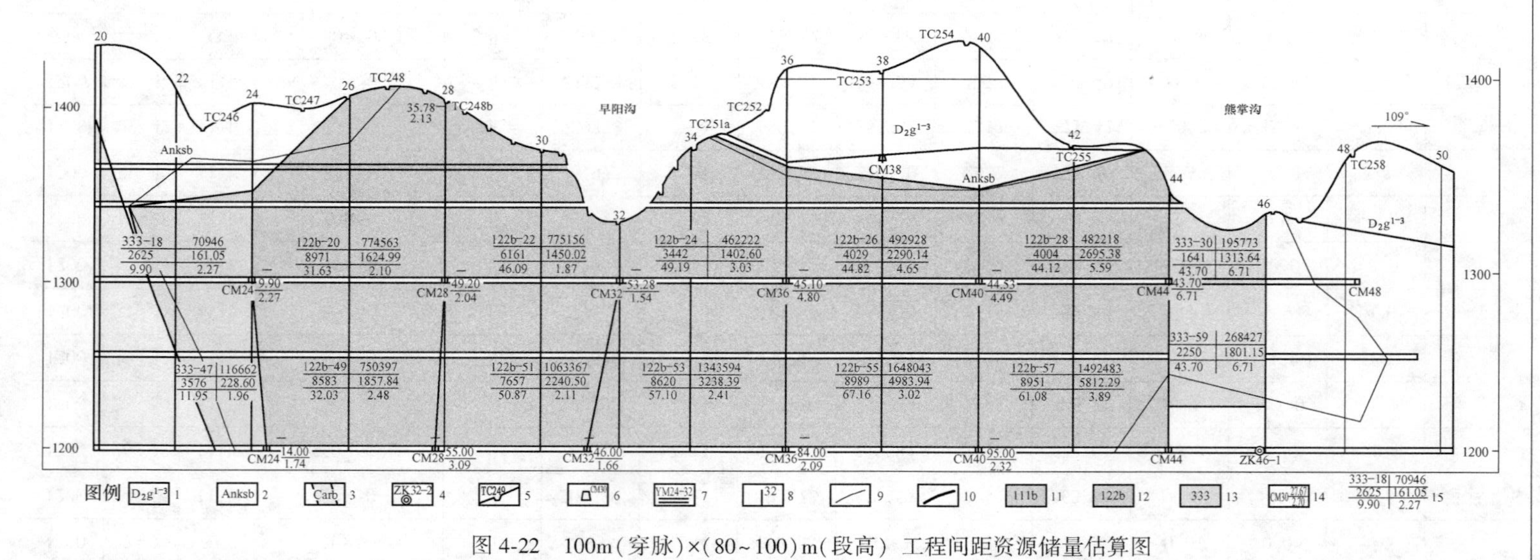

图 4-22　100m（穿脉）×（80~100）m（段高）工程间距资源储量估算图

1—粉砂质绢云板岩夹铁白云质粉砂岩；2—含铁白云石胶结角砾岩；3—碳酸岩岩体；4—钻孔位置及编号；5—探槽位置及编号；6—穿脉位置及编号；7—沿脉位置及编号；8—勘探线位置及编号；9—地质勘探金矿体界线；10—生产勘探金矿体界线；11—111b 类基础储量；12—122b 类基础储量；13—333 类资源量；14—穿脉号及穿脉工程见矿厚度(m)/穿脉工程平均品位(g/t)；15—

块段号	矿石量（t）
面积（m^2）	金属量（kg）
厚度（m）	品位（g/t）

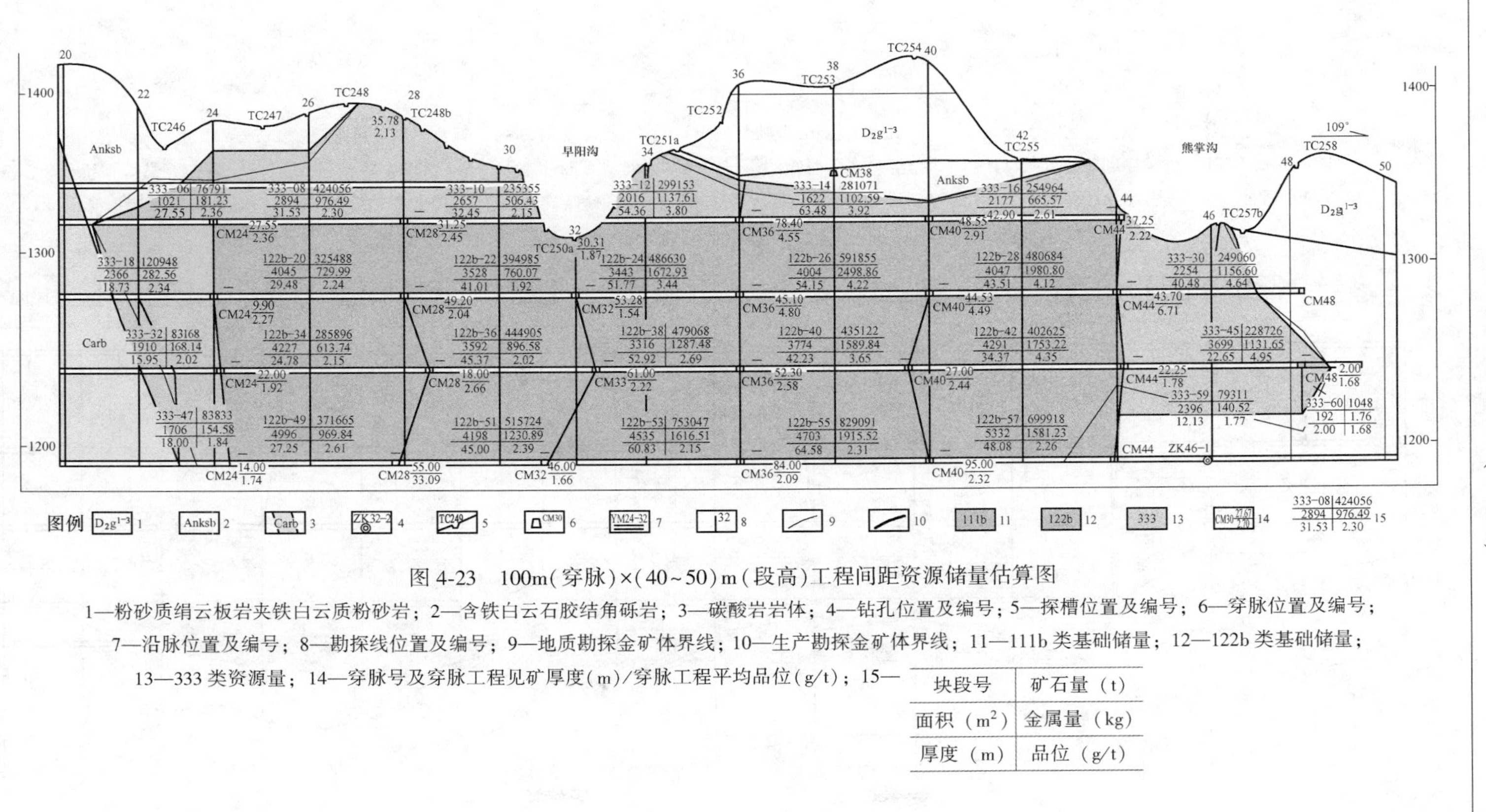

图 4-23 100m（穿脉）×（40～50）m（段高）工程间距资源储量估算图

1—粉砂质绢云板岩夹铁白云质粉砂岩；2—含铁白云石胶结角砾岩；3—碳酸岩岩体；4—钻孔位置及编号；5—探槽位置及编号；6—穿脉位置及编号；7—沿脉位置及编号；8—勘探线位置及编号；9—地质勘探金矿体界线；10—生产勘探金矿体界线；11—111b 类基础储量；12—122b 类基础储量；13—333 类资源量；14—穿脉号及穿脉工程见矿厚度（m）/穿脉工程平均品位（g/t）；15—

块段号	矿石量（t）
面积（m^2）	金属量（kg）
厚度（m）	品位（g/t）

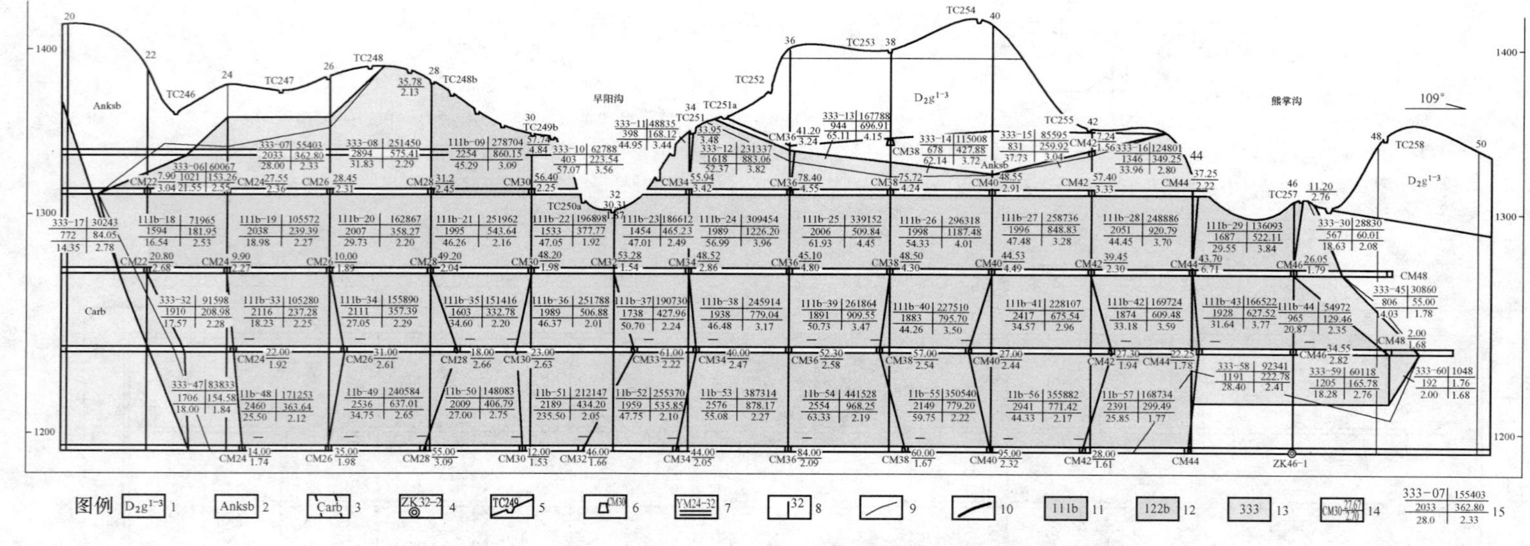

图 4-24　50m(穿脉)×(40~50)m(段高)　工程间距资源储量估算图

1—粉砂质绢云板岩夹铁白云质粉砂岩；2—含铁白云石胶结角砾岩；3—碳酸岩岩体；4—钻孔位置及编号；5—探槽位置及编号；6—穿脉位置及编号；7—沿脉位置及编号；8—勘探线位置及编号；9—地质勘探金矿体界线；10—生产勘探金矿体界线；11—111b 类基础储量；12—122b 类基础储量；13—333 类资源量；14—穿脉号及穿脉工程见矿厚度(m)/穿脉工程平均品位(g/t)；15—

块段号	矿石量（t）
面积（m^2）	金属量（kg）
厚度（m）	品位（g/t）

按照111b类基础储量矿石量、金属量误差不超25%，品位误差不超15%；122b类基础储量矿石量、金属量误差不超40%，品位误差不超20%；333类资源量矿石量、金属量误差不超70%，品位误差不超25%衡量每个块段的资源储量误差情况，矿石量、金属量及品位有一项超差，即认定该块段为不合格块段。

从表4-40可知，原地质勘探工程间距为100m(穿脉)×(80~100)m(段高)时，14个块段，有8个块段超差，块段合格率为42.9%，说明工程间距为100m(穿脉)×(80~100)m(段高) 时工程间距偏大了。

从表4-41可知，一次加密后，28个块段有8个块段超差，块段合格率71.4%。块段合格率适中。一次加密后工程间距为100m(穿脉)×(40~50)m(段高)，工程间距比较合理。

从表4-42可知，二次加密后53个块段中有10个块段超差，块段合格率为81.1%，说明二次加密到50m(穿脉)×(40~50)m(段高) 的工程间距显得较密。

从以上分析可知，双王金矿床KT8矿体合理的基本工程间距为100m(穿脉)×(40~50)m(段高)。

4.8.9 结论

矿山生产勘探，KT8矿体对比地段增加金矿石量1671621t，平均品位1.00×10^{-6}，金属量1664.7kg；KT8矿体总体上增加金矿石量4967758t，平均品位1.35×10^{-6}，金属量6714.93kg。这些资源储量为矿山产生良好的经济效益和显著的社会效益提供了保证。

4.8.9.1 勘查类型划分

双王金矿床KT8矿体规模为中-大型矿体；矿体形态复杂程度为中等；厚度变化系数53.59%，属厚度稳定型；品位变化系数116.0%，有用组分分布程度较均匀；构造、脉岩对矿体影响程度小。据此将矿床确定为第Ⅱ勘查类型。从生产勘探及矿山生产的实际情况来看，该勘查类型划分合理。

4.8.9.2 勘查手段

由于KT8矿体呈厚大的陡倾板状体，且地形坡度陡，有利于坑探，因此选择使用坑探的勘探手段是正确的。

4.8.9.3 工程网度

从前述KT8矿体形态特征探采对比、资源储量探采对比误差分析情况来看，绝大部分参数误差都在误差标准范围内，充分说明地质勘探阶段采用坑探100m(穿脉)×(40~50)m(段高) 的基本勘探工程间距是合理的，而生产勘探阶段采用坑探（25~50）m(穿脉)×(40~50)m(段高）的基本勘探工程间距显得工程过密了，工程间距偏小，工程密度偏大。所以双王金矿床KT8矿体合理的基本勘探工程间距为100m(穿脉)×(40~50)m(段高)。

4.8.9.4　块段划分的合理性

从1200中段资源储量探采对比结果来看，矿石品位从地质勘探阶段的2.61×10^{-6}降低到了2.21×10^{-6}，达不到原最低工业品位2.50×10^{-6}的要求，说明原地质勘探对1200m中段（1250m以下）用断面法以100m×100m的工程间距求333，块段划分过大，存在不合理现象。

4.8.10　建议

《岩金矿地质勘查规范》修订时，对第Ⅱ勘查类型水平勘探探求控制的资源储量时，应采用的工程间距是100m(穿脉)×(40~50)m(段高)。

对角砾岩型金矿床求333类资源量，块段划分的工程间距不能过大。

在附录中明确331、332、333资源储量允许误差，建议的允许误差见表4-43。

表4-43　岩金矿资源储量类型允许误差

资源储量类型	矿石量误差/%	品位误差/%	金属量误差/%
111b或331	25	15	25
122b或332	40	20	40
333	70	25	70

4.9　贵州金兴（Ⅲ类型）

4.9.1　探采对比范围

此次探采对比范围为Ⅰ号矿体1440m、1415m、1390m、1365m等段高为25m的4个中段。

4.9.2　对比的基础

对比的基础是2007年11月29日第一次资源储量核实，贵州省地矿局117地质大队编制经国土资源部备案的《贵州省兴仁县紫木凼金矿资源储量核实报告》。

4.9.3 对比资料

对比资料是2018年3月资源储量报告。

全矿区探明金矿石量529.85×10^{4}t，金属量18120.88kg，品位3.42g/t，Ⅰ号矿体探明金矿石量438.59×10^{4}t，金属量14396.03kg，品位3.28g/t。Ⅰ号矿体探明金矿石量占全矿区的82.77%，金属量占79.44%。

对比地段探明金矿石量349.98×10^{4}t，金金属量11.03t，占Ⅰ号矿体金矿石量的79.79%，金属量的76.63%，所以对比地段能够代表紫木凼全矿区。

4.9.4 对比的基本条件

4.9.4.1 工业指标

对比的基础即第一次资源储量核实，2007年11月29日117地质大队提交《贵州省兴仁县紫木凼金矿资源储量核实报告》资源储量估算采用的工业指标为《岩金矿地质勘查规范》（DZ/T 0205—2002）推荐的一般工业指标。边界品位1.0×10^{-6}，块段最低工业品位3.0×10^{-6}，矿床平均品位5.0×10^{-6}，最低可采厚度1.2m，夹石剔除厚度2.0m，最低工业m·g/t值为3.6。

对比资料2018年3月金兴公司对资源储量估算时未完全采用上述工业指标，边界品位1.0×10^{-6}，最低可采厚度1.2m，夹石剔除厚度2.0m，最低工业m·g/t值为3.6。

鉴于后者只是没有块段最低工业品位、矿床平均品位的要求，两者边界品位、最低工业m·g/t值、最低可采厚度和夹石剔除厚度等一致，所以二者圈定的矿体范围和形态一致。对比的工业指标基本一致。

4.9.4.2 勘探类型、工程网度

对比的基础即第一次资源储量核实采用第Ⅱ勘探类型，由坑道和钻探工程控制，其工程间距为50m×50m（钻探）、线距50m×段高25m（坑探）探求331。由钻探工程和少量坑道工程控制，工程间距为100m×100m探求332。采用(100~200)m×(100~200)m的钻探工程网度探求333。

对比资料采用第Ⅲ勘探类型，以钻探、坑探、坑内钻的勘探手段，用(50~60)m×(50~60)m网度探求122b，以钻探、坑内钻的手段（100~232)m×(100~232)m探求333。

4.9.4.3 矿石体重

2007年11月29日117地质大队提交《贵州省兴仁县紫木凼金矿资源储量核实

报告》，对比的基础即第一次资源储量核实，未对矿石体重重新测定，直接沿用贵州省地矿局105地质大队勘查期间测定结果，共测定原生矿石小体重样68件，采用算数平均法求得其平均体重为2.87t/m³，平均湿度0.9%，金平均品位4.09g/t。

对比资料采用的矿石体重2.87t/m³，二者一致。

4.9.4.4　资源储量估算方法

对比的基础资源储量估算方法采用的是地质块段法，在水平投影图上估算资源储量，无特高品位。

对比资料也采用地质块段法估算资源储量。

4.9.5　对比地段矿体特征

对比地段矿体受F1断裂蚀变带控制，位于三叠系断裂角砾岩为主的断裂型矿体的中部，矿体呈板状-似板状，矿体形态简单，倾角15°~25°，产状较稳定。矿石为原生矿石，为灰色、深灰色角砾岩、泥灰岩、灰岩及黏土岩、粉砂岩。矿石无泥化现象，结构构造清晰，矿石品位一般（2.00~19.75）$\times10^{-6}$，个别可达62.88$\times10^{-6}$，平均6.13$\times10^{-6}$，矿石体重平均2.87$\times10^{-6}$，金主要以包裹金形式产出，属难选冶金矿石。

4.9.6　对比结果

4.9.6.1　形态对比结果

对比发现，对比矿段1440m、1415m、1390m及1365m中段面积相对误差率16.21%，整体面积重叠率79.12%，长度误差率仅30.72%，厚度误差率10.63%，形态歪曲率17.14%，参考有色金属矿山矿体形态误差标准，矿体形态总体变化较小。形态对比见表4-44~表4-46及图4-25。

表4-44　Ⅰ号矿体形态探采资料对比

中段/m	面积误差				面积重叠率		面积歪曲率			
	开采面积/m²	勘查面积/m²	相对误差/%	绝对误差/m²	重叠面积/m²	重叠率/%	多圈	少圈	绝对误差	相对误差/%
1440~1415	43886	43550	0.77	336	41735	95.10	0	2704	2704	6.16
1415~1390	57594	61331	-6.09	-3737	54381	94.42	1383	4363	5746	9.98
1390~1365	59273	33446	77.22	25827	31069	52.42	0	19098	19098	32.22
平均	53584	46109	16.21	7475	42395	79.12	461	8721	9182	17.14

表 4-45 Ⅰ号矿体地质勘查与开采长度、厚度对比

中段/m	长度误差				厚度误差			
	开采长度/m	勘查长度/m	相对误差/%	绝对误差/m	开采厚度/m	勘查厚度/m	相对误差/%	绝对误差/m
1440~1415	732	1267	-73.09	-535	3.58	3.01	16.02	0.57
1415~1390	1307	1439	-10.10	-132	3.85	2.77	28.11	1.08
1390~1365	1306	1423	-8.96	-117	4.45	5.03	-13.01	-0.58
平均	1115	1376	30.72	261	3.99	3.60	10.63	0.39

表 4-46 Ⅰ号矿体形态对比参数综合表

中段或断面图	面积误差率/%	面积重叠率/%	形态歪曲率/%	厚度误差率/%	长度误差率/%
1440~1415	0.77	95.10	6.16	16.02	-73.09
1415~1390	-6.09	94.42	9.98	28.11	-10.10
1390~1365	77.22	52.42	32.22	-13.01	-8.96

4.9.6.2 矿体资源储量对比结果

通过矿体块段、中段、类别资源储量探采对比，对比矿段矿石量正变21.73万吨，正变13.36%，绝对误差11.78%；品位负变1.54g/t，负变32.53%，绝对误差48.21%；金属量负变1812.45kg，负变23.51%，绝对误差30.74%。块段资源储量变化见表4-47，中段资源储量变化见表4-48，资源储量类别变化见表4-49。

4.9.6.3 矿坑涌水量误差

第一次资源储量核实报告中紫木凼金矿涌水量根据公式计算16551m^3/d。2015~2018年实际生产涌水量2791m^3/d，见表4-50。预测涌水量比实际大5.9倍。

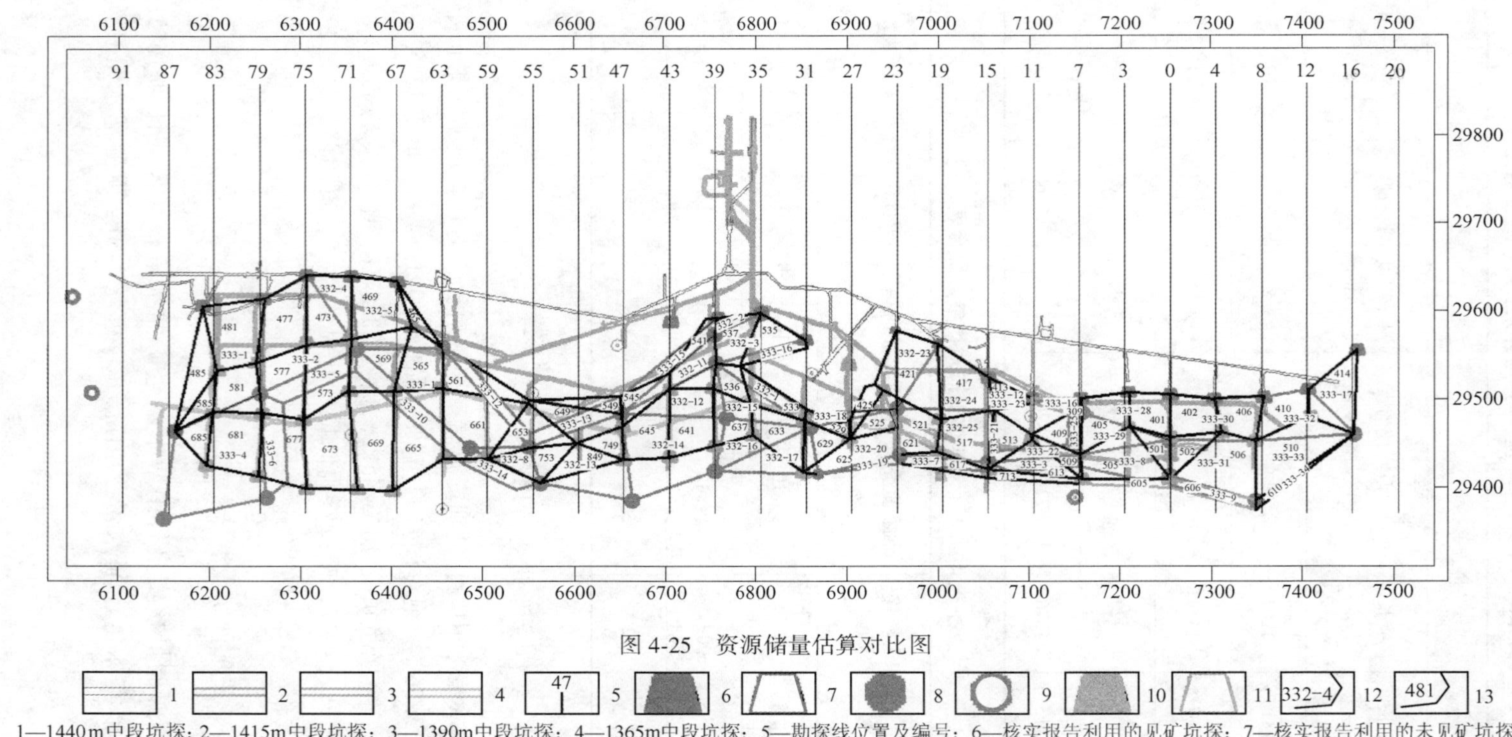

图 4-25　资源储量估算对比图

1—1440m中段坑探；2—1415m中段坑探；3—1390m中段坑探；4—1365m中段坑探；5—勘探线位置及编号；6—核实报告利用的见矿坑探；7—核实报告利用的未见矿坑探；8—核实标高利用的见矿钻探；9—核实报告利用的未见矿钻探；10—生产探矿见矿坑探；11—生产探矿未见矿坑探；12—核实报告划分的块段界限及块段号；13—生产探矿划分的块段界限及块段号

表 4-47　Ⅰ号矿体块段资源储量变化对比

中段	生产探矿							地质探矿								相对误差			绝对误差/%		
	块段号	类别	网度	手段	矿石量/t	品位/$g\cdot t^{-1}$	金属量/kg	勘探线号	块段号	类别	网度	手段	矿石量/t	品位/$g\cdot t^{-1}$	金属量/kg	矿石量/t	品位/$g\cdot t^{-1}$	金属量/kg	矿石量	品位	金属量
1440~1415	485	122b	50×60	坑探	22890	4.16	95.22	83	333-1	333	50×100	坑探+钻探	22706	3.02	68.57	185	1.14	26.66	0.81	37.76	38.88
	481	122b	50×60	坑探	41339	4.71	194.71	79	333-1	333	50×100	坑探+钻探	41006	3.02	123.83	333	1.69	70.88	0.81	55.97	57.24
	477	122b	50×60	坑探	47501	4.93	234.18	75	333-1、333-2	333	50×100	坑探+钻探	42213	3.85	162.68	5289	1.08	71.51	12.53	27.93	43.96
	473	122b	50×60	坑探	37082	5.06	187.63	71	333-2、332-4	333、332	50×100	坑探+钻探	35877	4.65	166.74	1204	0.41	20.90	3.36	8.88	12.53
	469	122b	50×60	坑探	22410	4.43	99.28	67	332-4、332-5	332	50×100	坑探+钻探	18291	5.95	108.78	4119	-1.52	-9.51	22.52	-25.51	-8.74
	465	333	50×60	坑探	2335	1.84	4.30	63	332-5	332	50×100	坑探+钻探	3283	5.96	19.56	-948	-4.12	-15.26	-28.86	-69.11	-78.03
	425	333	50×60	坑探	5406	1.72	9.30	23	332-20、333-18	332、333	50×100	坑探+钻探	2067	3.38	6.98	3339	-1.66	2.32	161.50	-49.08	33.16
	421	333	50×60	坑探	27803	2.56	71.17	19	332-23、332-24	332	50×100	坑探+钻探	16957	3.34	56.67	10846	-0.78	14.50	63.96	-23.40	25.60
	417	333	50×60	坑探	38648	2.75	106.28	15	332-24、332-25	332	50×100	坑探+钻探	23701	3.23	76.61	14947	-0.48	29.67	63.06	-14.92	38.73
	413	333	50×60	坑探	10154	2.36	23.96	11	331-12、333-23	331、333	50×100	坑探+钻探	7257	2.87	20.86	2897	-0.51	3.11	39.92	-17.89	14.89
	309	122b	50×60	坑探	6409	4.90	31.40	7	331-16、333-24	331、333	50×100	坑探+钻探	5499	4.65	25.55	910	0.25	5.85	16.55	5.45	22.91

续表 4-47

中段	生产探矿							地质探矿								相对误差			绝对误差/%		
	块段号	类别	网度	手段	矿石量/t	品位/g·t^{-1}	金属量/kg	勘探线号	块段号	类别	网度	手段	矿石量/t	品位/g·t^{-1}	金属量/kg	矿石量/t	品位/g·t^{-1}	金属量/kg	矿石量	品位	金属量
1440~1415	409	122b	50×60	坑探	23377	3. 58	83. 69	7	333-22、333-25	333	50×100	坑探+钻探	14778	5. 86	86. 56	8599	-2. 28	-2. 87	58. 19	-38. 88	-3. 32
	405	122b	50×60	坑探	48244	3. 87	186. 71	3	333-28、333-29	333	50×100	坑探+钻探	39473	5. 01	197. 84	8771	-1. 14	-11. 13	22. 22	-22. 78	-5. 63
	401	333	50×60	坑探	30981	2. 90	89. 84	0	333-28	333	50×100	坑探+钻探	25048	4. 29	107. 35	5932	-1. 39	-17. 50	23. 68	-32. 33	-16. 31
	402	122b	50×60	坑探	27666	3. 24	89. 64	0	333-30	333	50×100	坑探+钻探	27416	3. 63	99. 65	250	-0. 39	-10. 02	0. 91	-10. 86	-10. 05
	406	122b	50×60	坑探	18751	3. 97	74. 44	4	333-30	333	50×100	坑探+钻探	22920	3. 63	83. 31	-4169	0. 34	-8. 87	-18. 19	9. 22	-10. 65
	410	122b	50×60	坑探	17704	3. 39	60. 02	8	333-32	333	50×100	坑探+钻探	25615	3. 10	79. 39	-7911	0. 29	-19. 37	-30. 88	9. 38	-24. 40
	414	122b	50×60	坑探	22207	3. 22	71. 51	12	333-17、333-32	333	50×100	坑探+钻探	29891	3. 29	98. 41	-7684	-0. 07	-26. 90	-25. 71	-2. 20	-27. 34
小计					450907	3. 80	1713. 28						403999	3. 93	1589. 34	46909	-0. 13	123. 95	11. 61	-3. 42	7. 80
1415~1390	585	122b	50×60	坑探	9422	3. 39	31. 94	83	333-1	333	50×100	坑探+钻探	10018	3. 02	30. 25	596	0. 37	1. 69	-5. 95	12. 26	5. 57
	581	122b	50×60	坑探	32227	4. 15	133. 74	79	333-1	333	50×100	坑探+钻探	28936	3. 51	101. 63	3291	0. 64	32. 11	11. 37	18. 16	31. 60
	577	122b	50×60	坑探	85632	3. 73	319. 41	75	333-1、333-2、333-5、333-6	333	50×100	坑探+钻探	34672	3. 75	129. 86	50960	-0. 02	189. 55	146. 97	-0. 41	145. 97
	573	122b	50×60	坑探	86617	3. 37	291. 90	71	333-2、333-5	333	50×100	坑探+钻探	27691	4. 00	110. 71	58926	-0. 63	181. 19	212. 80	-15. 71	163. 67

续表 4-47

中段	生产探矿							地质探矿								相对误差			绝对误差/%		
	块段号	类别	网度	手段	矿石量/t	品位/g·t^{-1}	金属量/kg	勘探线号	块段号	类别	网度	手段	矿石量/t	品位/g·t^{-1}	金属量/kg	矿石量/t	品位/g·t^{-1}	金属量/kg	矿石量	品位	金属量
1415~1390	569	122b	50×60	坑探	42660	3.35	142.91	67	332-4、332-5、333-2、333-5、333-10、333-11	332、333	50×100	坑探+钻探	54766	6.40	350.65	-12106	-3.05	-207.74	-22.11	-47.68	-59.24
	565	333	50×60	坑探	20245	2.34	47.37	63	332-5、333-10、333-11	332、333	50×100	坑探+钻探	57470	6.35	364.86	-37225	-4.01	-317.49	-64.77	-63.14	-87.02
	561	333	50×60	坑探	33332	1.62	54.00	59	333-11、333-12	333	50×100	坑探+钻探	35877	6.15	220.69	-2545	-4.53	-166.69	-7.09	-73.66	-75.53
	549	333	50×60	坑探	13432	2.32	31.16	47	333-13	333	50×100	坑探+钻探	7143	5.67	40.52	6289	-3.35	-9.36	88.04	-59.10	-23.10
	545	333	50×60	坑探	7178	2.30	16.51	43	332-11、332-12、332-14、333-15	332	50×100	坑探+钻探	10752	3.89	41.78	-3574	-1.59	-25.27	-33.24	-40.81	-60.49
	541	333	50×60	坑探	10593	2.15	22.77	39	332-11、332-12、333-15	332	50×100	坑探+钻探	16479	4.03	66.49	-5886	-1.88	-43.72	-35.72	-46.71	-65.75

续表 4-47

中段	生产探矿							地质探矿								相对误差			绝对误差/%		
	块段号	类别	网度	手段	矿石量/t	品位/$g \cdot t^{-1}$	金属量/kg	勘探线号	块段号	类别	网度	手段	矿石量/t	品位/$g \cdot t^{-1}$	金属量/kg	矿石量/t	品位/$g \cdot t^{-1}$	金属量/kg	矿石量	品位	金属量
1415~1390	537	122b	50×60	坑探	9856	3.00	29.57	35	332-2、332-3、333-16	332、333	50×100	坑探+钻探	11591	2.76	31.97	-1735	0.24	-2.40	-14.97	8.75	-7.52
	535	333	50×60	坑探	11038	1.59	17.55	31	332-3、333-16	332、333	50×100	坑探+钻探	12127	2.91	35.34	-1089	-1.32	-17.79	-8.98	-45.44	-50.34
	536	122b	50×60	坑探	6222	3.48	21.65	35	332-1、332-12、332-15	332	50×100	坑探+钻探	8150	3.54	28.85	-1928	-0.06	-7.20	-23.65	-1.68	-24.94
	533	333	50×60	坑探	10659	2.77	29.53	31	332-1、332-15	332	50×100	钻探	11435	3.73	42.61	-776	-0.96	-13.08	-6.79	-25.66	-30.70
	529	333	50×60	坑探	4299	3.27	14.06	27	332-1、332-20、333-18	332、333	50×100	钻探	4485	3.44	15.43	-186	-0.17	-1.37	-4.14	-4.98	-8.90
	525	333	50×60	坑探	7984	2.46	19.64	23	332-20、333-18	332、333	50×100	钻探	6143	3.32	20.41	1841	-0.86	-0.77	29.97	-25.97	-3.79
	521	333	50×60	坑探	24559	2.29	56.24	19	332-20、332-23、332-24、332-25、333-18	332、333	50×100	钻探	17126	4.68	80.09	7433	-2.39	-23.85	43.40	-51.03	-29.78

续表 4-47

中段	生产探矿							地质探矿								相对误差			绝对误差/%		
	块段号	类别	网度	手段	矿石量/t	品位/g·t⁻¹	金属量/kg	勘探线号	块段号	类别	网度	手段	矿石量/t	品位/g·t⁻¹	金属量/kg	矿石量/t	品位/g·t⁻¹	金属量/kg	矿石量	品位	金属量
1415~1390	517	333	50×60	坑探	42490	2. 54	107. 92	15	332-25、333-7	332、333	50×100	钻探	30759	4. 85	149. 14	11731	-2. 31	-41. 22	38. 14	-47. 62	-27. 64
	513	333	50×60	坑探	17033	2. 29	39. 01	11	333-3、333-21、333-22	333	50×100	钻探	11379	5. 68	64. 66	5654	-3. 39	-25. 65	49. 69	-59. 70	-39. 67
	509	122b	50×60	坑探	18270	3. 10	56. 64	7	333-3、333-8、333-22	333	50×100	钻探	18423	5. 77	106. 32	-153	-2. 67	-49. 68	-0. 83	-46. 28	-46. 72
	505	122b	50×60	坑探	55764	3. 60	200. 75	3	333-8、333-29	333	50×100	钻探	61077	5. 18	316. 29	-5313	-1. 58	-115. 54	-8. 70	-30. 48	-36. 53
	501	122b	50×60	坑探	17978	3. 51	63. 10	0	333-8、333-28、333-29、333-30、333-31	333	50×100	钻探	19977	5. 13	102. 58	-1999	-1. 62	-39. 48	-10. 01	-31. 64	-38. 49
	502	122b	50×60	坑探	17498	3. 60	62. 99	0	333-9、333-30、333-31	333	100×100	钻探	16321	3. 71	60. 61	1177	-0. 11	2. 38	7. 21	-3. 06	3. 93

续表 4-47

中段	生产探矿							地质探矿								相对误差			绝对误差/%		
	块段号	类别	网度	手段	矿石量/t	品位/$g \cdot t^{-1}$	金属量/kg	勘探线号	块段号	类别	网度	手段	矿石量/t	品位/$g \cdot t^{-1}$	金属量/kg	矿石量/t	品位/$g \cdot t^{-1}$	金属量/kg	矿石量	品位	金属量
1415~1390	506	122b	50×60	坑探	27782	4. 38	121. 69	4	333-9、333-30、333-31	333	100×100	钻探	54664	3. 77	205. 90	-26882	0. 61	-84. 21	-49. 18	16. 28	-40. 90
	510	333	50×60	坑探	23749	2. 89	68. 63	8	333-32、333-33	333	100×100	钻探	50141	3. 47	174. 04	-26392	-0. 58	-105. 41	-52. 64	-16. 74	-60. 57
	小计				636519	3. 14	2000. 68						617603	4. 68	2891. 69	18916	-1. 54	-891. 01	3. 06	-32. 87	-30. 81
1390~1365	685	333	50×60	坑探	8951	2. 49	22. 29	83	333-1、333-4	333	100×200	钻探	17517	4. 74	83. 01	-8565	-2. 25	-60. 73	-48. 90	-47. 46	-73. 15
	681	333	50×60	坑探	42887	2. 89	123. 94	79	333-3	333	100×200	钻探	54577	4. 79	261. 63	-11690	-1. 90	-137. 69	-21. 42	-39. 71	-52. 63
	677	333	50×60	坑探	81761	2. 69	219. 94	75	333-4、333-6	333	100×200	钻探	20618	2. 77	57. 18	61143	-0. 08	162. 76	296. 55	-3. 00	284. 65
	673	333	50×60	坑探	119948	2. 96	355. 04	71			200×200	钻探	0	0. 00	0. 00	119948	2. 96	355. 04			
	669	122b	50×60	坑探	61009	3. 60	219. 63	67	333-10	333	200×200	钻探	3011	6. 78	20. 41	57998	-3. 18	199. 22	1926. 40	-46. 91	975. 84
	665	122b	50×60	坑探	49342	3. 05	150. 49	63	333-10、333-11	333	200×200	钻探	53077	6. 63	351. 66	-3734	-3. 58	-201. 17	-7. 04	-53. 97	-57. 21
	661	333	50×60	坑探	77617	2. 99	232. 07	55	332-8、333-10、333-11、333-12、333-14	332、333	200×200	钻探	110773	6. 39	707. 60	-33156	-3. 40	-475. 52	-29. 93	-53. 19	-67. 20

续表 4-47

中段	生产探矿							地质探矿								相对误差			绝对误差/%		
	块段号	类别	网度	手段	矿石量/t	品位/g·t^{-1}	金属量/kg	勘探线号	块段号	类别	网度	手段	矿石量/t	品位/g·t^{-1}	金属量/kg	矿石量/t	品位/g·t^{-1}	金属量/kg	矿石量	品位	金属量
1390~1365	653	333	50×60	坑探	28852	2. 71	78. 19	51	332-8、332-13、333-11、333-12、333-13	332、333	100×100	钻探	35906	5. 92	212. 50	-7054	-3. 21	-134. 31	-19. 64	-54. 21	-63. 20
	649	333	50×60	坑探	25535	1. 73	44. 18	47	332-13、333-13	332、333	50×100	钻探	19280	5. 67	109. 37	6255	-3. 94	-65. 19	32. 44	-69. 50	-59. 61
	645	333	50×60	坑探	27578	2. 24	61. 77	43	332-12、332-14	332	100×200	坑探+钻探	19256	3. 76	72. 47	8322	-1. 52	-10. 69	43. 22	-40. 48	-14. 75
	641	122b	50×60	坑探	47334	3. 38	159. 99	39	332-12、332-14	332	100×100	钻探	22437	3. 78	84. 82	24897	-0. 40	75. 17	110. 97	-10. 59	88. 63
	637	122b	50×60	坑探	30186	3. 63	109. 58	35	332-12、332-14、333-15、332-16	332	100×100	钻探	15791	3. 55	56. 02	14394	0. 08	53. 56	91. 15	2. 33	95. 61
	633	333	50×60	坑探	28165	2. 60	73. 23	31	332-15、332-16、332-17	332	100×100	钻探	20915	3. 59	75. 17	7249	-0. 99	-1. 94	34. 66	-27. 65	-2. 58

续表 4-47

中段	生产探矿							地质探矿								相对误差			绝对误差/%		
	块段号	类别	网度	手段	矿石量/t	品位/g·t^{-1}	金属量/kg	勘探线号	块段号	类别	网度	手段	矿石量/t	品位/g·t^{-1}	金属量/kg	矿石量/t	品位/g·t^{-1}	金属量/kg	矿石量	品位	金属量
1390~1365	629	333	50×60	坑探	10865	2. 24	24. 34	27	332-1、332-15、332-16、332-17、332-20、333-18	332、333	100×100	钻探	10850	3. 54	38. 44	14	-1. 30	-14. 11	0. 13	-36. 78	-36. 69
	625	333	50×60	坑探	20858	2. 04	42. 55	23	332-17、332-20、333-19	332、333	100×100	钻探	19377	3. 30	63. 90	1481	-1. 26	-21. 35	7. 64	-38. 14	-33. 42
	621	333	50×60	坑探	9817	2. 29	22. 48	19	332-20、332-25	333	100×100	钻探	6064	4. 79	29. 04	3753	-2. 50	-6. 56	61. 88	-52. 18	-22. 59
	617	333	50×60	坑探	25461	2. 37	60. 34	15	332-25、333-7	332、333	100×100	钻探	18121	4. 95	89. 66	7340	-2. 58	-29. 32	40. 51	-52. 10	-32. 70
	613	333	50×60	坑探	6252	2. 90	18. 13	11	333-3、333-22	333	100×100	钻探	39621	5. 78	229. 11	-33369	-2. 88	-210. 98	-84. 22	-49. 85	-92. 09
	605	122b	50×60	坑探	5253	3. 59	18. 86	3	333-8	333	100×100	钻探	197	5. 05	1. 00	5056	-1. 46	17. 86	2565. 31	-28. 92	1794. 60
	606	122b	50×60	坑探	5497	5. 15	28. 31	4	333-9	333	100×100	钻探	8944	4. 71	42. 16	-3447	0. 44	-13. 85	-38. 54	9. 25	-32. 86
	610	333	50×60	坑探	2336	2. 89	6. 75	8	333-34	333	100×100	钻探	2862	6. 06	17. 34	-526	-3. 17	-10. 59	-18. 38	-52. 31	-61. 07

续表 4-47

中段	生产探矿							地质探矿								相对误差			绝对误差/%		
	块段号	类别	网度	手段	矿石量/t	品位/g·t^{-1}	金属量/kg	勘探线号	块段号	类别	网度	手段	矿石量/t	品位/g·t^{-1}	金属量/kg	矿石量/t	品位/g·t^{-1}	金属量/kg	矿石量	品位	金属量
1390~1365	713	333	50×60	坑探	6308	2.90	18.29				100×100	钻探	0	0.00	0.00	6308	2.90	18.29			
	753	122b	50×60	坑探	17520	3.63	63.60	51	332-8、332-13、333-14	332、333	100×100	钻探	70306	6.21	436.87	-52786	-2.58	-373.27	-75.08	-41.58	-85.44
	749	333	50×60	坑探	6433	1.87	12.03	47	332-13	332	100×100	钻探	13852	5.20	72.08	-7419	-3.33	-60.05	-53.56	-64.06	-83.31
	849	333	50×60	坑探	11285	1.37	15.46	47	332-13	332	100×100	钻探	22182	5.20	115.43	-10898	-3.83	-99.97	-49.13	-73.67	-86.61
	小计				757049	2.88	2181.49						605533	5.33	3226.87	151516	-2.45	-1045.39	25.02	-45.93	-32.40

表 4-48 Ⅰ号矿体中段资源储量变化对比

中段	生产探矿						地质探矿						绝对误差			相对误差/%		
	类别	网度	手段	矿石量/t	品位/g·t^{-1}	金属量/kg	类别	网度	手段	矿石量/t	品位/g·t^{-1}	金属量/kg	矿石量/t	品位/g·t^{-1}	金属量/kg	矿石量	品位	金属量
1440~1415	122b+333	(50~120)×(60~200)	坑探	450907	3.80	1713.28	331+332+333	(50~100)×(50~200)	钻探	403999	3.93	1589.34	46909	-0.13	123.95	10.40	-3.54	7.23
1415~1390	122b+333	(50~120)×(60~200)	坑探	636519	3.14	2000.68	332+333	(50~100)×(50~200)	钻探	617603	4.68	2891.69	18916	-1.54	-891.01	2.97	-48.96	-44.54
1390~1365	122b+333	(50~120)×(60~200)	坑探	757049	2.88	2181.49	332+333	(50~100)×(50~200)	钻探	605533	5.33	3226.87	151516	-2.45	-1045.39	20.01	-84.93	-47.92
合计				1844475	3.20	5895.45				1627135	4.74	7707.90	217340	-1.54	-1812.45	11.78	-48.21	-30.74

表 4-49 Ⅰ号矿体资源储量类别变化对比表

类别	生产探矿			地质探矿			绝对误差			相对误差/%		
	矿石量/t	品位/g·t^{-1}	金属量/kg	矿石量/t	品位/g·t^{-1}	金属量/kg	矿石量/t	品位/g·t^{-1}	金属量/kg	矿石量	品位	金属量
122b	945572	3. 78	3583. 95	0	0. 00	0. 00	945572	3. 78	3583. 95	100. 00	100. 00	100. 00
331	0	0. 00	0. 00	10863	3. 78	41. 04	-10863	-3. 78	-41. 04			
332	0	0. 00	0. 00	394690	4. 45	1757. 28	-394690	-4. 45	-1757. 28			
333	898904	3. 35	2311. 50	1221582	4. 84	5909. 58	-322678	-1. 49	-3598. 07	-35. 90	-44. 55	-155. 66
合计	1844475	3. 20	5895. 45	1627135	4. 74	7707. 90	217340	-1. 54	-1812. 45	11. 78	-48. 21	-30. 74

表 4-50 紫木凼金矿涌水量统计

年份	1	2	3	4	5	6	7	8	9	10	11	12	合计	日均
2015	43378	38056	25832	20995	29110	128759	125696	93714	236702	242280	113797	58573	1156892	3170
2016	57000	30075	24360	28640	13608	88628	232466	140202	153258	81444	58682	49121	957484	2623
2017	38914	21660	17028	11052	15028	80078	197102	139832	184546	121810	95390	59586	982026	2690
2018	38848	22730	19516	29546	44904	86248	200660	21675	185214	171634	90186	66610	977771	2679
月均	44535	28130	21684	22558	25663	95928	188981	98856	189930	154292	89514	58473	1018543	2791

4.9.7 探采对比误差分析

4.9.7.1 矿体形态误差分析

对比地段开采面积减少，误差率为 16.21%，面积重叠率为 79.12%，面积重叠率小于 80%，面积歪曲率达到 17.14%，小于 100%，矿体长度误差率为 30.72%，厚度误差率为 10.63%，表明原地质勘探未能完全控制矿体形态。面积减少的原因主要是，通过采矿生产发现，第一次资源储量核实圈定的无矿天窗较小，开采后无矿天窗增大，导致开采面积减小，钻探未能严格控制，如核实报告在 1415 标高以下工程网度较大，造成资源储量发生负变。1390 中段 333-8、333-31、333-33 等 3 个矿块的工程网度为 100m×200m，导致负变增大。

面积重合率大及形态歪曲率小的原因，一是第一次资源储量核实圈定的无矿天窗较小，开采后无矿天窗增大，导致开采面积减小；二是主矿体尖灭位置存在差异，面积存在多圈和少圈，导致面积重叠率减小、形态歪曲率增大；三是主矿体在走向和倾向上都不是完整连续的，主要表现为尖灭再现、分支复合，且小平行脉及反倾矿脉也经常出现，导致面积重叠率减小、形态歪曲率增大。如 1390 中段 0 线探矿南穿共揭露了两条矿体，Ⅰ号矿体在巷道的顶板出露，矿体垂厚 2.51m、品位 2.58g/t。经重新地质编录取样后无工业矿体，之后施工了一条沿倾向的探矿上山，结果也未见矿。又沿走向施工西沿脉，证实矿体沿走向延伸仅 4m。1365 中段 55 线，第一次资源储量核实施工的 ZK5507 钻孔，见矿垂厚 12.31m，金品位 5.96g/t，但经坑探工程验证，未见矿。

4.9.7.2 矿体厚度、品位变化分析

矿体厚度、品位变化较大的主要原因是通过钻孔见矿长度计算的矿体厚度一般偏大。

如 ZK2323 见矿厚 7.62m，品位 8.61g/t，坑探揭露矿体厚 2.41m，品位 4.44g/t，厚度负变 68.37%，品位负变 48.43%，资源储量估算影响 332-34、332-

39、332-40、333-25、333-26 等 5 个矿块。

ZK1517 见矿厚度 9.07m，品位 5.69g/t，坑探揭露矿厚 0.89m，品位 1.91g/t，厚度负变 90.18%，资源储量估算影响 332-38、332-39、332-41、333-28、333-29 等 5 个块段；1365 中段西部 55 线 ZK5507 钻孔见矿厚 12.31m、品位 5.96g/t，经坑探工程验证，见矿厚 2.51m，品位 2.58g/t。

ZK8721 见矿厚 12.16m，品位 4.21g/t，坑探揭露厚 1.5m，品位 3.78g/t，厚度负变 87.66%，品位负变 10.21%，影响 785、781、332-1、333-2 及 333-4 等 5 个块段。

ZK8713 见矿厚 7.20m，品位 5.90g/t，坑探揭露矿体厚 1.73m，品位 3.78g/t，厚度负变 75.97%，品位负变 35.93%。

矿体厚度变化较大的另一个原因是矿体尖灭再现和分支复合或小平行脉及反倾脉的出现，使得矿体规模变小，内部结构复杂。例如 71 号勘探线、39 号勘探线钻孔深部，经 1365m、1340m 中段坑探工程验证，Ⅰ和Ⅰ-2 号矿体沿倾向尖灭后又再现，如图 4-26 所示。

4.9.7.3 矿体内部结构误差分析

第一次资源储量核实在估算 1340~1315 中段资源储量时，主要依据部分钻探工程，多数通过无限外推估算，除 16~32 线和 31~63 线之间有两处夹石外，未能全部圈定。如 ZK4705 见矿厚 1.60m、品位 6.10g/t，经生产坑探工程揭露不是工业矿体，造成Ⅰ号矿体 39~51 线出现无矿天窗。

4.9.7.4 资源储量误差分析

生产探矿与第一次资源储量核实报告对比，4 个中段矿石量正变 8.03%，品位负变 38.79%，金属量负变 33.51%。负变的主要原因是钻孔见矿厚度、品位的负变；其次是第一次资源储量核实认为矿体全部南倾，未考虑后期次级构造导致矿体倾角不完全一致、部分矿体倾角较大或呈鞍状甚至反倾的问题，从而导致钻孔见矿与坑道见矿厚度及品位误差较大。

4.9.7.5 资源储量类别误差分析

第一次资源储量核实报告对Ⅰ号矿体以 50m×50m 基本工程间距探求（111b）、以 100m×100m 的基本勘查工程间距探求（122b）、以 200m×200m 基本勘查工程间距探求（333）资源储量。在储量圈定时 1415m 标高以下的地质资源储量网度较大，网度为 100m×200m，造成资源储量发生负变。如 1390 中段 333-11、333-12、333-13，网度为 100m×200m，对 51~63 线无矿天窗控制不足。

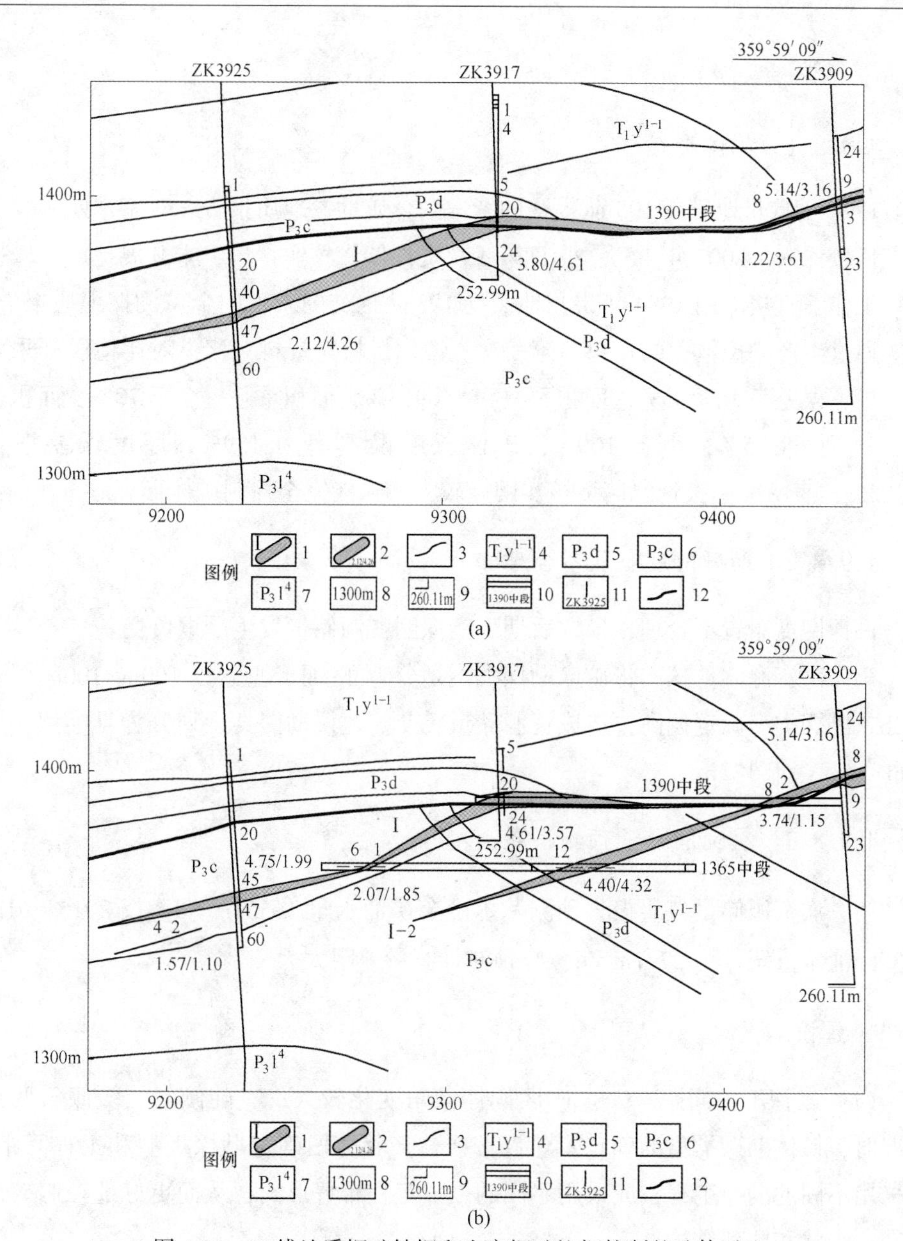

图 4-26　39 线地质探矿钻探和生产探矿坑探控制的矿体对比

（a）地质探矿钻探控制的矿体

1—矿体及编号；2—矿体厚度/品位；3—地层界线；4—三叠统夜郎组第一段第一层；5—二叠统大隆组；6—二叠统长兴组；7—二叠统龙潭组第四段；8—高程；9—钻孔孔深；10—中段及编号；11—钻孔位置及编号；12—断层

（b）生产探矿坑探控制的矿体

1—矿体及编号；2—矿体厚度/品位；3—地层界线；4—三叠统夜郎组地层第一段第一层；5—二叠统大隆组地层；6—二叠统长兴组地层；7—二叠统龙潭组地层第四段；8—标高；9—钻孔孔深；10—中段及编号；11—钻孔位置及编号；12—断层

4.9.8 结论

4.9.8.1 矿体形态

1994 年贵州地矿局 105 队提交的紫木凼金矿勘探地质报告，对紫木凼矿段的研究比较深入。2007 年 11 月 29 日第一次资源储量核实报告，未开展地层、构造研究工作，直接沿用 1994 年贵州地矿局 105 队提交的紫木凼金矿勘探地质报告。此次通过生产勘探取得的资料与第一次资源储量核实资料对比，对比地段开采面积减少，误差率为 7.35%，面积重叠率为 69.3%，面积重叠率小于 70%，面积歪曲率达到 68.75%，小于 100%，矿体长度误差率为 1.9%，厚度误差率为 17.83%，表明第一次资源储量核实网度较大，未能完全控制矿体形态。

4.9.8.2 勘探网度布置不合理

勘探网度布置不合理，导致后期生产探明资源储量发生严重负变。

第一次资源储量核实将矿床勘探类型划分为Ⅱ-Ⅲ类型，以 100m×100m 探求 122b，勘探类型确定偏高，造成资源储量负变。建议勘探类型划分为Ⅲ类型，用 50m×50m 探求 122b。

4.9.8.3 矿坑涌水量预测误差大

第一次资源储量核实报告预测紫木凼金矿涌水量 16551m^3/d。按 2015~2018 年实际涌水量统计为 2791m^3/d，与预测计算量差距太大。

4.9.9 建议

（1）勘探工程间距。一个矿区矿体倾角变化较大，有陡倾斜、缓倾斜两种情况时，矿体勘探类型的确定，建议按矿体产状分段确定勘探类型和工程间距，或采用不同的勘探工程，或采用不同的勘探工程布置形式，从而更好地控制矿体形态、产状和内部结构。

（2）工业指标。一个矿区不同矿体或同一矿体不同地段倾角变化较大，有陡倾斜、缓倾斜两种情况时，尤其是对薄矿体，工业指标的制定，应结合采矿方法和设备，考虑不同的可采厚度。

（3）矿石体重。一个矿区存在两种及以上类型矿体时，建议按照矿体类型测定矿石比重。

4.10 甘肃阳山金矿（Ⅱ类型）

4.10.1 对比范围

武警黄金第十二支队自1998年开始普查，于2007年1月提交了《甘肃省文县阳山矿带安坝矿段南部金矿普查报告》（甘国土资储备字［2007］61号）；自2009年8月开展第一阶段详查，于2013年5月提交了《甘肃省文县安坝里南金矿详查地质报告》(未通过评审)。

甘肃省地矿局一勘院自2013年8月~2016年7月开展补充详查，于2016年8月编制了《甘肃省文县安坝里金矿南矿区详查报告》(甘国土资储备字［2016］76号)，这3份报告资源储量估算的范围一致，见表4-51、图4-27，对比的范围也即资源储量估算的范围。

表4-51 资源量估算范围北京54与西安80坐标对照表

拐点编号	北京54坐标系直角坐标		西安80坐标系直角坐标	
	*X*坐标	*Y*坐标	*X*坐标	*Y*坐标
1	3658025	35467811	3657967	35467730
2	3658352	35469023	3658293	35468943
3	3658433	35469425	3658374	35469344
4	3658445	35469636	3658386	35469556
5	3658409	35469951	3658351	35469871
6	3658300	35470000	3658241	35469920
7	3658059	35469800	3658000	35469720
8	3657731	35468419	3657672	35468339
9	3657690	35468113	3657631	35468032
10	3657695	35467947	3657636	35467867
估算面积	0.899km^2，估算标高2270~1370m			

4.10.2 对比资料

4.10.2.1 对比的基础

对比基础是2007年1月武警黄金第十二支队提交的《甘肃省文县阳山矿带安坝矿段南部金矿普查报告》（甘国土资储备字［2007］61号)，以下简称普查报告。

4.10.2.2 对比资料

对比资料是武警黄金第十二支队2013年5月提交的《甘肃省文县安坝里南

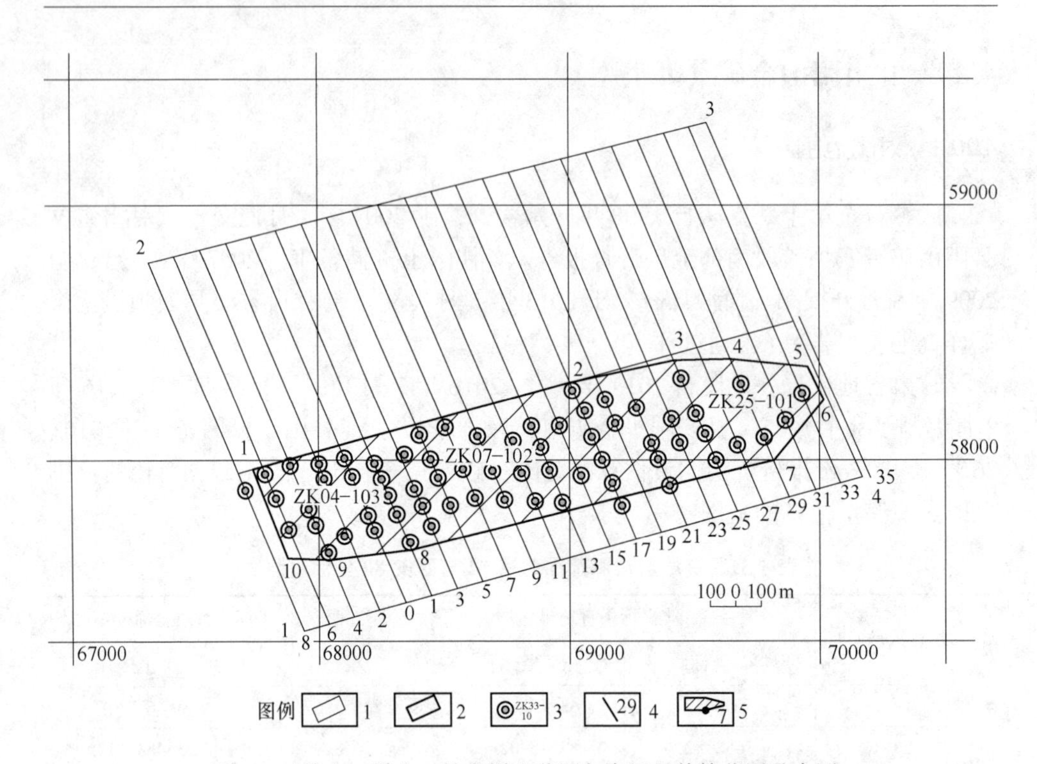

图4-27　普查、详查、补充详查范围与资源量估算范围叠合图

1—普查范围；2—详查、补充详查范围；3—钻探位置及编号；4—勘探线及编号；5—资源储量估算范围

金矿详查地质报告》(未通过评审)，以下简称详查报告；甘肃一勘院 2016 年 8 月编制的《甘肃省文县安坝里金矿南矿区详查报告》(甘国土资储备字［2016］76 号)，以下简称补充详查报告。

4.10.3　对比的条件

普查、详查和补充详查 3 个报告采用的工业指标中边界品位、最低可采厚度、夹石剔除厚度一致，所以矿体形态、产状和总的资源储量可对比。尽管最低工业品位和矿床平均品位不一致，但不影响总体对比。

普查、详查、补充详查报告工业指标对比见表 4-52。

表 4-52　普查、详查、补充详查报告工业指标对比

工业指标	普查报告	详查报告	补充详查报告
边界品位	$\geqslant 1\times10^{-6}$	$\geqslant 1\times10^{-6}$	1×10^{-6}
最低工业品位	$\geqslant 3.0\times10^{-6}$	$\geqslant 2.5\times10^{-6}$	3.0×10^{-6}
矿床平均品位	$\geqslant 5\times10^{-6}$	$\geqslant 4.5\times10^{-6}$	5.27×10^{-6}

续表4-52

工业指标	普查报告	详查报告	补充详查报告
最低可采厚度/m	0.8	0.8	0.8
夹石剔除厚度/m	≥2	≥2	≥2
最低工业 m·g/t 值	2.4		2.4

4.10.4 对比的方法

补充详查报告是在详查工作基础上编写的，为了便于对比，尽量沿用详查、普查报告中矿脉群、矿体的编号。但由于补充详查工作程度的提高，矿体在产状、规模、形态上与详查、普查报告相比发生了较大的变化，因此无法一一对应。此次从矿体产状、形态、矿体数量、主矿体规模、勘探类型、工程网度、资源量变化等 7 个方面进行对比。

4.10.5 对比结果

4.10.5.1 矿体产状

普查报告矿体产状较简单，矿体总体走向北东东，一律向南倾斜，产状（160°~205°）∠（46°~85°）。

详查报告矿体产状单一，走向基本为北东东向，向南倾斜。矿体产于安昌河—观音坝断裂带内，两矿脉群中金矿脉均成群分布，大致平行，近等间距产出，矿体总体走向北东东，一律向南倾斜，产状（160°~205°）∠（46°~85°）。

补充详查报告矿体主体产状向北，少数南倾，个别为近水平矿体。认为矿体分布在矿区次级背斜的两翼及核部，所以矿体产状有南倾、北倾及水平矿体。矿体产状对比如图 4-28 所示。

4.10.5.2 矿体形态

普查和详查报告中矿体为板状、脉状，形态简单。

补充详查报告圈定的矿体形态复杂，平面上多呈脉状、大透镜体状、扁豆状等，垂向上呈脉状、细脉状，局部见马鞍状、不规则状等；矿体沿走向和倾向上普遍具有尖灭再现、分支复合等特点，如图 4-29~图 4-31 所示，但随着工程间距的加密，矿体的面积变化率较大，见表 4-53。

4.10.5.3 矿体数量

普查报告共圈定金矿体 38 个，其中Ⅰ勘查类型主矿体 5 个。主矿体长1000~2000m，其余矿体长一般在 300~1000m。

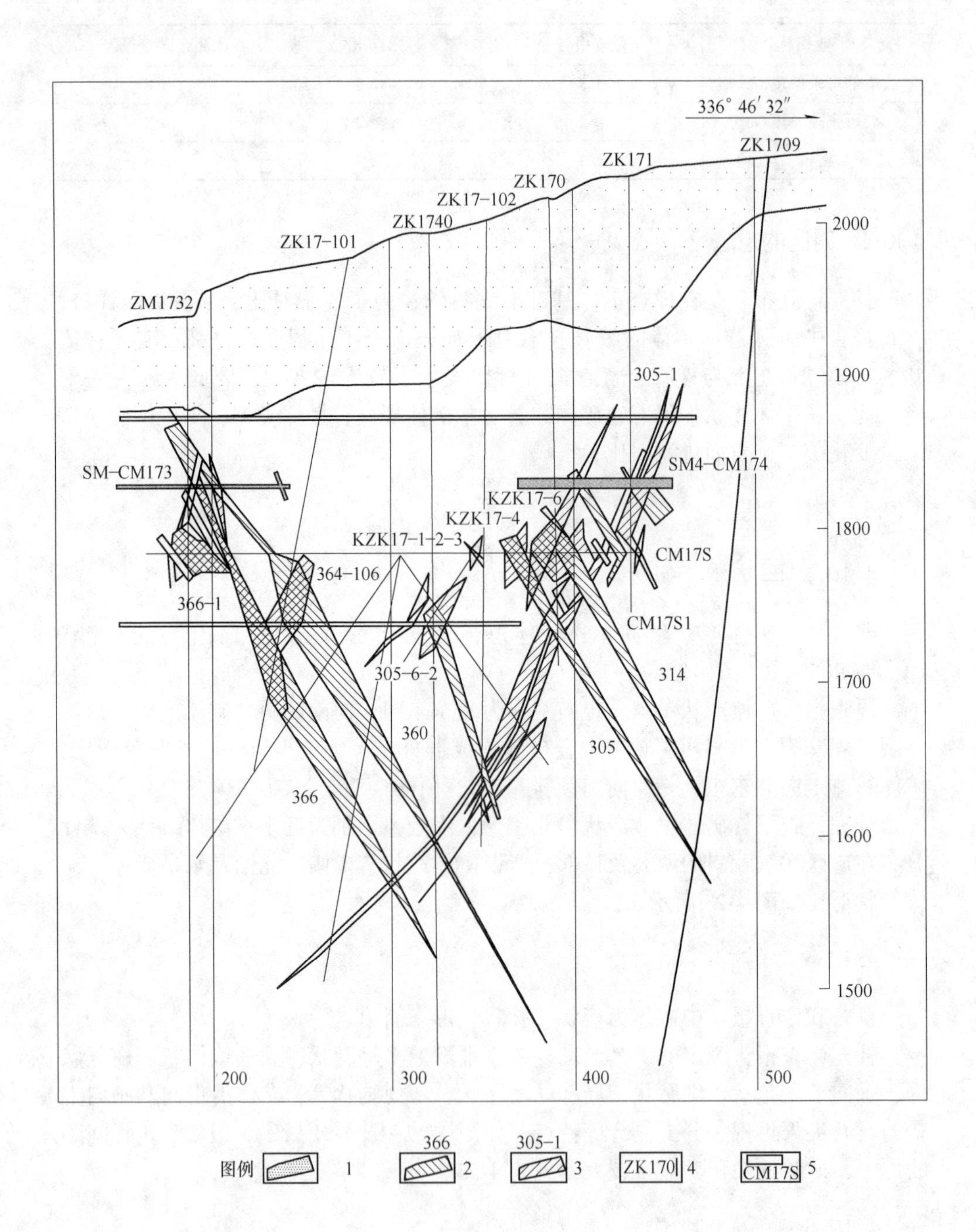

图 4-28　阳山金矿详查和补充详查报告 17 线剖面矿体产状对比

1—第四系；2—详查矿体及编号；3—补充详查矿体及编号；4—钻孔位置及编号；5—巷道及编号

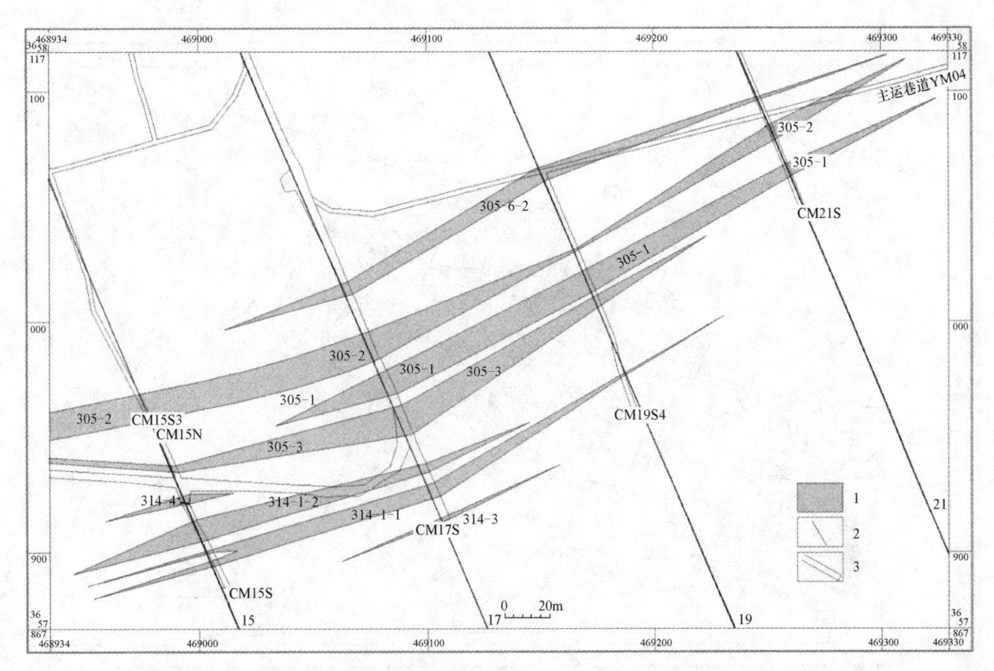

图 4-29 1780m 中段 15~21 号勘探线普查 100m 工程间距矿体平面图

1—矿体；2—勘探线；3—坑道

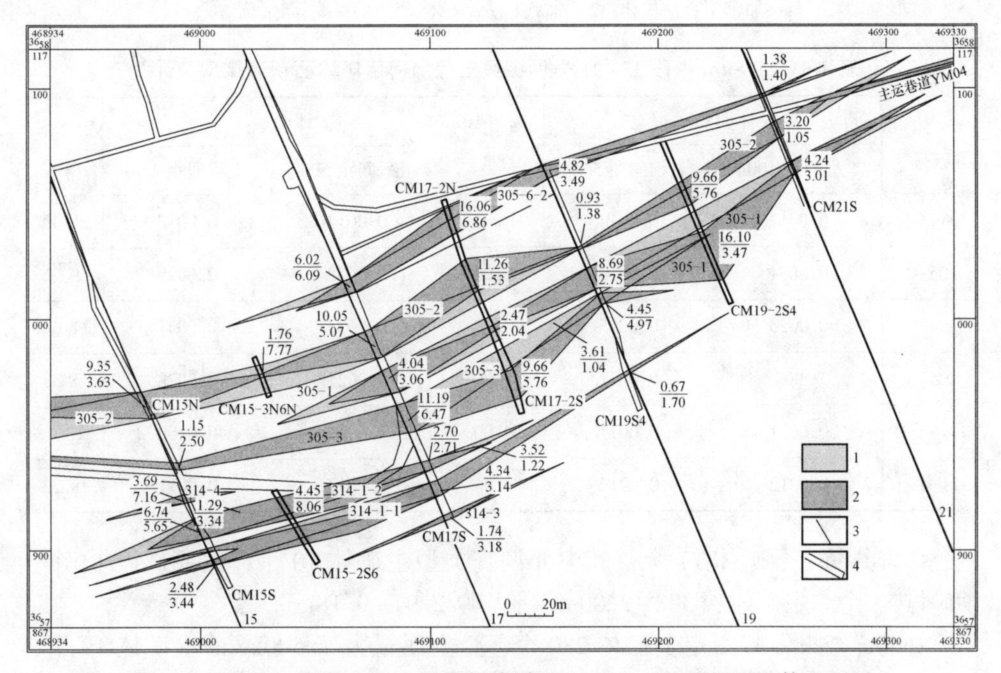

图 4-30 1780m 中段 15~21 号勘探线详查 100~50m 工程间距矿体平面图

1—加密工程前矿体；2—加密工程后矿体；3—勘探线；4—坑道

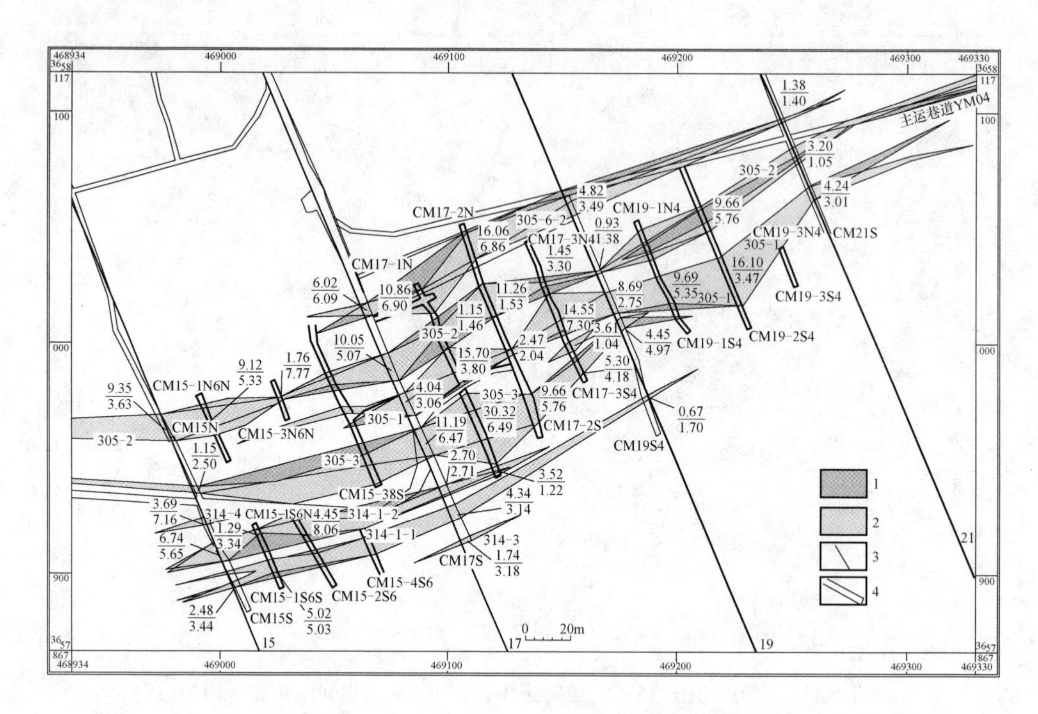

图 4-31　1780m 中段 15~21 号勘探线补充详查 50~25m 工程间距矿体平面图

1—加密工程前矿体；2—加密工程后矿体；3—勘探线；4—坑道

表 4-53　1780m 中段 15~21 号勘探线工程加密后矿体面积变化率统计

矿体编号	矿体面积/km²		变化率/%	矿体面积/km²		变化率/%
	工程间距 100m	工程间距 50m		工程间距 50m	工程间距 25m	
305-6-2	0.0012	0.0014	16.67	0.0014	0.0017	21.43
305-2	0.0031	0.0032	3.23	0.0032	0.0029	-9.38
305-1	0.0023	0.0025	8.70	0.0025	0.0031	24.00
305-3	0.002	0.0021	5.00	0.0021	0.0028	33.33
314-1-2	0.0011	0.0011	0.00	0.0011	0.0009	-18.18
314-1-1	0.0012	0.0012	0.00	0.0012	0.0011	-8.33

详查共圈定金矿体 77 个，其中Ⅱ勘查类型主矿体 10 个，次要矿体 13 个，小矿体 54 个。主矿体长 388~2200m，平均厚 2.97~9.18m。

补充详查报告共圈定金矿体 280 个，金金属量大于 500kg 的主矿体 19 个，一般长 126~485m，占总金属量的 75.66%；其余的为零星小矿体，共 261 个。

4.10.5.4 主矿体规模

A 360-Ⅰ矿体

详查报告主矿体360-Ⅰ号，长2200m，一般厚0.85～12.94m，平均厚5.13m，厚度变化系数114.98%，332+333金资源量24229kg，占提交总资源量的27.80%，如图4-32所示。

补充详查报告将详查报告360-Ⅰ矿体分解成了30个矿体，如图4-33所示。

B 364-Ⅰ

详查报告364-Ⅰ矿体走向长1324m，总体呈大透镜状，倾向165°～216°，倾角45°～74°，332+333金资源量11517kg，占提交金资源量的13.22%，如图4-34所示。

补充详查报告把364-Ⅰ矿体分解为305-6-2、305-3、364-54、364-46、364-54、314-54、305-34、314-63、305-69、314-27等10个矿体，其中305-6-2和305-3规模较大，长360～440m，斜深250～300m，平均厚4.73～6.39m，如图4-35所示。

C 314-Ⅱ

详查报告314-Ⅱ矿体走向长860m，向西侧伏，侧伏角约-23°，控制斜深38～302m，矿体在走向上呈大透镜体状，如图4-36所示，倾向上呈似层状，产状（150°～160°）∠（46°～69°），332+333金资源量7168kg，占详查报告提交金资源量的8.22%。

补充详查报告把该矿体分解为314-7、314-10、305-14、314-16、305-14等14个矿体，如图4-37所示，其中305-14规模最大，长275m，斜深50～127m，平均厚10.79m。

D 305-Ⅰ

详查报告305-Ⅰ矿体走向长1010m，埋深23～300m，垂深22～270m，控制斜深30～360m，如图4-38所示。332+333金资源量7842kg，占详查报告提交金资源量的9.00%。

在9～17勘探线间，补充详查报告305-2矿体的西段对应详查报告305-Ⅰ矿体。305-2矿体西段走向长634m，控制斜深30～247m，如图4-39所示。

4.10.5.5 勘探类型对比

普查报告确定5条矿体为Ⅰ勘查类型。

详查报告确定360-Ⅰ1条矿体为Ⅰ勘探类型，305-Ⅰ、305-Ⅱ、314-Ⅱ、314-Ⅲ、314-Ⅳ、366-Ⅰ、366-Ⅱ、364-Ⅰ、364-Ⅱ等9条矿体为第Ⅱ勘探类型，其他矿体为第Ⅲ勘探类型。

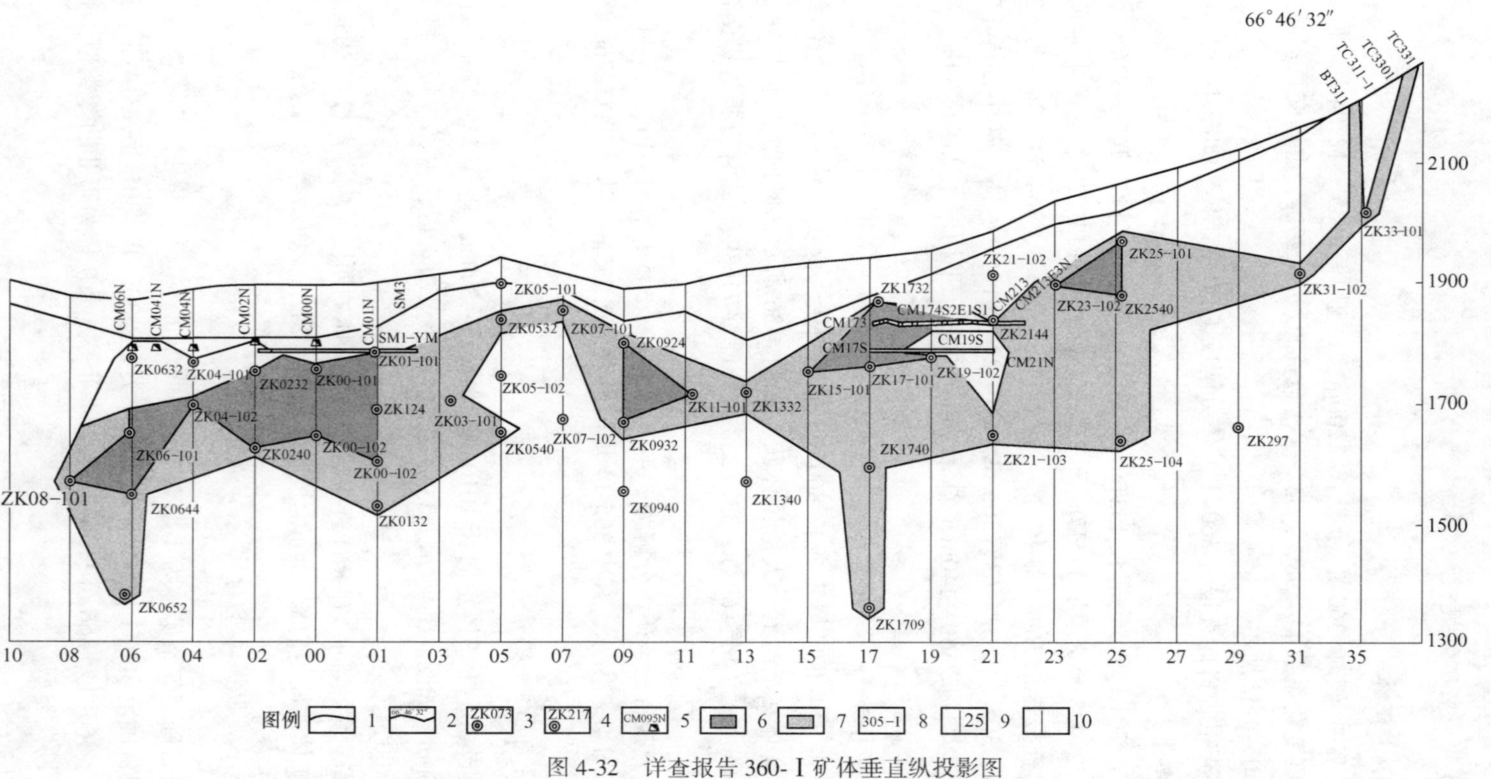

图 4-32　详查报告 360-Ⅰ矿体垂直纵投影图

1—第四系；2—地形线及方位；3—见矿钻孔位置及编号；4—未见矿钻孔位置及编号；5—坑道工程位置及编号；6—332 资源量；7—333 资源量；8—矿体编号；9—勘探线位置及编号；10—矿权边界

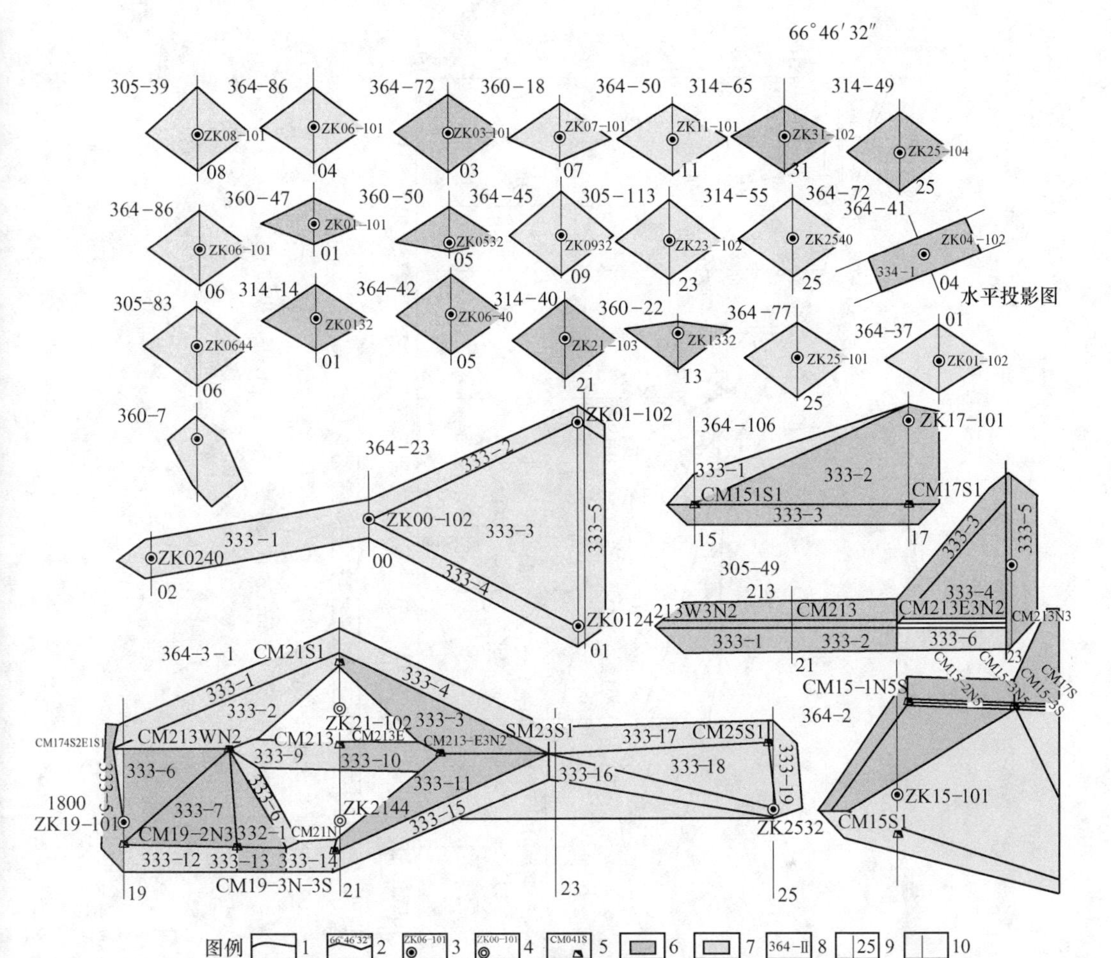

图 4-33 补充详查对应详查报告 360-Ⅰ矿体垂直纵投影图

1—第四系；2—地形线及方位；3—见矿钻孔位置及编号；4—未见矿钻孔位置及编号；5—坑道工程位置及编号；6—332 资源量；7—333 资源量；8—矿体编号；9—勘探线位置及编号；10—矿权边界

补充详查报告将 305-1、305-2、305-3、305-4、305-6-3 等 5 条主矿体确定为第Ⅱ勘探类型，其余矿体为第Ⅲ勘探类型。

4.10.5.6 工程网度

普查Ⅰ勘探类型，钻探工程间距 100m×80m 求 332；200m×160m 求 333。

详查Ⅰ勘探类型，钻探工程间距 100m×80m 配合穿脉坑探求 332；钻探工程间距（100~200）m×(80~160) m 求 333。

补充详查Ⅱ勘查类型矿体，坑探工程 50m(走向)×45m(段高）或钻探工程 50m×40m 的工程间距，或Ⅲ勘探类型矿体，坑探工程 25m(走向)×22.5m(段高)的工程间距探求 332。钻探 100m×100m 工程间距探求 333。

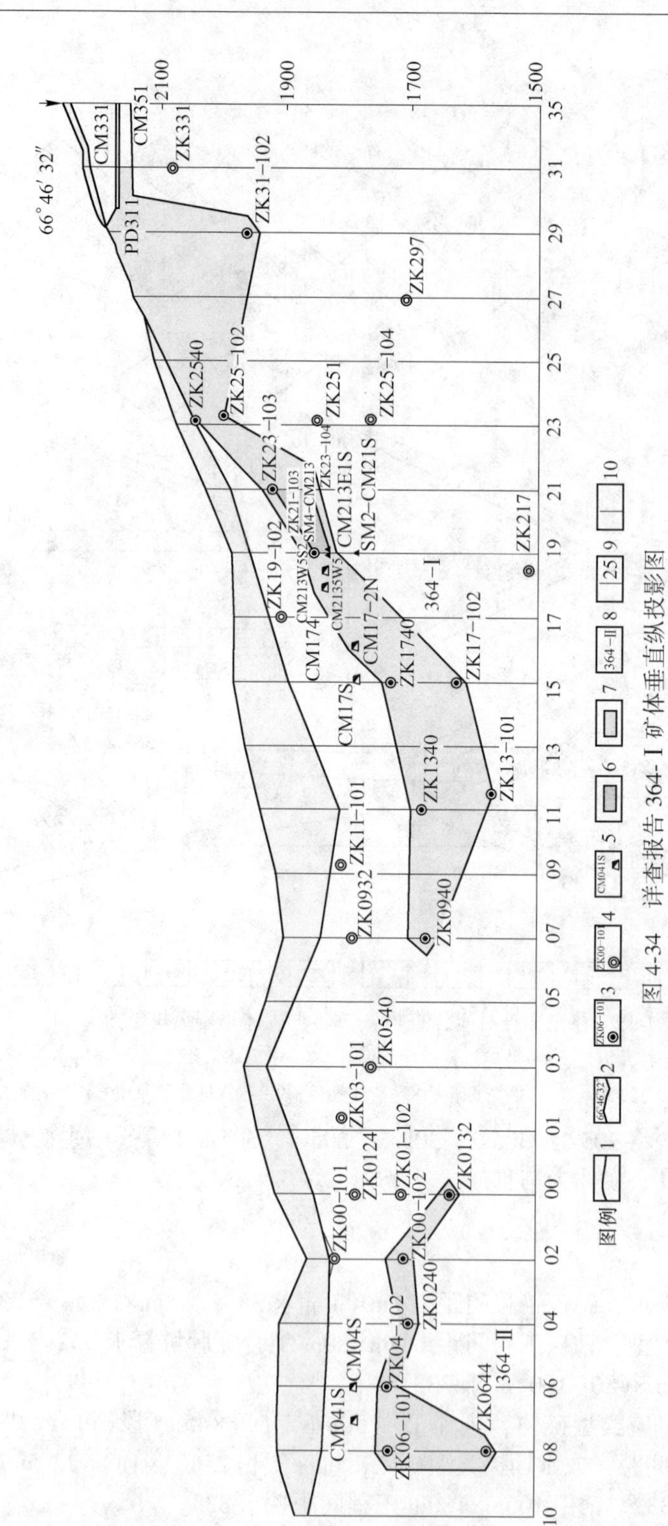

图 4-34　详查报告 364-Ⅰ矿体垂直纵投影图

1—第四系；2—地形线及方位；3—见矿钻孔位置及编号；4—未见矿钻孔位置及编号；5—坑道工程位置及编号；6—332 资源量；7—333 资源量；8—矿体编号；9—勘探线位置及编号；10—矿权边界

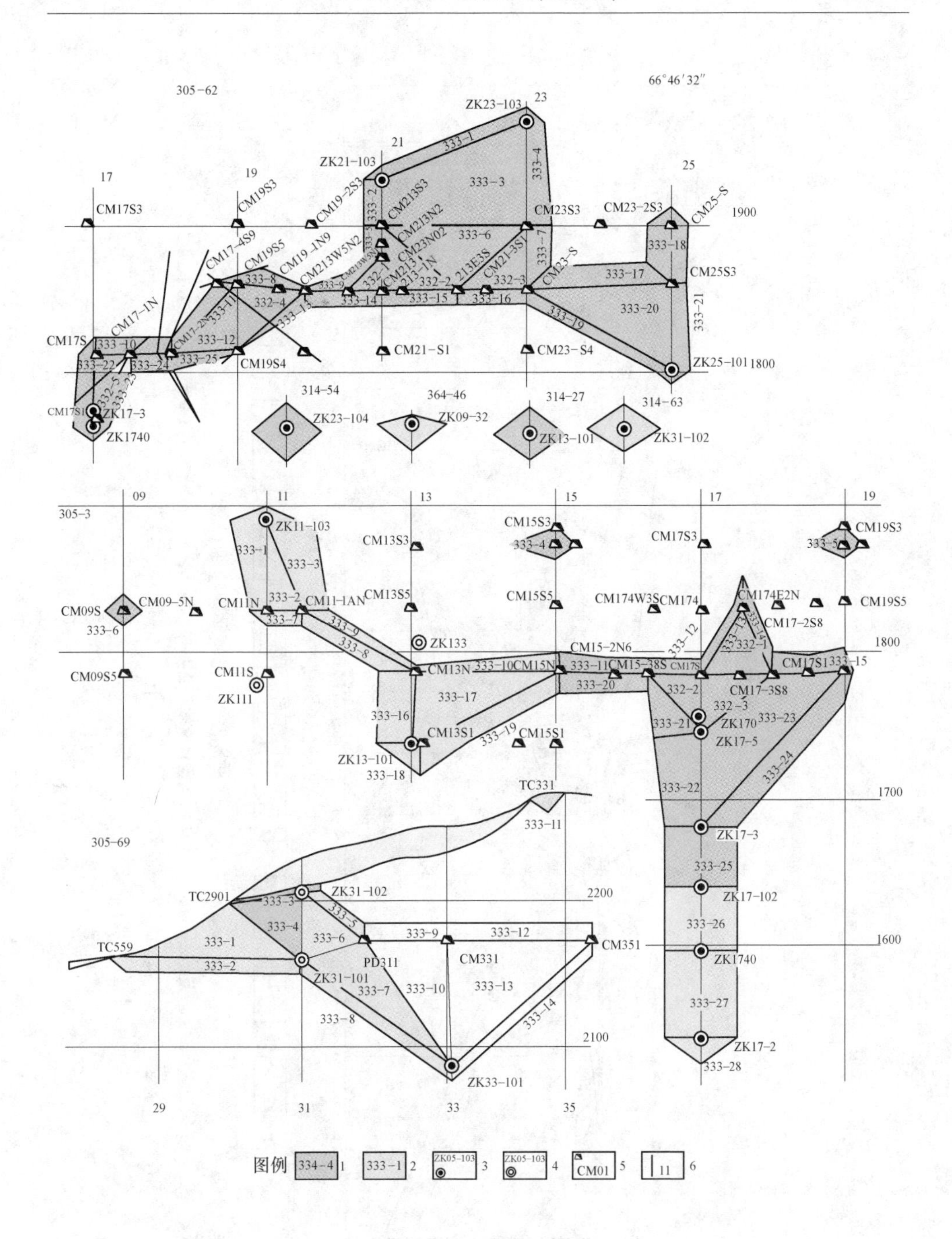

图 4-35 补充详查报告对应详查报告 364-Ⅰ矿体垂直纵投影图

1—工业矿块及编号；2—低品位矿块及编号；3—见矿钻孔及编号；4—未见金矿钻孔及编号；5—穿脉及编号；6—勘探线及编号

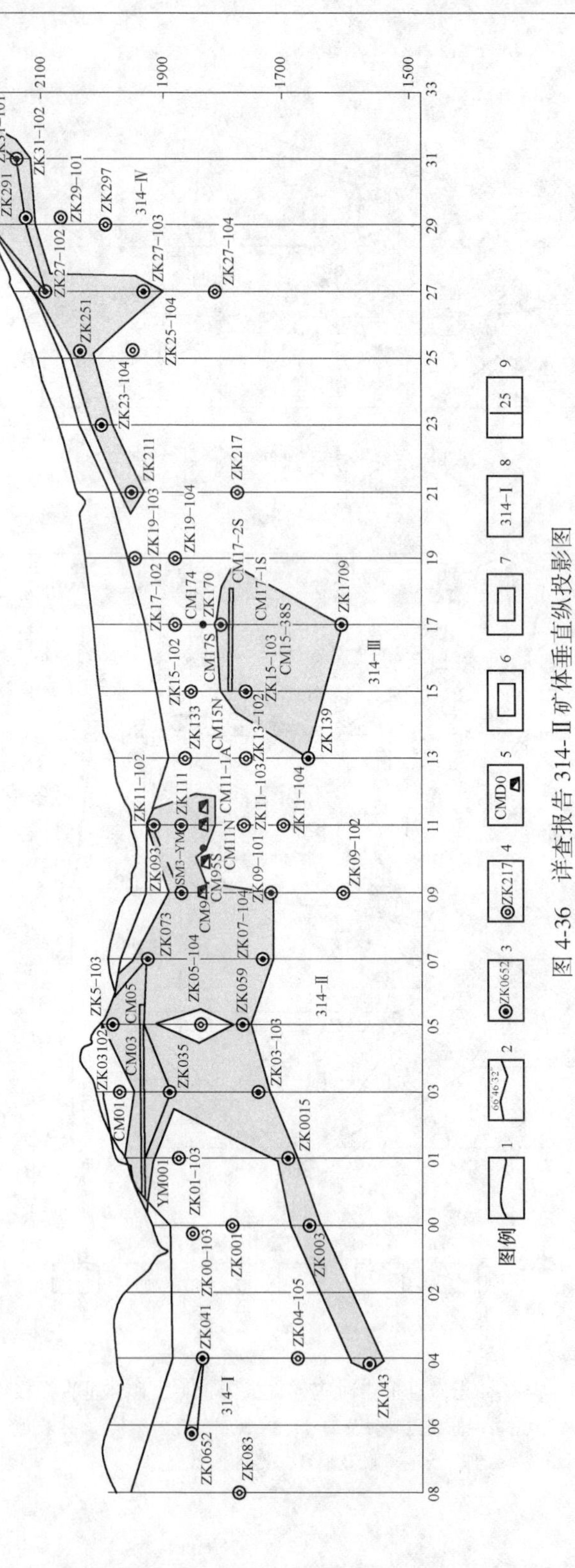

图 4-36　详查报告 314-Ⅱ矿体垂直纵投影图

1—第四系；2—地形线及方位；3—见矿钻孔位置及编号；4—未见矿钻孔位置及编号；5—坑道工程位置及编号；
6—332 资源量；7—333 资源量；8—矿体编号；9—勘探线位置及编号；10—矿权边界

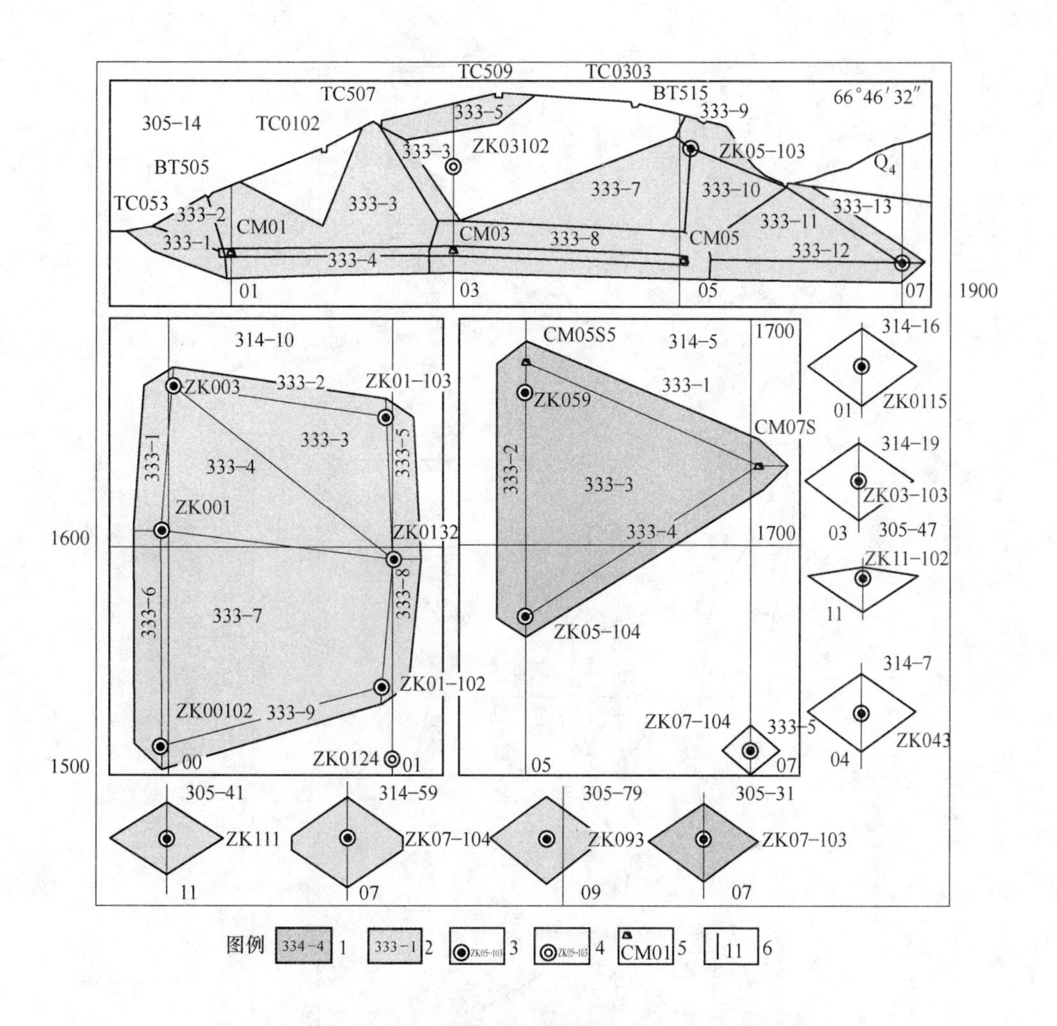

图 4-37 补充详查报告对应详查报告 314-Ⅱ矿体垂直纵投影图

1—工业矿块及编号；2—低品位矿块及编号；3—见矿钻孔及编号；
4—未见金矿钻孔及编号；5—穿脉及编号；6—勘探线及编号

4.10.5.7 资源储量变化

普查与详查比，矿石量相对误差 69.82%，金属量相对误差-76.78%。品位相对误差-485.28%，见表 4-54。

详查与补充详查比，矿石量相对误差-81.38%，金属量相对误差-88.01%，品位相对误差 44.87%，见表 4-55。

普查与补充详查比，矿石量相对误差-199.11%，金属量相对误差-232.37%，品位相对误差-11.12%，见表 4-56。

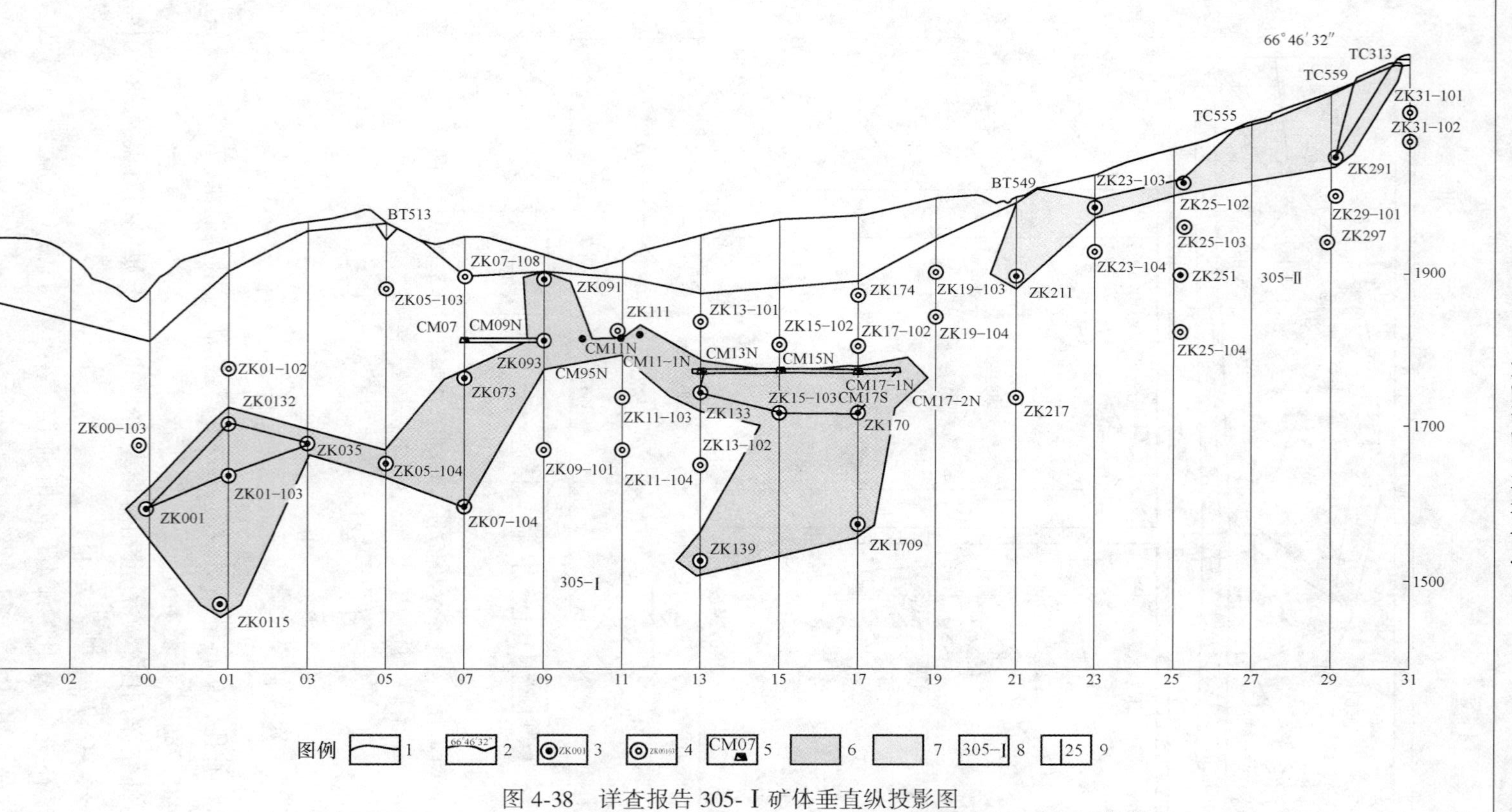

图4-38 详查报告305-Ⅰ矿体垂直纵投影图

1—第四系；2—地形线及方位；3—见矿钻孔位置及编号；4—未见矿钻孔位置及编号；5—坑道工程位置及编号；6—332资源量；7—333资源量；8—矿体编号；9—勘探线位置及编号

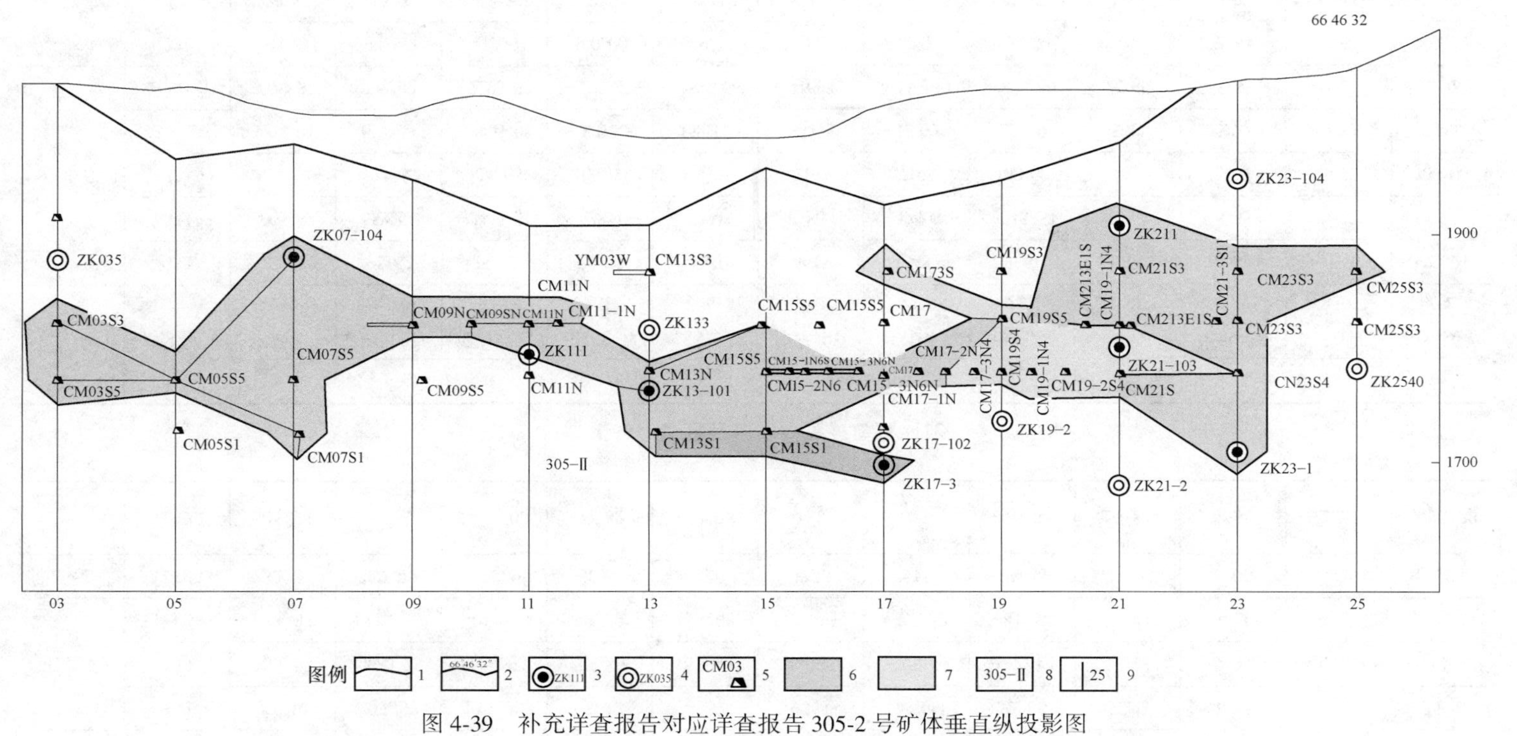

图 4-39 补充详查报告对应详查报告 305-2 号矿体垂直纵投影图

1—第四系；2—地形线及方位；3—见矿钻孔位置及编号；4—未见矿钻孔位置及编号；5—坑道工程位置及编号；6—332 资源量；7—333 资源量；8—矿体编号；9—勘探线位置及编号

表 4-54 普查与详查资源量对比

品级	资源量类别	金矿石量				金属量				品位(Au)			
		普查 /×10^4t	详查 /×10^4t	绝对误差 /×10^4t	相对误差 /%	普查 /kg	详查 /kg	绝对误差 /kg	相对误差 /%	普查 /×10^-6	详查 /×10^-6	绝对误差 /×10^-6	相对误差 /%
工业矿	332	72.49	207.87	135.38	65.13	4267	9051	4784	52.86	5.89	4.35	-1.53	-35.19
	333	300.58	1570.29	1269.71	80.86	153941	78095	-75846	-97.12	51.21	4.97	-46.24	-930.47
	332+333	373.07	1778.17	1405.10	79.02	158208	87146	-71062	-81.54	42.41	4.9	-37.51	-765.44
低品位矿	332+333	232.87	229.77	-3.09	-1.35	4220	4735	515	10.88	1.81	2.06	0.25	12.03
工业矿+低品位矿	332+333	605.94	2007.94	1402.00	69.82	162428	91881	-70547	-76.78	26.81	4.58	-22.23	-485.28

表 4-55 详查与补充详查资源量对比

类型	类别	金矿石量				金属量				品位(Au)			
		普查 /×10^4t	补充详查 /×10^4t	绝对误差 /×10^4t	相对误差 /%	普查 /kg	补充详查 /kg	绝对误差 /kg	相对误差 /%	普查 /×10^-6	补充详查 /×10^-6	绝对误差 /×10^-6	相对误差 /%
工业矿	332	72.49	95.82	23.33	24.35	4267	4615	348	7.54	5.89	4.82	-1.07	-22.21
	333	3005.82	558.51	-2447.31	-438.18	153941	29860	-124081	-415.54	5.12	5.35	0.22	4.21
	334		124.66	124.66	100.00		7193	7193	100.00		5.77	5.77	100.00
	332+333	3078.31	654.33	-2423.98	-370.45	158208	34475	-123733	-358.91	5.14	5.27	0.13	2.45
	332+333+334	3078.31	778.99	-2299.32	-295.17	158208	41668	-116540	-279.69	5.14	5.35	0.21	3.92
低品位矿	332		11.96	11.96	100.00		280	280	100.00		2.34	2.34	100.00
	333	232.87	214.05	-18.82	-8.79	4220	4897	677	13.82	1.81	2.29	0.48	20.79
	334		102.02	102.02	100.00		2024	2024	100.00		1.98	1.98	100.00

续表 4-55

类型	类别	金矿石量				金属量				品位(Au)			
		普查 /×10⁴t	补充详查 /×10⁴t	绝对误差 /×10⁴t	相对误差 /%	普查 /kg	补充详查 /kg	绝对误差 /kg	相对误差 /%	普查 /×10⁻⁶	补充详查 /×10⁻⁶	绝对误差 /×10⁻⁶	相对误差 /%
低品位矿	332+333	232. 87	226. 01	-6. 85	-3. 03	4220	5177	957	18. 49	1. 81	2. 29	0. 48	20. 88
	332+333+334	232. 87	328. 03	95. 17	29. 01	4220	7201	2981	41. 40	1. 81	2. 20	0. 38	17. 45
总　计		3311. 18	1107. 02	-2204. 15	-199. 11	162428	48869	-113559	-232. 37	4. 91	4. 41	-0. 49	-11. 12

表 4-56　普查与补充详查资源量对比

类型	类别	金矿石量				金金属量				品位(Au)			
		普查 /×10⁴t	补充详查 /×10⁴t	绝对误差 /×10⁴t	相对误差 /%	普查 /kg	补充详查 /kg	绝对误差 /kg	相对误差 /%	普查 /×10⁻⁶	补充详查 /×10⁻⁶	相对误差 /×10⁻⁶	绝对误差 /%
工业矿	332	72. 49	95. 82	23. 33	24. 35	4267	4615	348	7. 54	5. 89	4. 82	-1. 07	-22. 21
	333	3005. 82	558. 51	-2447. 31	-438. 18	153941	29860	-124081	-415. 54	5. 12	5. 35	0. 22	4. 21
	334		124. 66	124. 66	100. 00		7193	7193	100. 00		5. 77	5. 77	100. 00
	332+333	3078. 31	654. 33	-2423. 98	-370. 45	158208	34475	-123733	-358. 91	5. 14	5. 27	0. 13	2. 45
	332+333+334	3078. 31	778. 99	-2299. 32	-295. 17	158208	41668	-116540	-279. 69	5. 14	5. 35	0. 21	3. 92
低品位矿	332		11. 96	11. 96	100. 00		280	280	100. 00		2. 34	2. 34	100. 00
	333	232. 87	214. 05	-18. 82	-8. 79	4220	4897	677	13. 82	1. 81	2. 29	0. 48	20. 79
	334		102. 02	102. 02	100. 00		2024	2024	100. 00		1. 98	1. 98	100. 00
	332+333	232. 87	226. 01	-6. 85	-3. 03	4220	5177	957	18. 49	1. 81	2. 29	0. 48	20. 88
	332+333+334	232. 87	328. 03	95. 17	29. 01	4220	7201	2981	41. 40	1. 81	2. 20	0. 38	17. 45
总　计		3311. 18	1107. 02	-2204. 15	-199. 11	162428	48869	-113559	-232. 37	4. 91	4. 41	-0. 49	-11. 12

4.10.6 对比误差原因分析

4.10.6.1 矿体产状变化的原因

由于多期性构造的叠加特别是成矿前的褶皱和成矿后的逆冲断裂，造成矿体倾向的多样性；由于该区大面积黄土覆盖，探矿工程以钻探为主，造成了矿体对比连接的多解性；随着探矿工程的逐渐加密特别是坑探等加密工程的验证，对矿体产状的认识也在不断提高。

4.10.6.2 矿体规模变化的原因

金矿体从普查时的38个到详查时的77个，再到补充详查的280个，随着工程的加密，使得普查和详查时圈连的大矿脉，被重新认识为若干个小矿体，矿体规模明显变小。

主矿体从普查时的5个到详查时的10个，再到补充详查的19个，主矿体长从普查的1000～2000m到详查的388～2200m，再到补充详查的126～485m。

详查确定Ⅰ勘探类型矿体1个，Ⅱ类型9个；补充详查确定5个矿体为Ⅱ类型。

造成矿体规模变化的主要原因有两点：一是普查时工程间距过大；二是混淆了矿带和矿体的概念，把不同的矿体连为一个矿体，作为分支复合，导致矿体规模虚大。

4.10.6.3 资源储量变化的原因

矿床勘探类型从普查时的Ⅰ类型，到详查时Ⅱ类型为主，再到补充详查的Ⅱ类型，工程间距也从普查和详查钻探100m×80m探求332，变到了补充详查坑探工程50m（走向）×45m（垂深），钻探工程50m×40m的工程间距。补充详查比详查工程间距加密了1倍。

由于该矿床以隐伏矿体为主，普查和详查工程间距稀，把产状不同的小矿体连成了一个大矿体，夸大了资源储量。

4.10.7 结论

阳山金矿从普查到补充详查，前后经历了8年时间，相关单位投入了大量人力和物力，从162t“亚洲第一大”金矿的发现，到补充详查后仅有39.5t且无法开发建设的项目，整体是失败的。

4.10.8 建议

对盲矿体的勘查，如果以钻探工程为主控制，应尽量开展坑探工程揭露或验证，以确定矿体形态、产状。

随着勘探工程的进展，应确定矿体连接对比的标志，避免多解性。

确定矿体勘探类型的目的是为了研究矿体的复杂程度，进而采取适宜的工程控制网度。随着勘探程度的提高，应论证矿体的勘探类型。

5 结论和建议

5.1 对金矿床的认识

5.1.1 关于金矿赋矿围岩

金矿床赋存在各类岩石中，金矿的容矿围岩分属各大岩类。当今资料表明以变质岩、沉积岩围岩居多，而成矿时一般都明显的晚于地层时代，金矿体的近矿围岩，通常都是经热流体作用的蚀变岩石，其接触变质晕中时常有相对较高的金含量。成矿的温度偏中温~低温。金矿床中有用组分总的特征随区域地球化学背景不同各异。与金矿床共生的岩浆岩多是中酸性岩体，即花岗岩类岩石，沉积岩中金的含量以粉砂质岩石为最高，在区域变质的不同等级中以绿片岩相的岩石平均含量相对较高。实践证明，重要的大型~特大型金矿床居多出现在古老的变质岩系中，这可能是由于盖层薄、深部地幔物质多，基性火山岩发育，对金的富集成矿提供了物质基础。是否也可以这样推论，金的早期富集主要是由于沉积作用引起，晚期的富集主要是构造岩浆活动热液作用造成。

5.1.2 金矿床某些区域构造特征

金矿床所在的位置，突出地出现在主断裂影响带中，通常都分布在离主断裂带不远的地方（数千米范围内）。受羽状断裂及交叉点的控制。

在一个区域范围内，金矿化同样有沿大的地层分区或构造分区断裂带（深断裂）分布的趋势，这种趋势在大型构造的裂隙内虽然不是直接的成矿场所，但却起着控矿或导矿的通道作用，适合金沉淀的容矿构造，往往是一种深部线性渗透带。它包括了断层、裂隙、剪切带、破碎带及层间裂隙、背斜的鼻状构造和向斜槽形构造等。

而矿体往往集中在一条或几条延伸长度较大的断裂内。特别是多期活动的继承性断裂，糜棱岩化发育，往往是金矿化的有利容矿构造。

从形成的力学性质上来讲，张性、张扭、扭张、压张、压扭性质断裂对成矿有利，单一的压性或扭性断裂对成矿不利。破火山口的环状、放射状断裂；火山角砾岩筒及火山口附近的其他不规则断裂，往往是容矿的主要构造。

5.1.3 金矿成矿中的热液作用

从目前所获资料来看，绝大部分岩金矿床，都是经热液作用富集形成的（不论是什么性质热液）。直接由沉积作用形成的岩金矿极少见，按岩金的最低工业品位（3~5g/t）几乎所有的砂金矿床都达不到工业品级，也就是说古砂矿只有经过活化富集才能成为大型品位较高的金矿床。因此，热液对金矿的形成具有特殊的重要意义。

金的化学性质稳定，呈自然金状态产出。当金在升温及有氧化剂存在的含水体中，金能呈多种形式的络合物溶于不同性质的溶液中进行迁移；在成矿的整个过程中，金可以几次经历定位、活化迁移、沉淀而富集。在这里特别需要指出的是 H_2O，它是成矿溶液的主要成分，任何一种天然水，如果经过深部对流循环加热或岩浆互相作用加热，并由某些可溶盐类的溶解使其含盐度增高，就可能成为成矿热液。

综合上述特征表明，金矿床的形成，往往与矿源形成后的构造岩浆活动期后产生的热动力及其派生的热液作用有着极密切的关系。凡是岩金矿床，无不打上热液的烙印。金在自然界中，往往总是与石英和黄铁矿共生。这种情况说明二氧化硅凝胶能吸附金，同时也说明亲硫对金矿成矿是最主要的特征。这对形成岩金矿床应该说是一个普遍规律；金矿床中的矿体，可以呈任何形状产出，即可以产在任何岩石中，可以接受任何来源中的金。

5.1.4 矿床成因类型

矿床种类繁多，要对它们进行分类以便于研究。按照矿床的形成作用和成因划分的矿床类型称为矿床成因类型。

5.1.4.1 划分的目的

划分的主要目的是实践应用，就是要在地质找矿和矿床评价工作中具有实用性。因此，应当尽可能避免纠缠到一些纯成因问题的争论中去，尽可能应用一些没有争议的或较少争议的标志来划分矿床成因类型。

5.1.4.2 划分的依据

矿床形成有着特殊因素，金矿床也不例外，包括成矿物质及其来源、成矿环境和成矿作用。这三个因素在矿床形成过程中是密切联系的，成矿物质及其来源是成矿的基础和前提，成矿环境是外界条件，而成矿作用是成矿物质在一定的环境下富集形成矿床的机制和过程。

成矿作用应该是划分矿床成因类型的主要依据，因此采用的分类原则应以成矿作用作为分类的主要依据，适当考虑成矿地质环境；同时在分类中还尽可能反映成矿物质来源这一主要因素。

5.1.4.3　矿床成因类型分类

金矿床类型分类，一直是金矿研究的重要问题。目前尚无公认的划分方案。不同的学者采用的分类原则和标准不一，划分的方案类型有所不同，目前还没有一个公认的矿床分类方案，这种情况说明近代成矿理论还有不尽完善的地方，也说明分类原则和依据的选择有不尽合理的地方，更说明掌握矿床地质事实还有不够充分的地方。

5.1.5　矿床工业类型

矿床工业类型是在矿床成因类型基础上，从工业利用的角度进行矿床分类。对多数矿床来说，其成因类型是多种多样的，但在工业上具有重要意义，作为主要找矿对象的，常常是其中的某些类型。一般把这些作为某种矿产的主要来源，在工业上起重要作用的矿床类型，称为矿床工业类型。

5.1.5.1　划分的目的

划分矿床工业类型主要是用来指导找矿勘探和矿床评价工作，作为矿床类比评价的依据；作为找矿勘探和研究工作的重点，以便深入研究它们的地质特点、形成作用、分布规律以及工业利用条件等，为开发矿产资源服务。

5.1.5.2　划分依据

划分依据包括矿床成因类型、矿石建造、围岩种类、矿体形状和大小，其他因素包括构造、主要矿物、元素组合、品位、储量等。

5.1.5.3　工业类型分类

《岩金矿地质勘查规范》（2002）主要考虑矿床产出地质特征，结合工业利用进行分类。共分为 8 类，其中，含金石英脉型分 3 个亚类。

金矿石按选冶工艺分为堆浸型、氰化（易处理氰化型、难处理氰化型）、浮选（浮选易处理氰化型、浮选难处理氰化型、浮选冶炼型）等 3 大类 6 种类型。其中难处理程度按直接氰化金浸出率确定，轻度难处理金矿石为直接氰化金浸出率低于 80%；中度难处理金矿石直接氰化金浸出率低于 50%；重度难处理金矿石为直接氰化金浸出率低于 30%。如果金矿床类型按金矿石类型划分，可能更符合生产实际。

5.2　探矿手段

5.2.1　勘探手段组合

对一个矿区，最好不要采用钻探一种勘探手段，在详查或勘探阶段，对于高类别资源储量，应由坑探工程揭露主要矿体的关键地段。

5.2.2　钻探

金刚石钻进工艺的钻探，对以裂隙充填为主的矿化段岩心采取率虽可达到要求，但含金黄铁矿等含金矿物在钻进过程中易磨损，有造成矿体品位偏低，或漏失矿体的可能。

5.2.3　潜孔钻

潜孔钻样品不能作为资源储量估算的依据。矿山生产用潜孔岩粉样进行二次圈定，作为指导矿石装运品位控制。潜孔样一般比实际矿石品位低，这是潜孔取样的局限性所在。

5.3　勘查类型和勘查工程间距

5.3.1　勘探类型

当一个矿区矿体倾角变化较大，有陡倾斜、缓倾斜两种情况，确定矿体勘探类型时，建议按矿体产状分段确定勘探类型和工程间距，或采用不同的勘探工程，或采用不同的勘探工程布置形式，从而更好地控制矿体形态、产状和内部结构。

适当降低厚度变化系数、品位变化系数的权重，增加矿床类型、矿体形态、产状、规模的权重。

就勘查来说，尤其是以钻探为主的勘查，单凭几个或几十个见矿工程计算矿体厚度变化系数、品位变化系数，明显感觉不足，应以对比为主确定矿床勘探类型。

确定矿体勘探类型的目的是为了研究矿体的复杂程度，进而采取适宜的工程控制网度。随着勘探程度的提高，应论证矿体的勘探类型。

随着勘探工程的进展，应确定矿体连接对比的标志，避免多解性。

5.3.2　勘查工程网度

DZ/T 0205—2002 附录 D 中表 D.1 勘查工程间距表中第Ⅱ勘探类型钻探

80m×80m 探求 332 的工程网度要求。规范中 80m×80m 钻探工程间距相当于40m×40m 坑探工程间距，而矿山实际是采用 50m×50m 求 122b，建议将附录 D 中表 D. 1 勘查工程间距表修订成坑探工程网度低于钻探工程网度。

对分支矿体应在主矿体工程网度基础上适当加密。

可以合并勘查阶段，提交超过证载勘查阶段的勘查报告。

5. 4 工业指标

一个矿区不同矿体或同一矿体不同地段倾角变化较大，有陡倾斜、缓倾斜两种情况时，尤其是对薄矿体，制定工业指标时应结合采矿方法和设备，考虑不同的可采厚度。

一个矿区存在两种及以上类型矿体时，建议按照矿体类型测定矿石比重。

参考文献

[1] 中国矿产资源法治建设回顾与展望，https：//www. huanbao - world. com/a/zixun/2018/1107/55759. html，2018.

[2] 李凤鸣．典型矿床基本特征及研究方法，https：//wenku. baidu. com/view/5441ff7c1711cc7931b71658. html，2012.

[3] 汪贻水，彭觥，肖垂斌．矿山地质选集（第一卷）[M]．长沙：中南大学出版社，2015.

[4]《矿山地质手册》编辑委员会. 矿山地质手册 [M]. 北京：冶金工业出版社，1995.

[5] 张宝仁，黄绍峰．黄金地质学 [M]. 2 版．北京：地质出版社，2010.

[6] 张洪信，杨秀华，丁俊，等．规范岩金矿地质勘查钻探工程质量指标的研究 [J]. 山西科技，2014，29(3)：54~56.

[7] 王冬艳，陆红，张洪飞．探采对比中勘探类型的对比方法研究 [J]. 世界地质，1998，17(3)：54~57.

[8] 林吉照，李守生，郭纯毓．我国金矿地质工作的回顾与展望 [J]. 有色金属矿产勘查，2000，9(1~2)：35~38.

[9] 吕东梅．新疆阿希金矿露天开采阶段探采对比研究 [J]. 新疆有色金属，2009(4)：1~4.

[10] 陆宝成．镇沅金矿老王寨矿段首采地段探采对比分析 [J]. 有色金属设计，1994(4)：8~13.

[11] 刘明成，王彦君．紫金山金矿露天开采探采验证对比 [J]. 采矿技术，2006(9)：576~579，598.

[12] 李春章，杜登峰，宋立方，等. Micromine 软件在石湖金矿探采对比分析中的应用 [J]. 现代矿业，2016(6)：31~32，34.

[13] 左宏伟，曲媛菲．蚕庄金矿上庄矿区Ⅱ号矿体探采对比的初步研究 [J]. 矿产与勘查，2000(S1)：95~101.

[14] 江明阳．河台金矿高村矿床 11 号主矿体资源储量变化分析 [J]. 黄金科学技术，2007，15(4)：28~31.

[15] 都爱华．金厂峪金矿探采对比研究 [J]. 黄金，1995，16(2)：2~5.

[16] 戴立新，商继红，王照亚，等．玲珑金矿区探采对比分析 [J]. 黄金，2002，23(8)：7~11.

[17] 骆书兰，刘俊，卢国健．龙水金矿地质勘探与生产勘探对比成果及意义 [J]. 广西地质，1991，4(4)：75~83.

[18] 庞绪成，李德亭，潘志东，等．山东焦家金矿第Ⅱ勘探类型矿体探采对比 [J]. 黄金地质，2000，6(4)：66~72.

[19] 杨宝昌．文峪金矿地质特征及探采对比概况 [J]. 黄金，1994，15(8)：14~16.

[20] 陈彬．新桥铜硫金矿体探采对比与勘探网度选择 [J]. 化工矿物与加工，2003(7)：24~26.

[21] 杨尔煦．岩金矿储量误差的计算 [J]. 地质与勘探，1988，24(11)：29~34.